이해평

재난관리론

Theory of Disaster Management

화수목

Preface

현대 사회는 기후변화, 도시화, 산업화의 가속화로 인해 다양한 재난 위험에 직면하고 있다. 자연 재난과 사회재난이 빈번하게 발생하며, 그 피해 규모 또한 과거보다 훨씬 커지고 있다. 태풍, 홍수, 지진과 같은 자연 재난뿐만 아니라 대형 화재, 산업사고, 감염병, 테러 등의 사회재난도 증가하고 있으며, 복합 재난의 형태로 나타나는 경우도 많아지고 있다. 이러한 현실 속에서 효과적인 재난관리는 특정 기관이나 전문가의 역할에 국한되지 않고, 국가와 사회 전체가 함께 대비해야 할 중요한 과제가 되었다.

이 책은 재난관리의 기본 개념과 이론을 체계적으로 정리하고, 실제 사례를 통해 실질적인 적용 방안을 모색하는 것을 목표로 한다. 재난관리 분야는 학문적 이론과 실무적 접근이 균형을 이루어야 하는 영역이며, 변화하는 환경과 기술 발전에 맞춰 지속적인 연구와 개선이 필요하다. 이에 따라 이 책은 재난관리의 핵심 개념을 이해하는 데 중점을 두되, 국내외 법·제도적 측면과 정책적 접근을 함께 다루어 실무적인 활용성을 높이고자 하였다. 특히, 재난관리 분야, 소방 분야, 방재 분야를 전공하는 학부생들이 더욱 쉽게 이해할 수 있도록 내용을 구성하였으며, 방재안전직 공무원 임용시험 및 각종 관련 자격시험을 준비하는 이들에게 실질적인 도움이 되도록 하였다.

이 책은 재난관리의 기본 개념과 이론을 바탕으로, 재난의 유형별 특성과 이에 대한 대응 방안을 심층적으로 다룬다. 먼저, 재난의 개념과 유형을 정의하고, 국내외 재난관리 체계의 변천 과정을 살펴본다. 이후 재난관리 체계와 법 제도를 분석하고, 우리나라의 재난 및 안전관리 기본법을 중심으로 주요 재난관리 기관 및 조직의 역할을 설명한다. 다음으로, 위험 분석 및 평가 방법을 다루며, 재난 예방과 대비 전략을 제시한다. 또한, 재난 대응 및 복구 과정에서 필요한 절차와 실행 방안을 구체적으로 서술하고, 실제 사례를 통해 실무적인 이해를 돕고자 하였다.

재난관리는 예방, 대비, 대응, 복구의 네 가지 단계로 구분되지만, 각각의 단계는 개별적으로 존재하는 것이 아니라 서로 긴밀히 연계되어 있다. 철저한 예방 조치는 대응과 복구에 필요한 자원을 줄일 수 있으며, 효과적인 복구가 이루어져야 이후의 예방과 대비 전략을 개선할 수 있다. 이러한 관점에서 재난관리를 단순한 대응 활동이 아니라, 사전 예방과 사후 복구까지 포함한 총체적인 과정으로 이해하는 것이 중요하다.

이 책은 재난관리가 법과 제도의 영향을 크게 받는 분야임을 고려하여, 우리나라의 주요 법령과 정책을 충실히 반영하였다. 재난 및 안전관리 기본법을 비롯한 여러 법적 근거를 분석하고, 정부와 지방자치단체의 역할을 구체적으로 설명함으로써 재난관리의 행정적·법적 절차를 더욱 명확하게 이해할 수 있도록 하였다. 이를 통해 독자들이 이론적 개념뿐만 아니라 실제 재난관리 체계가 어떻게 운영되는지를 파악할 수 있도록 하였다.

또한, 다양한 재난 유형을 구분하여 각각의 특성과 대응 방안을 명확히 제시하였다. 자연 재난, 사회재난, 복합 재난 등으로 구분하여 유형별로 발생 원인, 피해 양상, 대응 방법을 설명하였으며, 대표적인 국내외 사례를 통해 실질적인 교훈을 도출하였다. 예를 들어, 태풍과 홍수는 기상 조건과 연계된 예방 대책이 필수적이며, 대형 화재와 산업사고는 건축 및 설비 안전 기준과 밀접한 관련이 있다. 전염병과 같은 생물학적 재난은 감염병 관리 체계 및 의료 대응 능력이 중요한 요소로 작용한다. 이처럼 재난의 특성을 고려한 맞춤형 대응 전략을 제시함으로써, 보다 실질적인 재난관리 방안을 모색하고자 하였다.

이 책은 방재안전직 공무원 임용시험을 준비하는 학습자들에게 실질적인 도움이 될 수 있도록, 기출 문제를 분석하고 출제 경향을 반영하여 핵심 내용을 정리하였다. 기존 시험에서 자주 출제되었던 개념과 이론을 바탕으로 학습할 수 있도록 구성하였으며, 각 장마다 관련 연습문제를 포함하여 학습자들이 스스로 문제를 풀어보면서 개념을 정리할 수 있도록 하였다. 또한, 이론적 내용과 실무적 내용을 균형 있게 다룸으로써 시험을 준비하는 학습자뿐만 아니라 재난관리 분야에 관심 있는 독자들도 활용할 수 있도록 하였다.

이 책이 완성되기까지 많은 분들의 도움이 있었다. 본 도서가 학부 교육과 실무에 효과적으로 활용될 수 있도록 다양한 의견을 제공해 준 동료 연구자들과 현장 전문가들에게 깊이 감사드린다. 특히, 출판 과정에서 아낌없는 지원과 조언을 해주신 도서출판 임정대 부장님과 임직원 여러분께 진심으로 감사의 마음을 전한다. 이들의 노력 덕분에 이 책이 더욱 완성도 높은 형태로 탄생할 수 있었다.

이 책이 재난관리 분야를 공부하는 학습자들에게 유용한 지침서가 되기를 바라며, 독자들의 지속적인 피드백을 통해 더욱 발전해 나갈 수 있기를 기대한다.

Contents

Chapter 04 사회재난의 유형과 관리

Chapter 05 복합 재난과 기후 위기

PART 03 우리나라의 재난관리 체계

Chapter 06 재난 및 안전관리 법령

Contents

Chapter 11 재난관리와 민관 협력

PART 05 현대 재난관리의 새로운 방향

Chapter 12 기후변화와 재난관리

Chapter 13 첨단 기술과 스마트 재난관리

Chapter 14 국제 재난관리 협력

Contents

부록

총괄 법규 요약

연습문제 정답 및 해설

PART 01

재난관리 개요 및 이론적 기초

CHAPTER

01 재난과 재난관리의 개념

학습목표

- 재난의 개념과 주요 유형을 이해할 수 있다.
- 재난이 사회에 미치는 영향을 설명할 수 있다.
- 재난 발생의 주요 원인과 배경을 분석할 수 있다.
- 재난관리와 관련된 정부 조직의 변천 과정을 설명할 수 있다.
- 재난관리의 핵심 개념을 정리하여 시험 대비를 할 수 있다.

1 재난의 정의 및 유형

재난은 인간의 생명과 재산, 사회적 기능에 심각한 영향을 미치는 사건으로, 자연적 원인이나 인간의 활동에 의해 발생할 수 있다. 재난은 단순한 사고와 구별되며, 광범위한 피해를 초래하거나 복구 과정이 장기화하는 특징을 가진다.

국제적으로 통용되는 재난의 정의는 학문적, 법적, 정책적 측면에서 다소 차이가 있지만, 일반적으로 다음과 같은 개념으로 설명할 수 있다.

- 유엔 국제재난 경감 전략(UNISDR, 2009): "사회적 기능이 정상적으로 유지될 수 없을 정도로 사람과 환경에 심각한 피해를 주는 사건"
- 미국 연방재난관리청(FEMA): "사람의 생명, 재산, 환경 및 경제 활동에 큰 손실을 초래하는 사건"
- 우리나라 '재난 및 안전관리 기본법'(제3조 제1호): "자연재해 또는 사회적 요인으로 인해 발생하여 국가 또는 지방자치단체의 대응이 필요한 피해"

그림 1.1 재난의 유형별 분류

재난의 유형은 다양한 기준에 따라 구분될 수 있으며, 대표적으로 자연적 요인과 인적 요인을 기준으로 나눌 수 있다.

1.1 자연 재난

자연 재난은 인간의 개입 없이 자연적인 현상으로 인해 발생하는 재난을 의미한다. 이러한 재난은 기후변화나 지질학적 특성과 밀접한 관련이 있으며, 발생 시 대규모 피해를 초래할 가능성이 높다.

1.1.1 기상재해

기상재해는 대기 중에서 발생하는 기상 현상으로 인해 발생하는 자연 재난을 의미한다.

- **태풍**: 강한 바람과 집중호우를 동반하며, 해안 지역에 심각한 피해를 초래
- **홍수**: 강우량 증가 또는 댐 방류 등으로 인해 하천이 범람하여 발생
- **폭설**: 적설량 증가로 인해 교통마비, 건축 구조물 붕괴 등의 피해 발생
- **가뭄**: 장기간 강수량 부족으로 인한 식수 및 농업용수 부족 현상

1.1.2 지질 재해

지질 재해는 지구 내부의 지각 운동이나 지질학적 변화로 인해 발생하는 재난을 의미한다.

- **지진**: 지각의 단층 운동으로 인해 발생하며, 건물 붕괴 및 지반 액상화 등의 피해 유발
- **화산 폭발**: 마그마가 분출하여 용암류, 화산재, 유독 가스를 방출하며, 광범위한 지역에 피해를 줌
- **산사태**: 지반의 불안정으로 인해 산이나 절벽의 토사 및 바위가 대량으로 붕괴

1.2 사회재난

사회재난은 인간의 활동과 관련된 사고로 인해 발생하는 재난을 의미하며, 주로 산업, 교통, 환경 등의 요인과 관련이 있다.

1.2.1 산업재해

산업재해는 산업 활동 중에 발생하는 사고로, 근로자의 안전을 위협하고 사회 전반에 피해를 줄 수 있다.

- **공장 화재 및 폭발**: 화학물질 저장시설에서의 폭발, 원유 저장소에서의 화재 등
- **유해화학물질 누출**: 가스 및 화학물질이 유출되어 환경오염 및 건강 피해 발생
- **원자력 사고**: 원전 가동 중 방사성 물질 누출이 발생하는 사고

1.2.2 교통 재해

교통 재해는 육상, 해상, 항공 등에서 대형 사고로 인해 발생하는 재난을 의미한다.

- **대형 교통사고**: 다중 추돌 사고, 철도 탈선 사고 등
- **해상사고**: 선박 충돌, 침몰, 유류 유출 사고 등
- **항공사고**: 항공기 추락, 기체 결함으로 인한 사고 등

1.3 복합 재난

복합 재난은 자연 재난과 사회재난이 결합하여 발생하는 재난을 의미하며, 피해가 더욱 증폭되는 특징을 가진다. 예를 들어, 지진 발생 후 가스관이 파열되어 화재가 발생하거나, 홍수로 인해 화학물질이 유출되는 상황이 이에 해당한다.

- **지진 후 화재**: 전력선 단락 및 가스관 손상으로 인한 화재 발생
- **홍수 후 전염병 확산**: 수질 오염으로 인해 감염병이 유행
- **태풍과 산업재해 결합**: 강풍으로 인해 공장 폭발 및 화학물질 누출 발생

1.4 특수 재난

특수 재난은 일반적인 자연 재난이나 사회재난과 구별되는 특성을 가진 재난으로, 최근 사회에서 그 중요성이 강조되고 있다.

1.4.1 전염병 및 생물학적 위협

감염병 확산이나 생물학적 테러로 인해 발생하는 재난을 의미하며, 공중보건 시스템과 국가의 방역 체계에 큰 영향을 미친다.

- **코로나19 팬데믹**: 글로벌 감염병 확산으로 인한 경제 및 사회적 피해
- **생물학적 테러**: 바이러스, 박테리아 등을 이용한 인위적 감염병 유발

1.4.2 사이버 테러

정보 기술의 발전과 함께 새로운 형태의 재난으로 부각되고 있으며, 국가 기반 시설 및 금융 시스템에 심각한 영향을 미칠 수 있다.

- **전력망 해킹**: 해커에 의해 국가 전력망이 마비되면서 사회 혼란 발생
- **금융 시스템 공격**: 금융 네트워크 해킹으로 인해 경제적 피해 발생

표 1.1 재난의 주요 유형 및 사례 비교

재난 유형	주요 사례	발생 원인	주요 피해
자연 재난	태풍, 지진, 홍수	기후변화, 지질 활동	인명 및 재산 피해
사회재난	화재, 폭발, 교통사고	산업 사고, 안전 불감증	경제적 손실, 인명 피해
복합 재난	지진 후 화재, 홍수 후 유독 가스 유출	자연 재난 + 사회재난	연쇄적 피해 발생
특수 재난	전염병, 사이버 테러	생물학적 요인, 디지털 위협	국가 기반 시설 마비

2 재난의 특성과 사회적 영향

재난은 단순한 사고와 달리 광범위한 영향을 미치며, 발생 원인과 형태에 따라 다양한 특성을 가진다. 재난이 발생하면 직접적인 피해뿐만 아니라 경제적, 사회적, 정치적 영향을 초래하며, 경우에 따라 장기적인 후유증을 남긴다.

2.1 재난의 특성

재난은 일반적으로 다음과 같은 공통적인 특성을 가진다.

2.1.1 예측 불가능성과 급격한 발생

재난은 발생 시기와 규모를 정확히 예측하기 어려우며, 갑작스럽게 발생하여 대응 시간을 최소화한다.

- **지진**: 단층 운동으로 인해 예고 없이 발생하며, 강진의 경우 수십 초 내에 광범위한 피해를 초래
- **태풍 및 홍수**: 예보가 가능하지만, 강수량과 피해 규모를 완전히 예측하기 어려움
- **산업재해**: 기계 결함이나 화학물질 폭발과 같은 사고는 예측 없이 급격하게 발생

2.1.2 연쇄적 영향과 피해 확산

하나의 재난이 다른 재난을 유발하는 경우가 많으며, 피해가 지속적으로 확산되는 경향이 있다.

- **지진 후 화재 발생**: 전력선 단락이나 가스관 파열로 인해 대규모 화재 발생 가능
- **홍수로 인한 전염병 확산**: 식수원 오염으로 인해 콜레라, 장티푸스 등 감염병 증가
- **산업재해로 인한 환경오염**: 화학물질 유출이 하천과 토양을 오염시키며 장기적인 피해 유발

2.1.3 대응 및 복구의 복잡성

그림 1.2 재난 대응 및 복구 과정

재난은 다양한 기관과 조직이 협력해야 하는 문제로, 대응과 복구 과정이 복잡하며 장기화할 가능성이 크다.

- **재난 대응 단계**: 발생 → 초기 대응 → 긴급 구조 → 복구 및 재건
- **장기적 복구 필요**: 도로, 전력망, 통신망과 같은 사회기반시설이 파괴될 경우 복구에 수개월에서 수년이 소요됨

2.2 재난의 사회적 영향

재난은 사회 전반에 걸쳐 다양한 영향을 미치며, 특히 경제적, 심리적, 정치적 측면에서 큰 변화를 초래한다.

2.2.1 경제적 영향

재난은 국가와 기업, 개인에게 경제적인 손실을 초래하며, 생산성과 소비 활동에 부정적인 영향을 미친다.

- **산업 생산 감소**: 공장 및 기업이 파괴되거나 운영이 중단되면서 경제 활동 위축
- **인프라 복구 비용 증가**: 도로, 다리, 전력망 복구에 막대한 예산 소요
- **관광산업 및 지역 경제 침체**: 재난 발생 지역의 관광객 감소 및 투자 위축

표 1.2 주요 재난별 경제적 피해 사례

재난명	연도	경제적 피해 규모	주요 영향
일본 고베 대지진	1995년	약 1,000억 달러	산업 및 인프라 붕괴
미국 허리케인 카트리나	2005년	약 1,250억 달러	도시 기능 마비, 경제 침체
동일본 대지진	2011년	약 2,350억 달러	원전 사고, 전력망 붕괴
포항 지진	2017년	약 2,000억 원	건물 피해, 지역 경제 침체

2.2.2 심리적 영향

재난을 경험한 개인과 지역 사회는 정신적 외상(PTSD)과 불안, 우울증 등의 심리적 영향을 받을 수 있다.

- **재난 트라우마**: 지진, 화재, 폭발 사고를 경험한 사람들은 장기간 정신적 충격을 받음
- **사회적 불안감 조성**: 대형 재난 발생 후 주민들의 불안감 증가 및 사회적 결속력 저하
- **재난 후 대인관계 변화**: 피해를 입은 가족이나 공동체의 관계가 변화하며, 심리적 고립 발생

2.2.3 정치적 영향

재난은 정부의 재난 대응 능력을 평가하는 계기가 되며, 정책 변화 및 정치적 갈등을 유발할 수 있다.

- **정부의 위기관리 평가**: 재난 발생 시 정부의 대응 속도와 효과성이 국민에게 중요한 평가 기준이 됨
- **법률 및 정책 변화**: 대형 재난 이후 재난관리법 개정, 건축 기준 강화 등의 조치가 취해짐
- **국제 협력 확대**: 대규모 재난 발생 시 국제적인 지원과 협력이 증가

표 1.3 주요 재난별 정치적 영향 사례

재난명	연도	정치적 영향
삼풍백화점 붕괴	1995년	건축 안전 기준 강화, 재난관리 기본법 제정
세월호 참사	2014년	국민안전처 신설, 재난 대응 체계 개편
코로나19 팬데믹	2020년	공중보건 정책 강화, 방역법 개정
경주 및 포항 지진	2016년, 2017년	내진설계 기준 강화, 지진 대응 체계 정비

2.3 사례 분석: 주요 재난과 사회적 영향

2.3.1 1995년 일본 고베 대지진

- **경제적 영향**: 도시 전체의 인프라 손상으로 약 1,000억 달러 규모의 경제적 피해 발생
- **심리적 영향**: 생존자들의 장기적인 트라우마와 불안 증가
- **정치적 영향**: 일본 정부의 늦은 대응이 비판을 받으며 재난 대응 체계 개편

2.3.2 2011년 동일본 대지진 및 후쿠시마 원전 사고

- **경제적 영향**: 원전 사고로 인한 전력 부족으로 산업 생산성 감소
- **심리적 영향**: 방사능 오염에 대한 불안감으로 인구 유출 증가
- **정치적 영향**: 원전 안전 기준 강화를 위한 법 개정 및 탈원전 정책 논의

그림 1.3 재난이 사회에 미치는 주요 영향

표 1.4 주요 재난별 사회적 영향 분석

재난명	주요 심리적 영향	사회적 변화
동일본 대지진	PTSD 증가, 원전 사고 불안	탈원전 정책 논의 증가
세월호 참사	생존자 및 유가족 정신적 고통	해양 안전 교육 강화
코로나19 팬데믹	사회적 거리 두기로 인한 고립감	재택근무 및 비대면 교육 확산

3 재난 발생 원인과 배경

재난은 다양한 요인에 의해 발생하며, 자연적 요인과 인적 요인이 복합적으로 작용하여 재난의 규모와 피해 정도를 결정한다. 재난 발생 원인은 단순한 단일 요인보다는 복합적인 요소들이 얽혀 있으며, 과거와 달리 현대 사회에서는 인프라의 발전과 환경 변화로 인해 새로운 유형의 재난이 증가하고 있다.

3.1 자연적 요인

자연적 요인은 지질학적, 기상학적 변화와 같은 환경적 요인에 의해 발생하는 재난의 원인을 의미한다. 이러한 요인들은 인간의 개입 없이 자연적으로 발생하며, 피해 규모는 지역적 특성과 지형적 요소에 따라 달라질 수 있다.

3.1.1 기후변화와 이상기후

최근 기후변화는 자연 재난 발생 빈도와 강도를 증가시키는 주요 원인 중 하나로 작용하고 있다.

- **지구온난화로 인한 이상기후 증가**: 평균 기온 상승으로 인해 폭염, 한파, 태풍, 가뭄, 홍수 등이 심화
- **강수 패턴 변화**: 집중호우와 가뭄의 빈도 증가로 인해 지역별 물 부족 또는 홍수 피해 확대
- **해수면 상승**: 해안 지역의 침수 위험 증가 및 태풍과 쓰나미 피해 가중

표 1.5 기후변화로 인한 주요 자연 재난 사례

자연 재난	주요 발생 지역	영향
폭염	유럽, 북미, 한국	온열질환 증가, 전력 수요 급증
대형 태풍	필리핀, 일본, 미국	홍수, 인프라 파괴
가뭄	아프리카, 캘리포니아	농작물 피해, 식수 부족

3.1.2 지질학적 요인

지질 구조와 지각 활동은 자연 재난을 발생시키는 주요 원인 중 하나이며, 특히 지진과 화산 활동과 밀접한 관련이 있다.

- **판 구조 운동**: 대륙판과 해양판의 충돌 및 이동으로 인해 지진과 화산 폭발 발생
- **활화산 지역의 위험성**: 마그마 활동이 활발한 지역에서는 화산 폭발 및 지진이 빈번히 발생
- **단층선 지역의 지진 위험**: 환태평양 조산대와 같은 지역에서는 지속적인 단층 활동으로 인해 강진 발생 가능성이 높음

그림 1.4 지각 운동과 재난 발생 관계

3.2 사회적 요인

사회적 요인은 인구 증가, 도시화, 개발 정책 등 인간의 활동과 관련하여 재난 발생 위험을 증가시키는 요인을 의미한다.

3.2.1 도시화와 인구 밀집

도시화가 진행되면서 재난이 발생할 경우 피해 규모가 커지고 복구가 어려워지는 경향이 있다.

- **고밀도 건축 환경**: 도심 지역의 높은 건물 밀집도로 인해 화재 및 지진 발생 시 대규모 피해 가능
- **인프라의 노후화**: 도시 내 도로, 교량, 상하수도 시설 등의 노후화로 인해 재난 발생 시 추가 피해 발생 가능
- **교통 체증 및 대피 문제**: 인구 밀집 지역에서는 재난 발생 시 대피가 어려워 피해가 더욱 증가

3.2.2 무분별한 개발과 환경 파괴

경제적 개발이 우선시되면서 자연환경이 파괴되고, 이는 재난 발생 가능성을 높이는 요인으로 작용한다.

- **산지 개발로 인한 산사태 위험 증가**: 무분별한 산림 벌채 및 토지 개발로 인해 강우

시 지반이 약해져 산사태 발생 가능성 증가
- **하천 매립 및 배수로 부족:** 도시 개발 과정에서 하천이 매립되거나 배수 시스템이 미흡하여 집중호우 시 홍수 피해 증가
- **해안가 지역 개발과 침수 피해 증가:** 해안 지역의 무리한 개발로 인해 해일 및 태풍 피해 위험 증가

표 1.6 도시화와 환경 파괴로 인한 재난 사례

도시 개발 요인	주요 재난 사례	영향
하천 매립	서울 강남 침수	홍수 피해 증가
산지 개발	강원도 산사태	산림 훼손, 토양 유실
무분별한 공장 건설	시흥 화학물질 유출	환경오염, 건강 피해

3.3 기술적 요인

기술적 요인은 산업화 및 첨단 기술 발전과 관련하여 발생하는 재난의 원인을 의미하며, 인적 요인과 결합하여 예측할 수 없는 형태르 발생하는 경우가 많다.

3.3.1 산업시설 및 위험물 관리 부족

산업화가 진행됨에 따라 화학공장, 발전소, 대형 공사 현장에서 발생하는 재난 위험이 증가하고 있다.

- **화학물질 유출 및 폭발 사고:** 안전관리 미흡으로 인해 유해화학물질이 유출되거나 폭발 사고 발생
- **원자력 발전소 사고:** 방사성 물질 누출과 같은 대규모 재난 발생 가능성 존재
- **노후화된 시설과 유지보수 부족:** 오래된 공장 및 산업시설의 유지보수 부족으로 인해 사고 발생

3.3.2 첨단 기술 발전과 신종 재난

기술 발전은 생활을 편리하게 만들지만, 새로운 형태의 재난을 유발할 가능성이 존재한다.

- 사이버 테러 및 해킹: 주요 국가 기반 시설(전력망, 교통망, 금융 시스템 등)에 대한 해킹 위협 증가
- 드론 및 자율주행 기술 오작동: 무인 항공기 및 자율주행차량의 시스템 오류로 인한 사고 발생
- 인공지능(AI) 및 자동화 시스템 오류: 자동화된 시스템에서 오류가 발생하면 대규모 혼란 초래 가능

그림 1.5 기술 발전과 신종 재난의 관계

3.4 복합적 원인에 의한 재난

많은 재난은 단일 원인보다는 복합적인 요인들이 결합하여 발생하며, 사회적·기술적 요인이 자연적 요인과 함께 작용하는 경우가 많다.

3.4.1 자연적 요인과 사회적 요인의 결합

- 기후변화로 인한 도시 홍수: 도시화와 기후변화가 결합하여 대도시 홍수 피해 증가
- 지진으로 인한 화학공장 폭발: 지진 발생 후 산업단지 내 가스 누출 및 폭발 사고 발생
- 태풍과 원자력 발전소 사고: 강한 태풍으로 인해 발전소가 침수되면서 방사성 물질 누출 사고 발생

3.4.2 자연적 요인과 기술적 요인의 결합

- 지진으로 인한 교량 및 건물 붕괴: 내진 설계 부족으로 인해 건축물이 붕괴하여 피해 확대
- 화산재로 인한 항공기 엔진 고장: 화산 폭발 후 화산재가 대기 중에 확산하면서 항공기 운항 장애 발생

그림 1.6 자연적·사회적·기술적 요인의 결합 구조

표 1.7 복합적 원인에 의한 주요 재난 사례

재난명	발생 원인	피해 규모
동일본 대지진	지진 + 쓰나미 + 원전 사고	방사능 오염, 산업 피해
허리케인 샌디	태풍 + 해수면 상승	해안 지역 대규모 침수
인도 보팔 가스 사고	화학 유출 + 도시 밀집	수천 명 사망, 환경오염

3.5 사례 분석: 주요 재난 발생 원인

3.5.1 2005년 미국 허리케인 카트리나

- 기후변화로 인한 허리케인 강도 증가
- 도시 배수 시스템 미흡으로 인한 홍수 피해 확다
- 정부의 초기 대응 실패로 인한 피해 증폭

3.5.2 2011년 동일본 대지진과 후쿠시마 원전 사고

- 지각 운동으로 인한 대규모 지진 발생
- 지진해일(쓰나미)로 원자력 발전소 침수
- 방사능 유출로 인한 장기적 환경 피해 발생

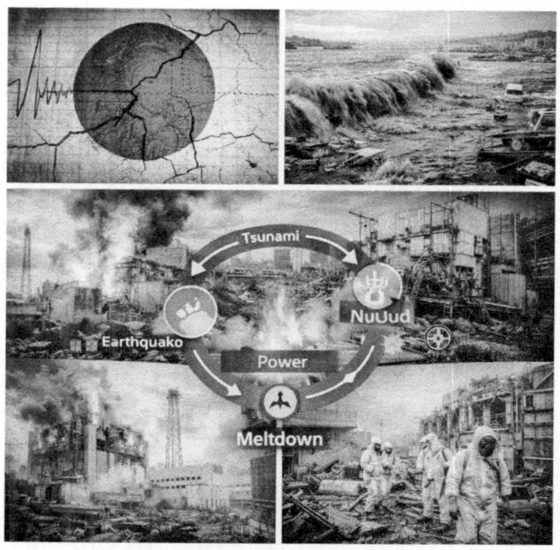

그림 1.7 동일본 대지진과 후쿠시마 원전 사고 원인 구조

표 1.8 주요 재난별 발생 원인 분석

재난 유형	주요 원인	사례
자연 재난	기후변화, 지질 활동	2011년 동일본 대지진
사회재난	산업 사고, 교통사고	1995년 삼풍백화점 붕괴
복합 재난	자연 재난 + 기술적 사고	2011년 후쿠시마 원전 사고

4 재난 관련 정부 조직 변천사

우리나라의 재난관리 체계는 사회 변화와 함께 지속적으로 개편되어 왔으며, 체계적인 재난 대응과 예방을 위한 법률과 조직이 정비되었다. 초기에는 부처별로 개별적인 재난 대응이 이루어졌으나, 대형 재난이 발생할 때마다 국가 차원의 통합적인 관리 필요성이 강조되면서 점진적인 변화가 이루어졌다.

4.1 1995년 이전: 부처별 개별 대응 체계

1995년 이전까지 우리나라의 재난관리는 부처별로 개별적인 대응 체계를 운영하였으며, 재난 유형에 따라 주무 부처가 달랐다. 이 시기에는 통합적인 지휘 체계가 부족하여 대형 재난 발생 시 혼선이 발생하는 경우가 많았다.

- **자연 재난**: 내무부(현재의 행정안전부) 및 건설부(현재의 국토교통부)가 주관하여 대응
- **사회재난**: 소방본부(현재의 소방청)와 경찰청이 중심이 되어 개별적으로 대응
- **산업재해**: 노동부(현재의 고용노동부)가 산업 현장의 안전관리를 담당
- **원자력 및 화학사고**: 과학기술처(현재의 과학기술정보통신부) 및 환경처(현재의 환경부)가 관련 업무 수행

표 1.9 1995년 이전 부처별 재난 대응 역할 분담

부처	주요 대응 분야	문제점
내무부	홍수, 태풍 대응	통합 지휘 체계 부재
노동부	산업재해 관리	사업장 중심 관리 한정
과학기술처	원자력 사고 대응	기술적 대응 중심

이러한 개별적인 대응 방식은 재난 발생 시 기관 간 협조 부족으로 인해 신속한 대응이 어려웠으며, 피해 복구 과정에서도 중복되거나 누락되는 문제가 발생했다.

4.2 1995년: 재난 및 안전관리 기본법 제정

1995년 삼풍백화점 붕괴 사고와 같은 대형 재난이 발생하면서, 체계적인 재난 대응을 위한 법적 기반이 필요하다는 인식이 확대되었다. 이에 따라 정부는 「재난 및

안전관리 기본법」을 제정하여 국가 차원의 통합적인 재난관리 체계를 구축하기 시작했다.

4.2.1 주요 변화

- **재난관리 업무를 체계화**: 기존의 부처별 개별 대응에서 벗어나 중앙정부가 통합적으로 관리
- **중앙재난안전대책본부 설치**: 국무총리실 산하에 중앙재난안전대책본부(CDAC)를 신설하여 위기 상황 시 지휘 역할 수행
- **재난 유형별 대응 체계 마련**: 자연 재난, 사회재난, 복합 재난 등에 대한 대응 체계를 법적으로 명확히 규정

이러한 변화에도 불구하고, 당시에는 여전히 재난 대응 과정에서 중앙정부와 지방정부 간 협력 부족, 법적 근거 미비 등의 한계가 존재하였다.

4.3 2004년: 국민안전처 신설

2003년 대구 지하철 화재 사고 이후, 재난관리의 효율성을 높이기 위해 정부는 재난관리 조직 개편을 단행하였으며, 2004년 국민안전처를 신설하였다.

4.3.1 국민안전처의 역할

- **재난 대응의 일원화**: 자연 재난과 사회재난을 통합적으로 관리
- **소방방재청 통합**: 기존의 소방방재청 기능을 국민안전처로 통합하여 일관된 재난 대응 체계 구축
- **위기관리 표준 절차 마련**: 재난 발생 시 중앙과 지방정부 간 협력 체계 명확화

표 1.10 2004년 국민안전처 신설 후 주요 변화

구분	변화 내용
조직 개편	소방방재청을 국민안전처로 통합
대응 체계	재난 대응의 일원화 및 법적 정비
문제점	중앙 집중식 구조로 인해 지방 대응력 저하 우려

국민안전처 신설 이후, 재난 대응 체계가 더 중앙집중적으로 개편되었으며, 긴급 대

응과 복구 지원이 더 체계적으로 이루어졌다. 그러나 대형 재난 발생 시 중앙정부의 과도한 개입으로 인해 지방자치단체의 대응 역량이 저하될 수 있다는 우려도 제기되었다.

4.4 2017년: 행정안전부로 개편

2014년 세월호 참사 이후 재난관리 체계의 문제점이 다시금 부각되었으며, 이에 따라 2017년 국민안전처가 폐지되고 행정안전부로 개편되었다.

4.4.1 행정안전부의 주요 변화

- **국민안전처 기능을 행정안전부로 이관**: 기존 국민안전처의 역할을 축소하고, 행정안전부 내에 재난안전관리본부를 신설하여 운영
- **지방정부의 역할 강화**: 중앙정부 중심의 대응 체계를 개선하고, 지방자치단체의 재난 대응 권한 확대
- **빅데이터 및 ICT 활용 확대**: 재난 예측 및 조기 경보 시스템 구축을 위한 데이터 기반 관리 체계 도입

이러한 변화는 중앙과 지방 간의 협력을 강화하고, 실질적인 현장 대응력을 높이는 방향으로 진행되었다.

4.5 현재의 재난관리 체계

현재 우리나라의 재난관리 체계는 행정안전부(재난안전관리본부), 소방청, 경찰청, 환경부, 국방부 등 여러 기관이 협력하는 형태로 운영되고 있으며, 재난 유형별로 주관 기관이 지정되어 있다.

4.5.1 주요 기관별 역할

- **행정안전부**: 국가 재난관리 정책 수립 및 종합 조정
- **소방청**: 화재, 구조, 구급 등 긴급 대응
- **경찰청**: 치안 유지 및 인명 구조 지원
- **환경부**: 유해화학물질 사고 및 환경 재난 대응
- **국방부**: 군사적 위기 및 재난 대응 지원

표 1.11 현재 재난관리 주요 기관 및 역할

기관	역할
행정안전부	국가 재난관리 정책 수립
소방청	화재 및 구조·구급 대응
경찰청	치안 유지 및 인명 구조 지원
환경부	유해화학물질 및 환경 재난 대응
국방부	군사적 위기 및 재난 대응 지원

현재의 재난관리 체계는 지속적으로 개선되고 있으며, 첨단 기술을 활용한 재난 예측, 대응 및 복구 지원 시스템이 도입되고 있다. 최근에는 인공지능(AI)과 빅데이터를 활용한 재난 예측 시스템과 드론 및 로봇을 활용한 재난 대응 등의 신기술이 적용되고 있으며, 국가 차원의 재난 대응 역량을 강화하기 위한 법적·제도적 정비가 지속되고 있다.

핵심 내용 정리(기출 문제 관련)

1. 재난의 정의 및 유형

- **재난의 개념**: 국민의 생명, 신체, 재산과 국가에 피해를 주거나 줄 수 있는 사건을 의미한다.
- 재난의 유형:
  - **자연 재난**: 태풍, 홍수, 지진, 폭설, 가뭄 등 기후 및 지질적 요인으로 발생
  - **사회재난**: 화재, 붕괴, 폭발, 교통사고, 감염병 확산, 환경오염 등 인간 활동으로 발생
  - **복합 재난**: 자연 재난과 사회재난이 결합하여 피해가 확대되는 형태 (예 지진 후 화재, 홍수 후 감염병 확산)
  - **특수 재난**: 전염병, 사이버 테러 등 신종 재난 유형

출제 경향

- 재난의 정의 및 분류 기준을 묻는 문제 출제 가능
- 자연 재난과 사회재난의 차이점 비교 문제 출제 가능
- 복합 재난의 사례와 특징을 묻는 문제 출제 가능

2. 재난의 특성과 사회적 영향

- 재난의 주요 특성:
  - **예측 불가능성**: 자연 재난은 발생 시기와 규모를 정확히 예측하기 어려움
  - **연쇄적 영향**: 하나의 재난이 다른 재난을 유발할 가능성이 있음 (예 지진 → 화재 발생)
  - **대응 및 복구의 복잡성**: 장기적인 복구 과정 필요
- 사회적 영향
  - **경제적 영향**: 기업 운영 중단, 인프라 손실, 복구 비용 증가
  - **심리적 영향**: PTSD, 불안감 증가, 사회적 고립
  - **정치적 영향**: 정부의 위기 대응 능력 평가, 법률 개정 및 정책 변화

출제 경향

- 재난이 경제, 정치, 사회에 미치는 영향을 묻는 문제 출제 가능
- 대표적인 사례(예: 동일본 대지진, 세월호 참사)를 통한 분석 문제 출제 가능
- 재난 피해 복구 과정에서 고려해야 할 요소를 묻는 문제 출제 가능

3. 재난 발생 원인과 배경

- 재난 발생 원인
  - **자연적 요인**: 기후변화(폭염, 태풍 증가), 지각 운동(판 구조 운동, 화산 활동)
  - **사회적 요인**: 도시화, 인구 밀집, 무분별한 환경 개발
  - **기술적 요인**: 산업시설 노후화, 원자력 사고, 사이버 테러

출제 경향

- 기후변화가 자연 재난 발생에 미치는 영향을 묻는 문제 출제 가능
- 사회적 요인이 재난을 확대하는 사례(예: 도시화로 인한 홍수 피해 증가)를 묻는 문제 출제 가능
- 복합 재난이 발생하는 원인을 묻는 문제 출제 가능

4. 재난 관련 정부 조직 변천사

- 재난관리 조직 변천 과정
  - **1995년 이전**: 부처별 개별 대응 체계 (내무부, 노동부, 과학기술처 등) → 협력 부족
  - **1995년 「재난 및 안전관리 기본법」 제정**: 중앙재난안전대책본부 신설, 국가 차원의 재난 대응 체계 구축
  - **2004년 국민안전처 신설**: 소방방재청 기능 통합, 보다 체계적인 재난 대응 체계 마련
  - **2017년 행정안전부로 개편**: 국민안전처 폐지, 지방정부 역할 강화, 재난안전관리본부 신설

출제 경향

- 우리나라 재난관리 조직의 변천 과정과 주요 변화 시점을 묻는 문제 출제 가능

- 1995년, 2004년, 2017년 개편의 핵심 내용을 비교하는 문제 출제 가능
- 재난관리 조직 개편의 배경과 이유를 묻는 문제 출제 가능

5. 재난관리의 원칙과 체계

- 재난관리의 기본 원칙
  - **사전 대비 원칙**: 재난 예방을 위한 사전 준비의 중요성
  - **현장 중심 원칙**: 초기 대응의 중요성, 신속한 복구 조치
  - **지휘 통일 원칙**: 재난 대응 시 일관된 지휘 체계 필요
  - **정보 공유 원칙**: 기관 간 원활한 정보 공유 필수
  - **상호 협력 원칙**: 정부, 민간, 시민사회의 협력 필요

출제 경향

- 재난관리 원칙 중 사전 대비, 현장 대응 등의 개념을 묻는 문제 출제 가능
- 재난관리 원칙이 적용된 실제 사례를 묻는 문제 출제 가능
- 국제 재난관리 체계와 비교하는 문제 출제 가능

연습문제

01 다음 중 재난 및 안전관리 기본법에서 정의하는 재난의 유형에 해당하지 않는 것은?

① 자연 재난 ② 사회재난
③ 복합 재난 ④ 경제 재난

02 우리나라 재난관리 조직 변천 과정에서 2004년에 이루어진 주요 변화는?

① 중앙재난안전대책본부가 신설되었다.
② 국민안전처가 신설되어 소방방재청을 통합하였다.
③ 재난 및 안전관리 기본법이 제정되었다.
④ 행정안전부가 폐지되고 국민안전처가 신설되었다.

03 다음 중 재난관리의 4단계에 포함되지 않는 것은?

① 예방 ② 대비 ③ 통제 ④ 복구

04 다음 중 자연 재난에 해당하는 것은?

① 대형 화재 ② 전염병 확산
③ 홍수 ④ 산업재해

05 다음 중 재난관리의 예방 단계에서 수행하는 주요 활동이 아닌 것은?

① 내진설계 기준 강화 ② 재난 대응 매뉴얼 수립
③ 비상 대피 훈련 실시 ④ 재난 발생 시 긴급 구호 활동

06 우리나라에서 2017년 재난관리 조직 개편의 주요 내용은?

① 국민안전처 신설
② 소방청과 경찰청을 행정안전부에 통합
③ 행정안전부로 개편하고 국민안전처 폐지
④ 중앙재난안전대책본부를 신설

07 다음 중 사회재난에 해당하는 것은?

① 태풍 ② 홍수 ③ 대형 화재 ④ 지진

08 다음 중 우리나라 재난관리 체계에서 행정안전부의 주요 역할로 적절한 것은?

① 소방 구조 활동
② 치안 유지 및 범죄 예방
③ 국가 재난관리 정책 수립 및 조정
④ 원자력 발전소 운영 관리

09 다음 중 복합 재난의 사례로 적절한 것은?

① 태풍으로 인해 해안가 침수 발생
② 화산 폭발로 인해 지진이 발생
③ 지진 발생 후 가스관 파열로 화재 발생
④ 산업재해로 인해 근로자가 부상

10 재난이 경제적 측면에서 미치는 영향으로 적절하지 않은 것은?

① 산업시설 파괴로 인한 경제 손실
② 노동력 감소로 인한 경제 활동 위축
③ 재난 이후 심리적 불안 증가
④ 재난 복구 비용 증가

11 다음 중 재난 대비 단계에서 수행하는 주요 활동은?

① 긴급 구조 활동
② 피해 지역 복구
③ 비상계획 수립 및 대응 훈련 실시
④ 정부 예산 편성

12 다음 중 재난이 정치적 측면에서 미치는 영향으로 볼 수 없는 것은?

① 정부의 위기관리 능력 평가
② 법률 개정 및 정책 변화
③ 공공 인프라 복구 지연
④ 재난 대응 시스템 개선

13 재난 발생 시 지방자치단체의 주요 역할로 가장 적절한 것은?

① 국가적 차원의 재난관리 정책 수립
② 지역 내 재난 대응 및 긴급 구호 활동
③ 국제재난 지원 협력 체계 구축
④ 재난 관련 법률 제정

14 다음 중 기후변화가 자연 재난에 미치는 영향으로 볼 수 없는 것은?

① 폭염 발생 빈도 증가
② 해수면 상승으로 인한 해안 침수 증가
③ 원자력 발전소의 운영 효율성 증가
④ 태풍과 강한 폭우의 빈도 증가

15 우리나라의 재난관리 조직이 개편된 주요 이유로 적절한 것은?

① 재난 피해를 최소화하고 대응 체계를 효율화하기 위해
② 국제 사회와의 협력을 강화하기 위해
③ 재난 발생을 예방하기 위해
④ 자연 재난보다 사회재난을 더 중요하게 다루기 위해

16 다음 중 1995년 이전의 우리나라 재난관리 체계의 특징으로 적절한 것은?

① 중앙 집중식 대응 체계
② 부처별 개별 대응 체계
③ 행정안전부 중심의 일원화된 시스템
④ 지방정부가 재난관리 주도

17 다음 중 국제적 재난 대응 협력 기구가 아닌 것은?

① UNISDR (유엔 국제재난 경감 전략 기구)
② FEMA (미국 연방재난관리청)
③ WHO (세계보건기구)
④ 국립재난안전연구원

18 다음 중 자연 재난과 사회재난을 함께 포함하는 개념은?

① 복합 재난 ② 특수 재난 ③ 기후 재난 ④ 산업 재난

19 다음 중 재난 발생 시 가장 우선적으로 수행해야 할 대응 활동은?

① 재난 발생 원인 분석 ② 인명 구조 및 응급조치
③ 피해 지역 복구 ④ 법률 개정 추진

20 다음 중 우리나라 재난관리법과 가장 밀접한 관련이 있는 법률은?

① 산업안전보건법 ② 기후변화 대응법
③ 재난 및 안전관리 기본법 ④ 개인정보 보호법

참고문헌

1. 논문 및 문헌

- 행정안전부, 「재난 및 안전관리 기본법」, 2004.
- 국립재난안전연구원, 「자연재해대책법 해설 및 사례」, 2020.
- 한국방재학회, "재난관리체계와 법제도 분석", 2018.
- 이영주, "기후 변화와 자연재난의 연관성 연구", 한국환경정책연구소, 2019.
- 김태훈, "사회재난의 발생 원인과 대응 방안", 한국위기관리학회, 2021.

2. 보고서 및 정부 발행 자료

- 행정안전부, 「재난관리 자원 활용 및 대응 매뉴얼」, 2022.
- 기상청, 「기후변화와 자연재난의 영향 분석 보고서」, 2023.
- 소방청, 「사회재난 대응 및 복구 시스템 연구」, 2022.
- 환경부, 「환경오염 및 재난관리 정책 보고서」, 2021.
- 국립재난안전연구원, 「재난 피해 복구 시스템 개선 방안」, 2023.

3. 온라인 자료

- 행정안전부 공식 홈페이지: https://www.mois.go.kr
- 기상청 기후변화보고서: https://www.kma.go.kr
- 소방청 재난 대응 매뉴얼: https://www.nfa.go.kr
- 한국방재학회: https://www.kosdi.or.kr
- 국립재난안전연구원: https://www.ndmi.go.kr

CHAPTER 02

재난관리의 이론적 접근

학습목표

- 재난 주기 이론의 주요 개념과 단계를 이해한다.
- 위기관리 및 탄력성 이론을 설명하고 재난관리와의 관계를 분석한다.
- 사회적 취약성 개념을 바탕으로 재난관리 모델을 탐색한다.
- 국제적 재난관리 체계를 이해하고 주요 기구와 협력 방안을 설명한다.
- 재난관리의 원칙과 전략적 효과를 분석한다.
- 사고 지휘 체계의 개념을 파악하고 실제 적용 사례를 검토한다.

1 재난 주기 이론

1.1 개념 및 중요성

재난 주기 이론(Disaster Cycle Theory)은 재난의 전체 과정에서 효과적인 관리가 이루어질 수 있도록 체계적인 접근을 제공하는 개념이다. 이 이론은 재난이 발생하기 전과 후의 모든 단계를 포함하며, 주로 예방(Prevention), 대비(Preparedness), 대응(Response), 복구(Recovery)의 네 가지 주요 단계로 구성된다.

그림 2.1 재난 주기 이론의 4단계

1.1.1 재난 주기 이론의 필요성

- 재난은 예측 불가능하며, 한 번의 대응만으로 완전히 해결될 수 없음
- 각 단계는 상호 연계되어 있으며, 특정 단계의 실패는 다른 단계의 효과성에도 영향을 미칠 수 있음
- 지속적인 개선과 평가를 통해 재난관리를 강화할 필요가 있음

재난 주기 이론을 적용함으로써 재난관리자는 각 단계에서 필요한 조치를 명확히 파악할 수 있으며, 이를 통해 재난으로 인한 피해를 최소화할 수 있다.

1.2 재난 주기의 단계

재난 주기는 일반적으로 예방, 대비, 대응, 복구의 4단계로 구분된다. 각 단계는 독립적인 개념이 아니라 상호 밀접한 연관성을 가지며, 한 단계에서의 조치가 다음 단계에 영향을 미친다.

1.2.1 예방(Prevention)

예방 단계는 재난이 발생하지 않도록 사전에 위험 요소를 제거하거나 완화하는 것을 목표로 한다. 주요 활동은 다음과 같다.

- 건축물 내진설계 적용 및 화재 방지 시설 강화
- 기후 변화 대응을 위한 정책 수립
- 산업시설에서의 안전 점검 및 위험 물질 관리
- 재난 발생 가능성이 높은 지역에 대한 규제 및 관리

예방 조치가 적절하게 이루어지면 재난 발생 가능성이 현저히 줄어들고, 만약 발생하더라도 피해 규모를 최소화할 수 있다.

표 2.1 재난 주기 단계별 주요 활동 정리

단계	주요 활동
예방	위험 요소 제거, 법규 강화, 안전 점검
대비	대응 계획 수립, 훈련 및 교육, 예·경보 시스템 구축
대응	긴급 구조, 의료 지원, 대피 조치
복구	단기 복구(시설 복원), 장기 복구(경제·사회 재건)

1.2.2 대비(Preparedness)

대비 단계는 재난 발생 시 신속하고 효과적인 대응이 이루어질 수 있도록 준비하는 과정이다. 이 단계는 다음과 같은 요소를 포함한다.

- **비상계획 수립**: 재난 발생 시 수행할 행동 계획을 사전에 마련
- **훈련 및 교육**: 재난 대응 훈련 및 대피 훈련을 정기적으로 실시
- **재난 예·경보 시스템 구축**: 조기 경보 체계를 활용하여 위험 요소를 사전 감지
- **필수 자원 확보**: 비상식량, 의료 물품, 구호 물품 등의 비축

대비 단계가 철저할수록 실제 재난 발생 시 신속한 대응이 가능하며, 피해를 최소화할 수 있다.

1.2.3 대응(Response)

대응 단계는 재난이 실제로 발생했을 때 피해를 최소화하고 생명과 재산을 보호하기 위한 긴급조치를 수행하는 과정이다. 주요 대응 활동은 다음과 같다.

- **긴급 구조 및 구호 활동**: 소방, 경찰, 의료진의 신속한 출동 및 구조 작업
- **대피 및 피난 유도**: 위험지역의 주민을 안전한 장소로 대피시키는 조치
- **응급 의료 지원**: 부상자 치료 및 병원으로의 이송
- **재난 상황 통제**: 사고 지휘 체계(ICS)를 활용하여 대응 조직 간 협업 강화

1.2.4 복구(Recovery)

복구 단계는 재난이 종료된 후 정상적인 사회 기능을 회복하기 위한 과정이다. 복구는 단기 복구와 장기 복구로 나누어진다.

표 2.2 단기 복구와 장기 복구의 차이 비교

구분	주요 내용
단기 복구	필수 인프라 복원(전력, 통신, 교통 등)
장기 복구	주택 재건, 경제 회복, 지역 사회 지원

복구 단계에서는 재난 피해를 단순히 복원하는 것을 넘어, 향후 유사한 재난 발생 시 더 나은 대응이 가능하도록 대비책을 강화하는 것이 중요하다.

그림 2.2 재난 발생 전·후 주요 조치 흐름도

1.3 재난 주기 이론의 실제 적용 사례

1.3.1 태풍 '매미'(2003년) 사례

2003년 대한민국을 강타한 태풍 '매미'는 강풍과 폭우로 인해 전국적으로 큰 피해를 초래했다. 이 사례를 통해 재난 주기 이론이 실제로 어떻게 적용되었는지 분석할 수 있다.

표 2.3 태풍 '매미' 사례의 재난 주기 적용 분석

단계	태풍 '매미' 사례 적용 내용
예방	일부 지역의 방풍 대책 시행, 해안가 방조제 보강
대비	기상청의 태풍경보 발령, 일부 지역 대피 계획 수립
대응	소방·경찰 긴급출동, 대규모 대피 및 구조 작업
복구	피해 지역 복구, 향후 대비 정책 강화

1.4 재난 주기 이론의 한계와 발전 방향

1.4.1 한계점

- 현실에서는 재난 주기의 각 단계가 명확하게 구분되지 않는 경우가 많음
- 사회적 취약성이 높은 지역에서는 예방과 대비 단계가 충분히 이루어지지 않음

- 재난의 복합적 성격(예 복합 재난)으로 인해 주기적 접근만으로는 대응이 어려운 경우가 있음

1.4.2 발전 방향

- 예방과 대비 단계를 더욱 강화하여 재난 발생 전 피해 저감 전략을 우선적으로 시행
- 데이터 기반 재난 예측 기술을 활용하여 선제 대응 역량을 확보
- 국제적 협력을 확대하여 재난 발생 시 신속한 지원과 복구가 가능하도록 체계 구축

재난 주기 이론은 단순한 개념이 아니라, 실제 재난관리에서 핵심적인 역할을 하는 체계적인 접근법이다. 단계별로 철저한 계획과 실행이 이루어질 때, 사회 전체의 재난 대응 능력이 향상될 수 있다.

2 위기관리 및 탄력성 이론

2.1 위기관리의 개념

위기관리(Crisis Management)는 예상치 못한 위협이나 재난이 발생했을 때 조직과 사회가 신속하게 대응하여 피해를 최소화하고 정상 상태로 복귀할 수 있도록 하는 일련의 과정이다. 위기관리의 핵심 목표는 위기를 사전에 예측하고, 효과적으로 대응하며, 위기 이후 조직과 사회의 회복력을 강화하는 데 있다.

위기관리와 재난관리는 일부 개념이 중첩되지만, 근본적인 목적과 초점에서 차이가 있다.

표 2.4 위기관리와 재난관리의 주요 차이점

구분	위기관리 (Crisis Management)	재난관리 (Disaster Management)
목적	예측 불가능한 위기에 대한 대응 및 극복	재난 전·중·후의 종합적인 관리
초점	즉각적인 대응 및 피해 최소화	예방, 대비, 대응, 복구의 전 주기적 접근
사례	기업의 재정 위기, 정치적 혼란, 보건 위기 등	태풍, 지진, 홍수, 산불 등 자연재해 및 인적 재난
관리 방식	빠른 의사 결정 및 단기적인 대응	장기적인 계획 수립 및 체계적 접근
책임 주체	정부, 기업, 조직 내 위기관리팀	정부, 소방·경찰·의료 기관, 비상 관리 조직

그림 2.3 위기관리의 단계별 접근 방법

위기관리는 주로 예상치 못한 사건이 발생했을 때 신속한 의사 결정과 대응을 요구하며, 재난관리는 더욱 장기적인 관점에서 관리되어야 하는 특징을 가진다.

2.2 탄력성의 개념과 적용

탄력성(Resilience)은 재난이나 위기가 발생한 후 사회, 조직, 또는 개인이 얼마나 신속하게 적응하고 정상 상태로 복귀할 수 있는지를 나타내는 개념이다. 이는 재난관리에서 중요한 요소로 작용하며, 탄력성이 높은 사회일수록 외부 충격을 견뎌내고 회복하는 능력이 뛰어나다.

탄력성의 주요 요소는 다음과 같다.

- **적응력**: 환경 변화에 맞춰 새로운 해결책을 도출하는 능력
- **자원 확보**: 재난 발생 시 사용할 수 있는 물적·인적 자원의 확보
- **네트워크 및 협력**: 공공 및 민간 기관 간의 협력 강화
- **위기 대응 능력**: 신속한 의사 결정과 효과적인 조치 시행

표 2.5 탄력성의 주요 구성 요소 및 설명

구성 요소	설명
적응력	변화하는 환경에 맞춰 대응 전략을 수정하고 실행하는 능력
자원 확보	재난 발생 시 필요한 물리적·인적·재정적 자원을 갖추는 능력
네트워크 및 협력	정부, 민간, 지역 사회 간의 협력을 통해 대응력을 강화
위기 대응 능력	위기 발생 시 신속하고 효과적으로 대응하는 조직적 역량

2.3 위기관리 및 탄력성 이론의 실제 적용 사례

2.3.1 COVID-19 팬데믹 사례

COVID-19 팬데믹은 세계 각국에서 위기관리와 탄력성의 중요성을 부각시킨 사례이다. 각국의 대응 방식과 탄력성 요소를 분석하면, 효과적인 위기관리 전략을 도출할 수 있다.

표 2.6 COVID-19 팬데믹의 위기관리 및 탄력성 적용 사례

구분	주요 대응 및 탄력성 요소
위기관리	감염병 확산 차단을 위한 신속한 봉쇄 및 사회적 거리 두기 정책
탄력성	백신 개발, 의료 시스템 강화, 비대면 기술의 급속한 발전
대응 방식	WHO와 각국 정부의 협력 및 긴급 의료 지원
회복 과정	경제 회복을 위한 정부의 지원 정책 및 기업의 디지털 전환

COVID-19 사례를 통해 확인할 수 있듯이, 탄력성이 높은 사회는 신속하게 적응하고 회복하며, 보다 체계적인 대응을 수행할 수 있다.

2.4 위기관리 및 탄력성 이론의 한계와 발전 방향

2.4.1 한계점

- 위기관리 체계가 미흡한 국가나 조직에서는 신속한 대응이 어려움
- 탄력성 강화에는 장기간의 투자가 필요하며, 단기적인 효과가 즉각적으로 나타나지 않음
- 글로벌 위기(예 팬데믹, 기후변화)에서는 개별 국가 차원의 대응만으로 한계가 존재

2.4.2 발전 방향

- 공공 및 민간 부문의 협력 강화
- 데이터 기반 위기 예측 및 대응 기술 개발
- 지역 사회의 위기 대응 역량 강화를 위한 교육 및 훈련 확대

위기관리 및 탄력성 이론은 현대 사회에서 재난과 불확실한 상황에 대비하기 위한 필수적인 개념이다. 조직과 사회가 체계적인 대응 전략을 마련하고, 탄력성을 강화한다면, 보다 안전하고 지속 가능한 환경을 구축할 수 있을 것이다.

3 사회적 취약성과 재난관리 모델

3.1 사회적 취약성의 개념

그림 2.4 사회적 취약성과 재난 영향

사회적 취약성(Social Vulnerability)은 특정 집단이나 지역 사회가 재난 발생 시 더 큰 영향을 받는 정도를 의미한다. 취약성은 경제적, 사회적, 환경적 요인에 의해 결정되며, 동일한 재난 상황에서도 취약한 계층은 더욱 심각한 피해를 입을 가능성이 크다.

사회적 취약성을 낮추기 위해서는 정부와 민간 부문이 협력하여 포괄적인 재난 대비 정책을 수립하고, 취약 계층을 보호하기 위한 사회 안전망을 구축해야 한다.

표 2.7 사회적 취약성을 결정하는 주요 요인

요인	설명
경제적 요인	저소득층, 실업률 증가, 경제적 불안정성
사회적 요인	장애인, 노인, 아동, 이민자 등 사회적 약자층
환경적 요인	재해 취약 지역(홍수 위험지역, 산사태 위험지역) 거주
제도적 요인	재난 대비 및 대응 인프라 부족, 정부의 지원 체계 미비

3.2 재난관리 모델

재난관리 모델은 재난의 발생 원인과 대응 방안을 이론적으로 설명하는 틀이다. 이를 통해 정책 입안자와 실무자는 더욱 효과적인 재난관리 전략을 수립할 수 있다.

3.2.1 압력과 해방 모델(Pressure and Release Model, PAR)

압력과 해방 모델은 사회적 취약성이 재난 피해에 미치는 영향을 설명하는 대표적인 재난관리 모델이다. 이 모델은 위험 요인과 사회적 취약성이 결합할 때 재난이 발생하며, 취약성을 낮추는 것이 재난 피해를 줄이는 핵심 전략임을 강조한다.

표 2.8 압력과 해방 모델(PAR)의 구성 요소

구성 요소	설명
근본적 원인	경제적 불평등, 정치적 불안정, 환경적 파괴
동인(압력 요소)	부적절한 도시 계획, 인구 증가, 기후변화
위험 요인	자연재해(홍수, 지진 등) 및 인적 재난(산업재해, 테러 등)
재난	취약성과 위험 요인이 결합하여 실제 피해 발생
해방(완화 전략)	정책 개혁, 위험 저감 전략, 사회적 안전망 구축

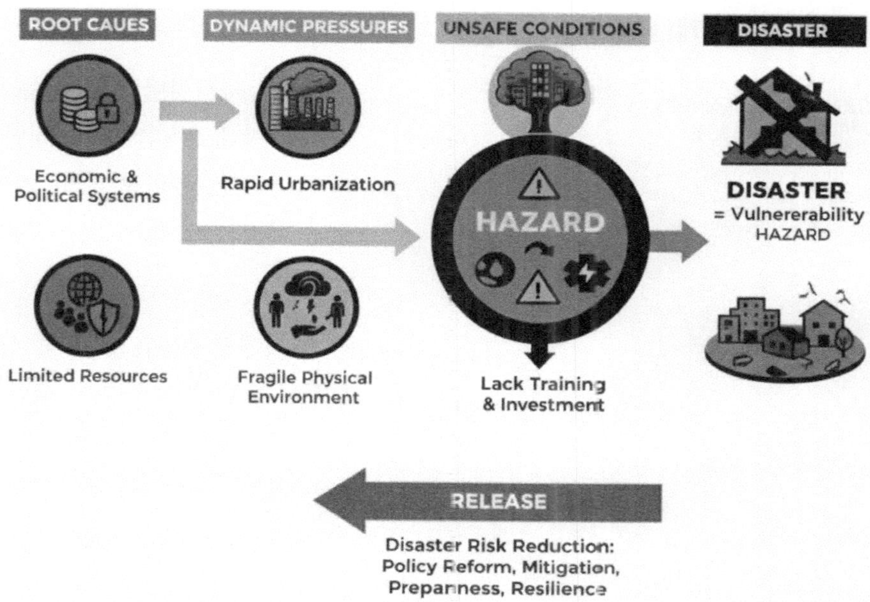

그림 2.5 압력과 해방 모델의 개념도

이 모델에 따르면, 재난을 단순한 자연현상이 아니라 사회적 요인과 결합한 문제로 이해해야 하며, 근본적인 원인을 해결하는 것이 중요하다.

3.2.2 재난 대응 및 복구 모델

표 2.9 재난 대응 및 복구 모델의 주요 단계

단계	설명
긴급 대응	구조 활동, 의료 지원, 대피소 운영
단기 복구	전력 및 통신 복원, 도로 및 기반 시설 복구
장기 복구	주택 재건, 지역 사회 재정 안정, 심리적 회복 지원

재난 대응 및 복구 모델은 재난 발생 이후 피해를 최소화하고 사회를 신속하게 정상 상태로 복구하는 과정에 초점을 맞춘다.

효과적인 재난 복구를 위해서는 단기적 조치뿐만 아니라 장기적 관점에서 사회적 취약성을 고려한 지원이 필요하다.

3.3 사회적 취약성과 재난관리 모델의 실제 적용 사례

3.3.1 2005년 허리케인 카트리나 사례

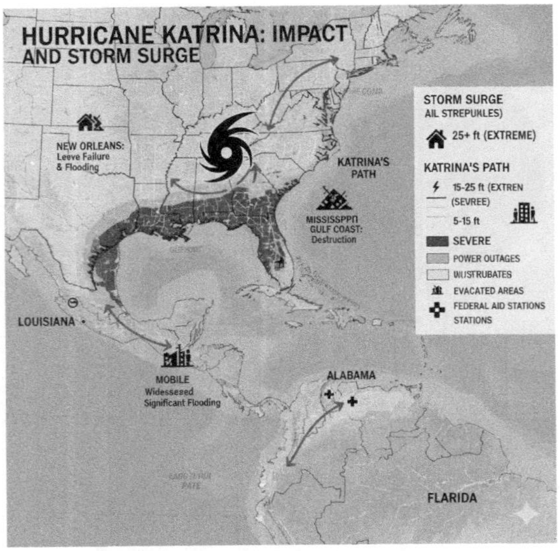

그림 2.6 허리케인 카트리나 피해 지도

허리케인 카트리나는 미국 뉴올리언스 지역에 막대한 피해를 초래한 대표적인 재난으로, 사회적 취약성이 재난 피해에 미치는 영향을 보여주는 사례이다.

이 사례에서 볼 수 있듯이, 사회적 취약성이 높은 지역일수록 재난 발생 시 회복이 더딜 수 있으며, 이를 사전에 고려한 정책 수립이 필수적이다.

표 2.10 허리케인 카트리나 사례의 사회적 취약성 분석

요소	적용 사례
경제적 요인	저소득층 거주 지역에서 피해 집중
사회적 요인	이동 능력이 부족한 노인 및 장애인 피해 증가
환경적 요인	해안 저지대 지역에서 홍수 피해 극심
제도적 요인	정부의 초기 대응 미흡, 대피 계획 부족

3.4 사회적 취약성과 재난관리 모델의 한계와 발전 방향

3.4.1 한계점

- 취약 계층을 고려한 정책이 부족할 경우 효과적인 재난관리가 어려움
- 기존 재난관리 모델이 모든 유형의 재난을 설명하는 데 한계가 존재
- 재난 발생 이후 장기적인 사회적 지원 부족

3.4.2 발전 방향

- 사회적 취약성을 반영한 맞춤형 재난관리 정책 개발
- 지역 사회 중심의 대응 체계 강화 및 주민 참여 확대
- 데이터 기반 위험 평가를 활용한 맞춤형 지원 정책 수립

사회적 취약성을 고려한 재난관리는 단순한 대응을 넘어, 재난 발생 이전부터 사전 예방과 위험 저감을 위한 적극적인 정책이 요구된다. 이를 위해 지속적인 연구와 정책 개발이 이루어져야 한다.

4 국제적 재난관리 체계

4.1 국제적 재난관리 체계의 개념

표 2.11 국제적 재난관리 체계의 주요 특징

특징	설명
국제 협력	다국적 기관 및 NGO의 협력을 통한 재난 대응
긴급 지원	재난 발생 시 긴급 구호 물자 및 인력 지원
기술 및 정보 공유	재난 예측 및 대응을 위한 데이터 공유
정책 조정	각국의 재난 대응 정책 조율 및 표준화

국제적 재난관리 체계(International Disaster Management System)는 국가 간 협력을 통해 재난 발생 시 신속하고 효과적인 대응을 수행하는 체계를 의미한다. 재난은 국경을 초월하여 발생할 수 있기 때문에, 개별 국가의 대응만으로는 충분하지 않으며, 국제기구 및 협력 체계를 통한 공동 대응이 필수적이다.

그림 2.7 국제적 재난관리 체계의 개념도

국제적 재난관리 체계는 자연재해뿐만 아니라 전염병, 환경 재난, 인도적 위기 등의 다양한 재난을 포괄하며, 각국이 공동으로 대응할 수 있는 방안을 마련하는 데 초점을 둔다.

4.2 주요 국제 재난관리 기구

국제 사회에서는 다양한 기관과 단체가 재난 대응과 복구를 위한 활동을 수행하고 있다. 주요 국제 재난관리 기구는 다음과 같다.

4.2.1 유엔 재난 위험 경감사무국(UNDRR)

- UN 산하의 재난 위험 경감 기관으로, 각국의 재난관리 정책을 지원
- 2015년 센다이 프레임워크(Sendai Framework)를 채택하여 글로벌 재난관리 기준 수립

4.2.2 국제적십자사(IFRC)

- 재난 피해자를 위한 긴급 구호 및 의료 지원 수행
- 재난 발생 시 인도적 지원을 제공하고 국가 간 협력을 촉진

4.2.3 세계보건기구(WHO)

- 전염병 및 보건 위기 대응을 위한 국제 협력 수행
- COVID-19와 같은 팬데믹 발생 시 브건 체계 지원

4.2.4 미국 연방 비상관리청(FEMA)

- 미국 내 재난 대응을 담당하는 기관디지만, 국제적 협력도 수행
- 허리케인, 산불, 지진 등의 대규모 재난 발생 시 신속한 복구 지원

표 2.12 주요 국제 재난관리 기구 및 역할

기관	역할
UNDRR	재난 우험 경감 정책 개발 및 국제 협력 조정
IFRC	긴급 구호 및 언도적 지원 수행
WHO	전염병 및 보건 위기 대응 지원
FEMA	미국 내외 재난 대응 및 복구 지원

국제 재난관리 기구들은 각자의 역할에 따라 협력하며, 재난 발생 시 신속한 지원을 제공하고 대응 역량을 향상하기 위한 노력을 지속하고 있다.

4.3 국제재난 협력 사례

4.3.1 2010년 아이티 대지진 국제 지원

2010년 1월 발생한 아이티 대지진은 국제적 재난 대응이 어떻게 이루어지는지를 보여주는 대표적인 사례이다. 강진으로 인해 아이티는 사회적 인프라가 붕괴하였으며, 국제 사회의 적극적인 지원이 이루어졌다.

표 2.13 아이티 대지진의 국제적 지원 사례

지원 국가/기구	지원 내용
미국 (FEMA)	긴급 구조대 파견, 임시 주거 시설 지원
UN	평화유지군 배치, 긴급 식량 및 의료 지원
EU	경제적 지원 및 인프라 재건 프로젝트 수행
IFRC	응급 의료 지원 및 식수 공급

국제 협력 덕분에 아이티는 점진적인 회복 과정을 거쳤으며, 이후 재난 대비 역량 강화를 위한 프로젝트들이 진행되었다.

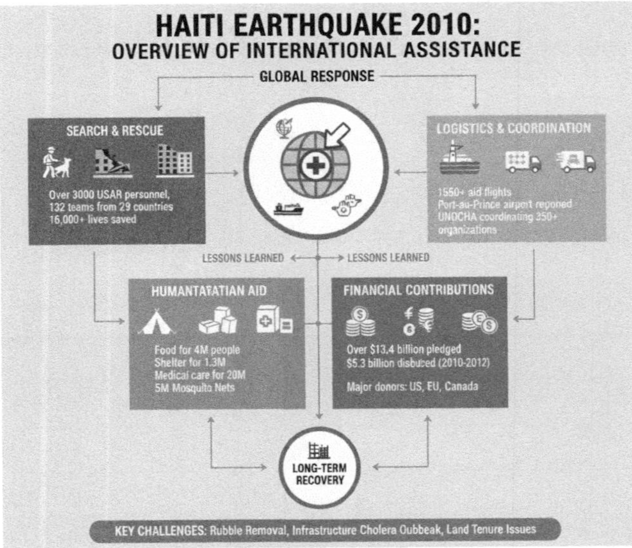

그림 2.8 아이티 대지진 국제 지원 개요

4.4 국제적 재난 대응의 한계와 발전 방향

4.4.1 한계점

- 긴급 지원이 필요하지만, 국가 간 조율 과정에서 지연이 발생할 가능성이 있음
- 재난 발생 국가의 정부 부패 및 행정력 부족으로 지원이 제대로 이루어지지 않는 경우 존재
- 문화적, 정치적 차이로 인해 대응 방식이 표준화되기 어려움

4.4.2 발전 방향

- 국제재난 대응 표준 프로토콜 강화 및 실행 속도 개선
- 기술 기반 정보 공유 시스템 확립(위성 데이터, AI 기반 예측 모델 활용)
- 지속 가능한 재난 복구 지원을 위한 장기적 재정 지원 모델 구축

국제적 재난관리 체계는 국가 간 협력을 통해 지속적으로 발전해야 하며, 효과적인 재난 대응과 복구를 위해 새로운 전략과 기술이 필요하다.

5 재난관리의 원칙 및 전략적 효과

5.1 재난관리의 원칙

재난관리는 단순한 대응이 아니라 예방부터 복구까지 전반적인 프로세스를 포함하는 종합적 개념이다. 효과적인 재난관리를 위해서는 다음과 같은 원칙이 적용되어야 한다.

표 2.14 재난관리의 주요 원칙

원칙	설명
예방 우선 원칙	재난 발생 이전에 위험을 사전 제거하고 대비책을 마련
통합적 접근 원칙	다기관 협력과 종합적인 대응을 통해 재난관리를 수행
지역 사회 중심 원칙	지역 사회의 자원과 인력을 활용하여 효과적인 대응 실시
지속 가능성 원칙	환경 및 사회적 요소를 고려하여 지속 가능한 대응책 수립
협력 강화 원칙	국가 간, 기관 간 협력을 강화하여 대응 역량 향상

각 원칙은 재난관리 전 과정에서 중요한 기준이 되며, 이를 적용함으로써 피해를 줄이고 신속한 복구를 가능하게 한다.

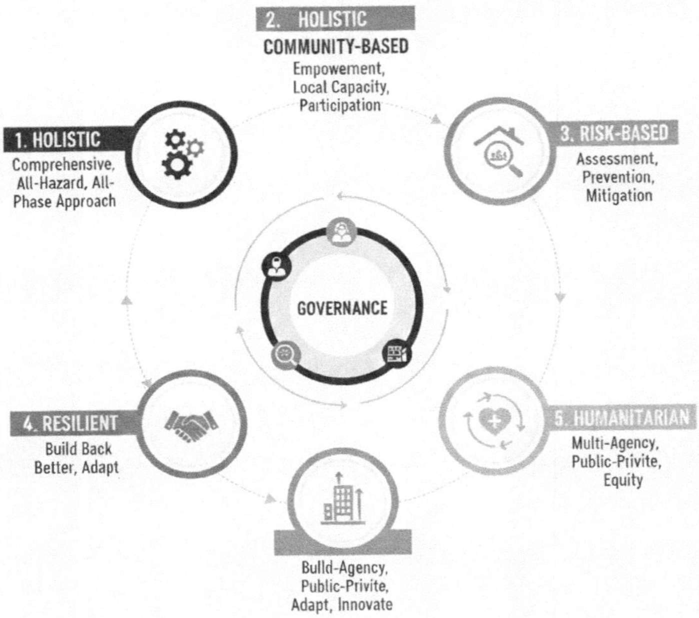

그림 2.9 재난관리 원칙의 개념도

5.2 전략적 효과

재난관리의 전략적 접근은 단기적인 재난 대응을 넘어, 장기적으로 국가 및 지역 사회의 재난 회복력(Resilience)을 향상하는 데 초점을 둔다.

5.2.1 재난 예방 및 대비 효과

효과적인 재난 예방 및 대비 전략이 적용될 경우, 피해를 미연에 방지하고 사회적 비용을 절감할 수 있다.
재난 예방 및 대비 전략은 사회적·경제적 손실을 최소화하는 핵심 요소이며, 각국의 재난관리 정책에서 필수적인 부분으로 자리 잡고 있다.

표 2.15 재난 예방 및 대비의 전략적 효과

전략	효과
재난 위험 평가	위험지역을 파악하고 사전 조치를 통해 피해 감소
재난 예·경보 시스템 구축	재난 발생 가능성을 사전에 감지하여 신속한 대응 가능
비상 대응 훈련	실전 훈련을 통해 대피 및 대응 능력 향상

5.2.2 대응 및 복구의 전략적 효과

재난 발생 후 신속하고 효과적인 대응이 이루어진다면 인명 피해와 경제적 손실을 줄일 수 있으며, 장기적인 회복 과정에서도 긍정적인 영향을 미칠 수 있다.
이러한 전략적 접근을 통해 국가와 지역 사회는 재난 발생 이후에도 빠르게 정상화할 수 있으며, 향후 발생할 재난에 대한 대비 역량을 강화할 수 있다.

표 2.16 대응 및 복구의 전략적 효과

전략	효과
사고 지휘 체계(ICS) 운영	효율적인 조직 운영을 통해 신속한 재난 대응 가능
국제 협력 활용	재난 대응 시 외부 자원 활용 및 지원 극대화
심리적 지원 프로그램	피해자의 정신적 건강 회복 및 사회 복귀 촉진

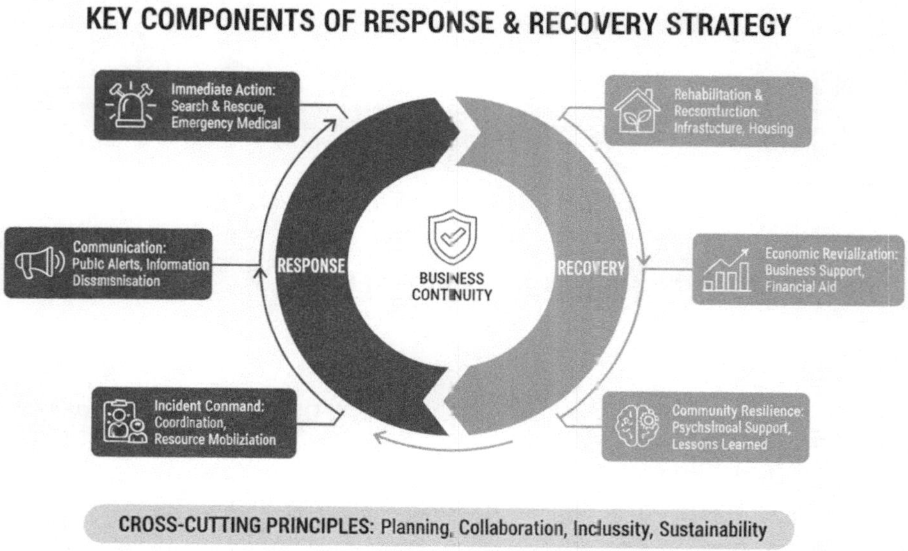

그림 2.10 대응 및 복구 전략의 주요 요소

5.3 재난관리 원칙 및 전략적 효과의 실제 적용 사례

5.3.1 일본의 재난관리 정책 적용 사례

일본은 지진과 쓰나미 등 대규모 자연재해가 자주 발생하는 국가로, 효과적인 재난관리 원칙과 전략을 적용하여 피해를 최소화하는 국가 중 하나이다.

표 2.17 일본의 재난관리 전략 및 효과

전략	적용 사례
예방 우선 원칙	건축법 개정으로 내진설계 강화
통합적 접근 원칙	정부, 민간, 지역 사회 간 협력 체계 구축
비상 대응 훈련	전국적인 지진 및 쓰나미 대피 훈련 실시
심리적 지원 프로그램	피해자를 위한 장기적 심리 상담 서비스 운영

일본의 사례는 재난 예방, 대비, 대응, 복구 전반에서 전략적 접근이 어떻게 적용되는지를 보여주는 대표적인 사례이다.

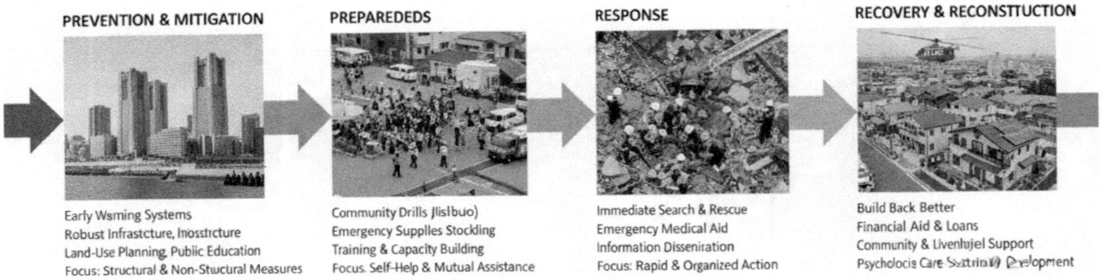

그림 2.11 일본의 재난관리 주요 정책 개요

5.4 재난관리 원칙 및 전략적 효과의 한계와 발전 방향

5.4.1 한계점

- 일부 개발도상국에서는 재난 예방과 대비에 필요한 자원이 부족하여 실질적인 효과를 거두기 어려움
- 지역 사회 중심의 재난 대응이 이루어지지 않을 경우, 민간의 협력이 부족하여 효과성이 저하될 가능성이 있음
- 재난관리 정책이 지속적으로 업데이트되지 않으면 변화하는 위험 요소를 반영하지 못할 위험이 있음

5.4.2 발전 방향

- 재난관리 교육 확대를 통해 지역 사회 구성원의 대응 역량 강화
- 최신 기술(빅데이터, AI 기반 재난 예측) 도입을 통해 선제 대응 체계 마련
- 국가 및 국제기구 간 협력 강화를 통한 재난 대응 및 복구 지원 체계 개선

- 재난관리의 원칙과 전략적 효과를 지속적으로 개선하고 발전시킨다면, 재난으로 인한 피해를 최소화할 수 있으며, 보다 안전한 사회를 구축할 수 있을 것이다.

6 사고 지휘 체계 개념 및 적용 사례

6.1 사고 지휘 체계(ICS)의 개념

사고 지휘 체계(Incident Command Sys 재난 및 비상사태 발생 시 효율적이고 체계적인 대응을 위해 개발된 관리 시스템이다. ICS는 조직 간 협력을 강화하고, 신속한 의사 결정을 통해 혼란을 최소화하며, 재난 대응의 효율성을 극대화하는 역할을 한다.

그림 2.12 사고 지휘 체계(ICS)의 조직 구조

ICS는 다양한 유형의 재난에 적용 가능하며, 규모에 따라 유연하게 운영될 수 있다는 점에서 강력한 관리 도구로 평가받는다.

표 2.18 사고 지휘 체계(ICS)의 주요 구성 요소

구성 요소	설명
사고 지휘관	재난 대응의 총괄 책임자로 지휘 및 조정 역할 수행
운영 부문	현장에서 직접적인 대응을 수행하는 조직
기획 부문	데이터 수집, 상황 분석 및 대응 전략 수립
지원 부문	물류, 인력 배치 및 자원 조달 담당
재무·행정 부문	예산 관리, 비용 기록 및 법적 절차 지원

6.2 사고 지휘 체계의 주요 기능

ICS는 다음과 같은 핵심 기능을 수행하여 재난 대응을 더욱 체계적으로 관리한다.

표 2.19 사고 지휘 체계의 핵심 기능

기능	설명
명확한 지휘 체계 구축	책임과 권한을 명확히 하여 신속한 의사 결정 가능
통합적 의사소통 체계	참여 조직 간 원활한 정보 공유를 위한 표준화된 커뮤니케이션
자원 관리 최적화	필요한 인력, 장비, 물자를 효과적으로 배치
유연한 조직 운영	재난 규모와 상황에 따라 조직을 확장 또는 축소 가능

ICS의 이러한 기능은 특히 다기관 협력이 필요한 대형 재난 대응에서 중요한 역할을 한다.

6.3 사고 지휘 체계의 적용 사례

6.3.1 9·11 테러 당시 ICS의 활용

2001년 미국에서 발생한 9·11 테러는 대규모 인적·물적 피해를 초래한 사건으로, ICS의 중요성이 강조된 사례 중 하나이다. 당시 ICS를 활용하여 다양한 기관이 협력하였으며, 체계적인 대응이 이루어졌다.

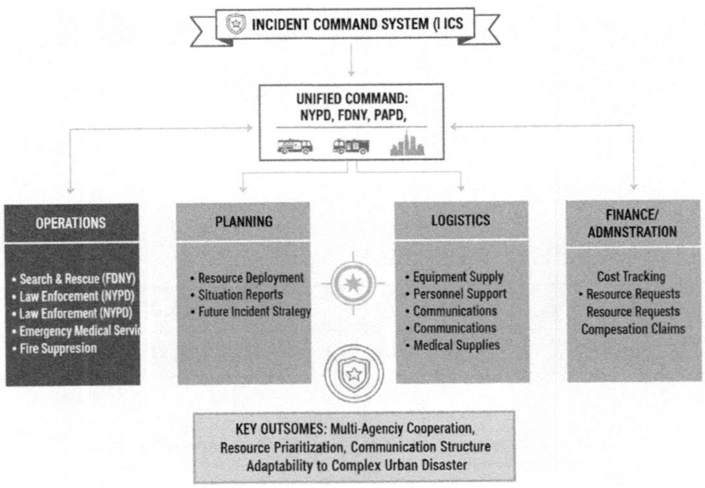

그림 2.13 9·11 테러 대응에서의 ICS 역할

표 2.20 9·11 테러 당시 ICS 적용 사례

적용 요소	사례
명확한 지휘 체계	뉴욕 소방국(FDNY)이 사고 지휘관 역할 수행
다기관 협력	경찰 의료 기관, 연방 응급관리청(FEMA) 간 협력
자원 통합 관리	구조 장비 및 구호물자의 신속한 배분
정보 공유 시스템	실시간 상황 보고를 통한 신속한 대응 전략 수립

9·11 테러 이후 미국은 ICS를 더욱 강화하여, 재난 발생 시 효율적인 대응이 이루어질 수 있도록 체계를 개선하였다.

6.3.2 한국의 사고 지휘 체계 적용 사례

한국에서도 대형 재난 발생 시 ICS를 기반으로 한 지휘 체계가 운영되고 있으며, 대표적인 사례로 2014년 세월호 사고 대응을 들 수 있다.

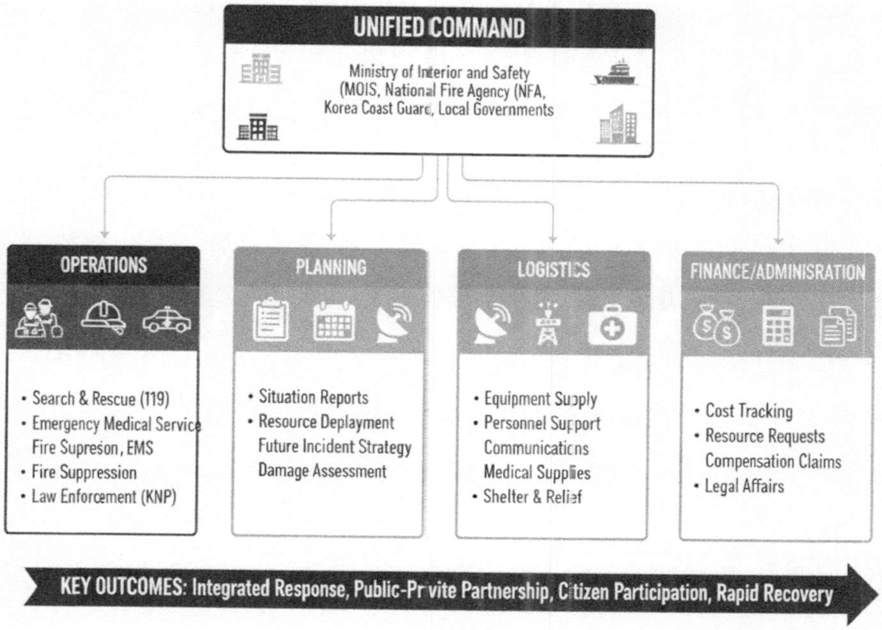

그림 2.14 한국 재난관리에서의 ICS 적용 구조

표 2.21 세월호 사고에서의 ICS 적용 및 한계

적용 요소	사례
긴급 구조 활동	해경과 소방 당국이 협력하여 구조 활동 수행
정보 공유 부족	초기 혼선으로 인해 대응 지연 발생
자원 배분 문제	구조 인력 및 장비 배치의 비효율성 발생
대응 시스템 개선 필요성	이후 사고 지휘 체계 강화 및 대응 매뉴얼 보완

세월호 사고 이후 한국 정부는 ICS의 중요성을 인식하고, 다기관 협력을 강화하는 방향으로 재난 대응 체계를 개선하였다.

6.4 사고 지휘 체계의 한계와 발전 방향

6.4.1 한계점

- 초기 대응이 지연될 경우 ICS의 효과가 감소할 수 있음
- 기관 간 의사소통이 원활하지 않으면 통합적 대응이 어려움
- ICS 적용 경험이 부족한 경우, 시스템 운영이 비효율적으로 진행될 가능성 존재

6.4.2 발전 방향

- 다기관 협력을 위한 실전 훈련 강화
- 첨단기술(AI 기반 데이터 분석, 위성 통신 등)을 활용한 실시간 대응 체계 구축
- 지역 사회 중심 ICS 모델 도입을 통한 대응 역량 강화

ICS는 현대 재난관리에서 필수적인 요소로 자리 잡았으며, 지속적인 개선과 훈련을 통해 보다 효과적인 재난 대응이 가능하도록 발전해야 한다.

핵심 내용 정리(기출 문제 관련)

1. 재난 주기 이론

- 재난 주기 이론은 예방(Prevention), 대비(Preparedness), 대응(Response), 복구(Recovery)의 4단계로 구성됨
- 예방 단계에서는 재난 발생 가능성을 사전에 차단하는 조치를 시행하며, 대비 단계에서는 대응을 위한 훈련과 자원 확보가 진행됨
- 대응 단계에서는 긴급 구조 및 피해 최소화 조치가 이루어지며, 복구 단계에서는 사회 기능을 정상화하는 과정이 포함됨

출제 경향

- 재난 주기 이론의 단계별 특징 및 활동을 묻는 문제 출제 가능
- 사례를 제시하고 어느 단계에 해당하는지를 판단하는 문제 출제 가능
- 예방과 대비의 차이를 설명하는 문제 출제 가능

2. 위기관리 및 탄력성 이론

- 위기관리(Crisis Management)는 예상치 못한 재난 상황에서 신속하고 효과적인 대응을 목표로 하는 체계적 접근법임
- 탄력성(Resilience)은 외부 충격이나 사회적 기능 단절을 극복하고 회복하는 능력을 의미함
- 탄력성을 강화하기 위한 주요 요소로는 내구성, 신속성, 대체 가능성, 자원 동원력이 포함됨

출제 경향

- 위기관리와 재난관리의 차이점을 묻는 문제 출제 가능
- 탄력성을 높이기 위한 요소를 묻는 문제 출제 가능
- 코로나19와 같은 사례를 통해 탄력성이 어떻게 발휘되었는지 분석하는 문제 출제 가능

3. 사회적 취약성과 재난관리 모델

- 사회적 취약성(Social Vulnerability)은 특정 집단이 재난 발생 시 더 큰 피해를 입을 가능성이 높은 상태를 의미함
- 주요 사회적 취약성 요인으로는 경제적 요인(저소득층), 사회적 요인(노인, 장애인), 환경적 요인(홍수 위험지역 거주) 등이 있음
- 재난관리 모델로 압력과 해방 모델(PAR Model)이 있으며, 이는 근본적 원인, 압력 요소, 위험 요인을 분석하여 재난 피해를 줄이기 위한 접근법임

출제 경향

- 사회적 취약성의 정의와 주요 요인을 묻는 문제 출제 가능
- 특정 재난 사례에서 사회적 취약성이 피해에 미친 영향을 분석하는 문제 출제 가능
- 압력과 해방 모델(PAR Model)의 개념을 설명하는 문제 출제 가능

4. 국제적 재난관리 체계

- 국제 재난관리 체계는 국가 간 협력을 통해 신속한 재난 대응과 복구를 지원하는 시스템을 의미함
- 주요 국제기구로는 UNDRR(유엔 재난 위험 경감 기구), IFRC(국제적십자사), WHO(세계보건기구), FEMA(미국 연방재난관리청) 등이 있음
- 국제 협력의 필요성은 재난이 국경을 초월하여 영향을 미치기 때문이며, 특히 대규모 감염병과 기후변화 대응에서 중요함

출제 경향

- 국제 재난관리 체계를 구성하는 주요 기구와 역할을 묻는 문제 출제 가능
- 국제재난 대응에서 발생하는 문제점(자원 분배의 비효율성, 정치적 요인 등)을 분석하는 문제 출제 가능
- 국제재난 대응 사례(아이티 대지진, 코로나19 대응 등)를 설명하는 문제 출제 가능

5. 사고 지휘 체계 개념 및 적용 사례

- 사고 지휘 체계(Incident Command Sys 재난 발생 시 효과적인 대응을 위해 명확한 지휘·통제 구조를 제공하는 시스템임

- ICS는 사고 지휘관(Incident Commander), 운영 부문(Operations Section), 기획 부문(Planning Section), 지원 부문(Logistics Section), 재무·행정 부문(Finance & Administration Section)으로 구성됨
- ICS는 미국에서 1970년대 산불 대응을 위해 도입된 이후 전 세계적으로 활용되고 있음

출제 경향

- 사고 지휘 체계(ICS)의 주요 구성 요소와 역할을 묻는 문제 출제 가능
- 9·11 테러, 세월호 사고와 같은 사례에서 ICS의 적용 여부를 분석하는 문제 출제 가능
- ICS와 기존 전통적인 재난 대응 방식의 차이를 설명하는 문제 출제 가능

연습문제

01 다음 중 재난 주기 이론의 4단계에 해당하지 않는 것은?

① 예방(Prevention) ② 대비(Preparedness)
③ 대응(Response) ④ 평가(Evaluation)

02 다음 중 위기관리와 재난관리의 주요 차이점으로 옳은 것은?

① 위기관리는 장기적인 대비 전략을 포함한다.
② 재난관리는 주로 기업의 위기관리에서 활용된다.
③ 위기관리는 신속한 대응과 피해 최소화에 초점을 둔다.
④ 재난관리는 즉각적인 대응만을 포함한다.

03 다음 중 탄력성(Resilience) 강화를 위한 요소로 적절하지 않은 것은?

① 내구성 ② 신속성
③ 불확실성 ④ 자원 동원력

04 다음 중 사회적 취약성(Social Vulnerability)에 대한 설명으로 올바른 것은?

① 재난이 발생하면 모든 지역 사회가 동일한 영향을 받는다.
② 경제적 취약 계층은 재난 발생 시 더 큰 피해를 입을 가능성이 높다.
③ 사회적 취약성은 재난 대응과는 무관한 개념이다.
④ 정부 정책과는 관련이 없으며, 지역 사회 자체적으로 해결해야 한다.

05 다음 중 국제적 재난관리 체계에서 주요 역할을 수행하는 기관이 아닌 것은?

① UNDRR ② IFRC ③ WHO ④ FBI

06 다음 중 재난관리 모델 중 압력과 해방 모델(PAR Model)의 주요 개념이 아닌 것은?

① 근본적 원인 ② 동인(압력 요소)
③ 위험 요인 ④ 복구 단계

07 다음 중 사고 지휘 체계(ICS)의 주요 구성 요소가 아닌 것은?

① 사고 지휘관(Incident Commander)
② 운영 부문(Operations Section)
③ 예측 부문(Prediction Section)
④ 기획 부문(Planning Section)

08 다음 중 허리케인 카트리나 사례에서 사회적 취약성이 높았던 주요 원인이 아닌 것은?

① 경제적 취약 계층이 집중하여 거주하는 지역이 피해를 크게 입음
② 재난 대비 인프라가 부족함
③ 정부의 신속한 대응으로 피해가 최소화됨
④ 이동이 어려운 노인과 장애인 인구 비율이 높았음

09 다음 중 재난관리의 원칙에 해당하지 않는 것은?

① 예방 우선 원칙
② 통합적 접근 원칙
③ 지역 사회 중심 원칙
④ 피해 보전 원칙

10 다음 중 국제적 재난 대응에서 발생할 수 있는 문제점으로 적절하지 않은 것은?

① 자원의 비효율적 배분
② 국가 간 문화적 차이에 따른 갈등
③ 정부와 민간 부문의 협력 증가
④ 정치적 요인으로 인한 지원 지연

11 다음 중 재난 대비(Preparedness) 단계에서 수행해야 할 주요 활동이 아닌 것은?

① 비상 대응 계획 수립
② 조기 경보 시스템 구축
③ 긴급 구조 활동 수행
④ 재난 대응 훈련 실시

12 다음 중 ICS가 효과적으로 작동하기 위한 필수 요소가 아닌 것은?

① 명확한 지휘 체계 구축
② 다기관 협력 및 정보 공유
③ 대응 단계에서만 운영
④ 자원 및 인력의 효율적 배치

13 다음 중 WHO의 주요 역할로 적절한 것은?

① 전염병 확산 방지 및 보건 위기 대응
② 군사적 위협에 대한 대응
③ 글로벌 금융 위기 대응
④ 환경 재난에 대한 직접적인 구조 활동

14 다음 중 탄력성(Resilience)이 높은 사회의 특징으로 적절하지 않은 것은?

① 재난 발생 후 신속한 복구가 가능함
② 대체 가능한 자원을 충분히 확보하고 있음
③ 장기적인 피해가 지속되며 회복이 어려움
④ 재난 대응 계획이 미리 수립되어 있음

15 다음 중 재난 대비를 위한 주요 활동으로 가장 적절한 것은?

① 재난 발생 후 피해 지역 지원
② 국가 간 군사 협력 체계 구축
③ 비상 대피 훈련 및 교육 시행
④ 재난 피해 보상을 위한 법률 제정

16 다음 중 국제재난 대응 협력의 장점으로 가장 적절한 것은?

① 각국의 독립적인 대응을 지원
② 국가 간 자원 및 기술 공유를 가능하게 함
③ 재난 발생 지역의 자율적인 복구만을 강조
④ 재난 대응의 속도를 늦추는 요인이 됨

17 다음 중 사회적 취약성을 줄이기 위한 정책적 대응으로 적절하지 않은 것은?

① 재난 취약 계층을 위한 조기 경보 시스템 구축
② 저소득층 대상 대피소 및 구호 시설 확충
③ 재난 대비 교육 및 훈련 강화
④ 대형 기업만을 대상으로 한 재난 대비 지원

18 다음 중 재난 발생 시 효과적인 대응을 위해 고려해야 할 요소로 적절하지 않은 것은?

① 사고 지휘 체계(ICS) 활용
② 지역 사회와의 협력 체계 구축
③ 재난 발생 후 임시 대응 계획 수립
④ 신속한 의사 결정 및 자원 배분

19 다음 중 재난관리에서 국제적 협력이 중요한 이유로 가장 적절한 것은?

① 재난 피해 지역에 대한 경제적 제재를 가하기 위해
② 재난 발생 국가의 대응 부담을 경감하고 효과적인 지원 제공
③ 각국이 독립적으로 대응하는 것이 비효율적이기 때문
④ 특정 국가만의 이익을 위해 지원을 진행하기 위해

20 다음 중 한국에서 사고 지휘 체계(ICS) 도입을 통해 개선하고자 하는 주요 사항이 아닌 것은?

① 재난 대응 시 초기 혼선 방지
② 다기관 협력 체계 강화
③ 신속한 구조 및 자원 배치 최적화
④ 재난 발생 후 피해 조사만을 수행

참고문헌

1. 논문 및 문헌

- 행정안전부, 「재난 및 안전관리 기본법」, 2023.
- 김동현, "재난관리 체계의 발전 방향 연구", 한국방재학회논문집, 2021.
- 이지영, "재난 주기 이론의 적용 사례 분석", 한국재난정보학회지, 2022.

2. 보고서

- 행정안전부, 「자연재해대책법」, 2023.
- 국가위기관리센터, 「국가 재난관리 전략 보고서」, 2022.
- UNDRR, 「Sendai Framework for Disaster Risk Reduction 2015-2030」, 2015.

3. 온라인 자료

- 행정안전부 국가재난관리센터, https://www.safekorea.go.kr
- 미국 연방비상관리청(FEMA), https://www.fema.gov
- 세계보건기구(WHO) 재난관리센터, https://www.who.int/emergencies
- 국제적십자사(IFRC) 재난 대응 자료, https://www.ifrc.org

PART 02

재난 유형별 특성과 관리 전략

CHAPTER

03 자연 재난의 유형과 관리

학습목표

- 자연 재난의 주요 유형과 특성을 이해한다.
- 태풍, 홍수, 지진, 폭염, 한파 등 주요 재난의 사례와 대응 방안을 분석한다.
- 자연 재난과 관련된 법·제도 및 관리 시스템을 파악한다.
- 기상특보와 재난 예측 시스템의 역할을 설명한다.
- 미세먼지 및 대기오염 관리법을 이해한다.

1 태풍과 홍수: 주요 사례 및 대응 전략

1.1 태풍의 정의와 발생 원리

태풍은 열대 해상에서 발생하는 강력한 저기압 현상으로, 중심 최대풍속이 초속 17m 이상인 경우를 의미한다. 태풍은 적도 부근의 따뜻한 바다에서 형성되며, 강한 상승 기류와 저기압 중심의 발달로 인해 발생한다.

그림 3.1 태풍의 발생 과정

태풍의 형성 과정은 다음과 같다.

- 태양열에 의해 해수면이 가열되고 수증기가 발생한다.
- 따뜻하고 습한 공기가 상승하면서 저기압이 형성된다.
- 상승한 공기가 냉각되면서 구름이 형성되고 강한 소용돌이가 만들어진다.
- 강한 바람과 폭우를 동반하며 해상 및 육지에 영향을 미친다.

태풍은 강한 바람과 집중호우를 동반하여 해안가 침수, 강풍 피해, 산사태 등 다양한 재난을 유발할 수 있다.

1.2 태풍의 주요 피해 사례

태풍은 대한민국을 포함한 아시아 지역에 큰 피해를 초래하는 자연 재난 중 하나이다. 역사적으로 대한민국에서 큰 피해를 남긴 주요 태풍 사례는 다음과 같다.

태풍 '사라' (1959년)

- 중심기압 951hPa, 최대풍속 45m/s 기록
- 사망 849명, 이재민 37만여 명 발생
- 강풍과 폭우로 인해 전국적으로 심각한 피해 발생

태풍 '루사' (2002년)

- 기록적인 강수량(강릉 870.5mm)으로 대규모 홍수 발생
- 전국적으로 246명의 사망자 및 실종자 발생
- 재산 피해 약 5조 원에 달함

태풍 '매미' (2003년)

- 최대 순간풍속 60m/s로 국내 기상 관측 사상 최고 기록
- 전국적으로 117명 사망 및 실종, 약 4조 원의 피해 발생
- 산업시설 및 교통망 마비, 정전 사태 등 광범위한 피해 발생

표 3.1 대한민국 주요 태풍 피해 사례

태풍명	발생 연도	중심기압 (hPa)	최대풍속 (m/s)	주요 피해 내용
태풍 사라	1959년	951	45	전국적 강풍과 폭우로 849명 사망, 37만여 명 이재민 발생
태풍 루사	2002년	960	40	강릉 870.5mm 기록적 폭우, 전국 246명 사망 및 실종, 약 5조 원 피해
태풍 매미	2003년	950	60	최대 순간풍속 60m/s, 전국 117명 사망 및 실종, 약 4조 원 피해
태풍 곤파스	2010년	970	45	수도권 강풍 피해, 3명 사망, 100만 가구 정전
태풍 차바	2016년	945	56	남부 지방 강풍 및 집중호우, 제주 및 부산 지역 침수 피해 발생

1.3 홍수의 발생 원인과 피해

홍수는 강수량이 일정 수준을 초과하여 하천이 범람하거나 배수 불량으로 인해 지표면이 침수되는 현상을 의미한다. 대한민국에서는 여름철 태풍과 장마로 인해 빈번하게 홍수가 발생한다.

홍수의 주요 원인은 다음과 같다.

- **집중호우**: 단시간 내에 많은 비가 내려 하천이 범람하는 경우
- **태풍**: 강한 강풍과 폭우가 동반되면서 해안가 침수와 내륙지역 홍수 유발
- **제방 붕괴**: 하천의 제방이 무너지면서 대규모 침수 발생
- **도시화**: 불투수층 증가로 인해 빗물이 지하로 침투하지 못하고 도로 및 주거지역 침수

그림 3.2 홍수 피해 사례

대한민국에서 발생한 대표적인 홍수 피해 사례는 다음과 같다.

- **1984년 한강 대홍수**: 3일간 500mm 이상의 폭우로 한강 범람, 서울 도심 침수
- **2011년 우면산 산사태**: 폭우로 인해 산사태 발생, 주택 및 도로 파괴
- **2020년 중부 지역 홍수**: 장마철 기록적인 강우로 전국적인 피해 발생

1.4 태풍 및 홍수 대응 전략

태풍과 홍수에 대한 효과적인 대응 전략은 예방, 대비, 대응, 복구의 4단계로 구분할 수 있다.

예방 단계

- 홍수 위험지역 및 저지대 배수로 정비
- 해안 방파제 및 하천 제방 보강
- 산사태 및 침수 지역 사전 정비

대비 단계

- 기상특보 및 조기경보 시스템 활용
- 주민 대피 계획 수립 및 비상 대응 매뉴얼 마련
- 재난 대응 훈련 및 교육 시행

대응 단계

- 태풍 및 홍수 특보 발령 시 신속한 대피 조치
- 구조 및 긴급 지원팀 운영
- 통신 및 교통망 유지관리

복구 단계

- 피해 지역 긴급 복구 및 복원 작업
- 주택 및 기반 시설 재건 지원
- 홍수 및 태풍 피해 예방을 위한 정책 개선

표 3.2 태풍 및 홍수 대응 전략

대응 단계	태풍 대응 전략	홍수 대응 전략
예방 단계	기상 예보 시스템 활용, 해안 방파제 및 배수시설 정비	저수지 및 하천 제방 강화, 배수로 정비
대비 단계	태풍 대피 계획 수립, 방재 물품 준비	홍수 예·경보 시스템 운영, 배수펌프장 점검
대응 단계	태풍 특보 발령 후 주민 대피 유도, 응급 구조 활동	하천 범람 시 주민 대피 조치, 긴급 구호 활동
복구 단계	피해 지역 긴급 복구, 이재민 지원	피해 지역 조사 및 복구 지원, 장기적 방재 대책 마련

2 지진과 지진해일: 내진설계와 조기경보 시스템

2.1 지진의 원인과 특성

지진은 지각 내에서 단층의 활동이나 화산 분출과 같은 지각 변동으로 인해 발생하는 자연현상이다. 대부분의 지진은 지구의 판 구조 운동과 밀접한 관련이 있으며, 지각이 이동하면서 쌓인 에너지가 갑작스럽게 방출될 때 발생한다.

지진의 주요 원인은 다음과 같다.

- **판 구조 운동**: 지구의 표면을 구성하는 여러 개의 판(plate)이 충돌하거나 이동하면서 응력이 축적되고 방출되면서 지진 발생
- **단층 활동**: 지각 내부에 존재하는 단층이 이동하면서 지진 발생
- **화산 활동**: 마그마가 이동하면서 지각이 변형되어 지진 발생
- **인공지진**: 대형 건설 공사, 댐 건설, 지하자원 채굴 등에 의해 발생하는 지진

지진의 크기를 나타내는 대표적인 척도는 규모(magnitude)와 진도(intensity)이다. 규모는 지진이 방출한 에너지의 크기를 나타내며, 진도는 특정 지역에서 느껴지는 흔들림의 정도를 의미한다.

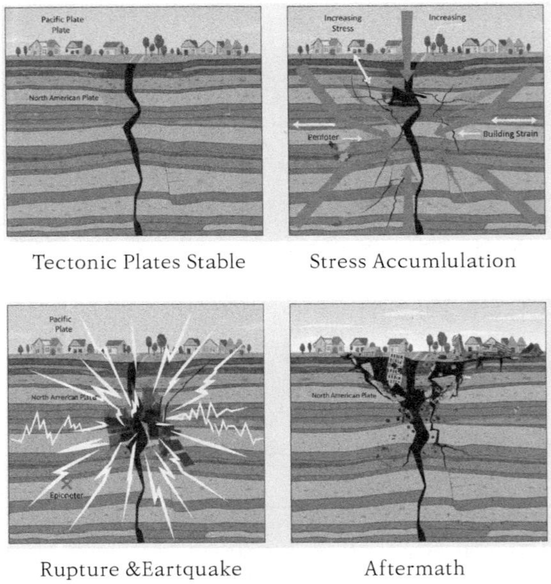

그림 3.3 지진의 발생 과정

2.2 국내외 주요 지진 사례

대한민국은 상대적으로 지진 발생이 적은 지역으로 분류되지만, 최근 수십 년 동안 규모 5 이상의 지진이 빈번히 발생하면서 내진설계의 중요성이 대두되고 있다.

대한민국의 주요 지진

- 경주 지진(2016년): 규모 5.8, 국내에서 기록된 가장 강력한 내륙 지진으로 다수

의 건물 피해 발생

- 포항 지진(2017년): 규모 5.4, 액상화 현상이 확인된 사례로, 인근 산업단지 및 주거지역에 피해 초래

해외 주요 지진

- 일본 한신 대지진(1995년): 규모 7.3, 사망자 약 6,400명, 내진설계 미비로 건축물 붕괴 대규모 발생
- 대만 지진(1999년): 규모 7.6, 건물 붕괴와 도로 파괴로 약 2,400명 사망

표 3.3 주요 국내외 지진 피해 사례

지진명	발생 연도	규모 (M)	주요 피해 내용
경주 지진	2016년	5.8	대한민국 내륙 최대 지진, 건물 균열 및 시설물 피해 발생
포항 지진	2017년	5.4	액상화 현상 발생, 다수의 건물 손상 및 이재민 발생
한신 대지진 (일본)	1995년	7.3	6,400명 사망, 건축물 붕괴 및 대규모 화재 발생
동일본대지진 (일본)	2011년	9.0	쓰나미 발생, 후쿠시마 원전 사고 유발, 약 18,000명 사망

지진 발생 시 가장 큰 피해를 초래하는 요인은 건축물 붕괴, 화재, 지반 액상화, 쓰나미(지진해일) 등이 있다.

2.3 지진해일(쓰나미)의 발생 원리와 피해

지진해일(쓰나미)은 해양에서 발생한 지진, 해저 산사태, 화산 폭발 등에 의해 대규모 해수면 변동이 일어나면서 형성되는 높은 파도를 의미한다. 지진해일의 주요 특징은 다음과 같다.

- 진원 깊이가 50km 이내인 해저 지진이 규모 7.0 이상일 경우 발생 가능
- 일반적인 해양파와 달리 긴 파장이 특징이며, 육지에 접근할수록 파고가 급격히 증가
- 평균적으로 500~800km/h의 속도로 이동하며 광범위한 지역에 피해를 줄 수 있음

대표적인 지진해일 사례는 다음과 같다.

- 인도양 대지진(2004년): 규모 9.1, 30만 명 이상 사망, 인도네시아·태국·스리랑카 등 여러 국가에 피해 발생
- 일본 동일본대지진(2011년): 규모 9.0, 후쿠시마 원전 사고 발생, 1만 8천여 명 사망

그림 3.4 지진해일 발생 과정

2.4 내진설계의 개념과 적용

내진설계는 건축물과 기반 시설이 지진 발생 시 구조적 손상을 최소화하도록 설계하는 기술을 의미한다. 내진설계의 주요 원칙은 다음과 같다.

- 건축물의 내진 성능을 확보하여 지진 발생 시 붕괴를 방지
- 지반 조사 및 설계를 통해 액상화 위험지역을 피하거나 보강 공법 적용
- 지진하중을 분산하는 구조 설계 기법 적용

대한민국의 내진설계 기준은 1988년부터 본격적으로 도입되었으며, 2017년 포항 지진 이후 기준이 더욱 강화되었다. 주요 내진설계 기술은 다음과 같다.

- 내진설계(Seismic Resistance Desig
  건축물의 골조 및 구조 부재를 강화하여 지진하중을 견디도록 설계
- 면진 설계(Base Isolation System)
  건물과 기초 사이에 특수 고무패드나 강철 베어링을 설치하여 지진하중을 감소
- 제진 설계(Damping System)
  건물 내에 감쇠 장치를 설치하여 지진 에너지를 흡수

표 3.4 내진설계의 주요 방식 비교

내진설계 방식	개념	적용 사례
내진설계	건축 구조물의 강성을 높여 지진력에 견디도록 설계	일반 건축물 및 교량
면진 설계	건물과 기초 사이에 진동 흡수 장치를 설치	병원, 데이터센터, 고층 건물
제진 설계	건물 내부에 감쇠 장치를 설치하여 지진 에너지 흡수	초고층 건물, 발전소

2.5 지진 조기경보 시스템

지진 조기경보 시스템(Earthquake Early Warning, EEW)은 지진 발생 후 지진파가 도달하기 전에 경보를 발령하여 피해를 줄이는 시스템이다. 지진파는 P파(초기 충격파)와 S파(본격적인 흔들림을 유발하는 파)로 구분되며, 조기경보 시스템은 상대적으로 속도가 빠른 P파를 감지하여 즉각적인 경보를 발령한다.

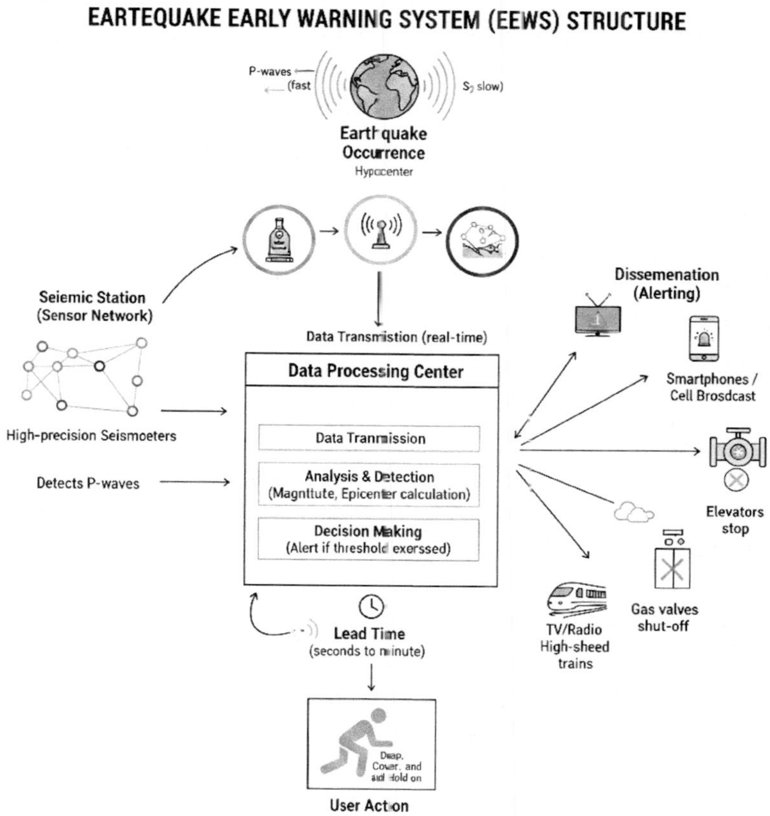

그림 3.5 지진 조기경보 시스템 구조

지진 조기경보 시스템의 주요 요소는 다음과 같다.

- **지진 감지 센서 네트워크**: 전국적으로 배치된 지진계가 실시간으로 지진 발생을 감지
- **데이터 분석 및 자동 경보 발령**: 지진 규모와 위치를 분석하여 위험지역에 즉각 경보 전송
- **경보 전달 시스템**: 방송, 스마트폰 알림 공공 경보 시스템을 통해 신속히 전파

대한민국의 지진 조기경보 시스템은 기상청을 중심으로 운영되며, 2016년 경주 지진 이후 보다 정밀한 감지 체계를 구축하고 있다. 일본은 세계적으로 가장 발전된 지진 조기경보 시스템을 갖추고 있으며, 실시간 경보를 통해 지진 발생 수 초 전에 대비할 수 있도록 하고 있다.

2.6 지진 및 지진해일 대응 전략

지진과 지진해일에 대한 대응 전략은 예방, 대비, 대응, 복구의 4단계로 구분할 수 있다.

예방 단계

- 내진설계 기준 강화 및 건축물 내진 성능 점검
- 액상화 위험지역 및 해안가 거주 지역 관리 강화

대비 단계

- 지진 조기경보 시스템 확충 및 신속한 경보 체계 구축
- 학교 및 공공시설에서 지진 대피 훈련 시행

대응 단계

- 지진 발생 시 실내에서는 책상 아래로 대피, 실외에서는 개방된 공간으로 이동
- 지진해일 경보 발령 시 신속한 고지대 이동

복구 단계

- 피해 지역 긴급 구조 및 복구 지원
- 지진 피해 조사 및 향후 대응책 개선

표 3.5 지진 및 지진해일 대응 전략

대응 단계	지진 대응 전략	지진해일 대응 전략
예방 단계	내진설계 기준 강화, 내진 성능 점검	해안 방조제 및 방파제 구축
대비 단계	지진 대피 훈련, 긴급 대응 매뉴얼 준비	쓰나미 조기경보 시스템 운영
대응 단계	지진 발생 시 책상 아래 대피, 개방된 공간으로 이동	지진해일 발생 시 고지대로 대피 유도
복구 단계	지진 피해 지역 복구 및 재건	피해 지역 복구 및 방재 대책 개선

3 폭염과 한파: 기후변화와 극한기후 대응 방안

3.1 폭염과 한파의 정의 및 특성

폭염과 한파는 대표적인 극한기후 현상으로, 기후변화의 영향을 받아 빈도와 강도가 증가하고 있다. 폭염은 고온이 장기간 지속되는 현상이며, 한파는 급격한 기온 하강으로 인해 발생하는 추위이다.

폭염의 주요 특성

- 일 최고기온이 33℃ 이상 지속되는 현상
- 습도가 높을 경우 체감온도가 급격히 상승
- 도시 열섬 효과(Urban Heat Island, UHI)에 의해 도심 지역에서 더 심한 폭염 발생

한파의 주요 특성

- 일 최저기온이 영하 12℃ 이하로 떨어지는 현상
- 강풍을 동반하는 경우 체감온도가 더욱 낮아짐
- 기온 변화가 급격할 경우 동파, 농작물 피해 및 건강 위험 증가

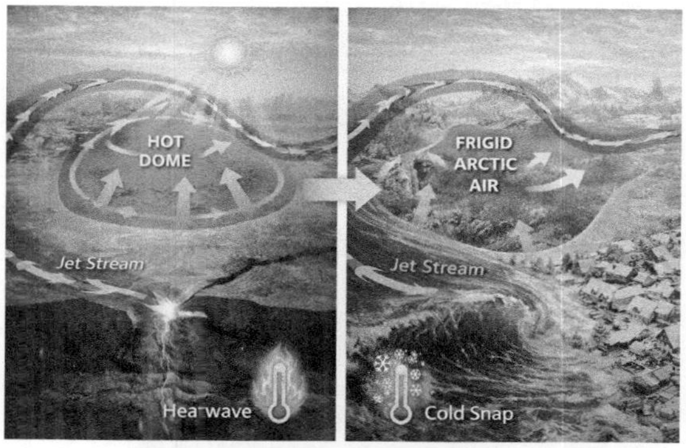

그림 3.6 폭염과 한파의 발생 원리

기후변화로 인해 폭염과 한파의 발생 빈도가 증가하고 있으며, 이로 인해 인명 피해와 경제적 손실이 심화하고 있다.

3.2 주요 폭염 및 한파 피해 사례

폭염과 한파는 대규모 인명 피해 및 경제적 손실을 유발할 수 있으며, 특히 취약 계층(노인, 어린이, 만성질환자)에게 더 큰 영향을 미친다.

대한민국의 폭염 피해 사례

- 2018년 폭염: 최고기온 41.0℃ 기록, 온열질환자 급증, 사망자 48명 발생

• **2021년 폭염**: 연속 35℃ 이상 지속, 전력 수요 급증 및 가축 피해 발생

대한민국의 한파 피해 사례

• **2016년 한파**: 최저기온 -19℃ 기록, 수도관 동파 및 농작물 피해 다수 발생
• **2021년 한파**: 최저기온 -25℃, 도로 결빙으로 교통사고 증가

해외에서도 폭염과 한파로 인한 대규모 피해 사례가 발생하고 있다.

• **유럽 폭염(2003년)**: 7만여 명 사망, 프랑스에서만 1만 5천 명 이상 사망
• **미국 한파(2021년)**: 텍사스 지역 전력 공급 중단, 200명 이상 사망

표 3.6 국내외 주요 폭염 및 한파 피해 사례

사례	발생 연도	기온	주요 피해 내용
대한민국 폭염	2018년	최고 41.0℃	온열질환자 급증, 농작물 피해
대한민국 한파	2021년	최저 -25℃	수도관 동파, 교통마비
유럽 폭염	2003년	최고 47.5℃	약 70,000명 사망
미국 한파	2021년	최저 -30℃	전력 공급 중단, 대규모 정전

3.3 폭염과 한파의 원인

그림 3.7 폭염과 한파의 기후변화 연관성

폭염과 한파는 자연적 요인과 인간 활동에 의해 발생하는 기후변화의 복합적인 영향을 받는다.

폭염 발생 원인

• 기후변화로 인한 평균 기온 상승
• 도시 열섬 효과로 인해 도심 지역 기온 급상승
• 고기압 정체로 인한 대기 순환 정지

한파 발생 원인

• 한랭 전선과 극소용돌이(Polar Vortex) 남하
• 라니냐 현상으로 인한 기온 급락
• 대륙성 고기압 확장으로 찬 공기 유입

3.4 폭염과 한파 대응 전략

폭염과 한파의 피해를 줄이기 위해서는 예방, 대비, 대응, 복구의 4단계 전략이 필요하다.

예방 단계

- 도시 열섬 완화를 위한 녹지 조성 및 건축물 차열 설계 적용
- 에너지 효율 개선을 통한 전력 수요 관리
- 한파 대비 수도 및 난방 시설 점검

대비 단계

- 폭염 및 한파 대비 기상특보 시스템 운영
- 노인 및 취약 계층 보호를 위한 지원 체계 마련
- 병원 및 응급 의료 시스템 강화

대응 단계

- 폭염 시 냉방시설 개방 및 야외 활동 자제 권고
- 한파 시 도로 제설 및 한랭 질환 예방 조치 시행
- 에너지 수급 관리 및 비상 발전 시스템 운영

복구 단계

- 폭염 및 한파 피해 지역 긴급 지원
- 농업·축산업 피해 복구 지원 및 보상 제도 운용
- 극한기후 변화 분석을 통한 장기적 기후 정책 수립

표 3.7 폭염 및 한파 대응 전략

대응 단계	폭염 대응 전략	한파 대응 전략
예방 단계	도시 열섬 완화, 녹지 조성	수도 및 난방 시설 점검
대비 단계	폭염 예보 시스템 운영, 냉방시설 확보	한파경보 체계 구축, 방한용품 준비
대응 단계	무더위 쉼터 운영, 취약 계층 보호	한랭 질환 예방 홍보, 도로 제설 작업
복구 단계	전력 수급 조정, 피해 복구 지원	동파 피해 복구, 재난 지원책 마련

3.5 기후변화 대응을 위한 정책 및 기술

폭염과 한파의 빈도 증가에 대응하기 위해 국내외에서는 다양한 기후변화 완화 및 적응 전략을 추진하고 있다.

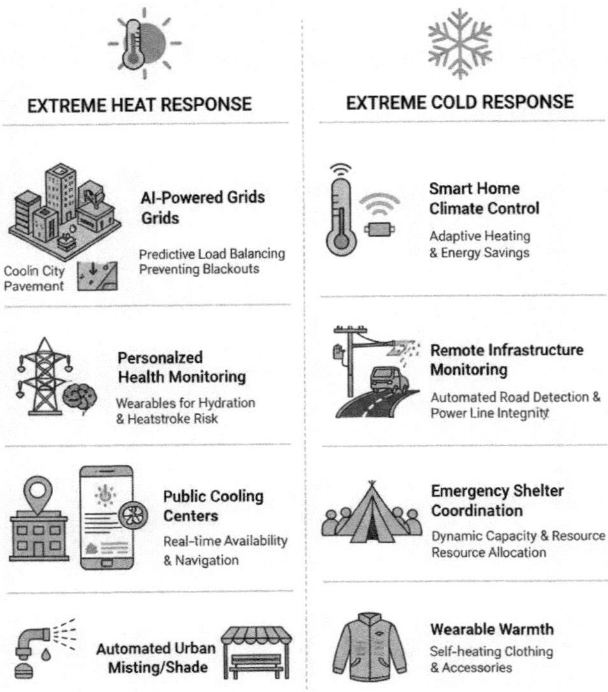

그림 3.8 폭염 및 한파 대응을 위한 스마트 기술 적용 사례

폭염 대응 기술 및 정책

- 태양광 차단 필름 및 고 반사율 도로포장 기술 적용
- 공공 냉방시설(쿨링센터) 확대 운영
- 기후 적응형 건축 설계 및 냉방 에너지 효율 개선

한파 대응 기술 및 정책

- 친환경 제설제 개발 및 자동 제설 시스템 도입
- 건물 단열 성능 강화 및 난방 지원 정책 확대
- 한랭 질환 예방을 위한 보건·복지 서비스 개선

4 산불과 가뭄: 예방적 방재 대책 및 산불 진화 기술

4.1 산불의 정의와 발생 원인

산불은 산림 지역에서 발생하는 화재로, 자연적 또는 인위적 요인에 의해 발생하여 빠르게 확산할 수 있는 특징이 있다. 특히 건조한 기후와 강한 바람이 산불 확산에 중요한 역할을 한다.

산불의 주요 발생 원인은 다음과 같다.

그림 3.9 산불 발생 과정

자연적 요인

- 번개로 인한 자연 발화
- 높은 기온과 건조한 환경으로 인한 자연 발화
- 강풍으로 인해 불씨가 확산

인위적 요인

- 실화: 등산객이나 주민의 부주의로 인한 화재 발생
- 농경지 태우기, 쓰레기 소각 등으로 인해 발생
- 전력선 스파크 및 차량 엔진 과열로 인한 발화

산불은 급격한 속도로 확산할 수 있으며, 지역 사회와 생태계에 막대한 피해를 줄 수 있다.

4.2 주요 산불 피해 사례

산불은 단기간에 넓은 지역으로 확산할 수 있어, 인명 피해와 재산 피해를 동시에 유발할 수 있다. 대한민국과 해외에서 발생한 주요 산불 사례는 다음과 같다.

대한민국의 주요 산불 사례

- **강원도 고성 산불(2019년)**: 강풍을 동반한 대형 산불로 약 1,757ha의 산림과 주택 수십 채가 소실됨
- **양양 산불(2005년)**: 봄철 건조한 날씨로 인해 발생한 대형 산불로 국립공원 및 사찰이 피해를 봄

해외 주요 산불 사례

- 미국 캘리포니아 산불(2020년): 기록적인 폭염과 강풍으로 인해 대규모 산불 발생, 400만 에이커 이상의 산림 소실
- 호주 블랙 세터데이 산불(2009년): 사망자 173명, 2,000여 채 이상의 주택이 소실된 초대형 산불

표 3.8 국내외 주요 산불 피해 사례

산불명	발생 연도	피해 면적	주요 피해 내용
강원도 고성 산불	2019년	1,757ha	주택 및 농경지 소실
양양 산불	2005년	973ha	국립공원 및 문화재 피해
캘리포니아 산불	2020년	4,000,000ha	다수의 사망자 및 재산 피해 발생
호주 블랙 세터데이 산불	2009년	450,000ha	173명 사망, 2,000여 채 주택 소실

4.3 가뭄의 정의와 발생 원인

가뭄은 장기간 강수량이 부족하여 수자원이 감소하고 농업, 산업, 생태계 등에 영향을 미치는 기상 현상이다.

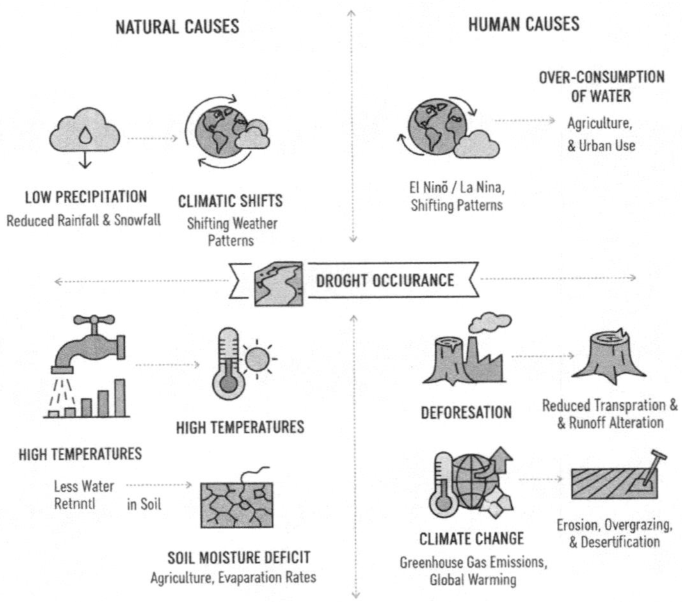

그림 3.10 가뭄의 발생 원인

가뭄의 주요 발생 원인은 다음과 같다.

- **강수량 부족**: 지속적인 고기압의 정체로 인해 비가 내리지 않는 현상
- **지하수 고갈**: 장기적인 물 사용 증가로 인한 수자원 부족
- **기후변화 영향**: 평균 기온 상승으로 인해 증발량 증가

가뭄은 농작물 피해, 산림 황폐화, 식수 부족 등의 문제를 초래하며, 지속될 경우 사회적·경제적 피해가 가중된다.

4.4 산불 예방 및 대응 전략

산불 피해를 줄이기 위해서는 사전 예방과 신속한 대응 전략이 필요하다.

예방 단계

- 방화선 구축 및 산림 정비를 통한 화재 확산 방지
- 산불 위험지역에 대한 감시 카메라 및 드론 활용
- 산불 발생 위험이 큰 지역의 소각 행위 제한

대비 단계

- 산불 조기경보 시스템 구축 및 예측 모델 활용
- 산불 대응 훈련 및 대피 계획 마련
- 산불 진화 장비 및 소방 인력 확보

대응 단계

- 산불 발생 시 신속한 진화 작전 수행
- 헬기 및 소방차를 이용한 공중 및 지상 진화
- 주민 대피 및 재난 구조 활동 강화

복구 단계

- 피해 지역의 신속한 복구 및 재조림 사업 추진
- 산불 피해 평가 및 원인 조사 후 재발 방지 대책 마련
- 생태계 복원을 위한 장기적인 모니터링 실시

표 3.9 산불 예방 및 대응 전략

대응 단계	산불 예방 대책	산불 대응 대책
예방 단계	방화선 구축, 감시 시스템 운영	산불 감시 드론 활용
대비 단계	산불 예·경보 시스템 운영	산불 대응 훈련 실시
대응 단계	헬기 및 소방차 동원	주민 대피 및 구조 활동
복구 단계	산림 복구 및 재조림	피해 지역 지원 및 조사

4.5 산불 진화 기술

산불 진화를 위해서는 다양한 방법이 사용되며, 효과적인 진화 전략을 활용해야 피해를 최소화할 수 있다.

공중 진화 기술

- **소방 헬기 활용**: 물탱크를 이용해 대량의 물을 투하하여 진화
- **드론 활용**: 열 감지 카메라를 장착한 드론으로 화재 확산 방향 예측

지상 진화 기술

- **방화선 구축**: 불길의 확산을 막기 위해 숲을 절개하여 화재의 진행을 차단
- **소방차 및 소방 인력 투입**: 접근 가능한 지역에서 직접적인 소화 작업 수행

그림 3.11 산불 진화 기술 적용 사례

첨단 산불 진화 기술

- **인공지능(AI) 기반 산불 예측 시스템:** 기상 데이터와 위성 영상을 분석하여 산불 발생 가능성을 사전에 예측
- **스마트 소화탄 기술:** 드론을 이용하여 산불 발생 지점에 소화탄을 투하하여 초기 진화

4.6 가뭄 대응 및 관리 방안

가뭄 피해를 최소화하기 위해서는 수자원 관리와 기후변화 대응 전략이 필요하다.

예방 단계

- 수자원 보존을 위한 저수지 및 댐 관리 강화
- 지하수 보존 및 수자원 재활용 기술 적용

대비 단계

- 가뭄 조기경보 시스템 구축 및 물 절약 캠페인 실시
- 가뭄 취약 지역의 수자원 공급망 개선

대응 단계

- 제한 급수 조치 시행 및 식수 공급 확대
- 농업용수 공급 조정 및 가뭄 피해 지역 긴급 지원

복구 단계

- 장기적인 수자원 관리 정책 수립 및 기후변화 적응 전략 마련
- 토양 보전 및 농업 기술 개선을 통한 가뭄 피해 저감

표 3.10 가뭄 대응 및 관리 방안

대응 단계	가뭄 관리 방안
예방 단계	저수지 및 댐 관리 강화
대비 단계	가뭄 조기경보 시스템 운영
대응 단계	제한 급수 조치, 비상 식수 공급
복구 단계	장기적 수자원 관리 정책 수립

5 기상특보 및 재난 예측 시스템

5.1 기상특보의 정의 및 종류

기상특보는 기상청이 기상재해로 인한 피해를 예방하기 위해 발령하는 경보 체계로, 특정 기상 현상이 일정 기준을 초과하거나 초과할 가능성이 있을 때 발표된다. 기상특보의 주요 종류는 다음과 같다.

호우 특보

- **호우주의보**: 6시간 동안 70mm 이상 또는 12시간 동안 110mm 이상의 비가 예상될 때 발령
- **호우경보**: 6시간 동안 110mm 이상 또는 12시간 동안 180mm 이상의 강우가 예상될 때 발령

태풍 특보

- **태풍주의보**: 중심 최대풍속 17m/s 이상의 강한 바람과 많은 비가 예상될 때 발령
- **태풍경보**: 중심 최대풍속 25m/s 이상의 강한 바람과 폭우가 동반될 때 발령

폭염특보

- **폭염주의보**: 낮 최고기온이 33℃ 이상인 상태가 이틀 이상 지속될 때 발령
- **폭염경보**: 낮 최고기온이 35℃ 이상인 상태가 이틀 이상 지속될 때 발령

한파특보

- **한파주의보**: 아침 최저기온이 전날보다 10℃ 이상 낮고, -12℃ 이하일 때 발령
- **한파경보**: 아침 최저기온이 -15℃ 이하로 떨어질 때 발령

표 3.11 주요 기상특보 기준

특보 종류	주의보 기준	경보 기준
호우 특보	6시간 70mm 이상	6시간 110mm 이상
태풍 특보	풍속 17m/s 이상	풍속 25m/s 이상
폭염특보	최고기온 33℃ 이상	최고기온 35℃ 이상
한파특보	최저기온 -12℃ 이하	최저기온 -15℃ 이하

강풍 특보

- **강풍주의보:** 최대풍속 14m/s 이상이거나 순간풍속이 20m/s 이상일 때 발령
- **강풍경보:** 최대풍속 21m/s 이상이거나 순간풍속이 25m/s 이상일 때 발령

5.2 기상특보의 발령 및 해제 절차

기상특보는 실시간 기상 관측 자료와 기상 예측 므델을 기반으로 발령되며, 예상되는 위험 요소와 지역적 영향을 고려하여 발표된다.

기상특보의 발령 절차

- 기상위성 및 관측망을 통해 실시간 기상 자료 수집
- 슈퍼컴퓨터를 활용한 기상 예측 모델 분석
- 위험 기상 요소 감지 시 기상특보 발령
- 방송, 인터넷, 모바일 알림 등을 통해 국민에게 전달

기상특보의 해제 절차

- 기상 상황이 안정화되었는지 검토
- 추가 위험 요소가 없을 경우 특보 해제
- 기상특보 해제 후 피해 복구 및 상황 보고 진행

그림 3.12 기상특보 발령 과정

그림 3.13 재난 예측 시스템 개념도

5.3 재난 예측 시스템의 개념 및 필요성

재난 예측 시스템은 기상 관측 데이터와 인공지능(AI) 분석 기술을 활용하여 자연 재난을 사전에 감지하고 피해를 최소화하기 위한 시스템이다.

재난 예측 시스템이 필요한 이유

- 기후변화로 인해 이상 기후 및 자연 재난 발생 빈도가 증가
- 조기경보 시스템을 통해 피해를 최소화할 수 있는 사전 대응 가능
- 실시간 기상 데이터를 활용하여 신속한 의사 결정을 지원

5.4 주요 재난 예측 시스템

현재 운영 중인 주요 재난 예측 시스템은 다음과 같다.

홍수 예측 시스템

- 실시간 강우량 및 하천 수위를 모니터링하여 홍수 발생 가능성을 분석
- 하천 범람 위험지역을 사전에 경고하여 피해 예방

태풍 예측 시스템

- 인공위성과 레이더를 활용하여 태풍 이동 경로를 예측
- 태풍의 강도 변화 및 예상 강수량을 분석하여 특보 발령

지진 조기경보 시스템

- 지진파를 실시간으로 감지하여 지진 발생 수 초 전에 경보 발령
- 주요 시설 및 대피소를 사전에 안내하여 피해 최소화

산불 예측 시스템

- 기온, 습도, 강수량, 풍속 데이터를 분석하여 산불 발생 가능 지역을 예측
- AI 기반으로 산불 확산 경로를 시뮬레이션하여 대응 전략 수립

미세먼지 예측 시스템

- 대기오염 측정소 및 위성 데이터를 활용하여 미세먼지 확산 경로 예측
- 공기질 악화 예상 시 미세먼지 저감 조치를 시행

표 3.12 주요 재난 예측 시스템

재난 유형	예측 시스템
홍수	강우량 및 하천 수위 예측 시스템
태풍	태풍 이동 경로 예측 모델
지진	지진 조기경보 시스템
산불	AI 기반 산불 예측 시스템

그림 3.14 미래형 재난 예측 시스템

5.5 기상특보 및 재난 예측 시스템의 발전 방향

기상특보 및 재난 예측 시스템은 과학기술의 발전과 함께 지속적으로 개선되고 있다.

인공지능(AI) 기반 예측 모델 개발

- 기상 관측 데이터를 AI가 분석하여 정밀한 기상 예측 가능
- 빅데이터를 활용하여 이상기후 패턴을 사전에 감지

초고해상도 기상 예측 모델 도입

- 고해상도 슈퍼컴퓨터 모델을 활용하여 더욱 정확한 예보 가능
- 지역별 맞춤형 기상특보 제공

사물인터넷(IoT) 및 드론 활용

- IoT 기반 기상 센서를 활용하여 실시간 데이터 수집
- 드론을 이용한 산불 감시 및 대기오염 측정 확대

6 미세먼지와 대기오염 관리법

6.1 미세먼지와 대기오염의 정의 및 주요 원인

미세먼지는 대기 중에 떠다니거나 흩날리는 매우 작은 크기의 입자로, 지름 10마이크로미터(㎛) 이하의 미세먼지(PM10)와 2.5마이크로미터 이하의 초미세먼지(PM2.5)로 구분된다. 대기오염은 미세먼지를 포함하여 인체와 환경에 유해한 오염물질이 대기 중에 존재하는 상태를 의미한다.

그림 3.15 미세먼지 발생 원인

미세먼지 및 대기오염의 주요 원인은 다음과 같다.

자연적 원인

- **황사**: 사막 지역의 모래 먼지가 강풍에 의해 대기로 확산
- **화산 폭발**: 대량의 화산재와 가스가 대기 중에 방출
- **산불**: 연소 과정에서 미세먼지와 유해가스가 발생

인위적 원인

- **산업시설 배출**: 화석연료 사용 공장에서 미세먼지와 유해가스 방출

- **자동차 배기가스**: 질소산화물(NOx), 황산화물(SOx) 등의 대기오염물질 배출
- **난방 및 발전소 연소**: 석탄 및 석유 연소로 대기오염물질 배출

6.2 미세먼지와 대기오염의 영향

미세먼지와 대기오염은 인체 건강과 환경에 다양한 영향을 미친다.

인체 건강 영향

- **호흡기 질환**: 미세먼지가 폐 깊숙이 침투하여 천식, 기관지염 유발
- **심혈관 질환**: 초미세먼지가 혈류에 침투하여 심장질환 및 뇌졸중 위험 증가
- **눈과 피부 자극**: 미세먼지와 오염물질이 결막염과 피부염을 유발

환경 및 기후 영향

- **대기질 악화**: 오존(O_3) 및 스모그 형성으로 대기 환경 저하
- **농작물 피해**: 식물의 광합성을 방해하고 생육을 저해
- **기후변화 촉진**: 온실가스 증가로 인해 지구온난화 가속

표 3.13 미세먼지와 대기오염의 주요 영향

영향 유형	주요 피해
건강 영향	호흡기 질환, 심혈관 질환 유발
환경 영향	대기질 악화, 농작물 피해

6.3 주요 미세먼지 및 대기오염 사례

미세먼지와 대기오염으로 인해 세계적으로 심각한 환경 및 건강 피해가 발생한 사례가 있다.

대한민국의 대기오염 사례

- **2019년 수도권 초미세먼지 경보 발령**: 사상 최악의 미세먼지 농도 기록, 서울을 포함한 수도권 지역에서 대기오염 경보 지속 발령
- **2014년 봄철 황사 현상**: 중국에서 발생한 황사가 한반도로 유입되며 미세먼지 농도 급상승

그림 3.16 주요 대기오염 사례

해외 주요 대기오염 사례

- 1952년 런던 스모그 사건: 석탄 연소로 인한 초미세먼지 증가로 약 1만 명 사망
- 2008년 베이징 올림픽 기간 대기오염 규제 강화: 올림픽 개최를 위해 공장 가동 중단 및 차량 운행 제한

6.4 미세먼지 및 대기오염 저감 대책

미세먼지와 대기오염 문제를 해결하기 위해 다양한 저감 대책이 시행되고 있다.

배출원 관리 및 규제 강화

- 석탄화력발전소 운영 제한 및 친환경 에너지원 확대
- 대기오염 배출업체 감시 및 배출 허용 기준 강화

교통부문 대책

- 전기차 및 수소차 보급 확대
- 공공교통 이용 장려 및 차량 2부제 운영

생활 속 저감 노력

- 친환경 보일러 보급 확대 및 가정용 에너지 절약 캠페인 실시
- 대중교통 이용 촉진 및 자전거 이용 활성화

표 3.14 미세먼지 저감 대책

저감 방식	주요 내용
산업 규제	배출 허용 기준 강화
교통 관리	친환경 자동차 보급 확대

6.5 대기질 관리법 및 정책

대한민국은 미세먼지 및 대기오염 문제를 해결하기 위해 다양한 법적·제도적 대응을 시행하고 있다.

미세먼지 특별법

- 미세먼지 고농도 발생 시 비상저감조치 시행
- 대기오염 배출시설의 감시 및 규제 강화

대기환경보전법

- 사업장의 대기오염물질 배출 허용 기준 설정
- 오염물질 배출량 조사 및 관리 시스템 운영

국제 협력

- 한·중·일 대기질 공동 대응 협약 체결
- 파리 기후협약을 통한 온실가스 감축 노력

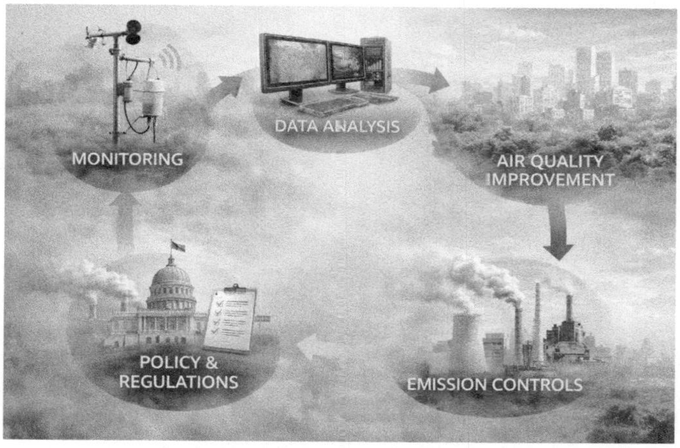

그림 3.17 대기오염 관리 정책 흐름

6.6 대기오염 예측 및 관리 시스템

미세먼지 및 대기오염을 예측하고 관리하기 위해 다양한 기술과 시스템이 활용되고 있다.

미세먼지 예측 시스템

- 인공위성과 지상 측정소를 활용하여 미세먼지 이동 경로 분석
- 기상 조건을 반영한 미세먼지 확산 모델 적용

스마트 공기질 관리 시스템

- 사물인터넷(IoT) 기반 실시간 대기질 모니터링
- 공공장소 및 실내 공기질 측정을 통한 대기질 개선 조치

대기오염 예·경보 시스템

- 대기오염 농도를 실시간으로 측정하여 예보 발표
- 경보 발령 시 마스크 착용 및 외출 자제 권고

표 3.15 대기오염 예측 및 관리 시스템

예측 시스템	주요 기능
미세먼지 예측	대기질 분석 및 경보 발령
대기오염 감시	IoT 기반 실시간 모니터링

핵심 내용 정리(기출 문제 관련)

1. 태풍과 홍수: 주요 사례 및 대응 전략

- 태풍은 중심 최대풍속이 17m/s 이상인 열대저기압으로 강풍과 폭우를 동반하여 홍수를 유발할 가능성이 높음
- 태풍의 위험반원은 진행 방향의 오른쪽 반원으로 풍속이 강하고 강수량이 많아 피해가 집중됨
- 대한민국의 대표적인 태풍 피해 사례: 태풍 사라(1959년), 태풍 루사(2002년), 태풍 매미(2003년)
- 홍수는 집중호우, 태풍, 제방 붕괴, 배수 불량 등으로 인해 발생하며 주요 피해 요인으로는 하천 범람과 도시 침수 등이 있음
- **태풍과 홍수의 대응 전략**: 기상 예보 시스템 강화, 배수 시설 정비, 하천 범람 방지 대책, 사전 대피 훈련

출제 경향

- 태풍의 위험반원 개념과 피해 특성을 묻는 문제 출제 가능
- 대한민국의 대표적인 태풍 및 홍수 사례와 피해 내용을 중심으로 출제될 가능성 높음
- 홍수 발생 원인과 예방 대책에 대한 문제 출제 예상

2. 지진과 지진해일: 내진설계와 조기경보 시스템

지진은 지각 내 단층 활동으로 인해 발생하는 진동 현상이며 P파(종파)와 S파(횡파)가 발생함

- **대한민국 주요 지진 사례**: 경주 지진(2016년, 규모 5.8), 포항 지진(2017년, 규모 5.4)
- 지진해일(쓰나미)은 해저 지진, 해저 산사태 등에 의해 발생하며 해안 지역에 큰 피해를 유발함
- **내진설계 방식**: 내진(강성 강화), 면진(진동 차단), 제진(진동 감쇠) 설계 기법 적용
- **조기경보 시스템**: P파 감지 후 신속한 경보 발령, 지진 발생 시 대피 요령 홍보

출제 경향

- 지진과 지진해일의 차이점과 주요 발생 원인을 묻는 문제 출제 가능
- 대한민국 주요 지진 사례를 중심으로 내진설계 방식과 조기경보 시스템 관련 문제 출제 예상
- 지진 발생 시 국민 행동 요령을 묻는 문제 출제 가능

3. 폭염과 한파: 기후변화와 극한기후 대응 방안

- 폭염은 일 최고기온 33℃ 이상이 이틀 이상 지속될 때 폭염주의보, 35℃ 이상이면 폭염경보가 발령됨
- 한파는 아침 최저기온이 -12℃ 이하로 내려갈 경우 한파주의보, -15℃ 이하일 경우 한파경보가 발령됨
- **주요 사례**: 대한민국 2018년 폭염(최고기온 41.0℃ 기록), 2021년 한파(-25℃ 기록)
- 기후변화로 인해 폭염과 한파 발생 빈도가 증가하고 있으며 열섬 현상과 대기 순환 변화가 원인
- **폭염 대응**: 냉방시설 확충, 무더위 쉼터 운영, 취약 계층 보호 대책 시행
- **한파 대응**: 수도 및 난방 시설 점검, 취약 계층 난방 지원, 제설 작업 강화

출제 경향

폭염과 한파의 발생 원인과 차이점을 묻는 문제 출제 가능
- 기후변화와 극한기후 현상의 연관성을 묻는 문제 출제 예상
- 폭염과 한파 대응 방안을 비교하는 문제 출제 가능

4. 산불과 가뭄: 예방적 방재 대책 및 산불 진화 기술

- 산불은 자연적 요인(낙뢰, 건조한 기후)과 인위적 요인(실화, 방화)으로 발생하며 주요 확산 유형에는 지표화, 수간화, 수관화가 있음
- **주요 산불 사례**: 강원도 고성 산불(2019년), 양양 산불(2005년), 미국 캘리포니아 산불(2020년)
- 가뭄은 기상학적 가뭄(강수량 부족), 농업적 가뭄(토양 수분 부족), 수문학적 가뭄(지하수 고갈)로 구분됨
- **주요 가뭄 사례**: 대한민국 2015년 가뭄(저수율 30% 이하), 2017년 가뭄(극심한

강수량 부족)
- **산불 대응**: 산불 감시 시스템, 방화선 구축, 헬기 및 드론 활용한 진화 기술 적용
- **가뭄 대응**: 물 재이용 기술 개발, 가뭄 조기경보 시스템 운영, 저수지 및 댐 관리 강화

출제 경향

- 산불과 가뭄의 주요 발생 원인과 사례를 묻는 문제 출제 가능
- 산불 예방 대책 및 진화 기술 관련 문제 출제 예상
- 가뭄 대응 방안과 물 관리 정책을 묻는 문제 출제 가능

5. 기상특보 및 재난 예측 시스템

- 기상특보는 기상청이 발령하는 기상재해 경고 체계로 태풍, 홍수, 폭염, 한파 등 다양한 종류가 있음
- **주요 기상특보 발령 기준**
  - **태풍경보**: 최대풍속 25m/s 이상
  - **폭염경보**: 35℃ 이상 지속
  - **한파경보**: -15℃ 이하
- 재난 예측 시스템은 기상 관측 데이터와 인공지능(AI) 분석 기술을 활용하여 자연 재난을 사전에 감지하는 시스템
- **주요 재난 예측 시스템**: 홍수 예측 시스템, 태풍 이동 경로 예측, 지진 조기경보, 미세먼지 예측 시스템

출제 경향

- 기상특보의 종류 및 발령 기준을 묻는 문제 출제 가능
- 재난 예측 시스템의 개념과 기술적 요소를 묻는 문제 출제 예상
- AI 및 빅데이터 기반 재난 예측 기술의 발전 방향을 묻는 문제 출제 가능

6. 미세먼지와 대기오염 관리법

- 미세먼지는 입자의 크기에 따라 PM10(미세먼지), PM2.5(초미세먼지)로 구분되며 대기 중 오염물질이 축적되어 인체 및 환경에 악영향을 미침
- **주요 발생 원인**: 산업시설 배출, 자동차 배기가스, 국외 영향(중국발 미세먼지)

- **미세먼지 저감 대책**: 산업시설 배출 규제, 친환경 자동차 보급 확대, 공공장소 대기질 모니터링
- **법적 근거**: 「미세먼지 저감 및 관리에 관한 특별법」, 「대기환경보전법」

출제 경향

- 미세먼지와 대기오염의 개념과 차이를 묻는 문제 출제 가능
- 대한민국의 미세먼지 저감 정책 및 관련 법률을 묻는 문제 출제 예상
- 대기오염 관리 및 예측 시스템의 발전 방향을 묻는 문제 출제 가능

연습문제

01 다음 중 태풍의 위험반원에 대한 설명으로 옳은 것은?

① 태풍 진행 방향의 왼쪽 반원으로 풍속이 강하고 강수량이 많다.
② 태풍 진행 방향의 오른쪽 반원으로 풍속이 강하고 비가 많이 내린다.
③ 태풍 진행 방향의 오른쪽 반원은 비교적 안전하다.
④ 태풍 진행 방향의 왼쪽 반원은 가장 많은 피해를 초래한다.

02 다음 중 대한민국에서 발생한 주요 태풍 사례로 옳지 않은 것은?

① 태풍 사라(1959년)
② 태풍 루사(2002년)
③ 태풍 매미(2003년)
④ 태풍 하이얀(2013년)

03 내진설계 방식 중 건물과 기초 사이에 고무패드나 강철 베어링을 설치하여 지진의 영향을 줄이는 기술은?

① 내진설계
② 면진 설계
③ 제진 설계
④ 구조 보강 설계

04 지진해일(쓰나미)의 주요 발생 원인이 아닌 것은?

① 해저 지진
② 화산 폭발
③ 해양 폭풍
④ 해저 산사태

05 대한민국에서 2016년과 2017년에 발생한 주요 지진은 각각 어느 지역에서 발생했는가?

① 경주, 포항
② 부산, 대구
③ 서울, 인천
④ 제주, 광주

06 폭염특보 중 폭염경보가 발령되는 기준은?

① 낮 최고기온이 30℃ 이상이 이틀 이상 지속될 때
② 낮 최고기온이 32℃ 이상이 사흘 이상 지속될 때
③ 낮 최고기온이 35℃ 이상이 이틀 이상 지속될 때
④ 낮 최고기온이 40℃ 이상이 일주일 이상 지속될 때

07 한파특보 중 한파주의보가 발령되는 기준은?

① 아침 최저기온이 -5℃ 이하로 떨어질 때
② 아침 최저기온이 -10℃ 이하로 떨어질 때
③ 아침 최저기온이 -12℃ 이하로 떨어질 때
④ 아침 최저기온이 -20℃ 이하로 떨어질 때

08 대한민국에서 기록된 최고기온 41.0℃를 기록한 해는 언제인가?

① 2002년 ② 2010년 ③ 2018년 ④ 2021년

09 산불 발생 시 주요 확산 유형이 아닌 것은?

① 지표화 ② 수간화 ③ 수관화 ④ 내진화

10 다음 중 산불 예방 및 대응 전략으로 적절하지 않은 것은?

① 방화선 구축 및 산림 감시 시스템 활용
② 산불 발생 위험지역에서 소각 행위 허용
③ 헬기 및 소방차를 이용한 공중 및 지상 진화
④ AI 기반 산불 예측 시스템 활용

11 가뭄의 유형 중 지하수 고갈과 하천 유량 감소로 나타나는 것은?

① 기상학적 가뭄 ② 농업적 가뭄
③ 수문학적 가뭄 ④ 사회경제적 가뭄

12 기상특보 중 태풍주의보가 발령되는 기준은?

① 중심 최대풍속 10m/s 이상 ② 중심 최대풍속 15m/s 이상
③ 중심 최대풍속 17m/s 이상 ④ 중심 최대풍속 25m/s 이상

13 지진 조기경보 시스템에서 감지되는 첫 번째 지진파는?

① P파 ② S파 ③ L파 ④ R파

14 미세먼지(PM10)와 초미세먼지(PM2.5)의 입자 크기를 비교할 때 옳은 것은?

① PM10은 2.5㎛ 이하, PM2.5는 10㎛ 이하
② PM10은 10㎛ 이하, PM2.5는 2.5㎛ 이하
③ PM10은 10㎛ 이상, PM2.5는 5㎛ 이하
④ PM10과 PM2.5의 크기는 동일하다.

15 대한민국에서 미세먼지 저감을 위한 법적 근거가 되는 법률은?

① 「대기환경보전법」
② 「자연재해대책법」
③ 「기후변화대응법」
④ 「환경영향평가법」

16 미세먼지 예·경보 기준에서 초미세먼지(PM2.5) 농도가 '나쁨' 단계로 분류되는 기준은?

① 15㎍/m^3 이상
② 25㎍/m^3 이상
③ 35㎍/m^3 이상
④ 50㎍/m^3 이상

17 다음 중 기상특보 발령 및 해제 절차에 포함되지 않는 요소는?

① 기상위성을 통한 데이터 수집
② 지진해일 발생 여부 분석
③ 슈퍼컴퓨터를 활용한 기상 예측 모델 분석
④ 특보 해제 후 피해 복구 계획 마련

18 대한민국의 기상특보 및 재난 예측 시스템 중 대기오염 예측과 관련이 가장 깊은 기관은?

① 행정안전부
② 환경부
③ 국토교통부
④ 농림축산식품부

19 지진 발생 시 건물 붕괴를 최소화하기 위한 내진설계 방식이 아닌 것은?

① 면진 설계
② 제진 설계
③ 복합 설계
④ 액상화 설계

20 대한민국에서 대기오염 및 미세먼지 저감을 위해 시행 중인 대표적인 정책이 아닌 것은?

① 친환경 자동차 보급 확대
② 공공장소 대기질 모니터링 시스템 운영
③ 산불 예방을 위한 감시 드론 배치
④ 산업시설 배출 규제 강화

참고문헌

1. 논문 및 문헌

- 김성수, 박정우 (2018). 태풍 피해 분석 및 대응 전략 연구. 기상재해연구소.
- 이현우 (2019). 지진 조기경보 시스템의 발전 방향 연구. 한국방재학회 논문집, 18(3), 45-62.
- 최영훈 (2020). 기후변화에 따른 폭염 및 한파 대응 방안 연구. 한국기후변화학회지, 12(2), 98-115.
- 정윤석, 박민지 (2021). 산불 예방 및 대응 기술 발전 동향 분석. 한국소방안전학회 논문집, 25(1), 34-50.
- 조성민 (2022). 미세먼지 발생 원인 및 저감 대책에 대한 연구. 대기환경학회지, 30(4), 67-81.

2. 보고서

- 기상청 (2022). 2021년 기상재해 연보. 대한민국 기상청.
- 행정안전부 (2021). 자연재난 및 기후변화 대응 종합보고서. 대한민국 행정안전부.
- 국립재난안전연구원 (2020). 홍수 및 가뭄 피해 분석과 관리 정책 연구.
- 한국환경공단 (2019). 미세먼지 저감 종합 대책 보고서.

3. 온라인 자료

- 기상청 재난 기상정보센터: https://www.kma.go.kr
- 환경부 미세먼지 종합정보: https://www.me.go.kr
- 행정안전부 국가재난정보센터: https://www.safekorea.go.kr
- 한국소방안전원 산불예방센터: https://www.kfsi.or.kr
- 국립재난안전연구원 재난관리연구센터: https://www.ndmi.go.kr

CHAPTER 04 사회재난의 유형과 관리

학습목표

- 화재 및 폭발 사고의 주요 원인과 예방 대책을 설명할 수 있다.
- 교통 및 철도 사고의 발생 요인과 대응 방안을 이해할 수 있다.
- 감염병 재난의 사례를 분석하고 방역 체계의 중요성을 설명할 수 있다.
- 산업재해의 주요 원인과 관련 법령을 파악할 수 있다.
- 긴급구조기관 및 지원기관의 역할과 협력 체계를 이해할 수 있다.

1 화재 및 폭발 사고: 건축물 화재 예방 및 소방 대응

1.1 화재 및 폭발 사고 개요

그림 4.1 국내외 대형 화재 및 폭발 사고 사례

화재 및 폭발 사고는 인명 피해와 재산 피해를 초래하는 대표적인 사회재난 중 하나로, 산업 현장뿐만 아니라 주거 공간, 상업 시설 등 다양한 환경에서 발생할 수 있음

화재는 연소 과정에서 급격한 열과 연기를 발생시키며, 폭발은 화학적 또는 물리적 반응을 통해 순간적인 에너지를 방출하는 현상임

국내외 주요 화재 및 폭발 사고 사례를 분석하면, 부주의, 전기적 요인, 가연성 물질의 사용, 안전관리 미흡 등이 공통 원인으로 작용함

1.2 건축물 화재 예방 대책

1.2.1 화재 위험 요인

건축물의 구조 및 재료

- 가연성 자재(목재, 플라스틱, 합성수지 등)가 사용된 건축물은 화재 발생 시 연소 확산 속도가 빠름

- 내화 성능이 낮은 건축물은 초기 화재 시 붕괴 위험이 큼

전기적 요인

- 전기 합선, 과부하, 누전 등은 주요 화재 발생 원인 중 하나이며, 특히 오래된 전선이나 부적절한 전기설비가 위험 요소로 작용
- 전자기기 과열 및 부주의한 전기 사용으로 인해 발화 가능성이 높음

화기 사용 및 부주의

- 음식 조리 중 발생하는 기름 화재, 난로 및 히터 사용 부주의, 담뱃불 방치 등이 주요 화재 원인으로 작용
- 인화성 물질 보관 부주의로 인해 작은 불씨가 대형 화재로 확산될 수 있음

1.2.2 예방 대책

방화구획 및 내화 성능 강화

- 건축물 내 방화벽, 방화문, 내화 구조재 적용을 통해 화재 확산을 방지
- 건축법 및 소방법에 따른 내화재료 사용을 의무화하여 건물의 화재 저항성을 높임

소방시설 설치 및 유지보수

- 소화기, 스프링클러, 자동화재탐지설비 등 소방시설을 적절히 배치하고, 정기적인 유지보수를 통해 기능을 유지
- 연기 감지기, 화재경보기 등의 자동 감지 시스템을 설치하여 조기 경보 체계를 강화

표 4.1 주요 건축물 화재 예방 설비 및 기능

설비명	기능	적용 대상
소화기	초기 화재 진압	모든 건축물
스프링클러	일정 온도 상승 시 자동 작동하여 화재 진압	고층 건물, 대형 시설
자동화재탐지설비	연기 및 열 감지 후 경보음 발생	공공시설, 업무시설
방화문	화재 확산 방지	다중이용시설, 공동주택

안전 교육 및 피난 대책 수립

- 건물 내 거주자 및 이용자에게 화재 발생 시 대피 요령 교육을 정기적으로 시행

- 피난 경로를 명확히 설정하고, 피난 안내 표지 및 유도등을 설치하여 긴급 상황 시 원활한 대피를 유도
- 대형 건축물 및 다중이용시설의 경우 정기적인 소방훈련을 실시하여 위기 대응 능력을 강화

1.3 소방 대응 시스템

소방대의 화재 진압 전략

- 초기 대응이 화재 확산을 막는 핵심 요소이므로, 신고 접수 후 신속한 출동이 중요
- 건축물 구조 및 화재 유형에 따라 화재 진압 전술을 결정하며, 고층 건물, 지하공간 등의 특수 환경에서는 맞춤형 대응이 필요
- 소방 자원 배치 및 협력 체계
- 대도시 및 산업단지의 경우 소방서 배치를 전략적으로 조정하여 대응 시간을 최소화
- 긴급 구조기관(경찰, 의료 기관 등)과의 협업을 통해 구조 및 응급 의료 지원을 신속히 수행

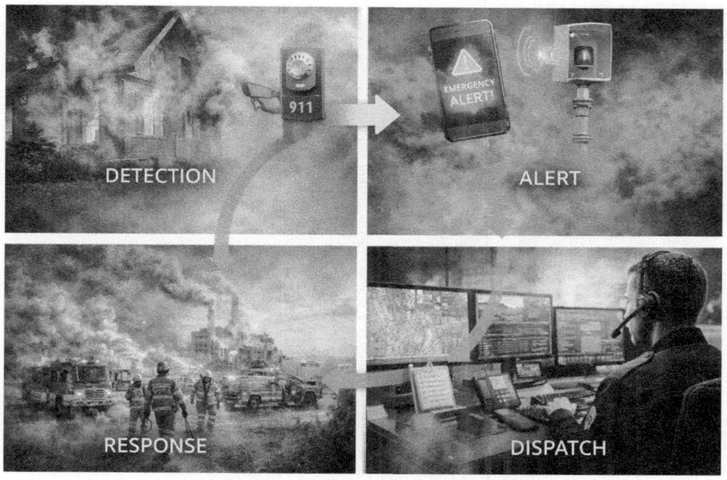

그림 4.2 소방 대응 시스템 및 출동 과정

이와 같이, 건축물 화재 예방 및 소방 대응을 위한 체계적인 접근이 필요하며, 이를 통해 인명 및 재산 피해를 최소화할 수 있음

2 교통 및 철도 사고: 대형 교통사고 사례 및 안전 대책

2.1 교통 및 철도 사고 개요

그림 4.3 대형 교통사고 사례 및 원인 분석

- 교통 및 철도 사고는 도로 및 철도망을 이용하는 대중이 일상적으로 직면할 수 있는 대표적인 사회재난 중 하나임
- 사고 원인은 운전자 과실, 차량 결함, 도로 환경, 기상 요인 등 다양한 요소로 구성되며, 대형 사고로 이어질 경우 다수의 사상자가 발생할 가능성이 큼
- 국내외 대형 교통 및 철도 사고 사례를 분석하면, 사고 발생 원인과 안전 대책에 대한 시사점을 도출할 수 있음

2.2 대형 교통사고 사례 분석

2.2.1 국내 대형 교통사고 사례

1994년 성수대교 붕괴 사고

- 차량 과적 및 노후화된 구조물이 주요 원인으로 작용
- 다리 유지보수 및 점검 시스템의 중요성을 강조하는 계기가 됨
- 2015년 경부고속도로 다중 추돌 사고
- 안개로 인한 가시거리 감소 및 과속 운전이 복합적으로 작용하여 다수의 차량이 연쇄 충돌
- 안개 지역 내 감속 유도 및 도로 관리 시스템의 필요성이 대두됨

표 4.2 국내외 대형 교통 및 철도 사고 비교

사고명	발생 연도	주요 원인	주요 시사점
성수대교 붕괴	1994	구조물 노후화, 차량 과적	시설물 유지보수 강화
경부고속도로 다중 추돌	2015	안개, 과속	도로 관리 및 감속 유도
케프론 터널 화재	2000	차량 화재, 미흡한 피난 설비	터널 내 안전 설비 강화
산티아고 열차 탈선	2013	과속 운행	철도 속도 제한 및 자동 제어

2.2.2 해외 대형 교통사고 사례

2000년 오스트리아 케프론 터널 화재 사고

- 터널 내 차량 화재로 인해 다수의 사망자가 발생
- 터널 내 피난 경로 및 환기 시스템의 중요성이 강조됨

2013년 스페인 산티아고 열차 탈선 사고

- 고속철도 구간에서 기관사의 과속 운행이 원인이 되어 열차가 탈선
- 철도 운행 속도 제한 및 자동 제어 시스템 강화 필요성이 제기됨

2.3 교통사고 예방 및 대응 방안

2.3.1 도로 및 차량 안전 대책

도로 설계 및 신호 체계 개선

- 도로 환경을 고려한 합리적인 설계 적용(곡선부 개선, 방지턱 설치 등)
- 신호 체계 최적화를 통한 교차로 사고 감소

차량 안전성 향상 및 유지보수 강화

- 첨단 운전자 보조 시스템(ADAS) 도입 확대
- 정기 차량 검사 및 안전 부품 관리 강화

2.3.2 철도 사고 예방 대책

그림 4.4 철도 사고 예방을 위한 주요 설비

철도 신호 시스템 개선

- 실시간 모니터링 시스템을 구축하여 기관사의 실수를 보완
- 자동 열차 정지 장치(ATP) 및 운행 속도 제한 시스템 도입

철도 유지보수 및 정기 점검 강화

- 노후 철도 시설 점검 주기 단축
- 철도 차량 정비 기준 강화 및 유지보수 인력 확충

2.3.3 긴급 구조 대응 및 병원 이송 시스템 개선

긴급출동 체계 강화

- 사고 발생 시 신속한 구조 및 구급차 배치를 위한 지능형 교통 시스템(ITS) 도입
- 철도 사고 발생 시 철도 구조 전담팀 운영

응급 의료 시스템 연계

- 대형 사고 발생 시 병원과 연계하여 신속한 응급 치료 지원
- 사고 유형별 응급처치 매뉴얼 마련 및 대응 훈련 정기적 시행

그림 4.5 교통 및 철도 사고 발생 시 긴급 대응 프로세스

이와 같이, 교통 및 철도 사고 예방과 신속한 대응 시스템 구축을 통해 대형 사고 발생을 최소화하고 피해를 줄일 수 있음

3 감염병 재난: COVID-19, MERS 사례와 방역 시스템

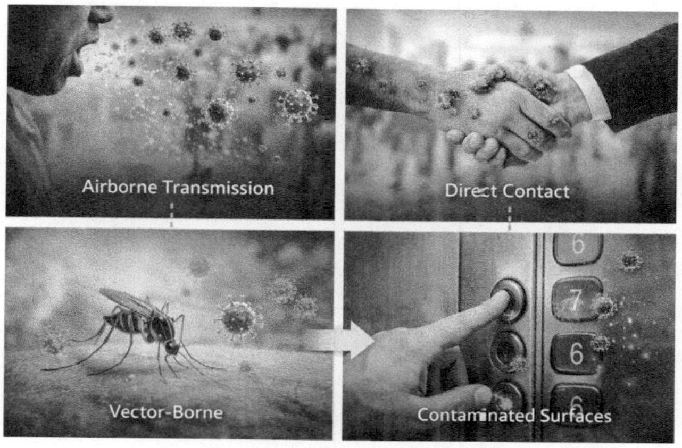

그림 4.6 주요 감염병의 전파 경로

3.1 감염병 재난 개요

- 감염병 재난은 바이러스, 세균, 곰팡이 등의 병원체에 의해 발생하며, 공기, 물, 접촉 등을 통해 전파됨
- 감염병은 지역 사회에서 빠르게 확산될 수 있으며, 팬데믹(pandemic) 수준으로 발전할 경우 국가적 대응이 필요함
- 대표적인 감염병 재난으로는 COVID-19, MERS, SARS, 에볼라 바이러스 등이 있으며, 이들 사례를 분석하여 방역 체계의 중요성을 이해할 필요가 있음

3.2 주요 감염병 사례

3.2.1 COVID-19(코로나19) 팬데믹

발생 및 확산 과정

- 2019년 12월 중국 우한에서 처음 보고된 후 전 세계로 확산
- 주로 비말 및 접촉을 통해 전파되며, 무증상 감염자도 바이러스를 전파할 수 있음
- 2020년 3월 세계보건기구(WHO)에 의해 팬데믹으로 선언됨

그림 4.7 COVID-19 팬데믹의 확산 단계

표 4.3 COVID-19 주요 대응 조치

대응 조치	내용	적용 국가
마스크 착용	공공장소에서 필수 착용 의무화	대한민국, 미국, 유럽 등
사회적 거리 두기	모임 제한 및 거리두기 유지	전 세계
백신 접종	전 국민 대상 예방 접종 실시	전 세계
국경 통제	입국 제한 및 검역 강화	일부 국가(중국, 일본 등)

주요 영향 및 대응

- 전 세계적으로 수백만 명의 사망자 발생 및 경제적 타격
- 사회적 거리 두기, 마스크 착용, 백신 접종 등을 통한 대응
- mRNA 백신(화이자, 모더나)과 바이러스 벡터 백신(아스트라제네카, 얀센) 등 다양한 백신 개발

3.2.2 MERS(중동호흡기증후군) 사례

발생 및 확산 과정

- 2012년 사우디아라비아에서 처음 발생
- 낙타를 매개로 한 바이러스 감염으로 추정되며, 주로 병원 내 감염이 문제가 됨
- 2015년 한국에서 대규모 병원 감염 사례 발생

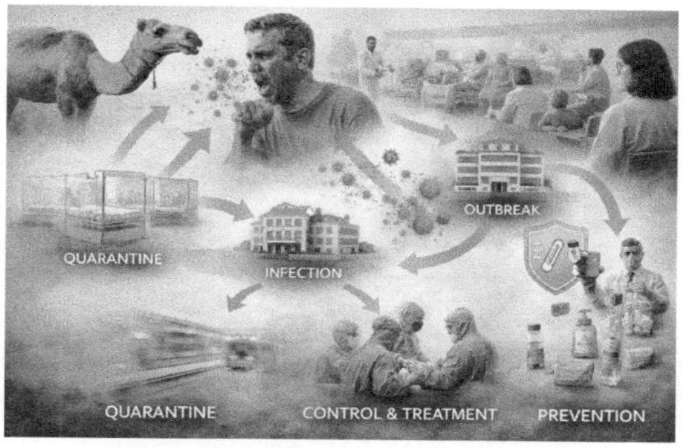

그림 4.8 MERS 확산 경로 및 대응 전략

주요 영향 및 대응

- 감염자의 약 34%가 사망할 정도로 높은 치명률을 보임
- 병원 내 감염 예방을 위한 격리 및 방역 강화 조치 시행
- 백신 개발이 어려운 특성을 보이며, 주로 보건 시스템 강화를 통한 대응이 이루어짐

3.3 방역 시스템 및 대응 체계

3.3.1 조기 감지 및 대응 체계 구축

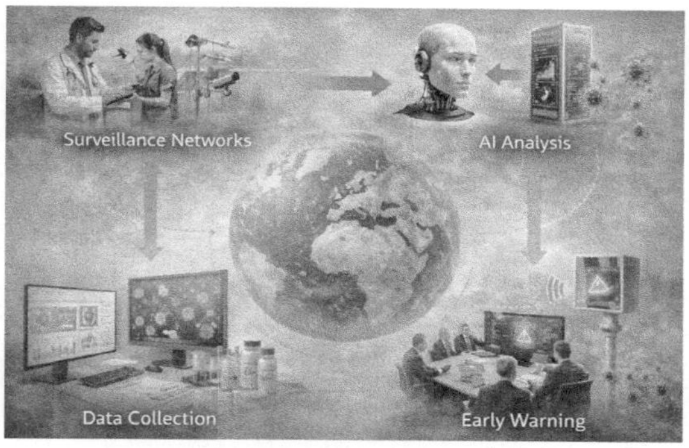

그림 4.9 감염병 조기 감지 시스템 구조

감염병 모니터링 시스템 강화

- 질병관리청 등 방역 기관의 역할 확대
- 실시간 감염병 감시 시스템 운영

진단 및 검사 체계 정비

- PCR 검사 및 신속항원검사를 활용하여 감염 여부를 빠르게 확인
- 대규모 검사소 운영을 통해 감염자 조기 발견

3.3.2 백신 개발 및 접종 정책

백신 개발 과정 및 주요 백신 유형

- 기존 백신 개발 방식(불활성화 백신, 약독화 백신)과 새로운 방식(mRNA 백신) 활용
- 국가별 백신 개발 지원 및 긴급 사용 승인 제도 운용

백신 접종 정책 및 집단면역 확보

- 우선 접종 대상자(고령층, 의료진 등)를 지정하여 접종 우선순위 설정
- 집단면역 형성을 위한 2차, 3차 접종(추가 접종) 시행

표 4.4 주요 감염병 백신 개발 현황

감염병	백신 종류	개발사
COVID-19	mRNA 백신	화이자, 모더나
MERS	단백질 재조합 백신	진행 중
에볼라	바이러스 벡터 백신	존슨앤드존슨

3.3.3 국제 협력 및 정보 공유 시스템

그림 4.10 국제 감염병 대응 협력 체계

세계보건기구(WHO) 및 국제기구 협력

- 감염병 발생 시 국제 공조를 통해 대응 전략 공유
- 공중보건 비상사태(PHEIC) 선언을 통해 각국의 방역 조치 유도

국가 간 감염병 대응 네트워크 구축

- 감염병 대응을 위한 정보 공유 플랫폼 운영
- 선진국과 개발도상국 간 백신 공급 협력 강화

이와 같이, 감염병 재난은 전 세계적으로 영향을 미칠 수 있는 중요한 사회재난이며, 예방 및 대응 체계를 체계적으로 구축하는 것이 필수적임

4 산업재해: 중대재해처벌법과 작업장 안전관리

4.1 산업재해 개요

- 산업재해는 작업장에서 발생하는 사고 및 직업병을 포함하며, 근로자의 건강과 안전에 직접적인 영향을 미치는 중요한 사회재난임
- 산업재해의 주요 원인은 기계적 위험, 유해화학물질, 부적절한 작업환경, 안전관리 부족 등으로 구분됨
- 산업재해를 예방하기 위해 작업장 안전관리 체계를 구축하고, 법적 규제를 강화하는 것이 필수적임

4.2 주요 산업재해 유형 및 사례

4.2.1 산업재해 주요 유형

추락 사고

- 건설 현장 및 고소 작업장에서 발생 빈도가 높은 사고 유형
- 안전난간, 추락 방지 장비 미설치, 개인 보호구 미착용 등이 원인

끼임 사고

- 기계·설비 작업 중 발생하며, 근로자가 기계에 끼이거나 말려드는 사고
- 기계 안전장치 미설치, 작업 중 부주의 등이 원인

질식 사고

- 밀폐된 공간에서 유해가스 누출, 산소 결핍으로 인한 질식 발생
- 정비 및 보수 작업 시 적절한 환기 조치 미흡이 원인

화재 및 폭발 사고

- 화학공장, 제조업체에서 발생하는 사고로, 유해화학물질, 인화성 가스 등이 주요 원인
- 안전관리 미흡, 정전기 발생, 설비 유지보수 부족 등이 사고를 유발

그림 4.11 산업재해 유형 및 주요 발생 원인

표 4.5 주요 산업재해 유형 및 예방 대책

산업재해 유형	주요 발생 원인	예방 대책
추락 사고	작업 중 안전 장비 미사용	안전난간 및 추락 방지 장치 설치
끼임 사고	기계 안전장치 미설치	기계 정비 및 안전 보호구 착용
질식 사고	밀폐 공간 내 산소 부족	적절한 환기 및 산소 농도 측정
화재·폭발 사고	유해화학물질 취급 부주의	방폭 설비 및 화학물질 관리 강화

4.3 중대재해처벌법 개요

4.3.1 중대재해처벌법의 배경

- 산업 현장에서 반복되는 중대재해를 줄이기 위해 2022년 1월 27일부터 시행된 법
- 사업주 및 경영책임자에게 산업재해 예방 의무를 부여하고, 위반 시 형사적 책임을 강화

4.3.2 주요 내용

적용 대상

- 상시 근로자 50인 이상 사업장 및 공공기관 대상
- 5인 이상 50인 미만 사업장은 2024년부터 적용

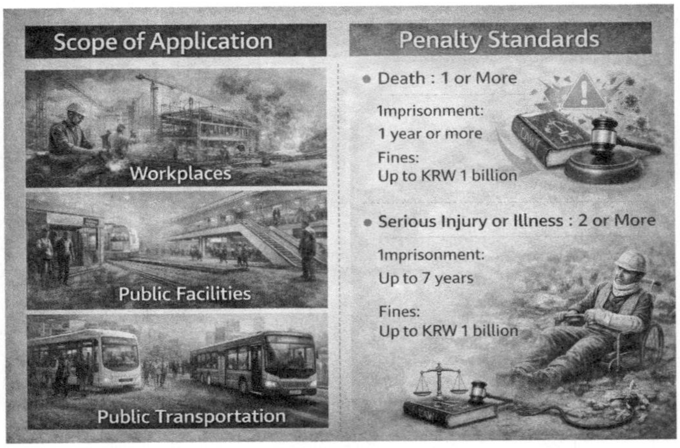

그림 4.12 중대재해처벌법 적용 범위 및 처벌 기준

처벌 기준

- 근로자 사망 시 사업주 징역 1년 이상 또는 벌금 10억 원 이하
- 중대 산업재해 발생 시 사업주 징역 7년 이하 또는 벌금 1억 원 이하

사업주의 안전보건 관리 의무

- 안전보건 관리 체계 구축 및 이행
- 유해·위험 요인 점검 및 개선 조치
- 근로자 교육 및 보호 조치 강화

4.4 작업장 안전관리 대책

4.4.1 위험성 평가 및 안전 점검 강화

사전 위험 평가 제도 운용

- 작업 시작 전 위험 요소를 분석하고, 예방 조치를 마련
- 고위험 작업(고소 작업, 밀폐 공간 작업 등) 사전 점검 의무화

정기적 안전 점검 시행

- 산업 현장 내 정기적인 시설 점검 및 유지보수 실시
- 안전 점검 결과를 기록하고, 개선 계획 수립

4.4.2 근로자 교육 및 보호구 지급

산업안전 보건교육 실시

- 근로자 대상 정기적인 안전 교육 의무화
- 신규 근로자 대상 안전 작업 절차 교육 강화

개인 보호구 지급 및 착용 의무화

- 보호 장비(안전모, 보호안경, 방진 마스크 등) 지급 및 착용 확인
- 보호구 미착용 시 작업 중지 및 교육 조치 시행

그림 4.13 작업장 내 위험성 평가 절차

표 4.6 주요 산업 보호구 종류 및 적용 대상

보호구 종류	적용 작업
안전모	건설 현장, 공장 내 작업
보호안경	용접, 절단 작업
방진 마스크	화학물질 취급, 분진 발생 작업
안전화	중장비 작업, 철강 작업

4.4.3 스마트 안전관리 기술 도입

그림 4.14 스마트 안전관리 기술 적용 사례

ICT 기반 안전관리 시스템 구축

- 위험지역 감지 센서, 실시간 모니터링 시스템 도입
- 스마트 헬멧, 웨어러블 기기를 활용한 근로자 안전관리

드론 및 AI를 활용한 안전 점검

- 드론을 이용한 공사 현장 안전 점검 및 시설 유지보수
- AI 기반 빅데이터 분석을 통한 사고 예측 시스템 도입

이와 같이, 산업재해 예방을 위해 법적 규제를 강화하고, 작업장 내 안전관리를 체계적으로 수행하는 것이 필수적임

5 긴급구조기관 및 지원기관 체계

5.1 긴급구조기관 개요

- 긴급구조기관은 재난 및 사고 발생 시 신속한 대응과 피해 최소화를 위해 활동하는 기관으로, 주요 역할은 구조·구급, 화재 진압, 교통사고 대응, 감염병 관리 등으로 구분됨
- 대표적인 긴급구조기관으로는 소방기관, 경찰, 응급의료기관 등이 있으며, 이들 기관 간 협력이 필수적임
- 긴급 구조 대응 체계를 효과적으로 운영하기 위해 통합 지휘 체계를 구축하고, 신속한 정보 공유가 필요함

그림 4.15 긴급구조기관 간 협력 체계

5.2 주요 긴급구조기관 및 역할

5.2.1 소방기관

화재 진압 및 구조 활동

- 건축물 화재, 산불, 산업시설 화재 등 다양한 화재 진압 수행
- 차량 사고, 붕괴 사고, 수난 사고 등 구조 활동 수행

응급 구조 및 이송 지원

- 심정지, 호흡곤란 등 응급환자의 신속한 처치 및 병원 이송
- 응급상황 대응을 위한 소방서 내 구급대 운영

5.2.2 경찰기관

재난 발생 시 통제 및 치안 유지

- 대규모 재난 발생 시 교통 통제 및 인명 구조 지원
- 폭력 및 범죄 예방을 위한 긴급출동 및 대응

실종자 수색 및 구조 지원

- 자연재해 및 사고 발생 시 실종자 수색 및 인명 보호 활동 수행
- 대규모 재난 시 피난민 보호 및 질서 유지

표 4.7 소방기관과 경찰기관의 주요 역할 비교

기관	주요 역할
소방기관	화재 진압, 구조·구급, 위험물 사고 대응
경찰기관	치안 유지, 교통 통제, 실종자 수색

5.3 응급의료기관 및 보건당국 역할

5.3.1 응급의료기관

응급환자 치료 및 중증 환자 이송

- 재난 상황에서 응급환자의 신속한 치료 및 병원 내 적절한 분류(Triage) 시행
- 권역응급의료센터, 지역 응급의료기관 등을 통해 단계별 치료 체계 구축

감염병 대응 및 병상 확보

- 감염병 발생 시 음압병실 및 격리 병동 운영
- 신속한 진단 검사 및 치료를 위한 의료 장비 및 인력 배치

5.3.2 보건당국 및 방역 기관

감염병 예방 및 방역 시스템 운영

- 질병관리청, 보건소 등을 중심으로 감염병 모니터링 및 예방 접종 시행
- 감염병 확산 방지를 위한 격리 및 역학조사 수행

의료 자원 및 지원 체계 구축

- 재난 발생 시 의료진 지원 및 의약품 공급 체계 운영
- 국가 차원의 긴급 의료 대응 시스템 가동

그림 4.16 응급의료기관 및 보건당국 협력 구조

5.4 지원기관 및 협력 체계

5.4.1 민간 구조단체 및 자원봉사 조직

대한적십자사 및 민간 구조단체

- 재난 발생 시 인도적 지원 및 긴급 구호물자 공급
- 헌혈 지원 및 응급처치 교육 제공

자원봉사단체 및 NGO

- 피해 지역 복구 지원 및 이재민 보호 활동 수행
- 긴급 구호 및 심리 상담 지원

5.4.2 군·지자체·기타 지원기관

군(군부대) 지원 체계

- 대형 재난 발생 시 군 병력 및 장비 지원
- 의료진 파견 및 구조 활동 참여

지방자치단체 및 정부기관 협력

- 지역 단위 재난 대응 계획 수립 및 운영
- 대피소 운영 및 재난구호 기금 지원

표 4.8 긴급구조기관 및 지원기관 협력 체계

기관	주요 역할
대한적십자사	인도적 지원, 응급처치 교육
군부대	구조 지원, 의료 지원, 장비 제공
지방자치단체	재난 대응 계획 수립, 대피소 운영

이와 같이, 긴급구조기관 및 지원기관 간의 협력 체계를 강화함으로써 재난 발생 시 신속한 대응과 피해 최소화를 달성할 수 있음

핵심 내용 정리(기출 문제 관련)

1. 화재 및 폭발 사고: 건축물 화재 예방 및 소방 대응

- 화재 및 폭발 사고는 대표적인 사회재난으로, 건축물, 산업시설, 교통수단 등에서 발생할 수 있음
- **주요 원인**: 부주의(흡연, 조리), 전기적 요인(합선, 누전), 가연성 물질 사용, 안전 관리 미흡 등
- **건축물 화재 예방 대책**: 방화구획 설정, 내화 구조 강화, 소방시설 설치 및 유지보수, 피난 경로 확보
- **소방 대응**: 신고 즉시 출동, 건축물 구조 분석 후 화재 진압, 긴급 구조 및 의료 지원 협력

출제 경향

- 건축물 화재 예방 대책과 관련 법령 문제 출제 가능
- 화재 및 폭발 사고의 주요 원인에 대한 문제 출제 가능
- 소방 대응 시스템 및 출동 과정 관련 문제 출제 가능

2. 교통 및 철도 사고: 대형 교통사고 사례 및 안전 대책

- 교통사고는 도로 및 철도망을 이용하는 대중이 직면할 수 있는 사회재난 중 하나임
- **주요 원인**: 운전자 과실(과속, 신호위반), 도로 환경(노후화, 결빙), 차량 결함, 기상 요인
- **대형 사고 사례**: 성수대교 붕괴(1994), 경부고속도로 다중 추돌 사고(2015), 산티아고 열차 탈선(2013)
- **예방 대책**: 도로 및 철도 안전시설 강화, 신호 시스템 개선, 첨단 운전자 보조 시스템(ADAS) 도입

출제 경향

- 대형 교통사고 사례 및 원인 분석 문제 출제 가능
- 철도 사고 예방을 위한 기술적 접근법 문제 출제 가능
- 긴급 대응 시스템(ITS) 및 응급 의료 연계 관련 문제 출제 가능

3. 감염병 재난: COVID-19, MERS 사례와 방역 시스템

- 감염병 재난은 바이러스, 세균 등 병원체에 의해 발생하며, 공기·접촉·물 등을 통해 전파됨
- **주요 사례**: COVID-19(2019~현재), MERS(2015, 한국), SARS(2003), 에볼라 바이러스(2014)
- **감염병 대응 체계**: 역학조사, 격리 및 치료, PCR 검사, 백신 개발 및 접종, 사회적 거리 두기 정책
- 국제 협력: WHO 방역 지침 준수, 백신 개발 지원, 국가 간 방역 협력체계 구축

출제 경향

- 감염병 확산 경로 및 주요 사례 관련 문제 출제 가능
- 백신 개발 과정 및 감염병 대응 정책 문제 출제 가능
- 국가 방역 체계 및 국제 방역 협력 관련 문제 출제 가능

4. 산업재해: 중대재해처벌법과 작업장 안전관리

- 산업재해는 작업장에서 발생하는 사고 및 직업병을 포함하며, 근로자의 건강과 안전에 영향을 미침
- **주요 원인**: 기계적 위험(끼임, 절단), 화학적 위험(독성 물질, 유해가스), 작업환경(고온·고압, 방진 부족)
- **중대재해처벌법**: 사업주에게 안전보건 관리 체계 구축 의무 부여, 위반 시 형사 처벌 강화
- **예방 대책**: 작업장 안전 점검, 보호구 지급, 위험성 평가, 스마트 안전관리 기술(AI, IoT) 도입

출제 경향

- 산업재해 유형 및 주요 사고 사례 문제 출제 가능
- 중대재해처벌법 적용 대상 및 처벌 기준 관련 문제 출제 가능
- 작업장 안전관리 체계 및 위험성 평가 방법 관련 문제 출제 가능

5. 긴급구조기관 및 지원기관 체계

- **긴급구조기관**: 화재·재난 발생 시 신속한 대응을 담당하는 기관(소방청, 경찰청, 해양경찰청 등)
- **지원기관**: 응급 의료 지원(대한적십자사, 응급의료센터), 군부대 지원, 재난 복구 기관(지자체, NGO)
- **협력체계**: 국가 재난안전통신망(PS-LTE) 구축, 기관 간 정보 공유 및 합동 훈련 강화
- **통합 지휘 체계**: 긴급 구조 지휘대 운영, 다기관 협력(재난 안전 통합 대응 체계 구축)

출제 경향

- 긴급구조기관 및 지원기관의 역할 관련 문제 출제 가능
- 국가 재난안전통신망 및 긴급 구조 대응 체계 관련 문제 출제 가능
- 재난 발생 시 다기관 협력 및 응급 구조 절차 관련 문제 출제 가능

연습문제

01 다음 중 화재 예방을 위한 건축물 설계 원칙으로 옳지 않은 것은?

① 방화구획을 설정하여 화재 확산을 방지한다.
② 내화성이 낮은 자재를 사용하여 비용을 절감한다.
③ 화재 감지 및 경보 시스템을 설치한다.
④ 피난 경로를 확보하고 피난 유도등을 설치한다.

02 다음 중 교통사고 예방을 위한 도로 설계 요소가 아닌 것은?

① 회전 교차로 및 방지턱 설치
② 도로 표지판과 신호 체계 강화
③ 차량 과속을 유도하는 설계
④ ITS(지능형 교통 시스템) 도입

03 다음 중 감염병 재난 대응의 기본 원칙으로 가장 적절한 것은?

① 초기 감염병 확산 시 방역보다는 치료에 집중해야 한다.
② 감염 경로를 차단하고 조기 진단을 강화해야 한다.
③ 감염병이 확산한 이후에 방역 조치를 시행한다.
④ 지역 사회의 참여 없이 정부 주도로만 관리한다.

04 「중대재해처벌법」에서 정하는 사업주의 의무가 아닌 것은?

① 안전보건 관리 체계 구축 및 이행
② 산업재해 발생 시 근로자에게 모든 책임을 부과
③ 유해·위험 요인 점검 및 개선 조치
④ 안전 교육 및 보호 조치 강화

05 다음 중 철도 사고 예방을 위한 기술이 아닌 것은?

① 자동 열차 정지 장치(ATP)
② 철도 유지보수를 위한 정기 점검
③ 교통신호 연동 시스템
④ 차량 충돌 방지 자동 제어 시스템

06 「감염병의 예방 및 관리에 관한 법률」에 따라 감염병 확산 방지를 위한 조치로 옳지 않은 것은?

① 역학조사를 실시하여 감염 경로를 추적한다.

② 감염병 발생 후 백신 개발이 완료될 때까지 기다린다.

③ 환자 격리 및 치료 체계를 운영한다.

④ 감염병 정보 공유를 통해 국제 협력을 강화한다.

07 다음 중 산업재해 유형에 해당하지 않는 것은?

① 끼임 사고

② 감전 사고

③ 미세먼지로 인한 기도 손상

④ 식중독으로 인한 장염

08 다음 중 긴급구조기관의 역할로 가장 적절한 것은?

① 산업재해 발생 시 사고 원인을 조사하는 역할

② 화재 및 재난 현장에서 구조·구급 활동 수행

③ 국가 재난관리계획을 수립하고 예산을 운영하는 역할

④ 감염병 확산 시 방역 지침을 수립하는 역할

09 대형 화재 예방을 위한 주요 대책이 아닌 것은?

① 소방시설 설치 및 유지보수

② 피난계획 수립 및 안전 교육

③ 방화구획 강화 및 내화 성능 확보

④ 건축물 내 가연성 물질 사용 확대

10 다음 중 철도 사고 발생 시 긴급 대응 조치로 가장 적절한 것은?

① 모든 승객이 즉시 차내에 머물도록 조치

② 철도 운영 중단 없이 사고 구간만 우회하여 운행

③ 사고 발생 즉시 긴급 대응 체계를 가동하고 승객 대피 유도

④ 사고 후 기관사의 책임을 우선적으로 검토

11 다음 중 COVID-19 대응 정책으로 시행되지 않은 것은?

① 마스크 착용 의무화
② 사회적 거리 두기
③ 국가 단위 예방 접종 프로그램 시행
④ 지역별 감염자 처벌 정책

12 「재난 및 안전관리 기본법」에 따라 긴급구조기관이 아닌 것은?

① 소방청 ② 경찰청 ③ 질병관리청 ④ 해양경찰청

13 다음 중 감염병 예방을 위한 방역 시스템의 구성 요소가 아닌 것은?

① 백신 개발 및 접종 정책
② 감염병 모니터링 및 진단 검사 체계
③ 대기오염 감시 및 미세먼지 예보 시스템
④ 국제 협력을 통한 정보 공유

14 산업재해 예방을 위한 사업주의 기본 조치가 아닌 것은?

① 위험성 평가 실시 ② 근로자 대상 정기적인 안전 교육
③ 유해 작업환경을 제거하고 보호구 지급
④ 사고 발생 후 법적 책임 회피를 위한 대비

15 다음 중 화재·폭발 사고 예방을 위한 소방 대책으로 가장 적절한 것은?

① 건물 내 가연성 물질 사용 확대
② 화재 발생 후 소방 설비 설치
③ 소방시설의 정기적인 점검 및 유지보수
④ 창문을 모두 봉쇄하여 산소 유입 차단

16 철도 사고 발생 시 승객의 안전을 확보하기 위한 행동 요령으로 가장 적절한 것은?

① 열차 내 모든 전원을 차단한 후 이동하지 않는다.
② 문을 강제로 열어 빠르게 탈출한다.
③ 승무원의 안내에 따라 질서를 유지하며 대피한다.
④ 기관사와 직접 소통하여 상황을 파악한다.

17 「중대재해처벌법」의 적용 대상이 아닌 것은?

① 상시 근로자 5명 이하의 소규모 사업장
② 50인 이상 사업장 및 공공기관
③ 건설 현장 및 위험물 취급 사업장
④ 공공시설 운영 및 유지보수 사업

18 긴급 구조 및 지원기관 간 협력 체계 강화 방안으로 가장 적절한 것은?

① 기관별로 독립적인 대응 체계를 운영
② 정보 공유 시스템 구축 및 공조 체계 마련
③ 특정 기관이 단독으로 지휘권을 행사
④ 국가적 차원의 대응 없이 지역 단위로만 조정

19 다음 중 산업재해 발생을 예방하기 위한 기술적 접근 방식이 아닌 것은?

① AI 기반 위험 요소 분석 시스템 도입
② IoT 기술을 활용한 실시간 안전 모니터링
③ 재난 발생 후 피해 복구 지원만 집중
④ 드론을 이용한 건설 현장 안전 점검

20 다음 중 철도 사고 예방을 위한 법적·제도적 대책이 아닌 것은?

① 열차 자동 정지 시스템 도입
② 기관사의 철도 안전 교육 의무화
③ 철도 시설의 정기 점검 및 유지보수
④ 기관사 개인 판단에 따른 속도 제한 해제 허용

참고문헌

1. 논문 및 문헌

- 행정안전부, 「재난 및 안전관리 기본법 해설서」, 2023.
- 소방청, 「화재 예방 및 대응 매뉴얼」, 2022.
- 국토교통부, 「철도 안전관리 기본계획」, 2021.
- 고용노동부, 「중대재해처벌법 해설서」, 2022.
- 질병관리청, 「감염병 대응 및 방역 정책 백서」, 2023.
- 한국산업안전보건공단, 「산업재해 예방 및 안전보건관리 연구」, 2022.

2. 보고서 및 정책 자료

- 국가재난관리연구센터, 「사회재난의 유형별 관리 방안 연구」, 2022.
- 국립재난안전연구원, 「긴급구조기관 및 지원기관 간 협력체계 분석」, 2021.
- 한국교통안전공단, 「대형 교통사고 사례 및 예방 대책」, 2022.
- 환경부, 「미세먼지 저감 및 관리 종합대책」, 2023.
- 행정안전부, 「재난대응 체계 평가 보고서」, 2022.

3. 온라인 자료

- 소방청 공식 홈페이지 (www.nfa.go.kr)
- 국토교통부 철도안전정보센터 (www.ts2020.kr)
- 질병관리청 감염병 정보 포털 (www.kdca.go.kr)
- 고용노동부 산업안전보건법령 안내 (www.moel.go.kr)
- 행정안전부 국가재난안전포털 (www.safekorea.go.kr)

CHAPTER 05 복합 재난과 기후 위기

학습목표

- 복합 재난의 개념과 주요 사례를 이해한다.
- 복합 재난의 발생 원인과 특징을 분석한다.
- 복합 재난 대응 및 관리 전략을 학습한다.
- 기후 위기의 영향을 파악하고 지속 가능한 재난관리를 탐색한다.

1 복합 재난의 개념과 주요 사례

1.1 복합 재난의 개념

복합 재난(complex disaster)은 두 개 이상의 재난이 동시에 또는 연쇄적으로 발생하여 복합적인 영향을 미치는 상황을 의미한다. 이는 서로 다른 원인에 의해 발생하는 재난들이 결합하여 피해가 증대되고, 대응이 복잡해지는 특징을 가진다. 일반적으로 다음과 같은 형태로 구분할 수 있다.

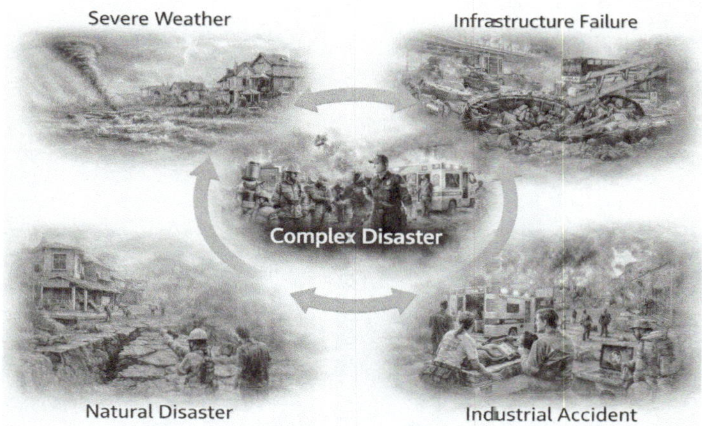

그림 5.1 복합 재난의 개념도

- **동시적 복합 재난**: 서로 다른 원인의 재난이 같은 시점에 발생하여 복합적인 영향을 미치는 경우

- **연쇄적 복합 재난**: 하나의 재난이 또 다른 재난을 유발하여 피해가 확대되는 경우
- **상호작용적 복합 재난**: 다양한 재난이 상호작용을 하면서 새로운 유형의 피해를 초래하는 경우

복합 재난의 특성은 피해 규모를 증가시키고, 대응 과정을 복잡하게 만든다. 단일 재난과 비교하여 더 많은 자원과 협력이 필요하며, 단기적인 복구뿐만 아니라 장기적인 대응 전략이 요구된다.

표 5.1 단일 재난과 복합 재난의 비교

구분	단일 재난	복합 재난
정의	하나의 원인에 의해 발생하는 재난	두 개 이상의 재난이 동시 또는 연쇄적으로 발생
예시	태풍, 지진, 대형 화재	태풍 → 산사태 → 정전, 지진 → 쓰나미 → 원전 사고
피해 규모	상대적으로 국지적 피해	피해 지역이 넓고, 장기적 영향 초래
대응 방식	특정 유형의 대응 계획 적용	다중 기관 협력이 필요하며, 대응이 복잡

1.2 주요 복합 재난 사례

복합 재난은 세계 곳곳에서 다양한 형태로 발생해왔다. 대표적인 사례를 통해 복합 재난의 유형과 영향을 살펴볼 수 있다.

1.2.1 일본 후쿠시마 원전 사고(2011)

그림 5.2 후쿠시마 원전 사고의 피해 지역

2011년 3월 11일, 일본에서는 규모 9.0의 강진이 발생하였으며, 이어서 대규모 쓰나미가 해안을 강타했다. 이 과정에서 후쿠시마 제1원자력발전소가 심각한 손상을 입었고, 방사성 물질이 대량 유출되었다.

재난의 구성 요소

- 지진(자연 재난) → 쓰나미(자연 재난) → 원전 사고(기술적 재난)
- 연쇄적 복합 재난의 대표적인 사례

피해 및 영향

- 일본 동북부 지역의 광범위한 피해
- 원자력 발전소 인근 주민들의 장기적인 건강 위험 증가
- 국제 사회에서 원자력 안전 규정 강화

1.2.2 코로나19 팬데믹과 경제 위기(2020~)

2020년 초부터 전 세계적으로 확산한 코로나19 바이러스는 단순한 감염병 확산을 넘어 경제·사회적 문제를 동반하며 복합 재난의 형태로 발전했다.

재난의 구성 요소

감염병 재난(보건 재난) → 경제 위기(사회적 재난) → 공급망 붕괴(산업 재난)

피해 및 영향

- 국가 간 이동 제한으로 경제 활동 위축
- 실업률 증가 및 금융 시장 변동성 확대
- 공급망 차질로 인한 글로벌 생산·유통 문제 발성

표 5.2 코로나19 팬데믹의 주요 경제적 영향

영향 범위	주요 내용
경제 활동	국가 간 이동 제한, 관광 및 항공 산업 위축
고용 시장	실업률 증가, 비정규직 노동자 피해 심화
금융 시장	주식 시장 변동성 확대, 기업 도산 증가
공급망 차질	글로벌 물류 및 생산 지연, 원자재 가격 상승

1.2.3 국내 사례: 태풍과 산사태, 정전 사태

대한민국에서는 태풍이 산사태와 정전 사태를 초래하며 복합적인 피해를 유발하는 사례가 자주 발생하고 있다.

그림 5.3 태풍으로 인한 산사태 피해 지역

재난의 구성 요소

태풍(자연 재난) → 산사태(자연 재난) → 전력망 손상(기술적 재난)

피해 및 영향

- 강풍과 집중호우로 인해 산사태 발생
- 송전탑과 변전소 파손으로 대규모 정전 발생
- 도로 및 철도 인프라 마비로 구조 및 복구 지연

이처럼 복합 재난은 단순한 자연 재난이나 인적 재난보다 더 큰 영향을 미치며, 대응 및 복구 과정에서 높은 수준의 협력과 대응 체계가 요구된다.

2 복합 재난 발생 원인과 특징

2.1 복합 재난 발생 원인

복합 재난은 다양한 요인에 의해 발생하며, 자연적 요인과 인위적 요인이 결합하면서 복잡한 형태로 나타난다. 복합 재난의 주요 발생 원인은 다음과 같다.

2.1.1 기후변화로 인한 이상기후 증가

기후변화는 복합 재난의 발생 가능성을 증가시키는 주요 요인 중 하나이다. 지구 온난화로 인해 이상기후 현상이 증가하면서 자연 재난과 인적 재난이 결합하는 사례가 늘어나고 있다.

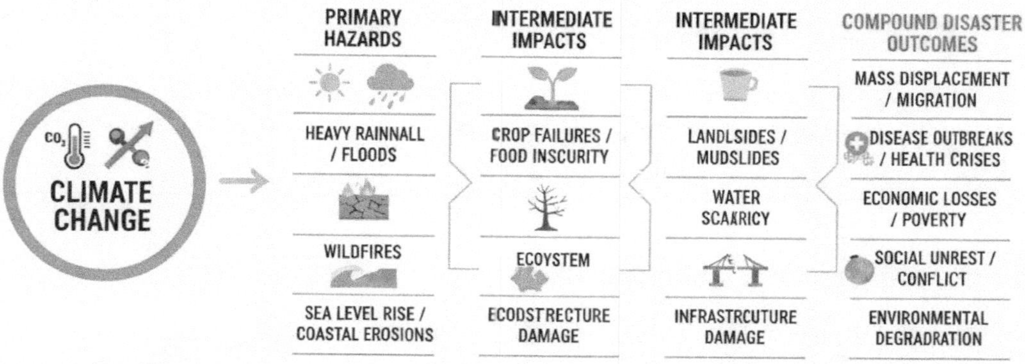

그림 5.4 기후변화에 따른 복합 재난 발생 과정

이상기후 현상의 증가

- 폭염, 가뭄, 산불, 집중호우 등의 빈도 증가
- 강한 태풍과 홍수로 인한 인프라 피해 확대

자연 재난과 인적 재난의 연쇄적 발생

- 폭염과 가뭄이 지속되면서 전력 수요 급증 → 대규모 정전 사태 발생
- 집중호우로 인한 산사태 → 교통망 붕괴 및 이재민 발생

2.1.2 산업화 및 도시화로 인한 취약성 증대

현대 사회의 산업화와 도시화는 복합 재난의 위험을 증가시키는 요인으로 작용하고 있다. 도시 인구 밀집, 노후한 인프라, 환경오염 문제 등이 복합적인 재난을 초래할 가능성을 높인다.

도시 지역의 재난 취약성

- 대도시의 인구 밀집으로 인해 재난 발생 시 피해 규모 확대
- 고층 건물, 지하공간 등 구조적 특성이 재난의 영향을 가중

산업재해와 환경 재난의 연결

- 공장 지역에서 발생한 화재가 대기오염을 유발하여 건강 피해로 이어짐
- 대규모 공사 과정에서 토양 오염 및 산사태 위험 증가

표 5.3 도시화로 인한 복합 재난 사례

사례	원인	재난 유형
대도시 홍수	불투수율 증가, 배수 시스템 부족	기후 재난 + 인프라 문제
고층 건물 화재	인구 밀집, 피난 구조 미흡	인적 재난 + 구조적 재난
공장 지역 폭발	산업시설 밀집, 관리 부실	기술적 재난 + 환경 재난

2.1.3 사회적 불평등과 정책적 대응 한계

사회적 불평등과 정책적 대응의 한계도 복합 재난을 유발하는 주요 원인 중 하나이다. 특히, 재난 대응 체계가 미비하거나 취약 계층이 보호받지 못하는 경우 피해가 더욱 커질 수 있다.

그림 5.5 사회적 불평등과 복합 재난의 관계

재난 대응 시스템의 부족

- 재난 대비를 위한 예산 및 인프라 부족
- 조기 경보 체계 미흡으로 인한 피해 증가

취약 계층의 높은 위험성

- 저소득층, 노인, 장애인 등 재난 대응이 어려운 집단의 피해 집중
- 의료 및 주거 환경이 취약하여 2차 피해 발생 가능성 증가

2.2 복합 재난의 특징

복합 재난은 단일 재난과 비교하여 다음과 같은 주요 특징을 가진다.

2.2.1 동시성 및 연쇄성

복합 재난은 단일 재난과 달리 하나의 재난이 또 다른 재난을 유발하거나, 여러 재난이 동시에 발생하는 특징이 있다.

자연 재난과 인적 재난의 결합

- 태풍이 발생한 후 홍수와 산사태가 연속적으로 발생
- 대규모 화재 이후 유독가스 누출로 2차 피해 발생

재난 간 인과 관계가 복잡함

- 원인과 결과가 얽혀 있어 피해 규모 예측이 어려움
- 단순한 복구 작업이 아닌 장기적인 대응 전략이 필요

2.2.2 대응의 복잡성

복합 재난은 피해가 광범위하게 퍼지고, 다양한 분야의 대응이 동시에 이루어져야 하기 때문에 대응 과정이 복잡하다.

다양한 기관 및 시스템의 협력 필요

- 지방정부, 중앙정부, 민간기업, 국제기구 등 다양한 주체가 협력해야 함
- 신속한 의사결정이 어렵고, 대응 체계가 지연될 가능성 증가

재난 유형별 맞춤형 대응 필요

- 감염병과 기후 재난이 동시에 발생할 경우, 의료 대응과 환경 복구가 함께 진행되어야 함
- 단일 재난에 적용되던 기존 대응 방식으로는 효과적인 복구가 어려움

표 5.4 복합 재난 대응의 주요 어려움

대응 요소	주요 어려움
인력 동원	다수의 기관 및 인력 간 조정 필요
자원 배분	다양한 재난 유형에 따른 자원 수급 차이
의사결정	다중 재난 상황에서 신속한 결정이 어려움
피해 복구	복구 작업이 장기화하며, 추가 피해 우려

2.2.3 피해의 장기화

복합 재난은 단순한 재난보다 피해 회복에 오랜 시간이 걸리는 특징을 가진다.

경제적·사회적 여파 지속

- 피해 지역의 경제적 손실이 장기간 유지됨
- 피해 복구 과정에서 사회적 갈등이 발생할 가능성 증가

재난 후유증과 심리적 영향

- 감염병 이후 사회적 불안 증가
- 환경 재난 발생 후 주민 건강 문제 지속

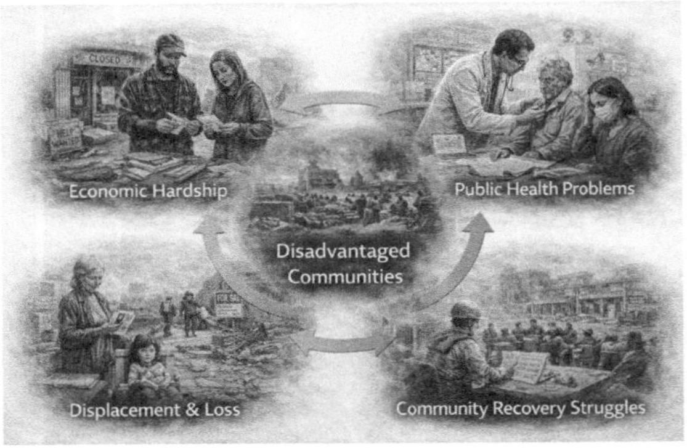

그림 5.6 복합 재난 피해의 장기적 영향

이와 같이 복합 재난은 단일 재난보다 더 광범위한 피해를 초래하며, 대응이 복잡하고 피해가 장기화하는 특징을 가진다. 따라서 이에 대한 철저한 대비와 체계적인 대응 전략이 요구된다.

3 복합 재난 대응 및 관리 전략

3.1 사전 예방 및 대비

복합 재난은 단순한 재난보다 더 광범위한 피해를 초래할 가능성이 크므로, 사전 예방과 대비 전략이 중요하다. 효과적인 대응을 위해서는 다중 재난 시나리오를 기반으로 한 계획 수립과 지속적인 위험성 평가가 필요하다.

3.1.1 다중 재난 시나리오 기반 계획 수립

복합 재난에 대비하기 위해서는 다양한 재난 시나리오를 예측하고, 이에 따른 대응 계획을 마련해야 한다.

다양한 재난 유형을 고려한 대응 계획 수립

- 지진 후 해일, 화재 발생 등의 연쇄적 재난을 고려한 다중 시나리오 개발
- 감염병과 경제 위기의 동시 발생을 고려한 대응책 마련

통합 재난관리 시스템 구축

- 중앙 및 지방정부, 민간 기관이 연계된 대응 체계 확립
- 실시간 정보 공유 및 의사 결정 지원 시스템 도입

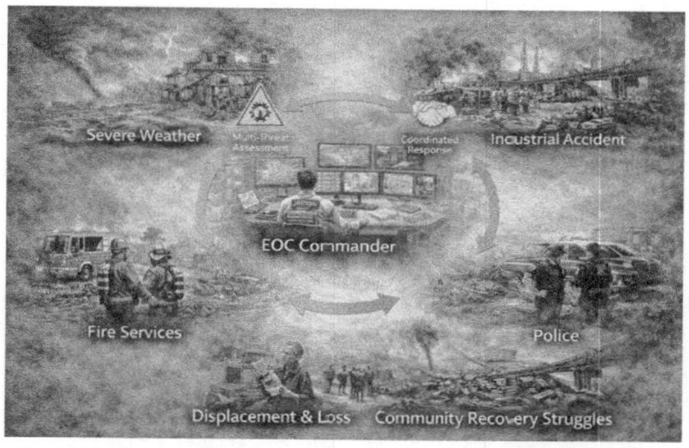

그림 5.7 다중 재난 시나리오 기반 대응 체계

3.1.2 위험성 평가 및 지속적 모니터링

복합 재난 발생 가능성을 줄이기 위해 지속적인 위험성 평가와 모니터링이 필수적이다.

재난 발생 위험 요인 분석

- 기후변화, 지질 활동, 산업 환경 등의 변화에 따른 위험 평가
- 빅데이터 및 인공지능을 활용한 위험 요소 탐지

실시간 모니터링 시스템 운영

- 위성 및 드론을 활용한 재난 감시 체계 구축
- 조기 경보 시스템 강화를 통한 신속 대응

표 5.5 복합 재난 위험성 평가 요소

평가 요소	주요 내용
기후변화	이상기후 빈도 증가 여부
도시 구조	인구 밀집도 및 인프라 내구성
경제 환경	공급망 차질 가능성 및 경제적 손실
사회적 요소	취약 계층 보호 체계 여부

3.2 신속 대응 체계 구축

복합 재난 발생 시 피해를 최소화하기 위해서는 신속한 대응이 필수적이다. 이를 위해 대응 기관 간 협력을 강화하고, 기술적 대응 수단을 적극 활용해야 한다.

3.2.1 중앙 및 지방정부의 협력체계 강화

복합 재난은 한 기관의 대응만으로 해결하기 어려우므로, 정부 부처 간 협력체계를 강화해야 한다.

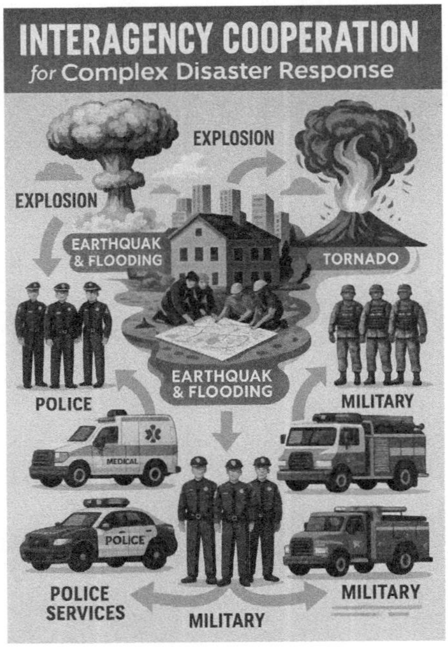

그림 5.8 복합 재난 대응을 위한 기관 간 협력체계

다중 기관 협력 구조 마련

- 중앙정부, 지방정부, 소방·경찰·군대 등 관계기관 간 협력 강화
- 민간기업 및 국제기구와의 협력을 통해 자원 동원 체계 구축

• 재난 대응 표준 절차 확립

- 복합 재난 발생 시 대응 우선순위를 정하고 신속한 조치 수행
- 재난 유형별 대응 매뉴얼을 마련하고 정기적인 훈련 시행

3.2.2 기술적 대응 수단 활용

첨단 기술을 활용한 대응 전략은 복합 재난 발생 시 피해를 줄이는 데 중요한 역할을 한다.

빅데이터 및 인공지능(AI) 기반 재난 예측

- 기상 정보, 지진 활동, 감염병 확산 데이터를 분석하여 재난 예측 정확도 향상

- AI 기반 자동 대응 시스템 구축

무인기 및 로봇 활용

- 드론을 이용한 피해 지역 신속 탐색 및 구조 지원
- 로봇을 활용한 재난 현장 수색 및 긴급 복구 작업 수행

표 5.6 복합 재난 대응을 위한 첨단 기술 활용 사례

기술	적용 분야	기대 효과
AI	재난 예측 및 경보	이상 징후 감지 및 조기 경보
드론	피해 지역 조사	실시간 피해 분석 및 구조 활동
IoT	스마트 도시 인프라	재난 발생 시 자동 대응 시스템 활성화

3.3 피해 최소화를 위한 복구 계획

복합 재난으로 인한 피해를 최소화하고 사회를 신속히 정상화하기 위해서는 체계적인 복구 계획이 필요하다.

3.3.1 사회·경제적 지원 시스템 마련

재난 이후 피해를 입은 개인과 지역 사회가 빠르게 회복할 수 있도록 지원해야 한다.

긴급 재정 지원 및 복구 자금 마련

- 피해 가구 및 기업을 위한 긴급 금융 지원 프로그램 운영
- 보험 제도 개선을 통한 신속한 보상 체계 구축

심리적·사회적 지원 제공

- 재난 피해자를 위한 심리 상담 서비스 제공
- 지역 사회 회복 프로그램 운영을 통한 공동체 재건

3.3.2 인프라 복원 및 지역 사회 회복 지원

복합 재난으로 손상된 인프라와 지역 사회를 복구하기 위한 장기적 대책이 필요하다.

기반 시설 복원

- 전력, 통신, 교통망 등 필수 인프라의 조속한 복구
- 재난 재발 방지를 위한 내진 및 방재 시설 강화

지속 가능한 복구 계획 수립

- 친환경 기술을 활용한 복구 작업 추진
- 향후 유사 재난 발생을 고려한 장기적 대응 전략 마련

그림 5.9 복합 재난 이후 경제·사회적 복구 과정

표 5.7 복합 재난 이후 주요 복구 전략

전략	주요 내용
사회적 지원	피해 지역 주민 대상 심리 상담 및 재정 지원
경제 회복	지역 경제 활성화를 위한 재건 사업 추진
환경 복구	친환경 기술을 활용한 도시 재건

복합 재난은 단일 재난보다 대응이 복잡하고 장기적인 영향을 미치므로, 사전 예방부터 신속 대응, 복구까지 종합적인 접근이 필요하다. 효과적인 복합 재난관리를 위해서는 다중 재난 시나리오를 기반으로 한 대비, 기관 간 협력, 기술적 대응 수단 활용이 필수적이며, 지속 가능한 복구 방안이 마련되어야 한다.

4 기후 위기 대응과 지속 가능한 재난관리

4.1 기후 위기가 재난 발생에 미치는 영향

기후 위기는 복합 재난 발생을 가속화하는 주요 요인 중 하나로, 이상기후 현상의 빈도와 강도를 증가시키면서 재난의 형태를 변화시키고 있다.

4.1.1 기후변화로 인한 자연 재난 증가

지구 온난화와 이상기후 현상은 폭염, 홍수, 가뭄, 산불 등의 자연 재난을 더욱 심화시키고 있다.

폭염과 산불 증가

- 여름철 평균 기온 상승 → 폭염 일수 증가 → 전력 수요 급증 및 취약 계층 건강 악화
- 건조한 기후로 인해 대형 산불 발생 빈도 증가

집중호우 및 홍수 피해 확대

- 온난화로 인해 대기의 수증기 함량 증가 → 폭우 빈도 증가 → 도시 홍수 및 산사태 위험 증가
- 해수면 상승으로 인해 해안 지역 침수 피해 증가

그림 5.10 기후변화와 자연 재난의 관계

4.1.2 사회·경제적 영향 확대

기후변화로 인한 재난은 단순한 환경적 문제를 넘어 사회·경제적 문제를 야기한다.

농업 및 수자원 영향

- 가뭄으로 인한 농작물 생산량 감소 → 식량 가격 상승 및 식량 불안정
- 강수 패턴 변화로 인한 수자원 관리 문제 발생

경제적 손실 증가

- 기후 재난으로 인한 물적 피해 증가
- 관광, 제조업, 건설업 등 다양한 산업에 부정적 영향

표 5.8 기후변화가 경제에 미치는 주요 영향

경제 부문	주요 영향
농업	가뭄 및 홍수로 인한 작물 생산 감소
수자원	강수량 변화로 인한 수자원 부족 문제
산업	기후변화로 인한 공급망 차질 및 원가 상승

4.2 지속 가능한 재난관리 방안

기후변화에 따른 복합 재난 증가에 대응하기 위해서는 단기적인 복구 대책뿐만 아니라 장기적인 지속 가능한 재난관리 전략이 필요하다.

4.2.1 탄소 배출 저감 및 친환경 정책 강화

기후 위기의 근본 원인을 해결하기 위해서는 탄소 배출 저감 및 친환경 정책을 적극 추진해야 한다.

재생에너지 확대

- 태양광, 풍력 등 신재생 에너지를 활용하여 화석 연료 사용 감소
- 전력망 현대화를 통해 효율적인 에너지 관리 추진

탄소 중립 정책 시행

- 산업 부문의 탄소 배출 규제 강화 및 친환경 기술 개발 촉진

• 대중교통 활성화 및 친환경 차량 보급 확대

그림 5.11 탄소 배출 저감 전략

4.2.2 기후 적응형 도시 계획 및 인프라 구축

기후변화로 인한 재난을 최소화하기 위해서는 도시와 사회 기반 시설을 기후변화에 적응할 수 있도록 설계해야 한다.

홍수 및 폭염 대응 인프라 구축

• 도시 내 빗물 저장 및 배수 시설 확충을 통한 홍수 피해 예방
• 녹지 공간 확대 및 친환경 건축물 도입을 통한 도심 열섬 현상 완화

기후 친화적 도시 개발

• 기후변화 적응형 스마트 시티 개발
• 재해 안전 기준을 고려한 건축 및 토지 이용 정책 강화

표 5.9 기후 적응형 인프라 구축 사례

인프라 유형	구축 방안	기대 효과
홍수 대응	빗물 저장시설 확충	도시 홍수 위험 감소
폭염 대응	녹지 공간 확대	도시 열섬 현상 완화
스마트 도시	실시간 재난 감지 시스템 도입	재난 발생 시 신속 대응

4.2.3 국제 협력 및 거버넌스 강화

기후 위기 대응과 지속 가능한 재난관리는 개별 국가의 노력만으로는 한계가 있으므로 국제적인 협력과 거버넌스 체계 구축이 필수적이다.

국제 기후 협약 준수 및 확대

• 파리협정(Paris Agreement) 이행을 통한 탄소 감축 목표 설정 및 실천
• 국가 간 재난 대응 및 복구 지원 협력 강화

기후 변화 대응 거버넌스 구축

• 정부, 기업, 시민사회 간 협력을 통한 지속 가능한 정책 수립
• 지역 사회 참여를 기반으로 한 재난 대응 역량 강화

그림 5.12 국제 협력을 통한 기후 위기 대응 체계

4.2.4 지속 가능한 재난 복구 전략 마련

기후변화로 인해 발생하는 재난은 장기적인 영향을 미치므로, 복구 과정에서도 지속 가능성을 고려한 전략이 필요하다.

친환경 복구 정책 시행

• 기후 친화적 건축 재료 사용 및 친환경 기반 시설 재건
• 자연 기반 해결책(Nature-based Solutions) 적용을 통한 생태 회복력 강화

• 재난 대비 교육 및 커뮤니티 복원력 강화

• 주민 대상 재난 대비 및 기후변화 교육 확대
• 지역 기반 복구 프로그램 운영을 통한 공동체 회복력 증진

표 5.10 지속 가능한 재난 복구 전략 비교

전략	주요 내용	적용 사례
친환경 복구	탄소 배출 저감 및 재생 가능 에너지 활용	태양광 발전 도입, 녹색 건축 적용
사회적 회복	지역 사회 기반의 복구 프로그램 운영	공동체 중심 재건 사업
경제적 재건	지속 가능한 산업 구조 마련	재생 가능 에너지 산업 육성

기후 위기에 대응한 지속 가능한 재난관리는 단기적인 복구를 넘어 장기적인 관점에서 재해 저감과 회복력 강화를 목표로 해야 한다. 탄소 배출 저감, 기후 적응형 인프라 구축, 국제 협력 강화, 지속 가능한 복구 전략이 종합적으로 추진될 때 효과적인 대응이 가능할 것이다.

핵심 내용 정리(기출 문제 관련)

1. 복합 재난의 개념과 주요 사례

- 복합 재난은 두 개 이상의 재난이 동시 또는 연쇄적으로 발생하여 복합적인 피해를 유발하는 상황을 의미한다.
- 자연 재난(태풍, 지진)과 사회재난(화재, 원전 사고)이 결합한 형태가 많다.
- 주요 사례로는 후쿠시마 원전 사고(2011년), 코로나19 팬데믹과 경제 위기(2020년~), 태풍과 산사태, 정전 사태 등이 있다.

출제 경향

- 복합 재난의 정의와 유형을 묻는 문제 출제 가능
- 후쿠시마 원전 사고, 코로나19 팬데믹 사례 관련 문제 출제 가능
- 복합 재난의 피해 확산 과정과 연쇄적 영향을 묻는 문제 출제 가능

2. 복합 재난 발생 원인과 특징

- 복합 재난의 주요 원인은 기후변화, 도시화 및 산업화, 사회적 불평등, 정책 대응의 한계 등이다.
- 특징으로는 동시성과 연쇄성, 대응의 복잡성, 피해의 장기화가 있다.

출제 경향

- 복합 재난의 발생 원인과 연관된 개념을 묻는 문제 출제 가능
- 기후변화가 복합 재난 발생에 미치는 영향을 묻는 문제 가능
- 사회적 불평등과 정책 대응 한계가 복합 재난에 미치는 영향을 분석하는 문제 출제 가능

3. 복합 재난 대응 및 관리 전략

- **사전 대비**: 다중 재난 시나리오 기반 대응 계획, 위험성 평가 및 조기 경보 시스템 구축
- **신속 대응**: 중앙 및 지방정부 협력체계 강화, 기술 활용(AI, 빅데이터, 드론)
- **피해 최소화**: 사회·경제적 지원 시스템 마련, 인프라 복원 및 지역 사회 회복 지원

출제 경향

- 복합 재난 대응을 위한 신속한 협력체계를 묻는 문제 출제 가능
- AI 및 드론 활용 등 최신 기술 기반 재난관리 방법을 묻는 문제 출제 가능
- 복구 계획에서 사회적·경제적 지원의 중요성을 묻는 문제 가능

4. 기후 위기 대응과 지속 가능한 재난관리

- 기후변화는 자연 재난(폭염, 홍수, 산불) 증가와 사회적 문제(식량 부족, 경제 손실)를 유발한다.
- 대응 전략으로 탄소 배출 저감, 기후 적응형 도시 개발, 국제 협력 강화, 지속 가능한 복구 계획 수립이 필요하다.

출제 경향

- 기후 위기의 원인과 재난 증가 사이의 관계를 묻는 문제 출제 가능
- 탄소 중립 정책과 재난관리 연계 방안을 묻는 문제 출제 가능
- 국제 협력 및 지속 가능한 복구 전략을 묻는 문제 가능

연습문제

01 복합 재난의 개념에 대한 설명으로 옳은 것은?

① 단일 재난이 반복적으로 발생하는 경우를 의미한다.
② 하나의 재난이 또 다른 재난을 유발하지 않는 것이 특징이다.
③ 두 개 이상의 재난이 연쇄적으로 발생하며 복합적인 영향을 미친다.
④ 자연 재난만을 포함하며, 기술적 재난은 포함되지 않는다.

02 다음 중 복합 재난의 대표적인 사례로 볼 수 없는 것은?

① 2011년 일본 후쿠시마 원전 사고
② 2020년 코로나19 팬데믹과 경제 위기
③ 2003년 대구 지하철 화재 사고
④ 태풍으로 인한 산사태와 정전 사태

03 복합 재난의 주요 발생 원인 중 기후변화와 관련이 가장 적은 것은?

① 폭염 및 산불 발생 증가
② 대기 중 온실가스 농도 증가
③ 원자력 발전소 내 냉각 시스템 결함
④ 해수면 상승에 따른 해안 지역 침수 위험 증가

04 복합 재난이 단일 재난과 비교하여 가지는 주요 특징이 아닌 것은?

① 재난 간의 연쇄적 영향을 포함한다.
② 피해가 장기화할 가능성이 크다.
③ 대응 과정이 비교적 단순하고 신속하다.
④ 다양한 기관과 협력체계가 필요하다.

05 복합 재난이 발생할 가능성이 가장 높은 상황은?

① 산불이 발생한 지역에서 태풍이 상륙하는 경우
② 단일 원인으로 인해 국지적인 정전이 발생한 경우
③ 기계 고장으로 인해 산업 공장에서 소규모 화재가 발생한 경우
④ 기후변화와 무관한 일반적인 교통사고 발생 경우

06 복합 재난의 대응 전략 중 사전 예방 단계에서 가장 중요한 조치는?

① 복합 재난 발생 후 인명 구조 작업 진행
② 피해 지역에 대한 복구 및 지원금 지급
③ 다중 재난 시나리오를 기반으로 한 대응 계획 수립
④ 피해 최소화를 위한 심리 상담 서비스 제공

07 복합 재난 대응을 위해 필요한 다기관 협력의 주요 이유르 가장 적절한 것은?

① 단일 기관이 모든 재난 상황을 해결할 수 있기 때문이다.
② 각 기관의 역할을 최소화하여 효율성을 증가시키기 위함이다.
③ 다양한 재난 유형에 대응하기 위해 협력과 조정이 필수적이기 때문이다.
④ 재난 대응 기관의 역할을 단순화하여 인력을 줄이기 위함이다.

08 기후변화로 인해 발생할 가능성이 높은 복합 재난 시나리오로 가장 적절한 것은?

① 강력한 태풍이 상륙하면서 홍수와 산사태를 동반하는 경우
② 기온 상승으로 인해 전력 사용량이 줄어드는 경우
③ 자연 재난 없이 단순한 교통사고가 발생하는 경우
④ 해수면 상승으로 인해 산림이 급격히 증가하는 경우

09 복합 재난의 피해를 최소화하기 위한 신속 대응 체계에 해당하는 조치는?

① 재난이 종료된 후 원인 분석 보고서 작성
② 긴급 통신 시스템을 활용한 실시간 정보 공유
③ 피해 복구 후 지역 경제 회복 프로그램 운영
④ 복구 완료 후 기념비 건립

10 기후 위기의 영향을 줄이기 위한 탄소 중립 전략의 핵심 요소가 아닌 것은?

① 신재생 에너지 확대
② 탄소 배출 감축 정책 시행
③ 화석 연료 사용 확대
④ 대중교통 및 친환경 차량 보급 확대

11 복합 재난이 발생했을 때 피해를 최소화하기 위한 최우선 조치는?

① 장기적인 정책 수립
② 즉각적인 인명 구조 및 응급 대응
③ 경제적 지원을 위한 기금 조성
④ 피해 지역 주민들의 여론 조사

12 기후변화로 인한 복합 재난 사례로 적절하지 않은 것은?

① 기온 상승으로 인한 대형 산불과 대기오염 증가
② 강력한 태풍으로 인해 전력망이 파괴되고 도시 기능이 마비됨
③ 경제 불황으로 인해 소비자 물가가 상승하는 현상
④ 해수면 상승으로 인해 해안 지역 침수가 빈번해짐

13 기후 적응형 도시 계획이 갖추어야 할 필수 요소는?

① 폭염 및 홍수 대응 인프라 구축
② 기후변화 무시 및 기존 설비 유지
③ 화석 연료 발전소 건설 확대
④ 산림 벌채를 통한 도시 확장

14 국제 협력 강화를 통한 기후 위기 대응 방안에 해당하는 것은?

① 국가별 독립적인 재난관리 체계 운영
② 기후 변화 대응을 위한 국제 협약(예: 파리협정) 준수
③ 개별 기업의 환경 규제 완화
④ 기후 변화 대응 연구 축소

15 복합 재난 발생 후 지역 사회 회복을 위한 핵심 전략이 아닌 것은?

① 피해 지역 주민 대상 심리 상담 및 지원 프로그램 운영
② 친환경 기술을 활용한 인프라 복구
③ 경제적 부담을 줄이기 위한 재난구호 기금 마련
④ 피해 지역을 방치하고 새로운 지역 개발 추진

16 다음 중 기후 변화 대응을 위한 기술적 접근 방식이 아닌 것은?

① 빅데이터를 활용한 기후 변화 예측
② 친환경 건축물 및 스마트 시티 구축
③ 신재생 에너지 개발 및 확대
④ 석탄 사용 확대 및 탄소 배출량 증가

17 복합 재난 대비를 위해 조기 경보 시스템이 중요한 이유로 가장 적절한 것은?

① 재난 발생 후 복구 속도를 높이기 위해서
② 피해를 사전에 예측하고 신속한 대응을 가능하게 하기 위해서
③ 피해가 발생한 후에만 재난 정보를 제공하기 위해서
④ 특정 지역에서만 경보를 발령하고 나머지 지역은 보호하지 않기 위해서

18 복합 재난이 발생했을 때 정부의 우선적인 대응 조치는?

① 재난 발생 이후 피해 지역 철거
② 피해 지역 주민을 대상으로 피해 보상금 지급
③ 신속한 구조 및 구호 활동 전개
④ 재난 발생 후 6개월 후 대응 방안 수립

19 기후변화로 인해 해안 도시에서 발생할 가능성이 높은 복합 재난 형태는?

① 해수면 상승으로 인한 홍수 및 기반 시설 붕괴
② 산불 발생 후 해수면이 낮아지는 현상
③ 태풍 이후 도시 전체 기온이 감소하는 현상
④ 대기오염으로 인해 산림이 확장되는 현상

20 지속 가능한 재난관리 전략의 핵심 요소로 적절한 것은?

① 친환경 복구 정책 시행
② 대량 화석 연료 사용 확대
③ 단기적인 재난 대응에만 집중
④ 피해 지역 재건축 시 환경적 고려 배제

참고문헌

1. 논문 및 문헌

- 박철우 외(2022). "복합 재난의 발생 원인과 대응 전략 연구", 재난관리연구, 18(2), 45-62.
- 김영훈(2021). "기후 변화와 복합 재난 대응체계 구축 방안", 환경정책연구, 24(3), 77-94.
- 이성훈(2020). "기후 변화가 재난 발생에 미치는 영향과 정책적 대응 방안", 재난과 안전, 32(1), 21-38.

2. 보고서

- 기상청(2023). 『기후 변화와 재난 위험 평가』. 서울: 기상청 연구소.
- 소방청(2022). 『복합 재난 대응 매뉴얼』. 대전: 소방청 출판부.
- 행정안전부(2023). 『재난 및 안전관리 기본계획』. 세종: 행정안전부.
- 국립재난안전연구원(2022). 『재난관리체계 분석 및 개선방안 연구』. 울산: 국립재난안전연구원.

3. 온라인 자료

- UNDRR(2023). "Understanding Complex Disasters and Climate Change Impact". Retrieved from https://www.undrr.org
- 국립재난안전연구원(2023). "복합 재난의 주요 사례 분석". Retrieved from https://www.ndmi.go.kr
- IPCC(2023). "Climate Change and Disaster Risk Management". Retrieved from https://www.ipcc.ch
- 미국 FEMA(2023). "Multi-Hazard Mitigation Planning". Retrieved from https://www.fema.gov

PART 03

우리나라의 재난관리 체계

CHAPTER

06 재난 및 안전관리 법령

학습목표

- 재난 및 안전 관리에 관련된 다양한 법령의 개념과 역할을 이해한다.
- 재난 유형별 적용되는 법률을 구분하고, 해당 법령의 핵심 내용을 파악한다.
- 산업 및 위험물 안전 관리 법령을 통해 산업재해 및 화재, 폭발 사고 예방의 중요성을 학습한다.
- 건설, 기반 시설, 전력·가스 등의 재난 발생 예방을 위한 법적 기준과 절차를 설명할 수 있다.
- 감염병, 환경오염, 교통, 원자력 등의 분야에서 적용되는 재난관리 법령을 파악하고, 법적 대응 체계를 이해한다.
- 관련 법령 간의 연계성을 분석하여 다양한 재난 상황에서 법률 적용 방안을 설명할 수 있다.

1 재난 및 안전 관리 기본 법령

재난 및 안전관리 기본법은 국가나 지방자치단체, 공공기관, 민간 부문이 재난 발생 시 수행해야 할 역할과 책임을 규정하는 법률로, 국민의 생명과 재산 보호를 위한 재난관리 체계의 기본 원칙을 수립하는 법적 근거이다. 이 법은 자연재해와 사회 재해를 모두 포함하며, 재난 예방, 대비, 대응, 복구의 4단계 체계를 기반으로 운영된다. 국가와 지방자치단체는 이 법에 따라 재난관리책임기관을 지정하고, 재난 발생 시 신속한 대응이 가능하도록 재난 대응 매뉴얼을 수립해야 하며, 예방 및 복구 체계를 마련해야 한다. 또한, 재난 대응 과정에서 민간 부문 및 비정부기구(NGO)와 협력하여 대응력을 강화하는 것이 요구된다.

1.1 재난 및 안전관리 기본법의 목적

재난은 예측이 어렵고, 광범위한 피해를 초래할 수 있기 때문에 체계적인 관리가 필수적이다. 이에 따라 이 법의 주요 목적은 다음과 같다.

- 국민의 생명과 재산 보호: 재난 발생 시 피해 최소화
- 재난 예방 및 대비 강화: 사전 위험 평가 및 예방 조치 수행
- 효율적인 재난 대응 체계 구축: 중앙 및 지방정부의 협력 체계 조정
- 피해 복구 및 회복 지원: 재난 피해 지역의 신속한 복구 및 지원 체계 운영

1.2 재난의 정의 및 유형

재난 및 안전관리 기본법에서는 재난을 자연 재난과 사회재난으로 구분하며, 각각의 특성에 따라 대응 방식이 다르게 적용된다.

- **자연 재난**: 태풍, 홍수, 가뭄, 지진, 폭설, 해일, 산사태 등 기상 및 지질적 원인으로 발생
- **사회재난**: 화재, 산업재해, 감염병, 환경오염, 원자력 사고, 대형 교통사고, 테러 등 인간 활동으로 인해 발생

표 6.1 재난 및 안전관리 기본법의 주요 조항

조항 번호	주요 내용
제1조 (목적)	재난 발생 시 국민의 생명과 재산을 보호하고, 재난 예방·대비·대응·복구의 종합적 관리 체계를 구축하는 것을 목적으로 함
제2조 (정의)	재난을 자연 재난과 사회재난으로 구분하며, 각 유형에 따른 대응 체계를 명확히 규정함
제3조(재난관리 체계의 기본 원칙)	중앙정부, 지방자치단체 공공기관, 민간 부문이 협력하여 재난관리 체계를 구성하며, 예방-대비-대응-복구의 4단계를 기반으로 운영함
제4조 (재난관리 주관기관 및 책임기관 지정)	행정안전부가 재난관리 총괄기관이며, 각 부처와 지방자치단체는 재난관리 책임기관으로 지정됨
제5조 (재난 예방 및 대비 체계 구축)	자연 재난 및 사회재난의 사전 예방 조치 의무화, 재난 위험도 평가 및 위험 지역 지정, 방재시설 설치 등 포함
제6조 (재난 대응 매뉴얼 작성 및 시행)	중앙 및 지방정부는 재난 발생 시 신속한 대응을 위해 표준 재난 대응 매뉴얼을 작성하고 정기적으로 훈련해야 함
제7조 (중앙재난안전대책본부 운영)	대규모 재난 발생 시 행정안전부 장관이 중앙재난안전대책본부를 운영하여 재난 대응을 총괄함
제8조 (지방재난안전대책본부 운영)	지역 재난 발생 시 지방자치단체장이 지방재난안전대책본부를 구성하여 신속한 재난 대응 및 복구를 수행해야 함
제9조 (국가 핵심 기반 보호 및 관리)	전력, 통신, 교통 등 주요 기반 시설을 국가 핵심 기반으로 지정하고, 재난 발생 시 피해 최소화를 위한 대책을 마련해야 함
제10조 (민간 및 비정부기구(NGO) 협력 체계 구축)	재난관리에는 민간 기업 및 NGO도 포함되며, 구호 활동 및 복구 지원을 위한 협력 체계를 구축해야 함
제11조 (재난 대응 단계별 조치)	재난 발생 시 예방-대비-대응-복구 단계별 대응 조치를 명확히 규정하여 신속한 재난관리를 수행해야 함
제12조 (재난 피해자 지원 및 복구 지원 체계)	재난 피해를 입은 국민에게 주거 지원, 재정 지원, 심리 상담 등 피해 복구 지원 조치를 시행해야 함
제13조 (재난관리 예산 및 재원 확보)	재난 예방 및 복구를 위한 예산을 확보하며, 중앙 및 지방정부의 재정 지원 기준을 설정함
제14조 (재난 정보 공유 및 경보 시스템 운영)	기상청, 환경부, 행정안전부 등 관계 기관 간 실시간 재난 정보를 공유하고, 국민에게 신속하게 경보를 발령해야 함

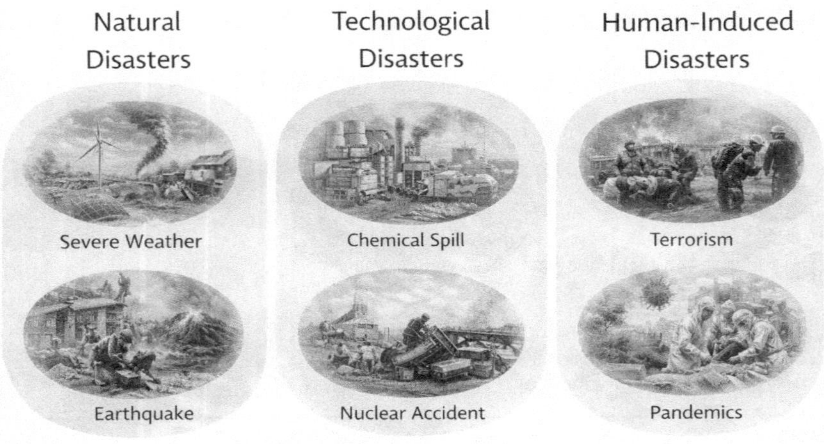

그림 6.1 재난의 유형별 분류

1.3 중앙정부의 재난 관련 조직 체계

중앙정부는 재난 예방, 대비, 대응, 복구의 4단계를 체계적으로 관리하기 위해 다양한 조직을 운영하며, 행정안전부를 중심으로 관계 부처 및 기관 간 협력을 통해 국가 재난관리 체계를 구축하고 있다.

중앙정부의 재난관리 조직은 행정안전부, 중앙재난안전대책본부, 국가 재난관리위원회, 관계 부처별 재난관리 조직으로 구성되며, 각 기관은 재난 유형별로 역할을 분담하여 관리 및 대응을 수행한다.

1.3.1 행정안전부 (Ministry of the Interior and Safety, MOIS)

행정안전부는 국가 재난관리 정책을 총괄하는 중앙부처로서, 다음과 같은 역할을 수행한다.

- 국가 재난관리 정책 및 법령을 수립하고 시행
- 중앙재난안전대책본부(CDSCHQ)를 총괄 운영
- 각 관계 부처 및 지방자치단체의 재난 대응 체계를 조정
- 국가 방재 계획 및 재난 대응 매뉴얼을 수립

행정안전부는 재난 예방 및 대응을 위해 관계 부처와 지속적인 협력을 유지하며, 대규모 재난 발생 시 중앙재난안전대책본부를 가동하여 긴급 대응을 수행한다.

표 6.2 행정안전부의 주요 재난관리 역할

역할	주요 내용
재난 예방	재난 위험 평가 및 관리, 방재시설 설치 지원, 재난 예방 정책 수립
재난 대비	중앙 및 지방정부 간 협력 체계 구축, 재난 예·경보 시스템 운영, 대응 매뉴얼 작성 및 정기 훈련
재난 대응	중앙재난안전대책본부 운영, 긴급 대응 및 구조 활동 총괄, 관계 기관 간 협조 조정
재난 복구	피해 복구 지원 계획 수립, 재정 지원 및 피해자 구제, 재난관리 예산 운영 및 지원

1.3.2 중앙재난안전대책본부 (Central Disaster and Safety Countermeasures Headquarters, CDSCHQ)

중앙재난안전대책본부는 대규모 재난 발생 시 행정안전부 장관을 본부장으로 하여 운영되며, 정부 차원의 재난 대응을 총괄하는 조직이다.

- 재난 발생 시 중앙정부 및 지방자치단체의 대응을 총괄 조정
- 피해 복구 및 구호 대책 수립 및 지원
- 긴급 구조 활동 및 재난 수습 조정
- 재난 대응 관련 예산 편성 및 운영

중앙재난안전대책본부는 평상시에는 재난 대비 계획을 점검하고, 위기 상황 발생 시 즉시 가동되어 재난 대응 및 피해 최소화를 위한 조치를 시행한다.

표 6.3 중앙재난안전대책본부의 역할 및 주요 기능

역할	주요 기능
재난 발생 시 총괄 조정	재난 발생 시 관계 부처 및 지방자치단체 간 조정 및 명령 수행
피해 복구 및 구호 대책 수립	긴급 복구 계획 마련, 피해자 지원 대책 추진
긴급 구조 활동 지원	소방, 경찰, 군 등과 협력하여 긴급 구조 활동 수행
재난 대응 관련 예산 운영	긴급 구호 및 복구를 위한 예산 집행 및 지원

1.3.3 국가 재난관리위원회 (National Disaster Management Committee, NDMC)

국가 재난관리위원회는 국무총리를 위원장으로 하여 중앙부처 장관, 지방자치단체

장, 전문가 등으로 구성된 재난 정책 결정 기구로, 주요 재난관리 정책과 법령 개정을 주도한다.

- 국가 차원의 재난관리 종합 대책 수립
- 주요 재난 유형별 대응 매뉴얼 검토 및 확정
- 중앙 및 지방정부 간 협력 조정 및 정책 조율
- 재난 복구 및 재발 방지 대책 수립

국가 재난관리위원회는 평상시에는 재난 예방 정책을 수립하고, 재난 발생 시에는 긴급 대책 회의를 개최하여 국가 차원의 재난 대응 방향을 결정한다.

표 6.4 국가 재난관리위원회의 역할 및 주요 기능

역할	주요 기능
재난관리 종합 대책 수립	국가 차원의 재난관리 정책 및 대응 전략 수립
재난 유형별 대응 매뉴얼 검토	주요 재난 유형별 표준 대응 매뉴얼 작성 및 정비
중앙 및 지방정부 간 협력 조정	재난관리 주관기관 간 협력 체계 구축
재난 복구 및 재발 방지 대책 마련	피해 분석을 통한 재난 복구 및 예방 조치 시행

1.3.4 관계 부처별 재난관리 조직

중앙정부 내 각 부처는 특정 재난 유형에 대한 관리 및 대응을 전담하는 부서를 운영하며, 부처별 역할은 다음과 같다.

표 6.5 중앙정부 관계 부처별 재난관리 조직 및 역할

부처	주요 역할
기상청	기상재해 예보 및 경보 발령
소방청	화재, 구조, 구급 대응 및 긴급 구조 지원
해양수산부	해양 재난(태풍, 해일, 선박사고) 대응
산업통상자원부	산업시설, 전력, 가스 사고 예방 및 복구
환경부	환경오염, 수질오염 및 기후 위기 대응
보건복지부	감염병 및 공중보건 재난 대응
국방부	군 병력 지원 및 긴급 구조 활동 수행
경찰청	대형 교통사고, 사회적 재난, 테러 대응

- **기상청**: 태풍, 폭설, 폭염, 지진 등 기상재해 예보 및 경보 발령
- **소방청**: 화재, 구조, 구급 대응 및 긴급 구조 지원
- **해양수산부**: 해양 재난(태풍, 해일, 선박사고) 대응
- **산업통상자원부**: 산업시설, 전력, 가스 사고 예방 및 복구
- **환경부**: 환경오염, 수질오염 및 기후 위기 대응
- **보건복지부**: 감염병 및 공중보건 재난 대응
- **국방부**: 군 병력 지원 및 긴급 구조 활동 수행
- **경찰청**: 대형 교통사고, 사회적 재난, 테러 대응

1.3.5 중앙정부의 재난 대응 단계별 조직 운영

중앙정부는 재난 발생 단계에 따라 예방 → 대비 → 대응 → 복구의 체계적인 조직 운영 방식을 적용한다.

- **예방 단계**: 위험지역 조사, 방재시설 구축, 재난 예측 시스템 운영
- **대비 단계**: 비상 대응 매뉴얼 작성, 재난 예·경보 시스템 운영, 비상 대응 훈련 시행
- **대응 단계**: 중앙재난안전대책본부 가동, 긴급 구조 활동 수행, 피해 최소화 조치 시행
- **복구 단계**: 피해 복구 지원, 재난 지원금 지급, 재난 재발 방지 대책 마련

표 6.6 중앙정부 재난 대응 단계별 역할 분담

대응 단계	주요 역할
예방 단계	위험지역 조사, 방재시설 구축, 재난 예측 시스템 운영
대비 단계	비상 대응 매뉴얼 작성, 재난 예·경보 시스템 운영, 비축물자 확보
대응 단계	중앙재난안전대책본부 가동, 긴급 구조 활동 수행, 피해 최소화 조치 시행
복구 단계	피해 복구 지원, 재난 지원금 지급, 재난 재발 방지 대책 마련

1.4 재난관리 체계의 주요 구성 요소

재난관리 체계는 재난 발생 전후의 모든 과정에서 체계적인 대응이 가능하도록 구성되며, 예방, 대비, 대응, 복구의 4단계를 기반으로 운영된다. 각 단계는 상호 연계

되어 있으며, 효과적인 재난관리를 위해 정부, 지방자치단체, 민간 부문, 시민사회가 유기적으로 협력해야 한다.

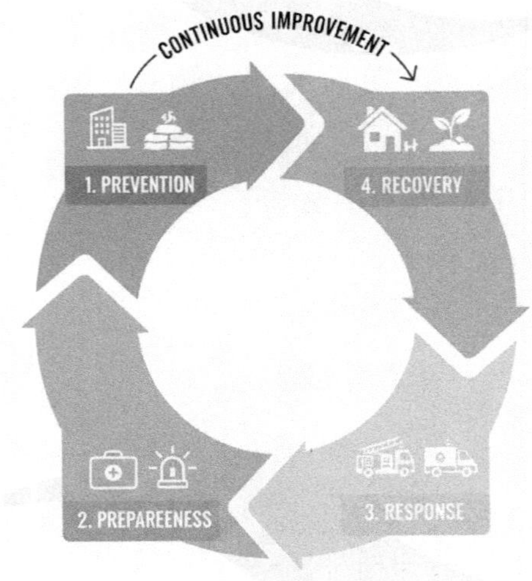

그림 6.2 재난관리 4단계 개념도

1.4.1 예방 단계 (Prevention Phase)

예방 단계는 재난 발생을 사전에 방지하고, 재난으로 인한 피해를 최소화하기 위한 사전 조치를 수행하는 단계이다. 이 단계에서는 법적·제도적 기반을 마련하고, 위험요소를 분석하여 사전에 제거하는 것이 핵심이다.

표 6.7 재난 예방 단계의 주요 조치

조치 항목	주요 내용
위험지역 지정 및 관리	홍수, 산사태, 해일 등의 발생 위험이 큰 지역을 특별 관리구역으로 지정하고 정기적으로 점검
방재 인프라 구축	제방, 배수시설, 지진 내진설계 적용 등을 통해 재난 발생 위험 최소화
법적·제도적 규제 강화	재난관리 관련 법률 개정 및 규정 강화, 시설물 안전 점검 의무화
기후변화 대응 전략 마련	기후변화로 인한 자연재해 증가에 대응하여 재해 예측 시스템 개발 및 방재 정책 수립

- **위험지역 지정 및 관리**: 홍수, 산사태, 해일 등의 발생 위험이 큰 지역을 특별 관리구역으로 지정하여 정기적인 점검 시행

- **방재 인프라 구축**: 제방, 배수시설, 지진 내진설계 적용 등을 통해 재난 발생 위험을 최소화
- **법적·제도적 규제 강화**: 재난관리 관련 법률 개정 및 규정 강화, 시설물 안전 점검 의무화
- **기후변화 대응 전략 마련**: 기후변화로 인한 자연재해 증가에 대응하여 재해 예측 시스템 개발 및 방재 정책 수립

1.4.2 대비 단계 (Preparedness Phase)

대비 단계는 재난 발생에 대비하여 인력, 장비, 물자, 정보 등의 대응 체계를 구축하는 단계이다. 사전에 충분한 준비가 이루어져야 재난 발생 시 신속하고 효과적인 대응이 가능하다.

표 6.8 재난 대비 단계의 주요 조치

조치 항목	주요 내용
재난 예·경보 시스템 운영	기상청, 환경부, 해양수산부 등과 협력하여 실시간 재난 예보 및 경보 시스템 구축
비상 대응 매뉴얼 작성 및 점검	재난 유형별 대응 절차를 표준화하고 정기적으로 점검하여 효과성을 유지
비축물자 확보 및 관리	재난 발생 시 필요한 식량, 의료품, 긴급 구호 물품 등을 사전에 확보하고 배포 체계 마련
비상 대응 훈련 및 교육 강화	중앙 및 지방정부, 공공기관, 민간 기업, 시민단체 등이 참여하는 정기적인 재난 대비 훈련 실시

- **재난 예·경보 시스템 운영**: 기상청, 환경부, 해양수산부 등과 협력하여 실시간 재난 예보 및 경보 시스템 구축
- **비상 대응 매뉴얼 작성 및 점검**: 재난 유형별 대응 절차를 표준화하고 정기적으로 점검하여 효과성을 유지
- **비축물자 확보 및 관리**: 재난 발생 시 필요한 식량, 의료품, 긴급 구호 물품 등을 사전에 확보하고 배포 체계 마련
- **비상 대응 훈련 및 교육 강화**: 중앙 및 지방정부, 공공기관, 민간 기업, 시민단체 등이 참여하는 정기적인 재난 대비 훈련 실시

1.4.3 대응 단계 (Response Phase)

대응 단계는 재난 발생 직후부터 본격적인 구조 및 피해 최소화를 위한 활동이 진행되는 단계로, 신속하고 조직적인 조치가 요구된다.

- **긴급 구조 활동 수행**: 소방청, 경찰청, 국방부 등의 구조 및 구급 인력을 투입하여 인명 피해 최소화
- **재난 현장 상황 관리 및 정보 공유**: 중앙재난안전대책본부 가동, 재난 상황 실시간 모니터링 및 피해 보고 체계 운영
- **주민 대피 및 응급 복구 조치 시행**: 피해 지역 주민 대피소 운영, 임시 주거시설 지원, 전기·수도·교통망 긴급 복구
- **의료 지원 및 감염병 예방 조치**: 보건복지부 및 의료기관과 협력하여 응급 치료 제공, 감염병 확산 방지 대책 시행

표 6.9 재난 대응 단계의 주요 조치

조치 항목	주요 내용
긴급 구조 활동 수행	소방청, 경찰청, 국방부 등의 구조 및 구급 인력을 투입하여 인명 피해 최소화
재난 현장 상황 관리 및 정보 공유	중앙재난안전대책본부 가동, 재난 상황 실시간 모니터링 및 피해 보고 체계 운영
주민 대피 및 응급 복구 조치 시행	피해 지역 주민 대피소 운영, 임시 주거시설 지원, 전기·수도·교통망 긴급 복구
의료 지원 및 감염병 예방 조치	보건복지부 및 의료기관과 협력하여 응급 치료 제공, 감염병 확산 방지 대책 시행

1.4.4 복구 단계 (Recovery Phase)

복구 단계는 재난으로 인한 피해를 복구하고, 사회·경제적 기능을 정상화하는 단계이며, 단기 복구 및 장기적인 재발 방지 대책이 포함된다.

- **피해 지역 긴급 복구 지원**: 도로, 전력, 통신, 건축물 등의 복구 및 재건 사업 시행
- **재난 피해자 지원 정책 시행**: 이재민에게 긴급 재정 지원, 심리 상담 프로그램 운영
- **재난 발생 원인 분석 및 정책 개선**: 재난 대응 과정 평가 및 향후 재발 방지 대책 마련
- **재난관리법 및 관련 법령 개정**: 기존 재난 대응 체계의 문제점 분석 후 개선 방안 마련

표 6.10 재난 복구 단계의 주요 조치

조치 항목	주요 내용
피해 지역 긴급 복구 지원	도로, 전력, 통신, 건축물 등의 복구 및 재건 사업 시행
재난 피해자 지원 정책 시행	이재민에게 긴급 자정 지원, 심리 상담 프로그램 운영
재난 발생 원인 분석 및 정책 개선	재난 대응 과정 평가 및 향후 재발 방지 대책 마련
재난관리법 및 관련 법령 개정	기존 재난 대응 체계의 문제점 분석 후 개선 방안 마련

1.5 재난관리책임기관 및 민간 협력

재난관리책임기관은 국가 및 지방자치단체의 재난관리 정책을 실행하는 기관으로, 재난 예방, 대비, 대응, 복구의 각 단계에서 중요한 역할을 수행한다. 이 기관들은 중앙정부, 지방자치단체, 공공기관, 민간 기업, 비정부기구(NGO) 등으로 구성되며, 각 기관이 협력하여 재난 대응력을 극대화하는 것이 필수적이다.

그림 6.3 재난관리책임기관의 역할 및 협력 구조

1.5.1 재난관리책임기관의 역할

재난관리책임기관은 중앙 및 지방정부뿐만 아니라 공공기관과 민간 부문을 포함하며, 재난 발생 시 신속한 대응과 복구를 위한 법적·행정적 조치를 수행해야 한다.

중앙정부 재난관리책임기관

- 행정안전부: 국가 재난관리 정책 총괄 및 중앙재난안전대책본부 운영

- 기상청: 기상재해 예보 및 경보 발령
- 소방청: 화재 및 긴급 구조 활동 수행
- 보건복지부: 감염병 대응 및 의료 지원

지방자치단체 재난관리책임기관

- 시·도 및 시·군·구청: 지역별 재난 예방 및 대응 계획 수립
- 지방재난안전대책본부: 지역 내 긴급 대응 및 복구 지원

공공기관 및 관계 기관

- 국립재난안전연구원: 재난 예방 및 대응 기술 연구
- 한국전력공사, 한국가스공사 등: 전력 및 가스시설의 안전 관리

표 6.11 재난관리책임기관 별 주요 역할

기관	주요 역할
중앙정부	국가 재난관리 정책 수립 및 실행
지방자치단체	지역별 재난 예방 및 대응 계획 수립
공공기관	전력, 수도, 통신, 의료 서비스 지원
민간 기업 및 단체	산업재해 예방 및 기업 내 재난 대응 시스템 구축
비정부기구(NGO)	긴급 구호 및 피해 복구 지원

1.5.2 민간 부문의 역할 및 협력 체계

재난 대응 및 복구 과정에서 민간 부문과의 협력이 점점 중요해지고 있으며, 기업, 비정부기구(NGO), 지역 사회 단체 등이 적극적으로 참여해야 한다.

민간 기업

- 산업재해 예방 및 기업 내 재난 대응 시스템 구축
- 대형 공장 및 위험물 취급 시설의 안전 관리 강화
- 재난 발생 시 구호물자 및 인력 지원

비정부기구(NGO) 및 시민단체

- 긴급 구호 및 피해 복구 지원
- 지역 사회 기반의 재난 예방 교육 및 훈련
- 국제적 재난 대응 협력 및 해외 구호 활동 수행

언론 및 미디어

- 재난 발생 시 실시간 정보 제공
- 대국민 재난 예방 교육 및 홍보

표 6.12 민간 부문의 재난 대응 역할 및 협력 체계

부문	주요 역할
민간 기업	산업재해 예방 및 기업 내 재난 대응 시스템 구축
비정부기구(NGO) 및 시민단체	긴급 구호 및 피해 복구 지원
언론 및 미디어	재난 발생 시 실시간 정보 제공

1.6 재난 및 안전관리 기본법과 관련 법령 간 연계

재난 및 안전관리 기본법은 다양한 재난 유형을 포괄적으로 관리하기 위해 다른 법령들과 긴밀하게 연계되며, 각 법령은 특정 재난 유형과 관련된 세부 기준을 설정하고 있다.

1.6.1 자연재해 관련 법령 연계

- **자연재해대책법**: 홍수, 지진, 태풍 등 자연 재난 발생 시 대응 및 복구 절차 규정
- **방재 기본계획**: 중앙 및 지방정부의 자연 재난 예방 및 대응 전략 수립
- **하천법**: 하천 범람 예방 및 수자원 관리 기준 설정

표 6.13 자연재해 관련 법령 간 연계

법령	주요 내용
자연재해대책법	홍수, 지진, 태풍 등 자연 재난 발생 시 대응 및 복구 절차 규정
방재 기본계획	중앙 및 지방정부의 자연 재난 예방 및 대응 전략 수립
하천법	하천 범람 예방 및 수자원 관리 기준 설정

1.6.2 화재 및 폭발 사고 관련 법령 연계

- **화재예방, 소방시설 설치·유지 및 안전 관리에 관한 법률**: 건축물 및 산업시설의 화재 예방 기준 규정
- **위험물안전관리법**: 인화성 물질 및 폭발성 위험물의 저장·취급 기준 설정
- **산업안전보건법**: 사업장 내 화재 및 폭발 방지를 위한 안전 관리 기준 마련

표 6.14 화재 및 폭발 사고 관련 법령 간 연계

법령	주요 내용
화재예방, 소방시설 설치·유지 및 안전 관리에 관한 법률	건축물 및 산업시설의 화재 예방 기준 규정
위험물안전관리법	인화성 물질 및 폭발성 위험물의 저장·취급 기준 설정
산업안전보건법	사업장 내 화재 및 폭발 방지를 위한 안전 관리 기준 마련

1.6.3 감염병 및 공중보건 재난 관련 법령 연계

- **감염병의 예방 및 관리에 관한 법률**: 감염병 확산 방지 및 대응 절차 설정
- **의료법**: 의료기관의 재난 대비 시스템 구축 및 응급 의료 제공 기준 수립
- **약사법**: 재난 발생 시 의약품 공급 및 관리 절차 규정

표 6.15 감염병 및 공중보건 재난 관련 법령 간 연계

법령	주요 내용
감염병의 예방 및 관리에 관한 법률	감염병 확산 방지 및 대응 절차 설정
의료법	의료기관의 재난 대비 시스템 구축 및 응급 의료 제공 기준 수립
약사법	재난 발생 시 의약품 공급 및 관리 절차 규정

1.6.4 교통 및 원자력 사고 관련 법령 연계

- **도로교통법**: 대형 교통사고 발생 시 긴급 대응 및 사고 조사 절차 설정
- **철도안전법**: 철도 사고 예방 및 비상 대응 체계 구축
- **항공안전법**: 항공기 사고 대응 및 조종사 안전 관리 기준 마련
- **원자력안전법**: 원자력 발전소 사고 예방 및 방사능 유출 대응 절차 규정

표 6.16 교통 및 원자력 사고 관련 법령 간 연계

법령	주요 내용
도로교통법	대형 교통사고 발생 시 긴급 대응 및 사고 조사 절차 설정
철도안전법	철도 사고 예방 및 비상 대응 체계 구축
항공안전법	항공기 사고 대응 및 조종사 안전 관리 기준 마련
원자력안전법	원자력 발전소 사고 예방 및 방사능 유출 대응 절차 규정

2 산업 및 위험물 안전 관리 법령

산업 및 위험물 안전 관리 법령은 산업 현장 및 위험물 취급 시설에서 발생할 수 있는 사고를 예방하고, 근로자의 안전을 보호하며, 화재 및 폭발 위험을 줄이기 위한 법적 기준을 마련하는 것을 목적으로 한다. 이러한 법령은 산업시설의 안전 관리, 위험물의 저장·취급·운반 기준을 정하고, 사고 발생 시 신속한 대응을 할 수 있도록 체계적인 관리 방안을 제공한다.

2.1 산업안전보건법 개요

2.1.1 산업안전보건법의 목적 및 적용 범위

산업안전보건법은 산업재해를 예방하고 근로자의 안전과 건강을 보호하기 위한 법적 기반을 제공하는 법률로, 모든 산업 분야에 적용된다.

이 법의 목적은 다음과 같다.

- **산업재해 예방**: 사업장에서 발생할 수 있는 사고 및 위험 요소 사전 제거
- **근로자의 안전 보장**: 작업 환경 개선 및 보호 장비 착용 의무화
- **산업시설의 안전 기준 강화**: 사업주 및 경영자의 안전 관리 책임 명확화
- 산업재해 발생 시 신속한 대응 절차 마련

표 6.17 산업안전보건법의 주요 조항

조항	주요 내용
산업재해 예방	사업장에서 발생할 수 있는 사고 및 위험 요소 사전 제거
근로자의 안전 보장	작업 환경 개선 및 보호 장비 착용 의무화
산업시설의 안전 기준 강화	사업주 및 경영자의 안전 관리 책임 명확화
산업재해 발생 시 신속한 대응 절차 마련	산업재해 발생 시 대응 및 복구 절차 명확화

산업안전보건법은 제조업, 건설업, 서비스업 등 모든 산업 분야에 적용되며, 사업장의 규모 및 위험 수준에 따라 차등 적용될 수 있다.

2.1.2 산업재해 유형 및 주요 원인

산업재해는 작업 환경 및 근로자의 업무 특성에 따라 다양한 원인으로 발생할 수 있으며, 주요 유형은 다음과 같다.

- **기계적 재해**: 기계 장비 사용 중 발생하는 절단, 압착, 충돌 등의 사고
- **화학적 재해**: 유해 물질 노출로 인한 질식, 중독, 화학 화상 등
- **물리적 재해**: 소음, 진동, 방사선 등의 환경적 요인으로 인한 사고
- **인적 재해**: 작업자의 실수, 피로, 부주의 등에 의해 발생하는 사고

표 6.18 산업재해 유형 및 주요 원인

산업재해 유형	주요 원인
기계적 재해	기계 장비 사용 중 발생하는 절단, 압착, 충돌 등의 사고
화학적 재해	유해 물질 노출로 인한 질식, 중독, 화학 화상 등
물리적 재해	소음, 진동, 방사선 등의 환경적 요인으로 인한 사고
인적 재해	작업자의 실수, 피로, 부주의 등에 의해 발생하는 사고

2.1.3 사업주 및 근로자의 책임과 의무

산업안전보건법에 따라 사업주 및 근로자는 안전을 유지하기 위한 법적 책임을 지며, 각자의 역할이 명확하게 규정되어 있다.

사업주의 책임

- 근로자가 안전한 환경에서 작업할 수 있도록 산업안전 조치를 마련해야 함.
- 보호구 지급, 안전 교육 실시, 작업장 점검 등의 조치를 수행해야 함.

근로자의 의무

- 안전 장비 착용 및 안전 수칙 준수
- 작업 중 위험 요소 발견 시 즉각 보고 및 대응

표 6.19 사업주 및 근로자의 책임 및 의무

구분	주요 내용
사업주의 책임	근로자가 안전한 환경에서 작업할 수 있도록 산업안전 조치를 마련해야 함
근로자의 의무	안전 장비 착용 및 안전 수칙 준수

2.2 위험물안전관리법 개요

2.2.1 위험물안전관리법의 목적 및 적용 대상

위험물안전관리법은 화재, 폭발, 환경오염 등의 사고를 예방하기 위해 위험물의 저장, 취급, 운반 등에 대한 안전 기준을 정하고 이를 관리·감독하는 법률이다.

이 법의 목적은 다음과 같다.

- **위험물로 인한 사고 예방**: 저장 및 취급 시 화재·폭발 등의 위험 최소화
- **안전한 취급 및 관리 기준 설정**: 위험물 시설 및 작업장의 안전 확보
- 위험물 사고 발생 시 대응 절차 마련

위험물안전관리법은 공장, 창고, 주유소, 연구소 등 위험물을 취급하는 모든 시설에 적용되며, 개인 및 기업 모두 법적 의무를 부담한다.

표 6.20 위험물안전관리법의 주요 조항

조항	주요 내용
위험물로 인한 사고 예방	저장 및 취급 시 화재·폭발 등의 위험 최소화
안전한 취급 및 관리 기준 설정	위험물 시설 및 작업장의 안전 확보
위험물 사고 발생 시 대응 절차 마련	사고 발생 시 신속한 대응 체계 구축

2.2.2 위험물의 정의 및 등급 분류

위험물은 인화성, 폭발성, 산화성 등의 성질을 가지며, 일정한 조건에서 화재나 폭발을 유발할 수 있는 물질을 의미한다. 위험물은 다음과 같이 분류된다.

- **제1류**: 산화성 고체 (염소산염, 질산염 등)
- **제2류**: 가연성 고체 (황, 마그네슘 등)
- **제3류**: 자연 발화성 및 금수성 물질 (칼륨, 나트륨 등)
- **제4류**: 인화성 액체 (휘발유, 등유, 알코올류 등)
- **제5류**: 자기반응성 물질 (유기과산화물, 나이트로화합물 등)
- **제6류**: 산화성 액체 (과산화수소, 질산 등)

표 6.21 위험물의 등급별 주요 예시

등급	주요 예시
제1류: 산화성 고체	염소산염, 질산염 등
제2류: 가연성 고체	황, 마그네슘 등
제3류: 자연 발화성 및 금수성 물질	칼륨, 나트륨 등
제4류: 인화성 액체	휘발유, 등유, 알코올류 등
제5류: 자기반응성 물질	유기과산화물, 나이트로화합물 등
제6류: 산화성 액체	과산화수소, 질산 등

2.2.3 위험물 저장 및 취급 기준

위험물의 저장 및 취급 기준은 사고를 예방하고 안전성을 확보하기 위해 법적으로 엄격히 규정되어 있다.

위험물 저장소 기준

- 방폭 설계를 적용하고, 화재 발생 시 자동 진압 시스템을 구비해야 함
- 저장 용기는 화학적 반응을 최소화할 수 있도록 규격화되어야 함
- 대규모 위험물 저장 시설은 정부의 정기적인 안전 점검을 받아야 함

위험물 취급 및 운반 기준

- 위험물 취급자는 반드시 관련 교육을 이수하고 보호 장비를 착용해야 함
- 운반 시 화학적 반응을 방지할 수 있도록 전용 용기를 사용해야 함
- 위험물 운반 차량은 도로교통법과 화학물질관리법의 규정을 준수해야 함

표 6.22 위험물 저장 및 취급 기준

기준	주요 내용
위험물 저장소 기준	방폭 설계를 적용하고, 화재 발생 시 자동 진압 시스템을 구비해야 함
위험물 취급 및 운반 기준	운반 시 화학적 반응을 방지할 수 있도록 전용 용기를 사용해야 함

2.3 산업 및 위험물 안전 관리 법령 간 연계

산업 및 위험물 안전 관리 법령은 각기 다른 산업 분야에서 재난을 예방하고, 근로자와 국민의 안전을 보장하기 위한 필수적인 법적 장치이며, 여러 법령과 상호 연계하여 운영된다.

2.3.1 산업안전 관련 법령 연계

- 산업안전보건법: 사업장 내 근로자의 안전 보호 및 산업재해 예방
- 중대재해처벌법: 중대산업재해 발생 시 사업주의 법적 책임 강화
- 건설기술진흥법: 건설 현장의 안전 기준 마련 및 저해 예방

표 6.23 산업안전 관련 법령 간 연계

법령	주요 내용
산업안전보건법	사업장 내 근로자의 안전 보호 및 산업재해 예방
중대재해처벌법	중대산업재해 발생 시 사업주의 법적 책임 강화
건설기술진흥법	건설 현장의 안전 기준 마련 및 재해 예방

2.3.2 위험물 취급 관련 법령 연계

- 위험물안전관리법: 위험물 저장·운반·취급 기준 설정
- 화학물질관리법: 유해 화학물질의 취급 및 안전 기준 규정
- 고압가스안전관리법: 가스류의 저장 및 취급 안전 기준 설정

산업 및 위험물 안전 관리 법령은 국가 차원에서 산업 및 화학물질 취급 시설의 안전성을 확보하기 위한 법적 장치이며, 이를 철저히 준수함으로써 사업장에서의 사고를 예방하고, 근로자와 국민의 안전을 보장할 수 있다.

표 6.24 위험물 취급 관련 법령 간 연계

법령	주요 내용
위험물안전관리법	위험물 저장·운반·취급 기준 설정
화학물질관리법	유해 화학물질의 취급 및 안전 기준 규정
고압가스안전관리법	가스류의 저장 및 취급 안전 기준 설정

3 화재 및 소방 안전 법령

화재 및 소방 안전 법령은 건축물, 산업시설, 공공장소 등에서 화재가 발생하는 것을 예방하고, 발생 시 신속하게 대응할 수 있도록 법적 기준을 마련하는 것을 목적으로 한다. 화재는 인명 피해와 재산 피해를 동시에 초래할 수 있어 사전 예방 및 효과적인 소방 시스템 구축이 필수적이며, 이를 위해 다양한 법령이 적용된다.

3.1 화재예방, 소방시설 설치·유지 및 안전 관리에 관한 법률 개요

3.1.1 법의 목적 및 적용 범위

이 법은 화재 예방과 화재 발생 시 대응 및 피해 복구를 위한 소방시설 설치 기준을 규정하는 법률로, 공공건물, 주거시설, 산업시설, 지하철, 터널 등 광범위한 시설에 적용된다.

- **화재 예방 및 안전 관리 강화**: 건축물 및 시설 내 소방시설 설치 의무화
- **소방시설 유지·관리 기준 제시**: 소화기, 스프링클러, 화재 감지기 등 유지관리 규정
- **화재 발생 시 신속한 대응 시스템 구축**

표 6.25 화재예방, 소방시설 설치·유지 및 안전 관리에 관한 법률의 주요 조항

조항	주요 내용
소방시설 설치 의무화	건축물 및 특정 시설에 소방시설 설치 기준 적용
소방시설 유지·관리 기준 강화	정기적인 소방 점검 및 유지보수 의무화
소방안전교육 및 훈련 의무화	소방 훈련 및 교육을 통한 화재 예방 조치 강화

3.1.2 소방시설의 정의 및 설치 기준

표 6.26 소방시설의 종류 및 주요 기능

소방시설	주요 기능
소화설비	소화기, 자동화재탐지설비, 스프링클러 시스템
경보설비	화재 감지기, 자동화재경보장치
피난 설비	비상구, 방화셔터, 피난 사다리
소방 용수시설	소화전, 저수조, 옥내소화전

소방시설은 화재 예방 및 대응을 위해 설치되는 장비와 시설물을 의미하며, 주요 시설물은 다음과 같다.

- **소화설비**: 소화기, 자동화재탐지설비, 스프링클러 시스템
- **경보설비**: 화재 감지기, 자동화재경보장치
- **피난 설비**: 비상구, 방화셔터, 피난 사다리
- **소방 용수시설**: 소화전, 저수조, 옥내소화전

3.2 소방기본법 개요

3.2.1 법의 목적 및 적용 대상

소방기본법은 국가 및 지방자치단체가 화재를 예방하고, 발생한 화재에 신속히 대응할 수 있도록 소방 조직과 운영 체계를 규정하는 법률이다.

- 화재 발생 시 신속한 대응 체계 구축
- 소방공무원의 임무 및 권한 명확화
- 소방력 증강을 위한 장비 및 인력 운용 기준 제시

표 6.27 소방기본법의 주요 조항

조항	주요 내용
소방 조직 구성	국가 및 지방자치단체의 소방 조직 구성 및 운영 규정
소방공무원의 임무 및 권한	화재 진압, 인명구조, 구급 활동 수행
화재 발생 시 대응 절차	화재 신고, 긴급 출동, 구조 활동 수행

3.2.2 소방 조직 및 운영 체계

소방기본법에 따라 중앙정부와 지방자치단체는 각각 소방 조직을 구성하고, 운영 체계를 구축하여 재난 발생 시 신속하게 대응할 의무가 있다.

- **소방청**: 국가 단위에서 소방 정책을 총괄하고, 대형 재난 대응을 주관
- **시·도 소방본부**: 광역 단위에서 소방 정책을 실행하고, 소방 훈련 및 점검 수행
- **소방서**: 지역 단위에서 직접적인 화재 진압 및 구조·구급 활동 수행

표 6.28 소방 조직 및 운영 체계

조직	주요 역할
소방청	국가 단위에서 소방 정책을 총괄하고, 대형 재난 대응 주관
시·도 소방본부	광역 단위에서 소방 정책 실행, 소방 훈련 및 점검 수행
소방서	지역 단위에서 화재 진압 및 구조·구급 활동 수행

3.3 건축물 화재 안전 기준 (건축법 연계)

3.3.1 건축물의 방화구획 및 내화구조 기준

건축물의 화재 안전을 확보하기 위해 건축법에서는 방화구획 및 내화구조 적용 기

준을 설정하고 있으며, 주요 기준은 다음과 같다.

- **방화구획 설정**: 건물 내 일정 공간을 방화구획으로 나누어 화재 확산 방지
- **내화구조 적용**: 내화성능이 있는 자재를 사용하여 건축물의 화재 저항력 강화
- **피난 설비 설치**: 비상구, 계단, 피난 경로 확보 의무화

표 6.29 건축물 화재 안전 기준 및 방화구획 설정

기준	주요 내용
방화구획 설정	건물 내 일정 공간을 방화구획으로 나누어 화재 확산 방지
내화구조 적용	내화성능이 있는 자재를 사용하여 건축물의 화재 저항력 강화
피난 설비 설치	비상구, 계단, 피난 경로 확보 의무화

3.4 위험물 저장 및 취급 기준 (위험물안전관리법 연계)

3.4.1 위험물 저장소의 설계 및 관리 기준

위험물안전관리법에서는 위험물 저장소 및 취급 시설의 안전 기준을 설정하여 화재 및 폭발 사고를 예방하도록 하고 있다. 주요 내용은 다음과 같다.

- 위험물 저장소의 이격거리 준수: 인접 건물과 일정 거리 확보하여 화재 위험 최소화
- 방폭 설비 및 자동 소화 시스템 설치
- 위험물 취급 시 보호 장비 착용 및 관리 감독 강화

표 6.30 위험물 저장 및 취급 기준

기준	주요 내용
위험물 저장소의 설계 및 관리 기준	폭발 및 누출 방지를 위한 방폭 설계 적용
위험물 취급 시 보호 장비 착용	작업자는 보호구를 착용하고 위험물 취급 시 주의할 것

3.5 화재 대응 및 긴급 구조 활동

3.5.1 화재 발생 시 대응 절차

화재가 발생하면 화재 경보 발령 → 초기 진화 시도 → 긴급 구조 요청 → 대피 및 대응의 절차로 진행되며, 각 단계에서 적절한 조치를 수행해야 한다.

- **화재 경보 발령 및 초기 진화 시도**: 자동 화재 경보 시스템 작동, 소화기 활용
- **긴급 구조 요청 및 대응**: 119 신고 후 소방대 출동, 화재 확산 방지 조치 시행
- **대피 및 피해 최소화 조치**: 비상구 이용, 대피 공간 확보, 화재 확산 차단

표 6.31 화재 대응 단계별 주요 조치

대응 단계	주요 조치
화재 경보 발령 및 초기 진화 시도	자동 화재 경보 시스템 작동, 소화기 활용
긴급 구조 요청 및 대응	119 신고 후 소방대 출동, 화재 확산 방지 조치 시행
대피 및 피해 최소화 조치	비상구 이용, 대피 공간 확보, 화재 확산 차단

3.6 화재 및 소방 안전 법령 간 연계

3.6.1 화재 및 소방 안전 관련 법령 연계 구조

화재 예방과 대응을 위한 법령은 다양한 분야에서 상호 연계되어 운영되며, 각 법령이 특정 시설이나 상황에 따라 세부적인 기준을 설정하고 있다.

소방시설 설치 및 유지 관련 법령 연계

- **화재예방, 소방시설 설치·유지 및 안전 관리에 관한 법률**: 소방시설 설치 및 유지 기준 규정
- **건축법**: 방화구획 및 내화구조 기준 설정

표 6.32 소방시설 설치 및 유지 관련 법령 간 연계

법령	주요 내용
화재예방, 소방시설 설치·유지 및 안전 관리에 관한 법률	소방시설 설치 및 유지 기준 규정
건축법	방화구획 및 내화구조 기준 설정

산업시설 및 위험물 취급 관련 법령 연계

- **위험물안전관리법**: 위험물 저장 및 취급 기준 설정
- **산업안전보건법**: 산업시설 내 근로자 화재 안전 규정

표 6.33 산업시설 및 위험물 취급 관련 법령 간 연계

법령	주요 내용
위험물안전관리법	위험물 저장 및 취급 기준 설정
산업안전보건법	산업시설 내 근로자 화재 안전 규정

화재 피해 복구 및 지원 관련 법령 연계

- **재난 및 안전관리 기본법**: 대규모 화재 피해 복구 및 지원 체계 구축
- **긴급구호법**: 화재 피해자 지원 및 재정적 보상 조치

표 6.34 화재 피해 복구 및 지원 관련 법령 간 연계

법령	주요 내용
재난 및 안전관리 기본법	대규모 화재 피해 복구 및 지원 체계 구축
긴급구호법	화재 피해자 지원 및 재정적 보상 조치

화재 및 소방 안전 법령은 건축물, 산업시설, 공공장소 등의 화재를 예방하고, 발생 시 신속한 대응과 피해 최소화를 위한 법적 근거를 제공한다. 이를 철저히 준수하고 실행함으로써 국민의 생명과 재산을 보호할 수 있다.

4 기반 시설 및 건설 안전 법령

기반 시설 및 건설 안전 법령은 건설 현장에서 발생할 수 있는 사고를 예방하고, 주요 기반 시설(도로, 철도, 항만, 공항, 발전소, 댐 등)의 안전성을 확보하는 것을 목표로 하는 법적 체계이다. 건설 현장은 고위험 작업이 많고, 기반 시설은 사회 전체에 큰 영향을 미치는 요소이므로, 사전 안전 조치 및 사고 발생 시 신속한 대응이 필수적이다.

4.1 건설기술진흥법 개요

4.1.1 법의 목적 및 적용 범위

건설기술진흥법은 건설 현장의 안전성을 확보하고, 건설 기술의 발전을 통해 지속 가능한 건설 산업을 육성하는 것을 목표로 하는 법률이다.

주요 목적은 다음과 같다.

- **건설공사 중 안전사고 예방**: 건설 작업장의 안전 기준 및 점검 체계 강화
- **건설 기술의 발전 및 품질 관리**: 최신 건설 기술 적용을 통한 구조적 안전성 향상
- **건설 재해 예방을 위한 법적 기준 마련**: 설계·시공·감리 단계별 안전 기준 수립

건설기술진흥법은 모든 건설공사(도로, 철도, 항만, 공항, 터널, 발전소, 주거시설 등)에 적용되며, 발주기관, 시공업체, 감리업체 등이 법적 의무를 부담한다.

표 6.35 건설기술진흥법의 주요 조항

조항	주요 내용
건설공사 안전 관리 기준 설정	건설공사 수행 시 안전 관리 기준을 준수해야 함
건설 재해 예방	건설 현장에서의 사고 예방을 위한 안전 규정 마련
건설기술자 및 사업자의 의무	건설기술자 및 사업자는 안전 관리 및 품질 관리를 철저히 해야 함

4.1.2 건설공사의 안전 관리 기준

건설공사의 안전성을 확보하기 위해 공사 단계별 안전 기준이 적용되며, 주요 기준은 다음과 같다.

- **설계 단계**: 건축물 구조의 내진·방재 설계 기준 준수, 환경 영향 평가 실시
- **시공 단계**: 건설 작업장 내 보호구 착용 의무화, 작업 환경 안전 점검 시행
- **감리 및 유지관리 단계**: 건설 완료 후 정기 안전 점검 의무화

표 6.36 건설공사 단계별 안전 기준

단계	주요 내용
설계 단계	내진설계 적용, 환경영향평가 시행
시공 단계	작업자 보호구 착용, 안전 점검 의무화
감리 및 유지관리 단계	시설물 안전 점검 및 정기 유지보수 시행

4.1.3 건설 재해 예방 및 사고 대응 체계

건설 현장에서 발생할 수 있는 재해는 낙하, 붕괴, 질식, 감전, 중장비 사고 등 다양한 유형이 있으며, 이를 예방하기 위해 사전 안전 조치 및 사고 발생 시 대응 체계가

구축되어야 한다.

- 건설 현장 내 보호 장비 착용 의무화
- 중장비 작업 시 안전거리 확보 및 작업자 교육 실시
- 긴급 대응 매뉴얼 수립 및 사고 발생 시 신속한 보고 체계 구축

표 6.37 건설 재해 예방 및 사고 대응 체계

조치	주요 내용
건설 현장 내 보호 장비 착용 의무화	작업 중 안전모, 안전 장비 착용 필수
중장비 작업 시 안전거리 확보 및 교육 시행	중장비 작업 중 사고 예방을 위한 안전거리 유지
긴급 대응 매뉴얼 수립	사고 발생 시 신속한 조치를 위한 대응 매뉴얼 구축

4.2 시설물의 안전 및 유지관리에 관한 특별법 개요

4.2.1 법의 목적 및 적용 대상

시설물의 안전 및 유지관리에 관한 특별법은 기반 시설의 유지·관리 기준을 마련하고, 시설물 붕괴 및 구조적 결함으로 인한 재난을 예방하기 위한 법률이다. 주요 목적은 다음과 같다.

- 사회기반시설의 구조적 안전성 확보
- 시설물 정기 점검 및 유지관리 체계 구축
- 노후 시설물 개·보수 기준 마련

이 법은 도로, 철도, 교량, 터널, 항만, 공항, 상하수도 시설, 발전소 등 주요 기반 시설에 적용되며, 해당 시설의 운영기관 및 관리자는 정기적인 점검 및 유지보수를 수행해야 한다.

표 6.38 시설물의 안전 및 유지관리에 관한 특별법의 주요 조항

조항	주요 내용
시설물 정기 점검 의무화	일정 주기로 시설물 안전 점검을 수행해야 함
노후 시설물 개·보수 기준 설정	일정 연령 이상의 시설물에 대한 개보수 필요
긴급 보수 대응 체계 구축	긴급한 안전 문제 발생 시 즉각적인 대응 시스템 마련

4.2.2 기반 시설 유지관리 기준

표 6.39 기반 시설 유지관리 기준

기준	주요 내용
등급별 점검 기준 설정	고위험 시설물에 대한 정밀 점검 시행
노후 시설물 개·보수 의무화	일정 기간 이상 경과된 시설물은 안전성 평가 후 보수 시행
긴급 보수 대응 체계 구축	시설물 이상 발생 시 신속한 복구 및 사고 예방 조치 시행

기반 시설의 안전성을 확보하기 위해 정기적인 점검 및 유지보수 기준이 마련되어 있으며, 주요 내용은 다음과 같다.

- **시설물의 등급별 점검 기준 설정**: 고위험 시설물(교량, 터널 등)은 주기적인 정밀 점검 실시
- **노후 시설물 개·보수 의무화**: 일정 연령 이상의 시설물은 안전 진단을 거쳐 보수·보강 시행
- **긴급 보수 대응 체계 구축**: 시설물 이상 발생 시 신속한 복구 및 사고 예방 조치 시행

4.3 건설 및 기반 시설 관련 법령 간 연계

4.3.1 기반 시설 및 건설 안전 관련 법령 연계 구조

기반 시설과 건설 안전을 보장하기 위해 여러 법령이 상호 연계되어 운영되며, 시설물 및 건설 현장의 특정 상황에 따라 개별 법률이 적용된다.

건설 안전 관련 법령 연계

- **건설기술진흥법**: 건설공사 안전 기준 및 시공 품질 관리
- **산업안전보건법**: 건설업 근로자의 안전 및 산업재해 예방 기준 설정

표 6.40 건설 안전 관련 법령 간 연계

법령	주요 내용
건설기술진흥법	건설공사 안전 기준 및 시공 품질 관리
산업안전보건법	건설업 근로자의 안전 및 산업재해 예방 기준 설정

기반 시설 유지관리 관련 법령 연계

- **시설물의 안전 및 유지관리에 관한 특별법**: 시설물 점검 및 유지보수 기준 설정
- **도로법**: 도로 및 교량 유지·보수 기준 수립
- **철도안전법**: 철도 시설 및 운행 안전 기준 설정

표 6.41 기반 시설 유지관리 관련 법령 간 연계

법령	주요 내용
시설물의 안전 및 유지관리에 관한 특별법	시설물 점검 및 유지보수 기준 설정
도로법	도로 및 교량 유지·보수 기준 수립
철도안전법	철도 시설 및 운행 안전 기준 설정

기반 시설 재해 예방 및 복구 관련 법령 연계

- **재난 및 안전관리 기본법**: 대형 기반 시설 재난 발생 시 복구 및 피해 지원 체계 구축
- **긴급구호법**: 기반 시설 붕괴 피해자 지원 및 재정적 보상 조치

표 6.42 기반 시설 재해 예방 및 복구 관련 법령 간 연계

법령	주요 내용
재난 및 안전관리 기본법	대형 기반 시설 재난 발생 시 복구 및 피해 지원 체계 구축
긴급구호법	기반 시설 붕괴 피해자 지원 및 재정적 보상 조치

기반 시설 및 건설 안전 법령은 건설업 및 기반 시설 운영자의 안전 책임을 강화하고, 공공 안전을 확보하기 위한 필수적인 법적 체계이다. 이를 철저히 준수하고 실행함으로써 건설 사고 및 시설물 붕괴 등의 재난을 효과적으로 예방하고, 사회 전반의 안전성을 향상시킬 수 있다.

5 환경 및 화학사고 예방 법령

환경 및 화학사고 예방 법령은 유해 화학물질의 관리 및 환경오염 방지를 통해 국민의 건강과 생태계를 보호하고, 사고 발생 시 신속한 대응 체계를 구축하는 것을 목

표로 하는 법률 체계이다. 현대 산업이 발전하면서 유해 화학물질 사용이 증가하고 있으며, 이에 따라 화학사고 및 환경오염으로 인한 재해를 예방하고 피해를 최소화하는 법적·제도적 장치의 필요성이 강조되고 있다.

5.1 화학물질관리법 개요

5.1.1 법의 목적 및 적용 범위

화학물질관리법은 유해 화학물질의 제조, 수입, 저장, 운반, 사용, 폐기 과정에서의 안전성을 확보하고, 화학사고 발생 시 신속한 대응을 위한 법적 기준을 마련하는 법률이다. 주요 목적은 다음과 같다.

- **화학물질의 안전한 관리 체계 구축**: 유해 화학물질 취급 시설의 등록 및 관리 기준 강화
- **화학사고 발생 시 신속한 대응 체계 마련**: 긴급 대응 매뉴얼 수립 및 정부·민간 협력 강화
- **유해 화학물질의 위험성 평가 및 관리**: 화학물질 유해성 평가 및 취급 제한 기준 설정

화학물질관리법은 화학물질을 취급하는 모든 기업 및 기관에 적용되며, 특히 대형 화학공장, 연구소, 화학물질 운송업체 등은 보다 엄격한 기준을 적용받는다.

표 6.43 화학물질관리법의 주요 조항

조항	주요 내용
화학물질의 등록 및 관리	유해 화학물질의 제조, 수입, 취급 기준 설정
화학사고 예방 및 대응 체계 구축	유출 및 폭발 사고 방지를 위한 안전 대책 마련
위험물 저장 및 운반 기준 설정	화학물질 저장 및 운반 과정에서의 안전 규정 강화

5.1.2 유해 화학물질 분류 및 관리 기준

유해 화학물질은 독성, 폭발성, 반응성 등의 특성을 기준으로 분류되며, 각 특성에 따라 취급 및 저장 기준이 달라진다.

- **독성물질**: 생체에 유해한 영향을 미치는 물질 (벤젠, 수은, 납 등)
- **폭발성 물질**: 일정한 조건에서 폭발 위험이 있는 물질 (나이트로글리세린, 질산암

모뉴 등)

- **반응성 물질**: 공기, 물, 기타 화학물질과 반응하여 유해한 결과를 초래하는 물질 (나트륨, 염소가스 등)

표 6.44 유해 화학물질 분류 및 주요 예시

등급	주요 예시
독성물질	벤젠, 수은, 납 등
폭발성 물질	나이트로글리세린, 질산암모늄 등
반응성 물질	나트륨, 염소가스 등

5.1.3 화학사고 예방 및 대응 체계

화학사고를 예방하고 발생 시 신속한 대응을 수행하기 위해 다음과 같은 체계가 마련되어 있다.

- 화학물질 취급 시설의 안전 점검 의무화
- 비상 대응 매뉴얼 수립 및 사고 발생 시 즉각적인 보고 체계 구축
- 화학물질 유출 및 오염 확산 방지를 위한 즉각적인 차단 조치 시행

표 6.45 화학사고 예방 및 대응 체계

조치	주요 내용
화학물질 취급 시설의 안전 점검 의무화	정기적으로 화학물질 취급 시설 점검 수행
비상 대응 매뉴얼 수립	사고 발생 시 즉각적인 보고 체계 마련
화학물질 유출 및 오염 확산 방지	차단 조치 및 환경 복원 대책 시행

5.2 환경오염피해구제법 개요

5.2.1 법의 목적 및 적용 대상

환경오염피해구제법은 환경오염으로 인한 피해를 예방하고, 피해가 발생했을 경우 신속한 복구 및 피해자 지원을 위한 법적 기반을 마련하는 법률이다. 주요 목적은 다음과 같다.

- 환경오염으로 인한 국민 건강 피해 최소화
- 환경피해 발생 시 신속한 조사 및 피해 보상 체계 구축
- 오염 유발 기업 및 시설에 대한 책임 강화

환경오염피해구제법은 산업시설, 공장, 발전소, 폐기물 처리시설 등 환경오염을 유발할 가능성이 있는 모든 시설에 적용된다.

표 6.46 환경오염피해구제법의 주요 조항

조항	주요 내용
환경오염 피해 조사 및 평가	오염 발생 시 원인 조사 및 피해 평가
환경피해 보상 체계 구축	환경 피해자에 대한 재정적 지원 및 복구 계획 수립
환경오염 예방 조치 시행	오염 발생 방지를 위한 사전 관리 대책 마련

5.2.2 환경오염 유형 및 주요 사례

환경오염은 다양한 형태로 나타날 수 있으며, 주요 오염 유형은 다음과 같다.

- **대기오염**: 산업시설 및 차량 배기가스에 의한 대기질 악화 (이산화황, 미세먼지 등)
- **수질오염**: 하천 및 해양으로의 오염물질 배출로 인한 수생 생태계 피해 (폐수, 중금속 등)
- **토양오염**: 화학물질 유출 및 불법 폐기물 매립으로 인한 토양오염 (유류 오염, 중금속 침전 등)

표 6.47 환경오염 유형 및 주요 사례

환경오염 유형	주요 사례
대기오염	미세먼지 증가, 공장 배기가스 및 자동차 배출가스로 인한 대기오염
수질오염	산업 폐수 및 생활하수로 인한 하천 및 해양 오염
토양오염	불법 폐기물 매립, 유류 및 중금속 오염
방사능 오염	원자력 발전소 사고로 인한 방사성 물질 누출

5.2.3 환경오염 피해 조사 및 보상 체계

환경오염으로 인한 피해를 신속하게 조사하고, 피해자에 대한 보상을 수행하기 위한 체계는 다음과 같다.

- 환경피해 발생 시 정부 및 전문가 합동 조사 실시
- 피해자에 대한 의료 지원 및 경제적 보상 체계 구축
- 환경오염 유발 기업에 대한 법적 책임 및 배상 의무 부과

표 6.48 환경오염 피해 조사 및 보상 체계

조치	주요 내용
환경피해 발생 시 정부 및 전문가 합동 조사 실시	환경오염 원인 분석 및 피해 규모 평가
피해자에 대한 의료 지원 및 경제적 보상	환경오염으로 인한 건강 피해자 보상 및 치료 지원
환경오염 유발 기업에 대한 법적 책임 및 배상 의무 부과	오염 원인 제공자에게 환경 복구 및 배상 책임 부과

5.3 환경 및 화학사고 예방 관련 법령 간 연계

5.3.1 환경 및 화학사고 예방 관련 법령 연계 구조

환경 보호 및 화학사고 예방을 위해 다양한 법령이 상호 연계되어 운영되며, 개별 법률이 특정 환경 문제 또는 화학물질 관리 기준을 다룬다.

유해 화학물질 관리 관련 법령 연계

- **화학물질관리법**: 유해 화학물질의 저장, 운반, 취급 기준 설정
- **고압가스안전관리법**: 가연성 가스 및 고압가스 저장 및 취급 안전 기준 설정

표 6.49 유해 화학물질 관리 관련 법령 간 연계

법령	주요 내용
화학물질관리법	유해 화학물질의 저장, 운반, 취급 기준 설정
고압가스안전관리법	가연성 가스 및 고압가스 저장 및 취급 안전 기준 설정

환경오염 방지 및 피해 구제 관련 법령 연계

- **환경오염피해구제법**: 환경오염 피해 조사 및 보상 체계 구축
- **대기환경보전법**: 대기오염물질 배출 규제 및 오염물질 감축 기준 마련
- **수질 및 수생태계 보전에 관한 법률**: 수질오염 방지 및 수자원 보호 대책 마련

표 6.50 환경오염 방지 및 피해 구제 관련 법령 간 연계

법령	주요 내용
환경오염피해구제법	환경오염 피해 조사 및 보상 체계 구축
대기환경보전법	대기오염물질 배출 규제 및 오염물질 감축 기준 마련
수질 및 수생태계 보전에 관한 법률	수질오염 방지 및 수자원 보호 대책 마련

화학사고 대응 및 재난관리 관련 법령 연계

- 재난 및 안전관리 기본법: 대규모 화학사고 발생 시 국가 재난 대응 체계 구축
- 긴급구호법: 환경오염 및 화학사고 피해자 지원 및 긴급 대피 조치

표 6.51 화학사고 대응 및 재난관리 관련 법령 간 연계

법령	주요 내용
재난 및 안전관리 기본법	대규모 화학사고 발생 시 국가 재난 대응 체계 구축
긴급구호법	환경오염 및 화학사고 피해자 지원 및 긴급 대피 조치

환경 및 화학사고 예방 법령은 유해 화학물질 관리 및 환경 보호를 위한 필수적인 법적 체계이며, 이를 철저히 준수함으로써 산업 활동으로 인한 환경피해를 최소화하고, 국민의 건강과 생태계를 보호할 수 있다.

6 감염병 및 공중보건 재난 대응 법령

감염병 및 공중보건 재난 대응 법령은 감염병 발생을 예방하고, 확산 시 신속한 대응을 통해 국민 건강을 보호하며, 공중보건 위기 상황에서 효과적인 의료 대응 체계를 운영하는 것을 목표로 하는 법적 체계이다. 감염병은 급속히 확산할 가능성이 높으며, 사회적·경제적 피해를 초래할 수 있기 때문에 국가 차원의 체계적인 관리 및 대응이 필수적이다.

6.1 감염병의 예방 및 관리에 관한 법률 개요

6.1.1 법의 목적 및 적용 범위

감염병의 예방 및 관리에 관한 법률은 감염병 발생을 방지하고, 발생 시 신속한 대응과 확산 방지를 위한 법적 기준을 마련하는 법률로, 주요 목적은 다음과 같다.

- 감염병 발생 예방 및 위기 대응 체계 구축
- 감염병 확산 방지를 위한 검역 및 방역 체계 운영
- 의료기관 및 방역 당국의 감염병 대응책임 및 역할 명확화
- 감염병 피해자 보호 및 국가 차원의 지원 제공

표 6.52 감염병의 예방 및 관리에 관한 법률의 주요 조항

조항	주요 내용
감염병 예방 및 대응 체계 구축	감염병 발생 예방 및 신속한 대응 시스템 마련
방역 및 검역 강화	감염병 전파 차단을 위한 검역 조치 시행
백신 및 치료제 개발 지원	감염병 예방 및 치료를 위한 백신 연구 지원

이 법은 모든 감염병(바이러스성 질환, 세균성 감염병, 신종 감염병 등)에 적용되며, 의료기관, 방역 당국, 공항·항만, 교육기관 등에서 준수해야 하는 기준을 포함한다.

6.1.2 감염병의 분류 및 대응 원칙

감염병은 위험성과 전파력을 고려하여 등급별로 분류되며, 각 등급에 따라 방역 및 대응 조치가 차별적으로 적용된다.

- **1급 감염병**: 치명률이 높고 신속한 격리가 필요한 감염병 (예 에볼라, 탄저병, 코로나19)
- **2급 감염병**: 지역 사회 전파 위험이 큰 감염병 (예 결핵, 홍역, 콜레라)
- **3급 감염병**: 지속적인 감시가 필요한 감염병 (예 말라리아, 일본뇌염, 한센병)
- **4급 감염병**: 새롭게 발생한 감염병 또는 연구가 필요한 감염병 (예 신종플루, 조류인플루엔자)

표 6.53 감염병 등급별 주요 특징 및 대응 조치

등급	주요 특징 및 대응 조치
1급 감염병	치명률이 높고 신속한 격리가 필요한 감염병 (예 에볼라, 탄저병)
2급 감염병	지역 사회 전파 위험이 큰 감염병 (예 결핵, 홍역)
3급 감염병	지속적인 감시가 필요한 감염병 (예 말라리아, 일본뇌염)

6.1.3 감염병 발생 시 대응 절차

감염병이 발생하면 보건당국, 의료기관, 방역 기관 등이 협력하여 신속한 조치를 수행해야 하며, 국가 차원의 위기 경보 단계가 적용된다.

- **감염병 신고 및 초기 대응**: 감염병 발생 시 의료기관 및 방역 당국에 즉각 보고

- **위기 경보 단계 발령**: 감염병 위험 수준에 따라 관심-주의-경계-심각 4단계로 구분
- **방역 및 격리 조치 시행**: 감염병 확산 방지를 위한 방역 및 격리 조치 실시
- **예방접종 및 치료 지원**: 백신 접종 확대 및 치료제 공급 체계 마련

표 6.54 감염병 발생 시 대응 단계별 주요 조치

대응 단계	주요 조치
감염병 신고 및 초기 대응	의료기관 및 방역 당국에 즉각 보고
위기 경보 단계 발령	감염병 위험 수준에 따라 관심-주의-경계-심각 4단계로 구분
방역 및 격리 조치 시행	감염병 확산 방지를 위한 방역 및 격리 조치 시행

6.2 검역법 개요

6.2.1 법의 목적 및 적용 대상

검역법은 국외로부터 유입될 수 있는 감염병을 사전에 차단하고, 공항·항만 등의 검역 체계를 통해 감염병 확산을 예방하는 것을 목적으로 하는 법률이다.

- 입국자 및 화물에 대한 검역 조치 시행
- 검역 감염병 발생 국가에서의 입국 제한 또는 강화된 검역 절차 적용
- 항공기 및 선박 내 감염병 발생 시 대응 절차 마련

표 6.55 검역법의 주요 조항

조항	주요 내용
입국자 및 화물에 대한 검역 조치 시행	해외 감염병 유입 차단을 위한 입국 심사 강화
검역 감염병 발생 국가에서의 입국 제한	감염병 우행 지역에서의 입국 제한 또는 검역 강화

6.2.2 검역 대상 감염병 및 대응 조치

검역 대상 감염병은 해외 유입 위험이 큰 질병을 중심으로 선정되며, 검역 단계에서 신속하게 확인하고 차단하는 것이 핵심이다.

- **주요 검역 대상 감염병**: 콜레라, 페스트, 황열병, 중증급성호흡기증후군(SARS), 조류인플루엔자 등

- 검역소 운영 및 감염병 유입 차단 조치
- 해외 감염병 발생 국가에 대한 입국 제한 및 건강 상태 확인 강화

표 6.56 검역 대상 감염병 및 주요 검역 조치

검역 대상 감염병	검역 조치
콜레라, 황열병, SARS 등	입국 전 건강 확인 및 격리 조치 가능
신종 감염병 발생 시	공항 및 항만 검역 강화, 해외여행 제한 검토

6.3 재난적 의료비 지원에 관한 법률 개요

6.3.1 법의 목적 및 적용 대상

재난적 의료비 지원에 관한 법률은 감염병 및 기타 재난 상황에서 의료비 부담이 과도하게 증가한 환자를 보호하기 위한 법률이다. 주요 목적은 다음과 같다.

- 중증 감염병 환자 및 응급환자의 의료비 지원
- 의료비 부담 완화를 위한 공공의료 시스템 구축
- 긴급 치료 지원을 위한 재정 지원 체계 운영

표 6.57 재난적 의료비 지원에 관한 법률의 주요 조항

조항	주요 내용
재난적 의료비 지원 대상 선정	중증 감염병 및 희귀질환 환자에게 의료비 지원
긴급 치료 지원을 위한 재정 지원 체계 운영	의료비 부담이 큰 환자를 대상으로 재정적 지원 제공

6.3.2 의료비 지원 기준 및 절차

재난적 의료비 지원 대상은 감염병 치료 및 중증 질환으로 인해 발생하는 의료비 부담을 완화하기 위해 일정 기준을 적용하여 지원한다.

- 지원 대상: 중증 감염병 환자, 희귀질환 치료 환자, 긴급 수술 환자
- 지원 절차: 환자의 소득 수준 및 의료비 부담을 고려하여 지원 규모 결정
- 지원 한도: 환자의 의료비 부담률 및 가계 소득 수준에 따라 차등 지급

표 6.58 의료비 지원 기준 및 절차

기준	주요 내용
지원 대상	중증 감염병 환자, 희귀질환 치료 환자, 긴급 수술 환자
지원 절차	환자의 소득 수준 및 의료비 부담을 고려하여 지원 규모 결정
지원 한도	환자의 의료비 부담률 및 가계 소득 수준에 따라 차등 지급

6.4 감염병 및 공중보건 재난 대응 관련 법령 간 연계

6.4.1 감염병 및 공중보건 재난 대응 법령 연계 구조

감염병 및 공중보건 재난 대응을 위해 다양한 법령이 상호 연계되어 운영되며, 각 법령이 특정 감염병 및 공중보건 위기 상황을 다룬다

감염병 예방 및 대응 관련 법령 연계

- **감염병의 예방 및 관리에 관한 법률**: 감염병 발생 예방 및 방역 대응 체계 구축
- **검역법**: 해외 유입 감염병 차단 및 검역 절차 운영

표 6.59 감염병 예방 및 대응 관련 법령 간 연계

법령	주요 내용
감염병의 예방 및 관리에 관한 법률	감염병 발생 예방 및 방역 대응 체계 구축
검역법	해외 유입 감염병 차단 및 검역 절차 운영
의료법	감염병 발생 시 의료기관의 대응 의무 규정

공중보건 재난 대응 및 의료 지원 관련 법령 연계

- **재난적 의료비 지원에 관한 법률**: 감염병 치료 및 긴급 의료비 지원
- **공공보건의료에 관한 법률**: 국가 공공의료 체계 운영 및 감염병 대응 병상 확보

표 6.60 공중보건 재난 대응 및 의료 지원 관련 법령 간 연계

법령	주요 내용
재난적 의료비 지원에 관한 법률	감염병 치료 및 긴급 의료비 지원
공공보건의료에 관한 법률	국가 공공의료 체계 운영 및 감염병 대응 병상 확보

감염병 및 공중보건 재난 대응 법령은 국가 차원의 감염병 예방 및 의료 대응 시스템을 마련하여 국민 건강을 보호하는 핵심적인 법적 체계이다. 이를 철저히 준수하고 실행함으로써 감염병 확산을 최소화하고, 의료 서비스의 접근성을 보장할 수 있다.

7 에너지 및 전력·가스 안전 법령

에너지 및 전력·가스 안전 법령은 전력 및 가스와 같은 주요 에너지원의 안전한 생산·운영·관리를 통해 국민의 생명과 재산을 보호하고, 산업 및 일상생활에서의 안전성을 확보하는 것을 목표로 하는 법률 체계이다. 전력 및 가스 사고는 폭발, 화재, 감전 등의 위험성을 수반하며, 대규모 정전이나 가스 누출 등은 국가 기반 시설에 치명적인 영향을 미칠 수 있다. 따라서 국가 차원의 체계적인 안전 관리 및 사고 예방 대책이 필수적이다.

7.1 전기사업법 개요

7.1.1 법의 목적 및 적용 범위

전기사업법은 전력의 생산, 공급, 사용 과정에서의 안전을 보장하고, 전력망 운영 및 전기설비의 안전 기준을 설정하는 법률이다. 주요 목적은 다음과 같다.

- 전력 생산 및 공급의 안정성 확보
- 전기설비의 안전 관리 및 유지보수 기준 마련
- 전력산업의 효율적 운영 및 소비자 보호

이 법은 발전소, 송전망, 변전소, 배전 시설, 산업 및 가정용 전기설비 등 전력과 관련된 모든 시설 및 사업체에 적용된다.

표 6.61 전기사업법의 주요 조항

조항	주요 내용
전력 생산 및 공급의 안정성 확보	발전소, 송전망, 배전망의 안전 관리
전기설비의 안전 점검 의무화	정기 점검 및 유지보수 수행
전력산업의 효율적 운영 및 소비자 보호	전력 요금 규제 및 소비자 보호 조치

7.1.2 전력 생산 및 공급 안전 기준

전력 생산 및 공급의 안전성을 확보하기 위해 단계별로 엄격한 안전 기준이 적용되며, 주요 기준은 다음과 같다.

- **발전소 안전 기준**: 화력, 원자력, 수력 등 발전 방식별 안전 관리 체계 구축
- **송전 및 배전망 유지보수 기준**: 고압 송전선 및 변전소의 주기적 점검 의무화
- **전기설비 안전 관리**: 산업 및 가정용 전기설비에 대한 정기적인 안전 점검 시행

표 6.62 전력 생산 및 공급 단계별 안전 기준

단계	주요 내용
발전소 안전 기준	원자력, 화력, 수력 발전소의 안전 규정 마련
송전 및 배전망 유지보수 기준	전력망 점검 주기 및 노후 시설 교체 기준 설정

7.1.3 전기 안전 사고 예방 및 대응 체계

전력 사고(정전, 감전, 화재 등)를 예방하고, 발생 시 신속한 대응을 수행하기 위한 체계는 다음과 같다.

- 전기설비 안전 검사 의무화 및 사고 예방 조치 강화
- 고압 송전선이나 변전소 내 감전 및 화재 예방 대책 마련
- 정전 발생 시 긴급 복구 대응 체계 구축

표 6.63 전기 안전사고 예방 및 대응 체계

조치	주요 내용
전기설비 안전 검사 의무화	전력망 및 변압기 정기 점검 수행
감전 및 화재 예방 대책 마련	전선 절연 점검 및 감전 방지 조치 시행
정전 발생 시 긴급 복구 대응 체계 구축	신속한 전력 공급 복구 시스템 운영

7.2 고압가스안전관리법 개요

7.2.1 법의 목적 및 적용 대상

고압가스안전관리법은 산업 및 생활용 가스(도시가스, LPG, LNG 등)의 안전한 저장, 운반, 사용을 보장하고, 가스 폭발 및 누출 사고를 예방하는 법률이다. 주요 목

적은 다음과 같다.

- 고압가스 저장 및 운반 기준 마련
- 가스시설의 안전 점검 및 유지관리 의무화
- 가스 사고 발생 시 긴급 대응 체계 구축

이 법은 도시가스 공급업체, LPG 충전소, 산업용 가스 사용 시설, 가스 배관망, 가정용 가스시설 등에 적용된다.

표 6.64 고압가스안전관리법의 주요 조항

조항	주요 내용
고압가스 저장 및 운반 기준 마련	가스 저장 시설의 안전 기준 설정
가스시설의 안전 점검 의무화	정기적인 안전 점검 및 유지관리 수행
가스 사고 발생 시 긴급 대응 체계 구축	가스 누출 및 폭발 사고 대응 계획 마련

7.2.2 가스 저장 및 취급 기준

가스의 안전한 저장 및 취급을 위해 저장소 및 배관망 운영 기준이 설정되며, 주요 기준은 다음과 같다.

- **가스 저장소 안전 기준**: 폭발 및 누출 방지를 위한 방폭 설계 적용
- **가스 배관망 점검 및 유지보수 기준**: 주기적인 점검 및 노후 배관 교체 의무화
- 가스 누출 감지 및 차단 시스템 설치 의무화

표 6.65 가스 저장 및 취급 기준

기준	주요 내용
가스 저장소 안전 기준	폭발 및 누출 방지를 위한 방폭 설계 적용
가스 배관망 점검 및 유지보수 기준	정기적인 점검 및 노후 배관 교체 의무화
가스 누출 감지 및 차단 시스템 설치 의무화	실시간 가스 누출 감지 및 자동 차단 시스템 적용

7.2.3 가스 사고 예방 및 대응 체계

가스 폭발, 화재, 누출 등의 사고를 예방하고, 사고 발생 시 신속한 복구 및 피해 최소화를 위한 대응 체계는 다음과 같다.

- 가스 누출 감지기 및 자동 차단 시스템 운영
- 가스 취급 사업장의 주기적인 안전 점검 의무화
- 가스 사고 발생 시 긴급 대응 매뉴얼 적용 및 대피 조치 시행

표 6.66 가스 사고 예방 및 대응 체계

조치	주요 내용
가스 누출 감지기 및 자동 차단 시스템 운영	가스 누출 시 신속한 감지 및 차단 조치 시행
가스 취급 사업장의 주기적인 안전 점검 의무화	위험지역 내 가스시설 정기 점검
가스 사고 발생 시 긴급 대응 매뉴얼 적용	주민 대피 및 사고 수습 절차 수행

7.3 에너지 및 전력·가스 안전 관련 법령 간 연계

7.3.1 에너지 및 전력·가스 안전 관련 법령 연계 구조

전력 및 가스의 안전을 보장하기 위해 다양한 법령이 상호 연계되어 운영되며, 각 법령이 특정 에너지원 및 시설의 안전 기준을 정하고 있다.

전력 생산 및 안전 관리 관련 법령 연계

- **전기사업법**: 전력 생산·공급·사용 과정에서의 안전 관리 기준 설정
- **전기설비기술기준의 적용에 관한 법률**: 전기설비의 설계·시공·운영 기준 마련

표 6.67 전력 생산 및 안전 관리 관련 법령 간 연계

법령	주요 내용
전기사업법	전력 생산·공급·사용 과정에서의 안전 관리 기준 설정
전기설비기술기준의 적용에 관한 법률	전기설비의 설계·시공·운영 기준 마련

가스 저장 및 안전 관리 관련 법령 연계

- **고압가스안전관리법**: 고압가스 저장 및 취급 기준 설정
- **액화석유가스의 안전관리 및 사업법**: LPG 및 기타 가연성 가스의 유통·저장·사용 안전 기준 마련

표 6.68 가스 저장 및 안전 관리 관련 법령 간 연계

법령	주요 내용
고압가스안전관리법	고압가스 저장 및 취급 기준 설정
액화석유가스의 안전관리 및 사업법	LPG 및 기타 가연성 가스의 유통·저장·사용 안전 기준 마련

에너지 시설의 사고 대응 및 복구 관련 법령 연계

- **재난 및 안전관리 기본법**: 전력 및 가스 사고 발생 시 국가 재난 대응 체계 구축
- **긴급구호법**: 정전 및 가스 폭발 사고 피해자 지원 및 긴급 대피 조치

표 6.69 에너지 시설의 사고 대응 및 복구 관련 법령 간 연계

법령	주요 내용
재난 및 안전관리 기본법	전력 및 가스 사고 발생 시 국가 재난 대응 체계 구축
긴급구호법	정전 및 가스 폭발 사고 피해자 지원 및 긴급 대피 조치

에너지 및 전력·가스 안전 법령은 국가 기반 시설의 안전성을 유지하고, 전력 및 가스 사고로 인한 피해를 예방하기 위한 핵심 법적 체계이다. 이를 철저히 준수하고 실행함으로써 전력 및 가스 공급의 안정성을 확보하고, 국민의 생명과 재산을 보호할 수 있다.

8 교통 및 원자력 사고 대응 법령

교통 및 원자력 사고 대응 법령은 대형 교통사고 및 원자력 사고 발생 시 신속한 대응을 통해 피해를 최소화하고, 사고 예방을 위한 안전 기준을 설정하는 것을 목표로 하는 법률 체계이다. 교통사고는 도로·철도·항공·해상 등 다양한 영역에서 발생할 수 있으며, 원자력 사고는 방사능 누출로 인해 장기적인 환경 및 인명 피해를 초래할 수 있어 철저한 관리가 필요하다. 이에 따라 국가 차원의 대응 체계 구축 및 법적 규제가 필수적이다.

8.1 도로교통법 개요

8.1.1 법의 목적 및 적용 범위

도로교통법은 도로에서 발생하는 교통사고를 예방하고, 사고 발생 시 신속한 대응을 위한 법적 기준을 마련하는 법률이다. 주요 목적은 다음과 같다.

- 교통사고 예방을 위한 도로 및 차량 안전 기준 설정
- 운전자 및 보행자의 교통안전 확보
- 교통사고 발생 시 신속한 구조 및 피해 지원 체계 운영

표 6.70 도로교통법의 주요 조항

조항	주요 내용
교통사고 예방을 위한 도로 및 차량 안전 기준 설정	도로 설계 기준 및 차량 검사 의무화
운전자 및 보행자의 교통안전 확보	교통 신호 체계 및 보행자 보호 조치 마련
교통사고 발생 시 긴급 구조 및 피해 지원 체계 운영	사고 발생 시 신속한 대응 절차 적용

이 법은 모든 도로 이용자(운전자, 보행자, 자전거 이용자 등) 및 차량(승용차, 화물차, 버스 등)에 적용된다.

8.1.2 도로교통 안전 기준 및 사고 예방 대책

도로교통 사고를 예방하기 위해 도로 설계, 신호체계, 차량 안전 기준 등을 포함한 종합적인 교통안전 대책이 적용된다.

- **도로 안전시설 설치 기준 강화:** 횡단보도, 신호등, 방호벽 등의 설치 기준 마련
- **차량 안전 기준 및 검사 의무화:** 정기 차량 검사 및 운행 안전성 강화
- **교통안전 교육 및 캠페인 강화:** 운전자 및 보행자 더상 교통안전 교육 의무화

표 6.71 도로교통 안전 기준 및 사고 예방 대책

항목	주요 내용
도로 안전시설 설치 기준 강화	횡단보도, 신호등, 방호벽 등의 설치 기준 마련
차량 안전 기준 및 검사 의무화	정기 차량 검사 및 운행 안전성 강화
교통안전 교육 및 캠페인 강화	운전자 및 보행자 대상 교통안전 교육 의무화

8.1.3 교통사고 발생 시 대응 절차

교통사고가 발생하면 신속한 구조 및 사고 수습이 필요하며, 사고의 원인 조사 및 재발 방지를 위한 조치가 이루어져야 한다.

- **사고 신고 및 긴급 구조 요청**: 119 또는 경찰 신고 후 응급 구조 수행
- **현장 교통 통제 및 2차 사고 방지 조치**: 경찰 및 교통관리 기관의 신속한 대응
- **피해자 치료 및 보상 체계 운영**: 응급 의료 지원 및 사고 피해자 보상 절차 진행

표 6.72 교통사고 발생 시 대응 절차

대응 단계	주요 조치
사고 신고 및 긴급 구조 요청	119 또는 경찰 신고 후 응급 구조 수행
현장 교통 통제 및 2차 사고 방지 조치	경찰 및 교통관리 기관의 신속한 대응
피해자 치료 및 보상 체계 운영	응급 의료 지원 및 사고 피해자 보상 절차 진행

8.2 철도안전법 개요

8.2.1 법의 목적 및 적용 대상

철도안전법은 철도 교통의 안전성을 확보하고, 열차 사고 및 탈선 사고 발생 시 신속한 대응을 위한 법적 기준을 마련하는 법률이다. 주요 목적은 다음과 같다.

- 철도 시설 및 열차 운영 안전 기준 설정
- 철도 사고 발생 시 긴급 구조 및 복구 체계 마련
- 철도 운영기관 및 기관사의 안전 의무 강화

이 법은 고속철도(KTX), 지하철, 일반 철도 등 모든 철도망과 운영기관에 적용된다.

표 6.73 철도안전법의 주요 조항

조항	주요 내용
철도 시설 및 열차 운영 안전 기준 설정	철도 인프라 및 열차 운행의 안전 기준 마련
철도 사고 발생 시 긴급 구조 및 복구 체계 마련	열차 사고 발생 시 신속한 대응 시스템 구축
철도 운영기관 및 기관사의 안전 의무 강화	철도 기관사의 자격 관리 및 안전 교육 필수화

8.2.2 철도 사고 예방 및 대응 체계

철도 사고를 예방하고, 발생 시 신속한 대응을 수행하기 위해 다음과 같은 조치가 시행된다.

- **열차 운행 안전 시스템 강화:** 자동 열차 제어 시스템(ATC) 도입
- 철도 신호체계 및 안전 점검 주기 설정
- 열차 사고 발생 시 승객 대피 및 긴급 구조 시스템 운영

표 6.74 철도 사고 예방 및 대응 체계

조치	주요 내용
열차 운행 안전 시스템 강화	자동 열차 제어 시스템(ATC) 도입
철도 신호체계 및 유지보수 기준 설정	철도 운영의 안전성을 높이기 위한 정기 점검 시행
열차 사고 발생 시 승객 대피 및 긴급 구조 시스템 운영	사고 발생 시 승객 보호 및 비상 대피 절차 적용

8.3 항공안전법 개요

8.3.1 법의 목적 및 적용 대상

표 6.75 항공안전법의 주요 조항

조항	주요 내용
항공기 이착륙 및 운항 안전 기준 설정	항공기 및 공항 운영의 안전 기준 규정
조종사 및 항공사 운영 안전 의무 강화	조종사 면허 관리 및 정기 안전 교육 시행
항공 사고 발생 시 국제 협력 및 사고 조사 체계 구축	항공사고조사위원회를 통한 사고 조사 및 대응

항공안전법은 항공기의 안전 운항을 보장하고, 항공 사고 발생 시 신속한 구조 및 대응 체계를 마련하는 법률이다. 주요 목적은 다음과 같다.

- 항공기 이착륙 및 운항 안전 기준 설정
- 조종사 및 항공사 운영 안전 의무 강화
- 항공 사고 발생 시 국제 협력 및 사고 조사 체계 구축

이 법은 국내 및 국제 항공기 운항, 공항 관리, 항공사 및 조종사에 적용된다.

8.3.2 항공 사고 예방 및 대응 체계

항공 사고 예방 및 발생 시 대응을 위해 다음과 같은 조치가 적용된다.

- 항공기 정기 점검 및 이착륙 안전 강화
- 항공 교통 관제 시스템 최적화 및 자동화 기술 적용
- 항공 사고 발생 시 신속한 승객 구조 및 대응 매뉴얼 시행

표 6.76 항공 사고 예방 및 대응 체계

조치	주요 내용
항공기 정기 점검 및 이착륙 안전 강화	비행 전후 정기 점검 시행
항공 교통 관제 시스템 최적화 및 자동화 기술 적용	항공기 간 충돌 방지를 위한 항공관제 강화
항공 사고 발생 시 신속한 승객 구조 및 대응 매뉴얼 시행	항공사나 구조기관 협력 체계 강화

8.4 원자력안전법 개요

8.4.1 법의 목적 및 적용 대상

원자력안전법은 원자력 발전소 및 방사성 물질 취급 시설의 안전성을 보장하고, 원자력 사고 발생 시 피해를 최소화하기 위한 법률이다. 주요 목적은 다음과 같다.

- 원자력 시설의 방사능 안전 기준 설정
- 방사성 물질 누출 사고 예방 및 대응 체계 구축
- 방사능 오염 피해 지역의 복구 및 주민 보호 대책 마련

표 6.77 원자력안전법의 주요 조항

조항	주요 내용
원자력 시설의 방사능 안전 기준 설정	원자력 발전소 및 방사성 물질 취급 시설 안전 기준 마련
방사성 물질 누출 사고 예방 및 대응 체계 구축	원자력 사고 발생 시 즉각적인 대응 절차 마련
방사능 오염 피해 지역의 복구 및 주민 보호 대책 마련	사고 발생 지역 주민 대피 및 보건 조치 시행

이 법은 원자력 발전소, 연구용 원자로, 방사성 폐기물 처리시설 등에 적용된다.

8.4.2 원자력 사고 발생 시 대응 체계

원자력 사고는 방사성 물질 누출로 인한 장기적 피해가 크므로, 국가 차원의 철저한 대응이 필요하다. 주요 대응 체계는 다음과 같다.

- 원자력 사고 발생 시 긴급 방사능 경보 발령
- 방사능 오염 지역 대피 및 차단 조치 시행
- 방사능 오염 제거 및 환경 복구 대책 운영

표 6.78 원자력 사고 발생 시 대응 체계

대응 단계	주요 조치
원자력 사고 발생 시 긴급 방사능 경보 발령	주민 대피 및 보호 조치 시행
방사능 오염 지역 대피 및 차단 조치 시행	오염 확산 방지를 위한 긴급 차단 조치 시행
방사능 오염 제거 및 환경 복구 대책 운영	방사능 제거 작업 및 장기 복구 계획 수립

8.5 교통 및 원자력 사고 대응 관련 법령 간 연계

8.5.1 교통 및 원자력 사고 대응 법령 연계 구조

교통 및 원자력 사고 예방과 대응을 위해 다양한 법령이 상호 연계되어 운영되며, 개별 법률이 특정사고 유형에 맞춘 안전 기준을 정하고 있다.

교통사고 대응 관련 법령 연계

- **도로교통법**: 도로 안전 기준 및 교통사고 대응 체계 구축
- **철도안전법**: 철도 사고 예방 및 대응 시스템 구축

표 6.79 교통사고 대응 관련 법령 간 연계

법령	주요 내용
도로교통법	도로 안전 기준 및 교통사고 대응 체계 구축
철도안전법	철도 사고 예방 및 대응 시스템 구축

원자력 사고 대응 관련 법령 연계

- **원자력안전법**: 원자력 발전소의 방사능 안전 기준 설정
- **재난 및 안전관리 기본법**: 원자력 사고 발생 시 국가적 대응 체계 구축

표 6.80 원자력 사고 대응 관련 법령 간 연계

법령	주요 내용
원자력안전법	원자력 발전소의 방사능 안전 기준 설정
재난 및 안전관리 기본법	원자력 사고 발생 시 국가적 대응 체계 구축

교통 및 원자력 사고 대응 법령은 국가 기반 시설과 국민의 생명을 보호하기 위한 핵심 법적 체계이며, 이를 철저히 준수하고 실행함으로써 사고 피해를 최소화하고 안전성을 확보할 수 있다.

핵심 내용 정리(기출 문제 관련)

1. 재난 및 안전관리 기본법

- 재난 및 안전관리 기본법은 국민의 생명과 재산을 보호하기 위해 재난의 예방, 대비, 대응, 복구 체계를 수립하고 관련 기관의 역할과 책임을 규정하는 법률이다.
- 자연 재난과 사회재난을 포함하며, 감염병 및 환경오염 사고도 사회재난의 범주에 속한다.
- 국가 핵심 기반 보호 및 위기관리 매뉴얼 작성 등의 조항이 포함되며, 중앙재난안전대책본부, 지방재난안전대책본부 등의 조직이 운영된다.
- 특정 관리 대상 지역과 국가 핵심 기반 지정을 통해 재난 발생 가능성이 높은 지역 및 시설에 대한 체계적인 관리가 이루어진다.

출제 경향

- 재난 및 안전관리 기본법의 목적 및 적용 범위를 묻는 문제 출제 가능
- 자연 재난과 사회재난의 차이점을 비교하는 문제 출제 가능
- 재난관리 주관기관과 재난관리 책임기관의 역할을 묻는 문제 출제 가능
- 국가 핵심 기반의 개념과 관리 방안을 묻는 문제 출제 가능

2. 산업 및 위험물 안전 관리 법령

- 산업안전보건법은 사업장에서 발생할 수 있는 산업재해를 예방하고, 근로자의 안

전 및 건강을 보호하는 법률이다.
- 위험물안전관리법은 인화성, 폭발성 물질의 안전한 저장, 운반, 취급 기준을 정하여 화재 및 폭발 사고를 예방하는 법률이다.
- 가연성 가스 및 위험물 취급 시설에 대한 설비 기준과 저장 시설의 이격거리 등이 규정되어 있다.
- 산업재해 발생 시 사업주의 책임과 근로자의 의무가 강조되며, 중대재해처벌법과의 연계도 중요하다.

출제 경향

- 산업안전보건법의 적용 대상 및 주요 조항을 묻는 문제 출제 가능
- 위험물안전관리법상 위험물의 등급 및 취급 기준을 묻는 문제 출제 가능
- 산업재해 예방 조치와 관련된 사업주의 의무를 묻는 문제 출제 가능
- 산업시설에서 화재 및 폭발 사고 예방 조치를 묻는 문제 출제 가능

3. 화재 및 소방 안전 법령

- 화재예방, 소방시설 설치·유지 및 안전 관리에 관한 법률은 건축물 및 시설의 화재 예방을 위한 법률이다.
- 소방기본법은 소방 조직과 운영 체계를 규정하며, 소방공무원의 역할과 권한을 명시한다.
- 건축법과 연계하여 방화구획 및 내화구조 기준이 적용되며, 특정 시설에는 자동화재탐지설비, 스프링클러 설치가 의무화된다.
- 위험물안전관리법과의 연계를 통해 인화성 물질 관리 기준이 강화된다.

출제 경향

- 소방시설 설치 기준 및 유지관리에 관한 문제 출제 가능
- 소방기본법과 관련된 소방 조직 및 운영 체계에 관한 문제 출제 가능
- 화재 예방을 위한 방화구획 및 내화구조 기준을 묻는 문제 출제 가능
- 위험물 저장 및 취급 기준과 소방시설과의 연계를 묻는 문제 출제 가능

4. 기반 시설 및 건설 안전 법령

- 건설기술진흥법은 건설공사의 안전성을 확보하고, 건설 재해를 예방하기 위한 법

률이다.

- 시설물의 안전 및 유지관리에 관한 특별법은 교량, 터널, 발전소 등 주요 기반 시설의 정기 점검 및 보수 기준을 규정한다.
- 건설 재해 예방을 위해 보호 장비 착용 의무화, 중장비 사용 기준, 비계 설치 기준 등이 마련됨
- 지반침하, 건축물 붕괴, 대형 건설 사고 예방을 위한 규정이 포함됨

출제 경향

- 건설공사 안전 관리 기준 및 주요 조항을 묻는 문제 출제 가능
- 기반 시설 유지관리 기준 및 점검 의무를 묻는 문제 출제 가능
- 건설 재해 예방을 위한 사업주의 의무와 근로자의 책임을 묻는 문제 출제 가능

5. 환경 및 화학사고 예방 법령

- 화학물질관리법은 유해 화학물질의 제조, 취급, 운반, 저장에 관한 안전 기준을 정한 법률이다.
- 환경오염피해구제법은 환경오염으로 인한 피해를 예방하고, 피해 발생 시 신속한 복구 및 보상을 지원하는 법률이다.
- 환경 재난 발생 시 피해자 보호 및 오염 원인 조사, 복구 기준이 명확하게 규정됨
- 대기오염, 수질오염, 토양오염, 방사성 오염 등 다양한 환경 재해를 포함

출제 경향

- 화학물질관리법상 유해 화학물질 분류 및 관리 기준을 묻는 문제 출제 가능
- 환경오염피해구제법의 적용 대상 및 피해 보상 절차를 묻는 문제 출제 가능
- 환경 재해 발생 시 정부 및 기업의 책임을 묻는 문제 출제 가능

6. 감염병 및 공중보건 재난 대응 법령

- 감염병의 예방 및 관리에 관한 법률은 감염병 발생을 예방하고, 확산 방지를 위한 법적 기준을 설정한 법률이다.
- 검역법은 해외에서 유입될 가능성이 있는 감염병을 차단하기 위한 검역 체계를 규정한다.
- 재난적 의료비 지원에 관한 법률은 감염병 및 공중보건 재난으로 인한 의료비 부

담을 완화하기 위한 법률이다.

- 감염병 대응 체계에는 중앙재난안전대책본부, 질병관리청, 의료기관 등이 포함됨

출제 경향

- 감염병의 예방 및 관리에 관한 법률상 감염병 분류 및 대응 조치를 묻는 문제 출제 가능
- 검역법의 적용 범위 및 검역 대상 감염병을 묻는 문제 출제 가능
- 감염병 발생 시 국가 및 지방자치단체의 역할을 묻는 문제 출제 가능

7. 에너지 및 전력·가스 안전 법령

- 전기사업법은 전력의 생산, 공급, 사용 과정에서의 안전을 보장하는 법률이다.
- 고압가스안전관리법은 산업 및 생활용 가스의 안전한 저장, 운반, 사용을 보장하는 법률이다.
- 에너지 기반 시설(발전소, 송전망, 배전 시설 등)의 정기 점검 의무가 규정됨
- 가스 사고 발생 시 누출 감지 및 차단 시스템, 비상 대응 체계가 마련됨

출제 경향

- 전기사업법상 발전소 및 전력망의 안전 관리 기준을 묻는 문제 출제 가능
- 고압가스안전관리법의 적용 대상 및 가스 사고 예방 조치를 묻는 문제 출제 가능

8. 교통 및 원자력 사고 대응 법령

- 도로교통법, 철도안전법, 항공안전법은 각각 교통사고 예방 및 대응을 위한 법률이다.
- 원자력안전법은 원자력 발전소 및 방사성 물질 취급 시설의 안전 기준을 설정한 법률
- 교통 및 원자력 사고 발생 시 긴급 구조 및 복구 체계가 명확하게 규정됨

출제 경향

- 원자력 사고 발생 시 대응 절차 및 피해 복구 기준을 묻는 문제 출제 가능
- 교통사고 예방 및 대응을 위한 법적 조치를 묻는 문제 출제 가능

연습문제

01 다음 중 재난 및 안전 관리 기본법의 목적에 해당하지 않는 것은?

① 국민의 생명과 재산 보호
② 재난 발생 시 체계적인 대응 및 복구
③ 재난 발생 후 민간 기업의 경제적 손실 보전
④ 재난 예방 및 대비를 위한 법적 기반 마련

02 다음 중 재난의 분류에 대한 설명으로 가장 적절한 것은?

① 자연 재난과 사회재난은 별개로 작용하며, 상호 연관성이 없다.
② 사회재난에는 화재, 감염병, 산업재해 등이 포함된다.
③ 자연 재난은 기후변화와 무관하며, 예측이 불가능하다.
④ 사회재난에는 태풍, 홍수, 지진 등이 포함된다.

03 산업안전보건법의 적용 대상에 해당하는 것은?

① 공공 도서관
② 건설 현장
③ 유치원
④ 개인 주택

04 다음 중 위험물안전관리법상 위험물의 등급과 그 예시에 대한 연결이 올바른 것은?

① 제1류 – 인화성 액체 (휘발유, 알코올)
② 제2류 – 산화성 물질 (질산, 과산화수소)
③ 제3류 – 자연 발화성 물질 (나트륨, 황린)
④ 제4류 – 가연성 고체 (황, 마그네슘)

05 다음 중 소방시설 설치 및 유지 기준을 규정하는 법률은?

① 화재예방, 소방시설 설치·유지 및 안전 관리에 관한 법률
② 재난 및 안전관리 기본법
③ 산업안전보건법
④ 감염병의 예방 및 관리에 관한 법률

06 다음 중 방화구획을 설정하는 목적이 아닌 것은?

① 화재 확산 방지 ② 피난 시간 확보
③ 건축 비용 절감 ④ 소방대의 구조 활동 지원

07 건설기술진흥법에서 정하는 건설 현장의 안전 조치에 해당하지 않는 것은?

① 중장비 작업 시 안전거리 확보
② 근로자의 보호 장비 착용 의무화
③ 건설 자재비 절감을 위한 저가 자재 사용
④ 작업 환경 안전 점검 정기적 실시

08 다음 중 시설물의 안전 및 유지관리에 관한 특별법의 적용 대상이 아닌 것은?

① 지하철 터널 ② 고속도로 교량
③ 대형 마트 주차장 ④ 개인 주택

09 화학물질관리법에서 규정하는 화학물질의 안전 관리 방안이 아닌 것은?

① 화학물질의 유해성 평가 실시
② 화학물질 유출 시 즉각적인 대응 조치 마련
③ 화학물질 저장소의 폭발 위험을 줄이기 위해 방폭 설계 적용
④ 모든 화학물질은 위험성이 없으므로 특별한 관리가 필요 없다.

10 다음 중 감염병의 예방 및 관리에 관한 법률에서 분류하는 1급 감염병에 해당하는 것은?

① 결핵 ② 말라리아
③ 에볼라 바이러스 감염증 ④ 한센병

11 검역법에 따라 검역 대상이 되는 주요 감염병이 아닌 것은?

① 콜레라 ② 황열병
③ 중증급성호흡기증후군(SARS) ④ 식중독

12 다음 중 재난적 의료비 지원에 관한 법률에서 규정하는 지원 대상에 해당하는 것은?

① 감기 치료를 받은 외래 환자
② 감염병 치료로 인해 중증 후유 장애가 발생한 환자
③ 개인적인 미용 수술을 받은 환자
④ 운동 중 부상을 입은 환자

13 전기사업법에서 정하는 전력망 운영의 안전 기준에 해당하는 것은?

① 변전소 점검 주기 단축 및 전력 수요 증가 시 부하 분산 조치
② 발전소 운영 비용 절감을 위해 안전 점검 생략
③ 노후 송전선 교체 없이 지속 사용
④ 정전 발생 시 전력 공급을 자동 차단하여 모든 전력 손실 방지

14 고압가스안전관리법에서 가스시설 안전을 위해 의무적으로 시행해야 하는 조치는?

① 가스 누출 감지기 및 자동 차단 시스템 설치
② 가스 공급자의 주기적 안전 점검 면제
③ 가스 저장소의 폭발 방지를 위해 밀폐 공간 조성
④ 가스 누출 시 시민들이 직접 복구 조치를 시행

15 교통사고 발생 시 도로교통법에 따른 운전자의 조치로 적절하지 않은 것은?

① 사고 현장에서 즉시 정차하고 경찰 및 구조기관에 신고
② 피해자의 상태를 확인하고 응급처치를 실시
③ 사고 후 상대방 운전자와 합의하면 신고하지 않아도 된다.
④ 2차 사고 방지를 위해 비상등을 켜고 안전 삼각대를 설치

16 철도안전법에서 정하는 철도 사고 예방을 위한 조치가 아닌 것은?

① 자동 열차 제어 시스템(ATC) 도입
② 철도 신호 체계 및 유지보수 기준 설정
③ 철도 사고 발생 시 승객의 자율적 대피 권장
④ 기관사의 안전 교육 및 철도 점검 주기 설정

17 항공안전법에서 정하는 항공기 운항 안전 조치에 해당하지 않는 것은?

① 항공기 정기 점검 및 운항 전 안전 점검 시행
② 항공기 기장 및 승무원의 비행 전 안전 교육 실시
③ 항공기 정비 주기 단축을 위해 점검 기준 완화
④ 항공기 사고 발생 시 긴급 구조 및 대피 절차 마련

18 원자력안전법에서 규정하는 방사능 사고 대응 조치로 적절하지 않은 것은?

① 방사성 물질 누출 사고 발생 시 긴급 방사능 경보 발령
② 오염 지역 주민들의 신속한 대피 조치 시행
③ 방사능 오염 지역의 장기적인 복구 계획 수립
④ 원자력 사고 발생 시 즉각적인 정보 공개 없이 정부 내부 논의 후 발표

19 다음 중 원자력 사고 발생 시 방사능 오염을 최소화하기 위한 조치로 적절한 것은?

① 원자로 가동을 지속하여 전력 생산 유지
② 원전 사고 발생 시 즉시 냉각 시스템 가동 및 방사성 물질 차단
③ 방사성 물질 누출이 의심될 경우 모든 시설물 폐쇄 없이 운영 유지
④ 방사성 물질 오염 지역 주민 대피 후 현장 방치

20 다음 중 국가적 재난 대응을 위한 법률이 아닌 것은?

① 재난 및 안전관리 기본법 ② 원자력안전법
③ 긴급구호법 ④ 민간 계약법

참고문헌

1. 법령 및 정부 보고서

- 행정안전부. (2023). 재난 및 안전관리 기본법 해설서. 서울: 행정안전부.
- 산업통상자원부. (2023). 전기사업법 및 고압가스안전관리법 해설. 서울: 산업통상자원부.
- 환경부. (2023). 화학물질관리법 및 환경오염피해구제법 가이드라인. 서울: 환경부.
- 보건복지부. (2023). 감염병의 예방 및 관리에 관한 법률 해설집. 서울: 보건복지부.
- 국토교통부. (2023). 건설기술진흥법 및 시설물 안전 유지관리 지침. 서울: 국토교통부.
- 원자력안전위원회. (2023). 원자력안전법 및 방사선 안전 관리 매뉴얼. 서울: 원자력안전위원회.

2. 연구 논문 및 학술 자료

- 김재원, 박승민. (2022). "재난관리 체계의 발전 방향과 법제적 개선 방안." 한국방재학회논문집, 22(3), 45-60.
- 이정우, 최문석. (2021). "위험물 안전관리법과 소방시설법의 연계 분석." 소방안전학회지, 35(2), 78-92.
- 박소영, 강민호. (2023). "감염병 대응 체계와 법적 규제의 필요성 연구." 공공보건연구, 29(1), 112-130.
- 최형진, 김도연. (2023). "철도 및 항공 안전법의 개선 방향 연구." 교통안전연구논문집, 40(4), 55-75.

3. 온라인 자료 및 보고서

- 법제처. (2023). 국가법령정보센터: 주요 재난 관련 법령 해설. https://www.law.go.kr
- 한국소방안전원. (2023). 소방시설 설치 및 유지관리 기준 안내. https://www.kfsi.or.kr
- 질병관리청. (2023). 감염병 예방 및 대응 매뉴얼. https://www.kdca.go.kr
- 한국전력공사. (2023). 전력망 운영 및 송전선 안전 관리 지침. https://www.kepco.co.kr
- 한국가스안전공사. (2023). 고압가스 및 도시가스 안전 관리 매뉴얼. https://www.kgs.or.kr
- 국립재난안전연구원. (2023). 자연재해 및 사회재난 대응 연구 보고서. https://www.ndmi.go.kr

CHAPTER

07 재난관리 조직 및 대응 체계

학습목표

- 중앙재난안전대책본부와 주요 기관의 역할을 이해한다.
- 국가 및 지자체의 재난관리 체계와 협력 방안을 파악한다.
- 민간 및 군·경찰과의 협력 체계를 분석한다.
- 실효적인 재난 대응을 위한 조직 간 협력 모델을 학습한다.

1 중앙재난안전대책본부 및 주요 기관

1.1 중앙재난안전대책본부의 역할

중앙재난안전대책본부(이하 '중앙대책본부')는 국가적 재난이 발생하였을 때 신속하고 체계적인 대응을 위해 설치되는 정부 차원의 종합 대응 기구이다. 이는 재난 및 안전 관리 기본법에 따라 구성되며, 행정안전부 장관이 본부장을 맡고, 상황에 따라 국무총리 또는 대통령이 직접 지휘할 수 있도록 되어 있다.

중앙대책본부는 대규모 재난 발생 시 각 기관 및 지방자치단체 간 협력을 조정하는 역할을 하며, 재난 상황을 총괄적으로 관리하는 중심 기관이다. 이를 위해 여러 관계 부처, 공공기관, 민간 조직과 긴밀하게 협력하며, 필요한 조치를 신속하게 결정하고 실행하는 기능을 수행한다.

1.1.1 중앙대책본부의 주요 기능

중앙대책본부는 국가 재난 대응 체계를 조율하고 재난 상황을 효과적으로 관리하기 위해 다양한 역할을 수행한다.

재난 발생 시 신속한 대응 및 조정

- 재난이 발생하면 즉시 관계 기관을 소집하여 긴급 대응 체계를 가동한다.
- 재난의 유형과 규모에 따라 대응 단계를 설정하고 조치를 결정한다.

중앙 및 지방정부, 공공기관, 민간 부문과의 협력 체계 구축

- 각 기관 간 역할을 명확하게 정의하고, 긴급 대응을 위한 협력 체계를 조정한다.
- 지자체와 협력하여 피해 복구 및 지원을 신속하게 시행한다.

피해 현황 조사 및 긴급 복구 지원

- 재난 발생 후 피해 상황을 신속하게 평가하여 지원 계획을 수립한다.
- 긴급 구호 자원을 배분하고 피해 지역 주민들에게 필요한 지원을 제공한다.

재난 예방을 위한 정책 수립 및 시행 감독

- 과거의 재난 사례를 분석하여 효과적인 예방 정책을 수립한다.
- 재난 대비 교육 및 훈련 프로그램을 기획하고 시행한다.

재난 발생 시 필요한 법적·행정적 조치 수행

- 재난 대응을 위한 긴급 명령을 발동할 수 있으며, 필요한 경우 추가 예산을 편성하여 지원한다.
- 정부 부처 및 지자체가 신속하게 대응할 수 있도록 행정적 지원을 제공한다.

1.1.2 중앙대책본부의 조직 구성

중앙대책본부는 행정안전부를 중심으로 관계 부처와 기관이 협력하여 운영된다. 기본적으로 다음과 같은 조직 구조를 가진다.

- **본부장**: 행정안전부 장관이 담당하며, 필요시 국무총리 또는 대통령이 직접 관장한다.
- **실무총괄팀**: 재난 발생 시 즉각적인 상황 파악 및 대응 전략을 수립한다.
- **대응조정팀**: 관계 기관 간 협력을 조율하고 재난 복구 계획을 수립한다.
- **지원팀**: 피해 주민 지원, 긴급 구호, 복구 사업을 수행한다.

중앙대책본부는 단계별 대응 체계를 구축하여 재난의 규모와 성격에 맞춰 적절한 조치를 취할 수 있도록 하고 있다.

1.2 주요 재난관리 기관

재난 대응 및 관리에는 여러 기관이 참여하며, 이들은 각자의 전문성을 바탕으로 유기적인 협력 체계를 구축하고 있다. 중앙대책본부와 함께 재난 대응을 담당하는 주요 기관으로는 행정안전부, 소방청, 경찰청, 국방부, 기상청, 환경부, 국토교통부 등이 있으며, 이들은 각각의 역할을 수행하며 긴급 상황 발생 시 신속하게 대응한다.

1.2.1 행정안전부

행정안전부는 국가의 재난관리 정책을 총괄하는 중앙부처로, 재난 및 안전관리 기본법에 따라 중앙대책본부를 주관하며 재난 예방, 대비, 대응, 복구 등 전 과정에서 핵심적인 역할을 수행한다.

- 국가 재난관리 종합 계획을 수립하고 시행한다.
- 중앙대책본부 운영을 통해 재난 발생 시 중앙 및 지방정부 간 협력을 조정한다.
- 재난 예방을 위한 교육 및 훈련 프로그램을 기획하고 실행한다.
- 재난 관련 법령 및 제도를 개선하고 이를 시행할 수 있도록 지원한다.

1.2.2 소방청

소방청은 화재, 구조, 구급 등 긴급 상황에서 최일선에서 대응하는 기관으로, 전국 소방본부와 소방서를 관할하며 재난 대응 역량을 지속적으로 강화하고 있다.

- 화재 예방 및 진압 활동을 수행한다.
- 구조 및 구급 활동을 통해 인명 피해를 최소화한다.
- 화재 안전 점검 및 시설 관리 감독을 시행하여 화재 발생을 사전에 방지한다.
- 재난 대응을 위한 소방 인력 및 장비를 운영하며, 각종 훈련을 통해 대응 역량을 강화한다.

1.2.3 경찰청

경찰청은 재난 발생 시 사회 질서 유지와 범죄 예방을 담당하며, 필요시 구조 활동 및 교통 통제를 수행한다.

- 재난 지역에서 치안 유지 및 질서를 확보한다.
- 실종자 수색 및 인명구조 활동을 지원한다.
- 폭력 및 범죄 예방을 위한 긴급 대응을 시행한다.
- 교통 통제 및 긴급 차량 이동을 지원하여 재난 대응을 원활하게 한다.

1.2.4 국방부

국방부는 대규모 재난이 발생할 경우 군 병력과 장비를 동원하여 재난 현장에서 지원 활동을 수행한다.

- 대규모 피해 발생 시 병력을 투입하여 긴급 구호 및 복구를 지원한다.
- 군사 시설 및 자원을 활용하여 재난 대응 인력을 배치한다.
- 국방과학연구소 등의 기술력을 활용하여 재난 대응 시스템을 개선한다.
- 필요시 군 의료진을 동원하여 응급 치료 및 의료 지원을 제공한다.

1.2.5 기타 관계 기관

- **기상청**: 기상재해 예보 및 조기 경보를 제공하며, 태풍, 홍수, 지진 등의 발생 가능성을 분석하여 사전에 경고를 발령한다.
- **환경부**: 환경 재난 발생 시 즉각적인 대응을 수행하며, 오염 확산을 방지하고 환경 복구를 지원한다.
- **국토교통부**: 도로, 철도, 항공 등 기반 시설 피해 복구를 지원하며, 재난 발생 시 신속한 대피 및 물자 수송을 위한 계획을 수립한다.

이와 같이 각 기관은 상호 협력하여 국가 재난 대응 체계를 강화하며, 역할 분담을 통해 효율적인 재난관리를 수행하고 있다.

표 7.1 주요 재난관리 기관별 역할 비교

기관명	주요 역할
중앙재난안전대책본부	국가 재난 대응 총괄, 중앙 및 지방정부 간 협력 조정, 피해 복구 지원
행정안전부	재난관리 기본계획 수립, 중앙대책본부 운영 및 재정 지원
소방청	화재 진압, 구조·구급 활동, 화재 예방 및 안전 교육
경찰청	치안 유지, 실종자 수색, 교통 통제 및 긴급 구조 지원
국방부(군)	대규모 재난 발생 시 병력 및 장비 지원, 피해 지역 복구
기상청	재난 예측 및 조기 경보 발령, 기상 정보 제공
환경부	환경 재난 대응 및 오염 방지, 생태계 복구 지원
국토교통부	기반 시설(도로, 철도 등) 피해 복구 및 재건 지원

2 국가 및 지자체의 재난관리 역할과 협력

2.1 국가 차원의 재난관리 역할

국가는 재난 발생 시 총괄적인 대응을 담당하며, 이를 위해 재난 및 안전 관리 기본법을 기반으로 다양한 정책과 법령을 제정하고 실행한다. 중앙정부의 역할은 단순한 재난 대응을 넘어 사전 예방, 신속한 복구, 피해 최소화 등의 종합적인 재난관리 체계를 구축하는 데 있다.

2.1.1 국가 재난관리 체계

국가는 재난 예방, 대비, 대응, 복구의 전 과정에서 핵심적인 역할을 수행하며, 주요 기능은 다음과 같다.

재난 발생 전 예방 및 대비 정 책 수립

- 재난의 유형별 위험도를 분석하고 예방 대책을 수립한다.
- 재난 대비 훈련 및 시뮬레이션을 시행하여 대응 역량을 강화한다.
- 재난 발생 가능성이 높은 지역에 대한 정밀 조사를 수행하고 사전 대응책을 마련한다.

재난 발생 시 중앙정부 차원의 긴급 대응

- 중앙재난안전대책본부(중앙대책본부)를 가동하여 신속한 조치를 취한다.
- 관계 부처 및 기관을 동원하여 긴급 구조 및 지원을 수행한다.
- 대규모 재난 시 지자체를 지원하고 필요시 군·경찰과 협력하여 피해 복구를 진행한다.

재난 복구 및 피해 최소화 지원

- 재난 피해 조사 후 복구 계획을 수립하고 실행한다.
- 이재민을 위한 긴급 구호 및 생활 지원을 제공한다.
- 재난 발생 이후 재발 방지를 위한 대책을 마련하고 법제화를 추진한다.

국가 차원의 재난 대응은 행정안전부를 중심으로 여러 관계 기관이 협력하여 운영되며, 각 기관은 역할을 분담하여 재난 발생 시 신속하고 효율적인 대응을 수행한다.

2.2 지자체의 재난관리 역할

지방자치단체(이하 '지자체')는 지역 내에서 발생하는 재난에 대한 1차적인 대응 주체로서, 실질적인 재난관리 업무를 담당한다. 지자체는 지역 주민의 생명과 재산을 보호하기 위해 지역별 특성에 맞는 재난관리 계획을 수립하고 실행하며, 중앙정부와의 협력을 통해 대응 역량을 강화한다.

2.2.1 지자체의 주요 역할

지자체의 역할은 예방, 대비, 대응, 복구의 4단계로 나누어 볼 수 있으며, 주요 기능은 다음과 같다.

재난 예방 및 대비

- 지역 특성에 맞는 재난관리 계획을 수립하고 실행한다.
- 재난 위험이 큰 지역에 대한 정기적인 점검 및 안전 대책을 마련한다.
- 주민 대상 재난 대응 교육 및 홍보 활동을 수행한다.

재난 발생 시 즉각적인 대응

- 재난 발생 즉시 지역재난안전대책본부(지대본)를 가동하여 상황을 통제한다.
- 소방서, 경찰서, 병원 등 지역 내 관계 기관과 협력하여 대응책을 실행한다.
- 긴급 대피소를 운영하고 피해 주민을 위한 구호 물품을 제공한다.

재난 복구 및 피해 지원

- 재난 피해 조사 및 복구 계획을 수립하고 실행한다.
- 피해 주민을 위한 재정적·행정적 지원을 제공한다.
- 재난 피해 이후 추가적인 예방 대책을 마련하여 유사 재난 발생을 방지한다.

지자체는 지역 내 재난 대응의 최전선에 위치하며, 중앙정부와 긴밀한 협력하에 재난관리를 수행하고 있다.

2.3 국가와 지자체 간 협력 체계

국가와 지자체는 재난 발생 시 원활한 협력이 필수적이며, 이를 위해 법적·행정적 지원 체계를 마련하고 있다. 협력 체계는 재난 대응 단계별로 다르게 운영되며, 주요 협력 방식은 다음과 같다.

2.3.1 재난 발생 전 협력

국가와 지자체는 재난 예방 및 대비 단계에서 긴밀한 협력을 유지하며, 주요 내용은 다음과 같다.

재난 예측 및 조기 경보 시스템 구축

- 기상청, 환경부, 국토교통부 등의 기관과 협력하여 재난 예측 데이터를 공유한다.
- 재난 위험이 큰 지역에 대해 조기 경보 시스템을 운영한다.

재난 대비 교육 및 훈련 시행

- 중앙정부 차원의 재난 대응 매뉴얼을 지역 실정에 맞게 적용한다.
- 지자체 주관으로 주민 대상 재난 대응 훈련을 정기적으로 시행한다.

2.3.2 재난 발생 시 협력

재난이 발생하면 중앙정부와 지자체 간 긴밀한 협력이 필요하며, 협력 방식은 다음과 같다.

재난 상황 공유 및 신속한 조치

- 재난 발생 즉시 중앙 및 지방정부 간 정보 공유 시스템을 가동한다.
- 중앙대책본부가 지자체에 신속한 지원을 제공하고, 재난 현장에서 필요한 인력과 장비를 배치한다.

긴급 지원 및 재난 복구 협력

- 중앙정부는 재난 피해가 심각한 지자체에 긴급 예산을 지원한다.
- 피해 지역 주민을 위한 긴급 구호 및 복구 지원을 신속하게 시행한다.

2.3.3 재난 이후 복구 및 협력

재난 발생 후 복구 과정에서도 국가와 지자체 간 협력 체계가 중요하며, 주요 내용은 다음과 같다.

재난 피해 조사 및 복구 계획 수립

- 국가 차원에서 종합적인 피해 조사 후 복구 계획을 수립한다.
- 지자체는 지역 주민과 협력하여 실질적인 복구 지원을 시행한다.

재난 예방 및 재발 방지 대책 마련

그림 7.1 국가와 지자체 간 재난관리 협력 체계

- 재난 발생 원인을 분석하고, 향후 유사 재난 발생을 방지하기 위한 법적·행정적 조치를 마련한다.
- 중앙정부와 지자체는 협력하여 재난 대응 시스템을 개선한다.

국가와 지자체의 유기적인 협력은 효과적인 재난 대응을 위해 필수적이며, 이를 통해 국민의 생명과 재산을 보호할 수 있다.

표 7.2 국가 및 지자체 재난관리 역할 비교

구분	국가(중앙정부)	지자체(지방정부)
재난 예방	재난관리 기본계획 수립, 법·제도 정비	지역별 재난 예방 계획 수립 및 시행
재난 대비	재난 대응 훈련, 긴급 자금 지원	지역 내 재난 대응 교육 및 훈련 운영
재난 대응	중앙대책본부 운영, 지자체 및 기관 간 협력 조정	긴급 구조 및 대피 조치 실행
재난 복구	국가 재정 지원, 피해 조사 및 복구 지원	지역 내 복구 사업 추진, 주민 지원

3 민간 및 군·경찰과의 협력 체계

3.1 민간과의 협력

재난 대응에서 민간 부문의 역할이 점점 중요해지고 있으며, 정부와 민간의 긴밀한 협력이 효과적인 재난 대응을 위한 핵심 요소로 부각되고 있다. 기업, 비정부기구(NGO), 자원봉사 단체 등 민간 부문은 재난 발생 시 다양한 방식으로 정부를 지원하며, 정부의 대응 역량을 보완하는 역할을 한다.

3.1.1 민간 부문의 주요 역할

민간 부문은 재난 예방, 대응, 복구 과정에서 다양한 기능을 수행하며, 주요 역할은 다음과 같다.

기업의 긴급 구호 및 복구 지원

- 대형 유통업체 및 물류기업은 재난 발생 시 구호 물품을 신속하게 조달하고 공급할 수 있다.
- 건설업체 및 엔지니어링 기업은 피해 지역의 복구 및 인프라 재건 작업에 참여한다.
- 에너지 및 통신 기업은 전력 복구, 통신망 재구축 등 필수 인프라 복구 작업을 지원한다.

비정부기구(NGO) 및 자원봉사 단체의 지원 활동

- NGO 및 국제 구호단체는 재난 발생 시 긴급 식량, 의료, 주거 지원을 제공한다.
- 자원봉사단체는 피해 지역에서 구호 활동, 청소 작업, 심리 상담 지원 등을 수행한다.

재난 예방 및 교육 활동

- 민간 연구기관 및 대학은 재난 위험 평가 및 예측 연구를 수행한다.
- 대기업 및 중소기업은 자체 재난 대비 교육 및 훈련을 시행하고, 지역 사회와 협력하여 재난 대응 역량을 강화한다.

3.1.2 정부와 민간 부문의 협력 방식

정부와 민간 부문 간 협력 체계는 다양한 방식으로 구축될 수 있으며, 주요 협력 방식은 다음과 같다.

공공-민간 파트너십(PPP: Public-Private Partnership) 구축

- 정부와 기업 간 협력 협약을 체결하여 재난 대응 시 기업의 자원을 활용할 수 있도록 한다.
- 재난 발생 시 민간 부문이 적극적으로 지원할 수 있도록 법적·행정적 지원을 제공한다.

그림 7.2 정부와 민간 부문의 재난 대응 협력 체계

재난 대응 훈련 및 모의 실험 실시

- 정부와 기업, NGO가 함께 재난 대응 훈련을 실시하여 협력 체계를 점검한다.
- 민간 부문의 재난 대응 역량을 강화하기 위한 교육 프로그램을 운영한다.

긴급 대응 네트워크 구축

- 재난 발생 시 민간 기업 및 단체가 신속하게 대응할 수 있도록 긴급 대응 네트워크를 구축한다.
- 정부는 민간 부문과 협력하여 재난 발생 시 필요한 물품 및 서비스를 신속하게 조달할 수 있도록 지원한다.

3.2 군·경찰과의 협력

군과 경찰은 재난 발생 시 필수적인 대응 기관으로서, 인명구조, 치안 유지, 긴급 복구 등의 역할을 수행한다. 대규모 재난 발생 시 군과 경찰의 신속한 지원이 피해 최소화와 질서 유지에 중요한 역할을 한다.

3.2.1 군의 재난 대응 역할

국방부 및 각 군(육군, 해군, 공군)은 대규모 재난 발생 시 다음과 같은 역할을 수행한다.

재난 발생 시 긴급 구조 및 구호 지원

- 대규모 지진, 홍수, 태풍 등 자연재해 발생 시 군 병력을 투입하여 구조 및 구호 작업을 수행한다.
- 군 의료진을 동원하여 응급 치료 및 의료 지원을 제공한다.
- 군 시설을 피해 주민의 임시 대피소로 제공한다.

피해 지역 복구 지원

- 군 공병부대는 도로, 교량, 건물 등의 긴급 복구 작업을 수행한다.

- 군 장비 및 병력을 활용하여 피해 지역의 잔해 제거 및 환경 정비 작업을 진행한다.

긴급 물자 지원 및 수송

- 군 항공기 및 선박을 활용하여 구호 물품을 긴급 수송한다.
- 군 비축 물자를 활용하여 피해 주민들에게 식량, 의약품, 생필품을 지원한다.

3.2.2 경찰의 재난 대응 역할

경찰은 재난 발생 시 공공질서 유지 및 치안 관리를 담당하며, 주요 역할은 다음과 같다.

재난 지역 내 치안 유지

- 피해 지역 내 폭동, 절도, 사기 등 범죄 발생을 방지하기 위해 순찰을 강화한다.
- 대규모 재난 발생 시 사회적 혼란을 방지하고 질서를 유지하기 위한 법적 조치를 시행한다.

교통 통제 및 긴급 차량 이동 지원

- 재난 대응 차량 및 구조 차량이 신속하게 이동할 수 있도록 교통 통제를 수행한다.
- 피해 지역 내 긴급 차량 우선 통행을 위한 도로 확보 작업을 수행한다.

실종자 수색 및 인명구조 활동

- 실종자 탐색 및 구조 활동을 수행하며, 생존자 수색을 위한 경찰 특수부대를 투입한다.
- 재난 발생 시 주민 대피를 지원하고 보호한다.

3.2.3 군·경찰과 정부의 협력 방식

정부와 군·경찰 간 협력 체계는 다음과 같이 운영된다.

비상사태 선포 시 군·경찰의 신속한 대응 체계 가동

- 대규모 재난 발생 시 정부는 비상사태를 선포하고 군·경찰과 협력하여 대응 계획을 수립한다.
- 군·경찰은 정부의 요청에 따라 피해 지역으로 병력 및 장비를 신속하게 투입한다.

그림 7.3 정부와 군·경찰 간 재난 대응 협력 체계

정부–군·경찰 간 합동 재난 대응 훈련 실시

- 중앙정부 및 지자체는 군·경찰과 합동으로 재난 대응 훈련을 정기적으로 시행하여 실전 대응 능력을 강화한다.
- 지진, 홍수, 대형 화재 등 다양한 재난 유형에 대비한 합동 훈련을 실시한다.

긴급 지원 체계 구축 및 협력 강화

- 경찰 및 군의 비상 연락망을 구축하여 신속한 대응이 가능하도록 한다.
- 정부는 군·경찰과 협력하여 재난 발생 시 원활한 지원이 이루어질 수 있도록 법적·행정적 절차를 간소화한다.

표 7.3 군·경찰과 민간의 재난 대응 역할 비교

구분	군(국방부)	경찰청	민간 부문 (기업·NGO 등)
재난 발생 시 지원	병력 및 장비 동원, 구호물자 지원	치안 유지, 실종자 수색 및 구조	긴급 구호, 의료 지원
재난 복구 활동	기반 시설 복구, 대피소 운영 지원	교통 통제 및 재난 지역 안전 확보	피해 복구 지원, 재난 후원 캠페인
재난 예방 및 대비	군 시설 내 재난 대비 훈련	지역 경찰과의 합동 훈련	재난 대응 교육 및 자원 제공

핵심 내용 정리(기출 문제 관련)

1. 중앙재난안전대책본부 및 주요 기관

- 중앙재난안전대책본부(중앙대책본부)는 대규모 재난 발생 시 국가 차원의 대응을 총괄하는 기구로, 행정안전부 장관이 본부장을 맡는다.
- 중앙대책본부는 재난 발생 시 긴급조치, 재난 피해 조사, 대응 조정, 복구 지원 등의 역할을 수행한다.
- 중앙대책본부는 재난관리책임기관과 협력하며, 필요시 국무총리 또는 대통령이 직접 지휘할 수 있다.
- 중앙대책본부 외에도 행정안전부, 소방청, 경찰청, 국방부 등이 재난 대응 체계를 구축하고 있다.
- 국가 핵심 기반 보호 및 관리, 위기 경보제도 운용, 재난 대응 매뉴얼 작성 등의 법적 근거를 갖고 운영된다.

출제 경향

- 중앙대책본부의 구성과 운영 원칙에 대한 문제 출제 가능
- 주요 재난관리 기관별 역할 비교 문제 출제 가능
- 법적 근거와 위기관리 체계에 대한 문제 출제 가능

2. 국가 및 지자체의 재난관리 역할과 협력

- 국가 차원의 재난관리 체계는 예방, 대비, 대응, 복구의 4단계로 운영되며, 중앙정부가 총괄한다.
- 중앙정부는 재난관리 기본계획을 수립하고, 지자체와 협력하여 대응 및 복구 지원을 수행한다.
- 지자체는 지역 내 재난 대응을 직접 수행하며, 피해 조사, 주민 대피, 응급 구조 등의 역할을 한다.
- 국가와 지자체 간 협력 체계는 정보 공유, 법적·행정적 지원, 예산 지원 등을 포함한다.
- 중앙과 지방 간 합동 훈련 및 대응 매뉴얼 구축이 필수적이다.

출제 경향

- 국가와 지자체의 재난관리 역할 비교 문제 출제 가능
- 재난관리 기본계획의 주요 내용 및 운영 절차 관련 문제 출제 가능
- 중앙과 지방 간 협력 사례 및 주요 법적 근거를 묻는 문제 출제 가능

3. 민간 및 군·경찰과의 협력 체계

- 민간 부문은 기업, 비정부기구(NGO), 자원봉사 단체 등이 포함되며, 재난 대응 및 복구에 중요한 역할을 한다.
- 공공-민간 파트너십(PPP)을 통해 재난 대응 시 민간 자원을 효율적으로 활용한다.
- 군(국방부)은 대규모 재난 발생 시 병력과 장비를 동원하여 긴급 구조, 복구, 지원 활동을 수행한다.
- 경찰은 재난 발생 시 치안 유지, 교통 통제, 실종자 수색 등의 역할을 수행한다.
- 정부-군·경찰 간 협력 체계는 비상사태 선포, 합동 대응 훈련, 긴급 지원 체계 구축 등을 포함한다.

출제 경향

- 민간 부문의 재난 대응 참여 방식 관련 문제 출제 가능
- 군·경찰과의 협력 체계 및 역할 분담에 대한 문제 출제 가능
- 정부와 민간 간 협력 모델 및 공공-민간 파트너십 관련 문제 출제 가능

연습문제

01 중앙재난안전대책본부(중앙대책본부)의 본부장은 원칙적으로 누가 맡는가?

① 국무총리 ② 행정안전부 장관
③ 대통령 ④ 경찰청장

02 다음 중 중앙재난안전대책본부의 주요 역할로 적절하지 않은 것은?

① 재난 발생 시 긴급 대응 및 조정
② 피해 조사 및 복구 지원
③ 국가 예산 편성 및 조세 정책 결정
④ 재난 예방을 위한 정책 수립

03 국가 및 지자체의 재난관리 역할과 관련하여 틀린 것은?

① 중앙정부는 국가 재난관리 종합계획을 수립한다.
② 지방자치단체는 지역별 재난관리 계획을 독립적으로 운영하며 국가와 협력하지 않는다.
③ 중앙정부는 긴급 상황 발생 시 지자체에 재정 및 인력 지원을 할 수 있다.
④ 지자체는 주민 대상 재난 대응 훈련을 주관할 수 있다.

04 다음 중 국가와 지자체 간 협력 방안으로 적절하지 않은 것은?

① 재난 발생 시 신속한 정보 공유
② 중앙정부의 재정 및 장비 지원
③ 중앙정부가 모든 재난관리를 직접 수행하여 지자체 역할을 최소화
④ 합동 훈련 및 교육을 통한 대응 역량 강화

05 민간과의 협력 체계에서 기업이 수행하는 역할로 옳지 않은 것은?

① 긴급 구호 및 복구 지원
② 재난 발생 시 법적 구속력을 갖는 명령 발동
③ 피해 지역 복구 및 시설 복원 지원
④ 재난 예방을 위한 교육 및 훈련 참여

06 공공-민간 파트너십(PPP)의 주요 목적은 무엇인가?

① 민간 부문의 재난 대응 참여를 제한하는 것
② 재난 대응 시 정부와 민간의 협력을 강화하는 것
③ 재난 대응을 전적으로 민간 기업에 맡기는 것
④ 정부가 민간 기업의 활동을 일방적으로 통제하는 것

07 군의 재난 대응 역할과 가장 거리가 먼 것은?

① 대규모 피해 발생 시 병력 및 장비 지원
② 긴급 구호 및 복구 지원
③ 재난 지역 내 치안 유지 및 범죄 단속
④ 군사 작전을 통한 재난 예방

08 경찰이 재난 발생 시 수행하는 역할이 아닌 것은?

① 피해 지역 내 치안 유지
② 긴급 차량의 이동을 위한 교통 통제
③ 실종자 탐색 및 구조 활동
④ 재난 복구를 위한 건설 장비 운영

09 정부와 군·경찰 간 협력 체계 구축 방안으로 적절하지 않은 것은?

① 군·경찰과의 신속한 협력 체계 구축
② 비상시 병력 및 장비 지원 체계 마련
③ 재난 대응을 위한 합동 훈련 실시
④ 재난 대응 시 군·경찰의 독립적인 판단만을 따르게 함

10 다음 중 중앙정부가 수행하는 재난관리 업무로 올바른 것은?

① 지역별 재난 대응을 독립적으로 수행하며 지자체와 협력하지 않는다.
② 중앙대책본부 운영 및 긴급 대응 체계 구축
③ 민간 기업의 재난 대응을 전적으로 감독한다.
④ 재난 발생 후 대응보다는 예방 활동만을 담당한다.

11 재난 대응에서 민간 NGO가 수행하는 역할로 적절하지 않은 것은?

① 긴급 구호 물자 지원
② 피해 지역 내 주민 지원 및 심리 상담
③ 정부의 재난 대응 정책 결정
④ 재난 대응 인력 지원

12 재난 발생 시 국가 및 지자체 간 협력 방식으로 적절한 것은?

① 국가가 모든 재난 대응을 단독으로 수행하고 지자체는 지원하지 않는다.
② 중앙정부는 지자체에 긴급 자금 및 인력 지원을 할 수 있다.
③ 지자체는 독립적으로 재난을 해결하고 국가의 지원을 거부한다.
④ 중앙정부는 재난 발생 후 지자체에 모든 책임을 전가한다.

13 재난 대응에서 경찰의 역할과 가장 거리가 먼 것은?

① 긴급 대피 지원
② 피해 지역 내 범죄 예방 및 치안 유지
③ 화재 진압 및 구조 활동
④ 재난 발생 지역 내 교통 통제

14 국가가 지자체를 지원할 수 있는 방안으로 가장 적절한 것은?

① 재난이 발생한 지자체의 대응을 방해하는 정책 시행
② 중앙정부 차원의 재난 복구 기금 지원
③ 지자체의 재난 대응을 무조건적으로 중앙정부가 대신 수행
④ 지자체가 재난에 대응하지 않도록 법적 규제를 강화

15 민간 기업이 재난 대응에서 수행할 수 있는 역할로 적절한 것은?

① 재난 대응을 위한 긴급 자금 및 물자 지원
② 재난 피해 지역 내 공공질서 유지
③ 재난 대응을 위한 강제 대피 명령 발동
④ 재난 발생 시 국가 예산 편성 결정

16 다음 중 국가와 지자체 간 협력이 원활하지 않을 경우 발생할 수 있는 문제는?

① 재난 대응이 지연될 가능성이 높아진다.
② 피해 지역의 신속한 복구가 이루어진다.
③ 민간 기업이 모든 재난 대응을 수행할 수 있다.
④ 재난 대응이 더욱 효과적으로 이루어진다.

17 군이 대규모 재난 발생 시 지원할 수 있는 활동으로 가장 적절한 것은?

① 피해 지역 주민 대상 법률 상담 제공
② 대규모 이재민 구호 및 의료 지원
③ 지역 내 교통 단속 및 과태료 부과
④ 정부 정책 수립을 위한 입법 활동

18 재난 대응 시 민간 부문과의 협력 체계를 구축할 때 가장 중요한 요소는?

① 민간 기업이 정부의 모든 결정을 대신할 수 있도록 하는 것
② 공공-민간 간 협약을 체결하여 협력 체계를 정립하는 것
③ 정부가 민간 부문의 역할을 배제하는 것
④ 민간 부문이 재난 대응을 독점적으로 수행하도록 하는 것

19 중앙정부가 지자체를 지원할 때 수행할 수 있는 조치로 적절하지 않은 것은?

① 재난 피해 지역에 대한 긴급 재정 지원
② 지자체의 재난 대응 인력 및 장비 지원
③ 지자체의 재난 대응 계획을 완전히 배제하고 독자적인 대응 수행
④ 피해 지역 주민 대상 재난 복구 지원금 제공

20 재난 발생 후 국가와 민간 부문 간 협력이 중요한 이유로 가장 적절한 것은?

① 민간 부문이 독립적으로 재난 대응을 수행해야 하기 때문이다.
② 정부의 대응 역량을 보완하고 신속한 복구를 지원할 수 있기 때문이다.
③ 정부가 재난 대응을 포기할 수 있도록 하기 때문이다.
④ 민간 기업이 국가 정책을 대신 결정할 수 있도록 하기 때문이다.

참고문헌

1. 논문 및 문헌

- 김재현. (2022). 재난 대응 조직 간 협력 체계 연구. 한국안전학회지.
- 이승우. (2023). 중앙정부와 지자체 간 재난관리 협력 모델 연구. 행정학연구.
- 박성호. (2021). 재난관리체계의 발전 방향과 민간 협력 방안. 재난안전연구소.

2. 보고서

- 행정안전부. (2023). 재난 및 안전관리 기본계획.
- 국립재난안전연구원. (2023). 국가 재난관리 정책 평가 보고서.
- 소방청. (2023). 재난 대응 매뉴얼 및 개선 방안 연구.
- 경찰청. (2023). 대규모 재난 발생 시 치안 유지 및 구조 활동 보고서.
- 국방부. (2023). 군의 재난 대응 및 복구 지원 체계.

3. 온라인 자료

- 행정안전부 재난안전포털. (https://www.safekorea.go.kr)
- 기상청 재난 예보 센터. (https://www.kma.go.kr)
- 소방청 공식 홈페이지. (https://www.nfa.go.kr)
- 경찰청 공식 홈페이지. (https://www.police.go.kr)
- 국방부 공식 홈페이지. (https://www.mnd.go.kr)

CHAPTER

08 한국의 주요 재난 사례 분석

학습목표

- 한국에서 발생한 주요 재난 사례를 분석하고, 원인 및 대응 과정을 이해한다.
- 재난 대응의 한계점과 교훈을 도출하여 향후 개선 방향을 모색한다.
- 법적, 제도적 측면에서 재난 예방과 대응 체계를 검토한다.
- 재난 유형별 특징을 비교하고 유사 사례에 대한 대응 전략을 탐색한다.

1 세월호 사고 및 해상 안전 대응

1.1 세월호 사고 개요

2014년 4월 16일 오전 8시 50분경, 인천항을 출발해 제주도로 향하던 여객선 세월호가 전라남도 진도군 병풍도 인근 해상에서 침몰하는 사고가 발생하였다. 당시 배에는 승객 476명이 탑승하고 있었으며, 이 중 304명이 사망 또는 실종되었다. 사망자의 대부분은 수학여행을 떠난 단원고등학교 학생과 교사였다.

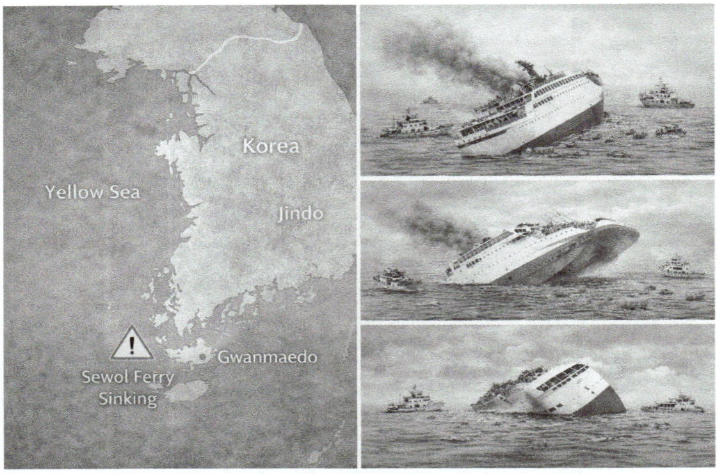

그림 8.1 세월호 사고 발생 위치 및 침몰 과정

사고 초기, 승객들은 선내 방송을 통해 대기할 것을 지시받았고, 이를 따르던 승객들은 결국 탈출 기회를 잃게 되었다. 선박이 점점 기울면서 빠르게 침몰했음에도 승무원과 해경의 구조 작업이 지연되었고, 적절한 대응이 이루어지지 않아 대규모 인명 피해로 이어졌다.

1.2 주요 원인 분석

1.2.1 선박 과적 및 복원력 저하

- 세월호는 원래 일본에서 제작된 선박을 개조한 것으로, 설계 당시보다 구조가 변경되면서 복원성이 크게 저하되었다.
- 사고 당시 화물 적재량이 최대 허용량(987톤)의 약 2배인 2,142톤에 달했으며, 평형수를 대폭 줄여 화물을 더 싣는 방식으로 운항하였다.
- 이러한 구조적 문제와 과적이 결합하여, 선박이 급격하게 기울었을 때 스스로 균형을 잡을 수 없었다.

1.2.2 불법 개조 및 안전 규정 미준수

- 세월호는 한국에 도입된 후 객실을 증축하여 179개 좌석을 추가하였고, 이로 인해 무게중심이 상승하여 전복 위험이 커졌다.
- 복원력과 관련된 주요 안전 기준이 충족되지 않았음에도 해운사 및 관련 기관이 이를 방관하였으며, 승객 안전보다 이윤을 우선시하는 구조적 문제가 드러났다.

1.2.3 선박 운항 미숙 및 승무원 대응 실패

- 사고 당시 세월호는 승무원 경험이 부족한 3등 항해사가 조타하고 있었으며, 급격한 방향 전환(급변침)으로 인해 선박이 더욱 불안정해졌다.
- 사고 발생 후 선내 방송을 통해 승객들에게 "대기하라"는 안내를 반복적으로 전달했으며, 탈출 명령이 적시에 이루어지지 않았다.
- 선장이 먼저 탈출하는 등 승무원의 직무 유기가 명확하게 드러났다.

1.2.4 해경 및 정부의 미흡한 초동 대응

- 사고 초기 신고가 접수된 후 해경과 해군의 구조 작업이 신속하게 이루어지지 않았으며, 구조 방식도 비효율적이었다.
- 선박 내부에 갇혀 있는 승객을 구출하는 작업보다는 선체 외부에서 접근하는 데

치중하면서 실질적인 구조 기회가 제한되었다.

- 이후 정부는 사고 원인 규명 및 책임자 처벌 과정에서 비효율적인 대응을 보이며 국민적 신뢰를 크게 잃었다.

1.3 대응 및 법적 조치

1.3.1 선박 안전 관리 체계 강화

- 사고 이후 정부는 여객선의 과적 문제를 근본적으로 해결하기 위해 평형수 및 적재량 관리 규정을 대폭 강화하였다.
- 노후 선박의 안전 점검을 의무화하고, 일정 연령 이상의 선박 운항을 제한하는 조치가 시행되었다.

1.3.2 세월호 특별법 및 사회적참사특별조사위원회 설립

- 2014년 4·16세월호참사 특별법이 제정되었으며, 이를 통해 사고 원인 규명과 피해 보상을 위한 조사 기구가 마련되었다.
- 이후 추가 조사 및 진상 규명을 위해 사회적참사특별조사위원회가 설립되어 활동하였다.

1.3.3 국가 재난 대응 시스템 개선

- 사고 당시 해경의 구조 역량이 부족하다는 비판이 제기되었으며, 이에 따라 해경 조직이 일시적으로 해체되었다가 개편되었다.
- 해양 사고 발생 시 초동 대응을 신속하게 수행할 수 있도록 구조 인력 및 장비를 확충하였다.
- 국가 위기관리 체계를 정비하고, 재난 상황 발생 시 신속한 정보 공유 및 대응을 위한 체계를 구축하였다.

1.4 교훈 및 향후 개선 방향

1.4.1 해양 안전 관리 체계의 전반적 개편 필요

- 선박의 불법 개조와 안전 기준 미준수 사례를 사전에 차단할 수 있도록 주기적인

감시 및 점검 시스템이 필요하다.

- 선박 운영자 및 관련 기관의 책임을 강화하여 안전 규정 위반 시 강력한 법적 제재를 부과해야 한다.

1.4.2 위기 대응 매뉴얼의 실효성 강화 및 교육 훈련 확대

- 세월호 사고에서 나타난 승무원의 미숙한 대처와 승객 대피 실패를 고려하여, 여객선 승무원에 대한 위기 대응 훈련을 의무화해야 한다.
- 여객선 이용객들에게도 비상 대피 요령을 사전에 숙지할 수 있도록 교육을 강화해야 한다.

1.4.3 실질적 재난 대응 역량을 갖춘 조직 운영 필수

- 해양 사고 발생 시 실질적으로 구조를 수행할 수 있는 전문 인력과 장비를 확충해야 한다.
- 구조 인력의 역량 강화를 위해 지속적인 훈련 및 국제 협력을 통한 구조 기술 발전이 필요하다.

1.4.4 국민 신뢰 회복을 위한 투명한 조사 및 책임 규명

- 세월호 사고는 책임 기관들의 대응 실패가 주요 원인 중 하나였으며, 이에 대한 철저한 책임 규명이 필요하다.
- 향후 유사한 사고 발생 시 객관적이고 투명한 조사를 보장하는 시스템을 마련해야 한다.

표 8.1 세월호 사고의 주요 원인 및 대응 방안 정리

주요 원인	설명	대응 방안
선박 과적	화물 적재량이 허용량 초과, 복원력 저하	적재량 관리 강화, 평형수 규정 강화
불법 개조	객실 증축으로 무게중심 상승, 안정성 악화	선박 개조 시 안전 검토 및 승인 절차 강화
운항 미숙	경험 부족한 승무원이 조타, 급변침 발생	선박 승무원 안전 교육 및 면허 강화
구조 실패	해경의 초동 대응 미흡, 구조 지연	해양 사고 초동 대응 시스템 정비

세월호 사고는 한국 사회에 깊은 영향을 미친 참사로, 해양 안전 관리의 중요성을 재조명하는 계기가 되었다. 사고 이후 다양한 제도 개선이 이루어졌으나, 여전히 재난 대응 체계의 실효성을 높이기 위한 지속적인 노력이 필요하다.

2 삼풍백화점 붕괴와 건축물 안전 관리

2.1 사고 개요

1995년 6월 29일 오후 5시 57분경, 서울특별시 서초구에 위치한 삼풍백화점(지하 4층, 지상 5층 규모)이 완전히 붕괴하는 사고가 발생하였다. 당시 백화점 내부에는 약 1,500명이 있었으며, 이 중 502명이 사망하고 937명이 부상하는 대형 참사로 이어졌다.

그림 8.2 삼풍백화점 붕괴 전후 모습 비교

붕괴 전 백화점 내부에서는 기둥과 천장에서 균열음과 진동이 감지되었고, 일부 직원들이 위험을 감지하고 대피를 시도했으나, 경영진은 영업을 계속 강행하였다. 결국 붕괴가 시작된 지 약 20초 만에 건물 전체가 무너졌고, 잔해 속에서 수백 명이 매몰되었다. 구조 작업은 17일간 지속되었으며, 마지막 생존자는 사고 발생 17일 만에 구조되었다.

2.2 주요 원인 분석

2.2.1 부실시공 및 설계 결함

- 삼풍백화점은 설계 단계에서 위험성이 있는 구조 변경이 이루어졌다.
- 애초에 건축 설계는 사무용 건물로 계획되었으나, 이후 백화점으로 용도가 변경되면서 하중이 증가하였음에도 이를 고려한 보강이 이루어지지 않았다.
- 설계 과정에서 건물 내부 기둥의 철근 배치가 부족하였으며, 설계 기준보다 얇은 철근과 저품질 콘크리트가 사용되었다.

2.2.2 불법적인 구조 변경 및 하중 증가

- 백화점 운영 중 건물의 옥상에 냉각탑(약 87톤)을 무단 설치하여 기둥과 슬래브(바닥 판)에 과부하가 걸렸다.
- 기존 설계보다 기둥이 더 얇게 시공되었으며, 기둥 상부 하중이 집중되면서 균열이 발생하였다.
- 백화점 개장 후 내부 공사를 진행하면서, 일부 벽체가 철거되었으며, 하중을 분산시켜야 할 구조가 약화하였다.

2.2.3 사전 경고 신호 무시 및 관리 부실

- 붕괴 수개월 전부터 건물 곳곳에서 균열 및 진동이 감지되었으며, 사고 당일 오전에는 천장에서 뚜렷한 균열 음이 발생하였다.
- 직원들은 즉각 대피를 요구했지만, 백화점 경영진은 영업 중단으로 인한 손실을 우려하여 영업을 지속하였다.
- 사고 발생 직전, 건물 곳곳에서 기둥 균열과 바닥 처짐 현상이 관찰되었음에도, 고객들에게는 아무런 조치가 취해지지 않았다.

2.2.4 구조적 결함과 붕괴 과정

- 백화점 기둥은 정상적인 건물보다 지지력이 낮았으며, 특정 기둥이 먼저 파괴되면서 도미노 현상으로 붕괴가 진행되었다.
- 붕괴 시작 후, 건물 상층부가 먼저 내려앉았으며, 수직 붕괴 형태로 20초 만에 완전히 붕괴하였다.

- 내부에서 탈출하지 못한 고객과 직원들이 잔해에 매몰되었으며, 건물 내 화재로 인해 추가 피해가 발생하였다.

표 8.2 삼풍백화점 붕괴 원인 및 재난 예방 대책

주요 원인	설명	예방 대책
부실시공	설계 기준 미준수, 철근 부족	건축법 개정, 정기적 구조 점검 강화
구조 변경	무단 증축 및 하중 증가	건물 구조 변경 시 사전 승인 의무화
균열 경고 무시	사고 전 균열 발생, 조기 대피 미실시	균열 발생 시 즉각 점검 및 대피 조치
대피 실패	위험 신호 무시 후 영업 지속	대형 건축물 비상 대응 매뉴얼 강화

2.3 대응 및 법적 조치

2.3.1 사고 이후 구조 활동 및 피해 복구

- 사고 발생 직후 소방 당국과 구조대가 현장에 도착하였으나, 초기 대응이 늦어지면서 구조 효율성이 저하되었다.
- 건물 붕괴 잔해 속에서 생존자 탐색이 이루어졌으며, 최장 17일간 구조 작업이 지속되었다.
- 붕괴 후 건물주와 관련 책임자들이 구속되었으며, 백화점 운영사의 자산이 청산되었다.

2.3.2 건축법 개정 및 건축물 안전 진단 강화

- 삼풍백화점 사고 이후, 건축법이 개정되어 대형 건축물에 대한 구조 안전 기준이 강화되었다.
- 일정 규모 이상의 건축물은 정기적인 안전 점검을 의무화하였으며, 건물 구조 변경 시 사전 승인 절차가 강화되었다.
- 건축물의 하중 설계 기준을 재정비하고, 노후 건축물에 대한 철저한 점검이 이루어지도록 법적 장치를 마련하였다.

2.3.3 대형 건축물 안전 관리 규정 개선

- 대형 상업시설, 백화점, 쇼핑몰 등에서 재난 대비 비상 대피 계획 수립을 의무화하였다.

- 기존 건물의 구조적 취약점을 평가하고, 위험성이 높은 건축물은 보강 또는 철거하도록 하는 규정을 도입하였다.
- 붕괴 위험이 감지될 경우, 즉각적인 영업 중단 및 대피 명령을 내릴 수 있는 법적 조항이 마련되었다.

표 8.3 삼풍백화점 붕괴 사고 관련 법적 조치 및 건축법 개정 사항

법적 조치	개정 내용	시행 효과
건축법 개정	대형 건축물 구조 안전 기준 강화	건축물 안전성 향상 및 사고 예방
안전 점검 의무화	일정 규모 이상 건축물 정기 점검 의두화	건물 유지보수 및 위험 요소 사전 대응
설계 변경 승인	구조 변경 시 건축허가 필수	불법 증축 방지 및 건물 하중 관리
책임자 처벌 강화	부실시공 및 안전 불감증 처벌 강화	건축업자의 안전 관리 책임 강화

그림 8.3 삼풍백화점 붕괴 사고 당시 구조 활동 과정

2.4 교훈 및 향후 개선 방향

2.4.1 건축물의 설계 및 시공 단계에서 안전성 최우선 고려

- 건축물의 설계 및 시공 단계에서 경제적 이익보다 안전성을 최우선으로 고려하는 기준을 강화해야 한다.
- 설계 변경이 이루어질 경우, 구조적 안전 평가를 거쳐야 하며, 하중 증가에 대한 철저한 검토가 필요하다.

2.4.2 정기적인 건축물 안전 점검 및 실질적 관리 필요

- 일정 연령이 지난 건축물에 대해서는 정기적인 구조 안전 평가를 시행하고, 이상 징후가 발견될 경우 즉각적인 보강 조치를 취해야 한다.
- 공공기관뿐만 아니라 건물 소유자와 운영자의 자체 안전 점검을 강화하여 실질적인 건물 유지관리가 이루어져야 한다.

2.4.3 비상 대피 체계 구축 및 재난 대응 역량 강화

- 건축물 내부에서 비상 상황 발생 시, 고객과 직원들이 즉각 대피할 수 있도록 철저한 대응 매뉴얼을 마련해야 한다.
- 대형 건축물에는 화재 및 붕괴 대비 대피 통로를 명확히 지정하고, 주기적인 훈련을 의무화해야 한다.

2.4.4 공공 및 민간 건축물 안전 관리 체계 확립

- 대형 건축물뿐만 아니라 중소 규모 건축물에도 적용할 수 있는 안전 관리 체계를 구축해야 한다.
- 민간 건물에서도 공공기관 수준의 철저한 안전 점검 및 사전 예방 조치가 이루어질 수 있도록 관련 법령을 강화해야 한다.

삼풍백화점 붕괴 사고는 대한민국 역사상 최악의 건축물 붕괴 사고로 기록되었으며, 이후 건축물 안전 관리 체계를 근본적으로 개선하는 계기가 되었다. 그러나 여전히 노후 건축물과 부실시공 문제가 존재하며, 지속적인 감시 및 점검이 필요하다.

3 이태원 참사와 군중 재난 대응

3.1 사고 개요

2022년 10월 29일 밤, 서울특별시 용산구 이태원 일대에서 핼러윈 축제를 즐기던 인파가 좁은 골목길에 밀집하면서 대규모 압사 사고가 발생하였다. 당시 약 10만 명 이상의 인파가 몰려 있었으며, 인파가 집중된 이태원 해밀톤 호텔 옆 골목(폭 약

3.2m)에서 159명이 사망하고 196명이 부상하는 참사가 발생하였다.

사고 당시 군중이 점점 밀집되면서 움직임이 제한되었고, 일부 사람들이 넘어지면서 연쇄적으로 사람이 깔리는 도미노 효과가 발생하였다. 좁은 공간에서 개인의 움직임이 제한되면서 압력과 질식으로 인한 사망자가 다수 발생하였다.

이 사고는 국내에서 발생한 최초의 대규모 군중 압사 사고로 기록되었으며, 군중 안전 관리 및 재난 대응 체계의 문제점을 드러낸 사건이었다.

그림 8.4 이태원 참사 발생 지역 및 인파 밀집도 분석

3.2 주요 원인 분석

3.2.1 군중 밀집에 대한 사전 대비 부족

- 이태원 일대는 핼러윈 기간 동안 대규모 인파가 몰리는 지역임에도 불구하고, 사전에 군중 관리 대책이 마련되지 않았다.
- 특정 구역에 인파가 집중될 가능성이 높았음에도, 경찰과 지자체 차원의 사전 안전 조치 및 이동 동선 관리가 미흡하였다.
- 군중 흐름을 통제할 수 있는 경찰 배치나 안전요원의 운영 계획이 없었으며, 출입구 조정 및 한 방향 동선 유도 등의 기본적인 군중 관리 대책이 부재하였다.

3.2.2 사고 발생 시 신속한 대응 실패

- 사고 발생 전부터 군중 밀집으로 인해 위험성이 커지고 있다는 신고가 112에 여러 차례 접수되었음에도, 효과적인 조치가 이루어지지 않았다.

- 사고가 발생한 직후에도 긴급 구조 요청이 신속하게 이루어지지 않았으며, 현장에는 초기 구조 인력이 부족하여 피해가 더욱 커졌다.
- 사고 발생 후 초기 응급조치가 원활하지 않았으며, 구급차 진입이 지연되면서 생존율을 높일 수 있는 골든타임을 확보하지 못했다.

3.2.3 군중 행동과 압사 메커니즘

- 군중 밀집도가 일정 수준을 초과하면 개별적인 움직임이 제한되면서 집단적인 군중 압력이 발생한다.
- 특정 지점에서 군중이 넘어지거나 압력이 가해지면, 연쇄적으로 도미노 효과가 발생하여 사람이 깔리는 형태의 압사 사고가 진행된다.
- 이태원 참사의 경우, 좁은 경사로에서 앞쪽에서 사람이 넘어지면서 뒤쪽에서 밀려오는 인파가 쏠리며 압력이 가중되었다.

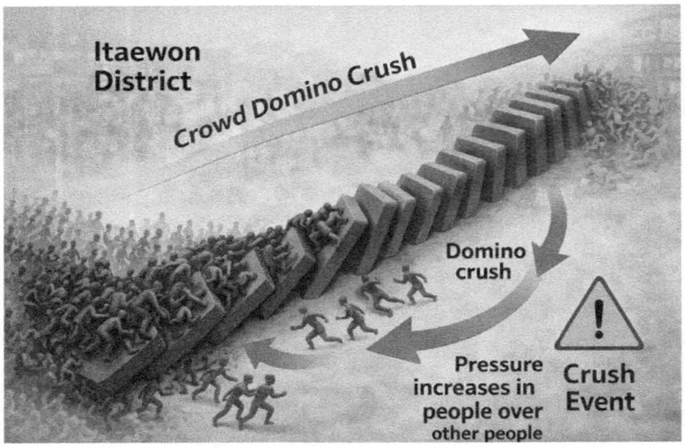

그림 8.5 이태원 참사에서 발생한 군중 압력의 도미노 효과 개념도

3.3 대응 및 법적 조치

3.3.1 사고 후 긴급 대응 및 수습 과정

- 사고 발생 후 소방 당국과 경찰이 출동하였으나, 밀집된 지역에 신속하게 진입하는 데 어려움을 겪었다.
- 긴급 구조 작업이 진행되었으며, 생존자에 대한 응급 처치가 이루어졌으나 초기 대응 지연으로 인해 피해가 컸다.

- 정부는 사고 이후 국가 애도 기간을 선포하고, 피해자 지원 및 사고 원인 규명을 위한 대책을 마련하였다.

3.3.2 군중 안전 관리 및 재난 대응 체계 개편

- 사고 이후 정부는 군중 재난 대응 체계를 개선하고, 대규모 인파가 몰리는 행사에 대한 안전 관리 지침을 강화하였다.
- 군중 밀집이 예상되는 행사에서는 인구 밀도를 모니터링하고, 위험지역에 대한 실시간 경고 시스템을 도입하는 방안이 논의되었다.
- 경찰 및 소방 인력의 현장 대응 매뉴얼을 정비하고, 대규모 인파 발생 시 군중 흐름을 조절할 수 있는 법적 근거를 마련하였다.

표 8.4 군중 밀집 사고 예방을 위한 안전 대책 비교 (이태원 참사 이전 vs 이후)

구분	이전	이후
사전 대비	군중 밀집도 사전 평가 부족	실시간 군중 밀집 모니터링 도입
안전 관리	경찰 및 안전요원 배치 미흡	주요 행사 시 안전요원 확대 배치
비상 대피	사고 발생 시 즉흥적 대응	군중 사고 대비 대피 경로 사전 지정
법적 조치	군중 밀집 규제 없음	대규모 인파 제한 및 이동 통제 가능

3.3.3 군중 밀집 지역의 안전 대책 강화

- 군중이 밀집될 가능성이 높은 지역(이태원, 홍대, 강남 등)에 대한 사전 인파 관리 계획 수립을 의무화하였다.
- 특정 지역에 일정 인원 이상이 몰릴 경우, 출입 제한 및 이동 통제 조치를 시행할 수 있도록 법적 근거를 마련하였다.
- 군중 밀집 지역에서는 안전요원 배치를 확대하고, 군중 흐름을 조절할 수 있는 안내 시스템을 도입하였다.

3.4 교훈 및 향후 개선 방향

3.4.1 대규모 인파가 몰리는 행사에 대한 안전 관리 필요

- 대규모 군중이 모이는 지역에서는 사전 위험 평가를 실시하고, 인구 밀도를 고려한 안전 계획을 마련해야 한다.

- 특정 시간대에 인파가 집중되는 경우, 군중 흐름을 조절할 수 있는 방안을 수립하고 실행할 수 있는 체계를 갖추어야 한다.

3.4.2 실시간 군중 밀집도 모니터링 시스템 구축

- 인공지능 및 CCTV를 활용한 실시간 군중 밀집도 분석 시스템을 구축하여, 위험 상황을 조기에 감지해야 한다.
- 특정 지역에서 인구 밀도가 급증할 경우 경고 알림을 발송하고, 인파 분산 조치를 즉각적으로 시행할 수 있도록 조치해야 한다.

3.4.3 재난 대응 역량 강화를 위한 기관 간 협력 체계 마련

- 경찰, 소방, 지자체 간 협력 체계를 구축하여, 대규모 군중 재난 발생 시 신속한 대응이 가능하도록 시스템을 개선해야 한다.
- 군중 관리 및 응급 구조 훈련을 정기적으로 실시하여, 실제 사고 발생 시 신속하고 효과적인 대처가 이루어지도록 해야 한다.

3.4.4 군중 안전에 대한 사회적 인식 개선

- 군중 재난의 위험성을 알리고, 개인과 사회가 함께 안전을 고려하는 문화를 정착시켜야 한다.
- 군중이 밀집된 공간에서는 위험 신호를 인지하고 스스로 대피할 수 있도록 안전 교육을 강화해야 한다.

표 8.5 군중 압사 사고의 원인 및 대응 방안 정리

원인	설명	대응 방안
인파 밀집	좁은 공간에서 군중 과밀	실시간 인구 밀도 감시 시스템 도입
이동 통제 부재	일방통행 및 유도 시스템 없음	군중 흐름 조절 및 이동 경로 지정
초기 대응 미흡	사고 발생 전 신고 접수 무시	사전 위험 신호 분석 및 즉각 조치
구조 지연	사고 후 구조 작업 지연	구조 인력 신속 투입 및 골든타임 확보

이태원 참사는 한국에서 최초로 발생한 대규모 군중 압사 사고로, 군중 재난관리의

중요성을 인식시키는 계기가 되었다. 향후 유사한 사고를 방지하기 위해서는 체계적인 군중 안전 관리 시스템 구축과 재난 대응 체계 개선이 필수적이다.

4 대형 화재 및 산업재해 사례 분석

4.1 대형 화재 사례

4.1.1 대구 지하철 화재 (2003년)

2003년 2월 18일 오전 9시 53분경, 대구 도시철도 1호선 중앙로역에서 한 승객이 휘발유가 담긴 페트병을 이용해 방화하면서 발생한 화재로, 192명이 사망하고 151명이 부상한 대형 참사였다.

화재 원인

- 방화범이 승객이 탑승한 열차 내부에서 고의적으로 불을 지름
- 연료로 사용된 휘발유가 순식간에 확산하며 객차 내부가 화염에 휩싸임

피해 확산 요인

- 전동차 내부 재료가 가연성 물질로 구성되어 있어 화재가 빠르게 확산함
- 화재 발생 후 기관사가 적절한 조치를 하지 않고 열차 운행을 중단하여 대피 기회가 줄어듦
- 자동 화재 감지 및 대응 시스템이 정상적으로 작동하지 않음

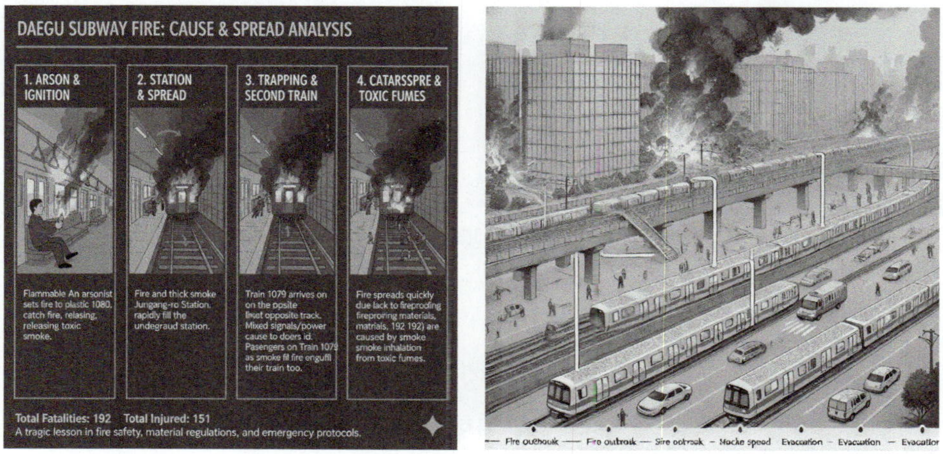

그림 8.6 대구 지하철 화재 발생 과정

대응 및 개선책

- 지하철 객차 내 방화 대응 시스템 강화 및 불연성 내장재 사용 의무화
- 지하철 화재 발생 시 즉각적인 열차 출입문 개방과 승객 대피 유도 시스템 도입
- 철도 종사자의 위기 대응 교육 강화

4.1.2 제천 스포츠센터 화재 (2017년)

2017년 12월 21일 충청북도 제천시의 한 스포츠센터에서 발생한 화재로 29명이 사망하고 37명이 부상하였다.

화재 원인

- 1층 주차장 천장에서 발생한 화재가 건물 전체로 확산
- 불법 개조된 내부 구조로 인해 연기가 급격히 퍼짐

피해 확산 요인

- 건물 내부 스프링클러가 정상적으로 작동하지 않음
- 대피 통로가 충분하지 않아 다수의 사망자가 발생
- 소방 당국의 초기 대응이 지연됨

그림 8.7 제천 스포츠센터 화재 발생 및 대응 과정

대응 및 개선책

- 다중이용시설의 소방 안전 점검을 강화하고 스프링클러 설치 의무화
- 건축물 내 피난 경로를 철저히 관리하고 구조 변경 시 안전 기준 적용
- 소방 구조대의 초기 대응 능력 향상을 위한 교육 및 장비 보강

4.2 산업재해 사례

4.2.1 구미 불산 가스 누출 사고 (2012년)

2012년 9월 27일, 경상북도 구미의 한 반도체 제조업체에서 화학물질 불산(HF)이 누출되면서 5명이 사망하고 18명이 부상하였으며, 광범위한 환경 피해가 발생하였다.

사고 원인

- 불산 저장 탱크에서 유독 가스가 누출되었으나 즉각적인 차단이 이루어지지 않음
- 사고 당시 작업자가 보호 장비 없이 대응을 시도하면서 인명 피해가 증가

피해 확산 요인

- 방제 작업이 지연되면서 누출된 가스가 인근 지역까지 확산
- 주민 대피 조치가 늦어져 추가적인 건강 피해 발생

대응 및 개선책

- 유독성 화학물질 취급 시설의 안전 점검 강화 및 저장 시설 보완
- 사고 발생 시 신속한 방제 및 주민 대피 시스템 구축
- 작업장 내 보호 장비 착용 및 비상 대응 절차 준수 의무화

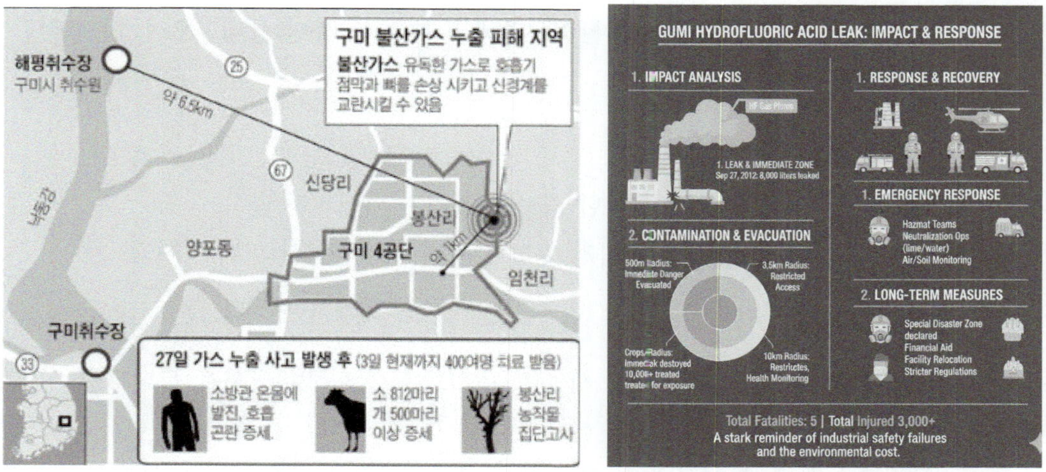

그림 8.8 구미 불산 가스 누출 사고의 영향 범위 및 방제 작업 현황

4.2.2 LG화학 인도 공장 가스 누출 사고 (2020년)

2020년 5월 7일, 인도 안드라프라데시주 비사카파트남에 위치한 LG화학 공장에서 스타이렌 가스가 누출되어 12명이 사망하고 약 1,000명이 병원으로 이송되는 사고가 발생하였다.

그림 8.9 LG화학 인도 공장 가스 누출 사고 발생 및 영향 분석

사고 원인

- 공장 내 스타이렌 탱크의 냉각 시스템이 정상적으로 작동하지 않아 가스가 대기 중으로 방출됨
- 사고 발생 당시 공장이 코로나19로 인해 부분 가동 중단 상태였으며, 안전 점검이 제대로 이루어지지 않음

피해 확산 요인

- 가스 누출 후 공장 측의 신속한 경보 발령이 이루어지지 않음
- 인근 주민들이 상황을 인지하지 못하고 늦게 대피하면서 피해가 커짐

대응 및 개선책

- 화학물질 저장 시설의 냉각 시스템 유지보수 강화 및 실시간 모니터링 시스템 도입
- 유해 가스 누출 시 즉각적인 경보 체계 구축 및 주민 대피 시스템 개선
- 국제적인 화학물질 관리 규정을 준수하도록 법적 감시 강화

4.3 대응 및 법적 조치

4.3.1 화재 안전 기준 강화 및 산업재해 예방 대책 수립

- 다중이용시설 및 대형 건축물에 대한 소방 안전 기준을 강화하고, 스프링클러 및 자동화재감지기의 설치 의무화
- 산업 현장에서 발생할 수 있는 화재 및 화학물질 누출 사고에 대비한 방재 계획 수립 의무화
- 화재 발생 시 대피 경로 및 대응 절차를 명확히 규정하고 정기적인 훈련 시행

표 8.6 대형 화재 및 산업재해 별 주요 피해 사례 및 원인 비교

사건	발생 원인	피해 규모	주요 문제점
대구 지하철 화재	방화, 객차 내 가연성 재료	192명 사망	초기 대응 지연, 비상 시스템 미작동
제천 스포츠센터 화재	화재 발생 후 대피 실패	29명 사망	스프링클러 미작동, 대피 경로 부족
구미 불산 가스 누출	화학물질 저장소 관리 미흡	5명 사망	보호 장비 미착용, 방제 지연
LG화학 인도 공장 사고	스타이렌 가스 누출	12명 사망	냉각 시스템 고장, 주민 대피 지연

4.3.2 화학물질 관리법 개정 및 기업의 안전 규정 준수 의무 강화

- 화학물질 저장 및 취급 시설의 안전성을 확보하기 위해 주기적인 점검 및 유지보수 실시
- 유독 화학물질을 취급하는 기업에 대한 안전 관리 규정을 강화하고 위반 시 강력한 법적 조치 시행
- 산업재해 발생 시 기업의 책임을 명확히 하고, 피해자 보호를 위한 보상 체계 구축

4.4 교훈 및 향후 개선 방향

4.4.1 재난 발생 가능성이 높은 시설에 대한 안전 점검 강화

- 화재 및 산업재해 발생 가능성이 높은 시설에 대한 정기적인 점검 및 사전 예방 조치를 강화해야 한다.

- 건축물, 지하철, 산업시설 등의 주요 위험 요소를 사전에 분석하고 대비책을 마련해야 한다.

4.4.2 비상 대응 절차의 체계적 구축 및 실효성 검토

- 재난 발생 시 신속한 대응이 가능하도록 비상 대응 절차를 체계적으로 구축해야 한다.
- 화재 및 화학물질 누출 사고 발생 시 대피 및 구조 작업이 신속하게 이루어질 수 있도록 대응 매뉴얼을 실효성 있게 정비해야 한다.

4.4.3 재난 발생 시 신속한 구조 및 피해 최소화를 위한 시스템 도입

- 대형 사고 발생 시 골든타임을 확보할 수 있도록 신속한 구조 시스템을 마련하고, 인명 피해를 최소화할 수 있도록 대응력을 강화해야 한다.
- 첨단 기술을 활용하여 화재 및 산업재해 발생 시 자동으로 대응할 수 있는 시스템을 개발해야 한다.

표 8.7 대형 화재 및 산업재해 주요 원인 및 대응 방안 정리

주요 원인	사례	대응 방안
방화 및 연료 사용	대구 지하철 화재	불연성 재료 사용, 방화 대응 시스템 강화
소방 시스템 미비	제천 스포츠센터 화재	소방시설 정상 작동 점검 의무화
유독 가스 누출	구미 불산 가스 사고	화학물질 관리법 강화, 보호구 착용 필수
초기 대응 실패	LG화학 인도 공장 사고	긴급 대피 시스템 구축 및 주민 보호 조치

대형 화재와 산업재해는 예방과 신속한 대응이 가장 중요한 요소이며, 이를 위해서는 체계적인 법적 관리와 실질적인 재난 대응 역량 강화를 위한 노력이 필수적이다.

핵심 내용 정리(기출 문제 관련)

1. 세월호 사고 및 해상 안전 대응

- 세월호 사고는 2014년 4월 16일 전남 진도 앞바다에서 발생한 여객선 침몰 사고로, 476명 중 304명이 사망 또는 실종되었다.
- 사고 원인은 선박의 과적, 불법 개조, 복원력 저하, 미숙한 운항, 해경의 미흡한 대응 등으로 분석된다.
- 정부는 사고 이후 해양 안전 법규를 강화하고, 세월호 특별법을 제정하여 진상 조사를 실시하였다.
- 선박 안전 관리 체계 개선, 초동 대응 시스템 강화, 위기 매뉴얼 보완 등의 대책이 마련되었다.

출제 경향

- 세월호 사고의 주요 원인과 구조 과정 관련 문제 출제 가능
- 해양 안전 관리 정책 변화 및 재난 대응 법제화 관련 문제 출제 가능
- 선박 복원력, 과적 문제, 구조적 결함과 같은 기술적 요소 관련 문제 출제 가능

2. 삼풍백화점 붕괴와 건축물 안전 관리

- 1995년 6월 29일 서울 서초구에서 발생한 삼풍백화점 붕괴 사고로, 502명이 사망하고 937명이 부상당하였다.
- 사고 원인은 부실시공, 무리한 설계 변경, 과적, 균열 경고 무시 등이었다.
- 붕괴 전 여러 차례 균열 음과 이상 징후가 발견되었으나, 백화점 측에서 이를 무시하고 영업을 지속한 점이 피해를 키웠다.
- 사고 이후 건축법 개정, 정기적인 안전 점검 강화, 건축물 구조 변경 시 사전 승인 절차 강화 등의 대책이 시행되었다.

출제 경향

- 삼풍백화점 붕괴 원인 및 건축 안전 관련 법제 변화 문제 출제 가능
- 붕괴 과정과 구조적 취약점 분석 관련 문제 출제 가능
- 건축물 안전 진단, 부실시공 방지 대책 관련 문제 출제 가능

3. 이태원 참사와 군중 재난 대응

- 2022년 10월 29일 서울 이태원에서 핼러윈 축제 중 군중 압사 사고가 발생하여 159명이 사망하고 196명이 부상당했다.
- 주요 원인은 군중 밀집에 대한 사전 대비 부족, 초동 대응 미흡, 군중 밀집도 통제 실패 등이었다.
- 군중 흐름 관리 부재로 도미노 효과가 발생하여 질식 및 압사 피해가 급증하였다.
- 사고 이후 정부는 군중 재난 대응 시스템을 개선하고, 대규모 행사 시 실시간 밀집도 모니터링, 군중 통제 인력 배치 강화 등의 대책을 마련하였다.

출제 경향

- 이태원 참사의 발생 원인 및 군중 압사 메커니즘 관련 문제 출제 가능
- 군중 관리 기법과 대규모 인파 안전 대책 관련 문제 출제 가능
- 재난 발생 시 초동 대응 및 사전 대비 시스템 관련 문제 출제 가능

4. 대형 화재 및 산업재해 사례 분석

- 대형 화재 사례
- 대구 지하철 화재(2003년) - 192명 사망, 객차 내 가연성 재질 사용 및 부실한 대응이 피해를 확대함
- 제천 스포츠센터 화재(2017년) - 29명 사망, 스프링클러 미작동, 대피 경로 부족 등으로 인명 피해가 증가함
- 산업재해 사례
- 구미 불산 가스 누출 사고(2012년) - 5명 사망, 독성 화학물질 관리 부실로 인해 대규모 환경 피해 발생
- LG화학 인도 공장 가스 누출 사고(2020년) - 12명 사망, 스타이렌 가스 누출로 인해 지역 주민 피해 발생

출제 경향

- 대형 화재 및 산업재해 사례별 원인과 대응 과정 관련 문제 출제 가능
- 화재 예방 및 산업안전 관련 법적 규제 강화 내용 출제 가능
- 화학물질 누출 사고 대응 매뉴얼과 방재 대책 관련 문제 출제 가능

연습문제

01 다음 중 세월호 사고의 주요 원인으로 볼 수 없는 것은?

① 선박의 과적 및 복원력 저하
② 적절한 승객 대피 조치
③ 불법 개조 및 구조적 문제
④ 해경 및 정부의 미흡한 초기 대응

02 삼풍백화점 붕괴 사고의 주된 원인으로 가장 거리가 먼 것은?

① 부실시공 및 구조적 결함
② 기초 공사 시 철근의 과도한 사용
③ 불법적인 구조 변경 및 하중 증가
④ 사고 전 위험 신호 무시

03 이태원 참사와 관련된 군중 압사 사고의 원인으로 옳지 않은 것은?

① 군중 밀집도 증가에 대한 사전 대비 부족
② 대규모 인파를 효과적으로 통제한 경찰 배치
③ 사고 발생 전 신고 접수 후 미흡한 대응
④ 좁은 공간에서 도미노 효과로 인한 압력 증가

04 다음 중 대구 지하철 화재(2003년)의 피해를 확대한 원인이 아닌 것은?

① 객차 내부 가연성 재질 사용
② 화재 발생 후 기관사의 적절한 대응
③ 자동 화재 감지 및 대응 시스템의 미비
④ 대피 유도 시스템의 미흡

05 제천 스포츠센터 화재(2017년)와 관련하여 피해를 증가시킨 요소로 적절한 것은?

① 건물 내 스프링클러가 정상 작동함
② 충분한 피난 경로와 대피 공간 확보
③ 건물 내부 구조 변경으로 인한 대피 경로 차단
④ 화재 발생 초기 신속한 소방대 대응

06 구미 불산 가스 누출 사고(2012년)의 원인이 아닌 것은?

① 화학물질 저장 시설의 관리 부실
② 방제 작업의 지연으로 인한 유해 물질 확산
③ 즉각적인 주민 대피 명령과 조치 시행
④ 작업장 내 보호 장비 착용 미비

07 LG화학 인도 공장 가스 누출 사고(2020년)와 관련된 내용으로 가장 적절한 것은?

① 사고 발생 당시 공장의 냉각 시스템이 정상적으로 작동함
② 가스 누출이 발생했지만 즉각적인 경보 시스템이 작동함
③ 사고 발생 후 주민 대피가 늦어 피해가 커짐
④ 누출된 가스가 무독성 물질이라 추가 피해가 없었음

08 삼풍백화점 붕괴 사고 이후 시행된 건축물 안전 관련 조치로 올바르지 않은 것은?

① 건축물 정기 안전 점검 의무화
② 구조 변경 시 사전 승인 절차 강화
③ 대형 건축물에 대한 실시간 붕괴 감지 시스템 도입
④ 부실시공 방지를 위한 법적 처벌 강화

09 이태원 참사 이후 도입된 군중 안전관리 대책으로 옳지 않은 것은?

① 대규모 인파가 모이는 행사에 대한 안전 계획 수립 의무화
② 실시간 군중 밀집도 모니터링 시스템 구축
③ 군중 유입을 조절하는 출입 제한 및 이동 통제 조치 시행
④ 군중 사고 발생 시 개인의 대처 능력만을 강조

10 다음 중 세월호 사고 이후 시행된 해양 안전관리 조치로 적절하지 않은 것은?

① 여객선 과적 문제 해결을 위한 적재량 관리 강화
② 노후 선박의 안전 점검 및 일정 연령 이상 선박 운항 제한
③ 해양 사고 발생 시 구조 작업을 민간에만 의존
④ '세월호 특별법' 제정 및 사고 진상 규명 조사 실시

11 대구 지하철 화재 사고(2003년) 이후 지하철 화재 대응을 강화하기 위해 시행된 조치가 아닌 것은?

① 객차 내부 가연성 재질 사용 금지
② 자동 화재 감지 및 대응 시스템 설치 의무화
③ 비상 대피 유도 시스템 강화
④ 전동차 내 개방형 연료탱크 사용 허용

12 구미 불산 가스 누출 사고(2012년) 이후 화학물질 관리 개선 대책으로 옳지 않은 것은?

① 유독 화학물질 취급 시설의 정기적 점검 의무화
② 사고 발생 시 신속한 주민 대피 매뉴얼 구축
③ 작업장 내 보호 장비 착용 의무화
④ 화학물질 사고 대응을 민간 기업의 자율 관리에만 의존

13 삼풍백화점 붕괴와 관련된 건축물 안전관리 원칙으로 옳지 않은 것은?

① 건물 설계 변경 시 구조 안전성을 철저히 검토해야 한다.
② 균열 및 위험 징후가 발견될 경우 즉각 대피해야 한다.
③ 건물 내 과적이 발생해도 경제적 이유로 그대로 운영하는 것이 바람직하다.
④ 정기적인 건물 안전 점검이 필요하다.

14 이태원 참사에서 나타난 군중 밀집 사고의 특징으로 가장 적절한 것은?

① 군중의 이동이 원활한 상황에서 발생한 사고이다.
② 도미노 효과로 인해 압력 증가와 질식이 주요 사망 원인이 되었다.
③ 사고 당시 군중을 효과적으로 통제할 수 있는 경찰력이 충분히 배치되었다.
④ 사고 후 즉각적인 구조 조치가 이루어져 피해가 최소화되었다.

15 다음 중 대형 화재 사고의 피해를 줄이기 위한 건축물 설계 원칙으로 적절하지 않은 것은?

① 화재 감지 및 경보 시스템 설치
② 대피 경로 확보 및 피난 유도등 설치
③ 내화성이 낮은 자재 사용을 통한 건축 비용 절감
④ 방화구획 설정을 통한 화재 확산 방지

16 대형 산업재해 예방을 위해 시행된 조치로 가장 적절한 것은?

① 화학물질 취급 작업장에서 보호 장비 착용 의무화
② 화학물질 사고 대응을 개인의 자율성에 맡김
③ 작업장의 화재 안전 점검을 10년에 한 번씩 시행
④ 산업 현장에서의 안전 규정을 최소한으로 유지

17 세월호 사고의 구조적 결함과 가장 직접적인 관련이 있는 것은?

① 선박의 원래 설계 구조 유지
② 선박의 증축 및 무게중심 상승
③ 승무원의 신속한 탈출 지시
④ 사고 후 즉각적인 해경 대응

18 제천 스포츠센터 화재(2017년) 이후 시행된 소방 안전 강화 조치로 옳지 않은 것은?

① 건축물 내 스프링클러 설치 의무화
② 다중이용시설의 화재 안전 점검 강화
③ 건물 내부 피난 경로 확보 및 관리 의무화
④ 건물 내 가연성 물질 사용 확대

19 삼풍백화점 붕괴 사고의 대표적인 특징은 무엇인가?

① 초고층 건물에서 발생한 화재 사고
② 불법 구조 변경과 과적이 주요 원인
③ 지진으로 인한 자연적 붕괴 사고
④ 빠른 대피로 인해 인명 피해가 없었던 사고

20 대형 화재 발생 시 피해를 최소화하기 위한 대응 원칙으로 적절하지 않은 것은?

① 초기 화재 진압이 가능한 경우 신속히 대응
② 대피 경로를 확보하고 피난을 우선적으로 고려
③ 화재 발생 시 즉각적으로 연기를 흡입하여 확인
④ 비상구 및 피난 통로를 사전에 숙지

참고문헌

1. 논문 및 문헌

- 김용수, 「재난 및 안전관리 체계의 개선방안 연구」, 한국행정학회, 2018.
- 박성수, 「세월호 사고의 원인 분석 및 해상 안전관리 개선 방향」, 해양안전연구, 2015.
- 이재훈, 「삼풍백화점 붕괴 사고의 건축 안전 법제 개선에 관한 연구」, 건축구조학회 논문집, 1997.
- 조민석, 「이태원 참사의 군중 안전관리 시스템 개선 방안 연구」, 한국재난안전학회지, 2023.
- 정대원, 「대형 화재 사례 분석을 통한 화재 예방 및 대응 방안 연구」, 소방방재연구소, 2019.
- 한지훈, 「산업재해 예방을 위한 기업 안전관리 정책 연구」, 산업안전보건학회지, 2021.

2. 보고서

- 행정안전부, 「2023 국가 재난관리 기본계획」, 2023.
- 소방청, 「대구 지하철 화재 사고 분석 및 재발 방지 대책」, 2004.
- 국토교통부, 「삼풍백화점 붕괴 사고 20년 후, 건축물 안전관리 제도 변화 분석」, 2015.
- 경찰청, 「이태원 참사 대응 보고서 및 군중 안전관리 지침 개선 방안」, 2023.
- 환경부, 「구미 불산가스 누출 사고 원인 분석 및 화학물질 안전관리 강화 방안」, 2013.
- 산업통상자원부, 「LG화학 인도 공장 가스 누출 사고 대응 평가 보고서」, 2021.

3. 온라인 자료

- 중앙재난안전대책본부, 「세월호 사고 대응 및 구조 기록」, 국가재난정보센터, https://www.safekorea.go.kr
- 한국건축안전기술원, 「건축물 붕괴 사고 예방을 위한 법적 기준」, https://www.kbsa.or.kr
- 한국소방안전원, 「대형 화재 예방 및 대응 매뉴얼」, https://www.kfsi.or.kr
- 노동부 산업안전보건공단, 「산업재해 예방 가이드라인」, https://www.kosha.or.kr

PART 04

재난관리의 법적·제도적 접근

CHAPTER 09 재난관리의 법적·제도적 접근

학습목표

- 재난 위험 평가 및 관리의 개념과 중요성을 이해한다.
- 재난 대비 교육 및 방재훈련의 유형과 절차를 학습한다.
- 시설물 안전 점검 및 유지관리의 필요성과 주요 사항을 익힌다.
- 재난 대비 공공 캠페인과 정부 지정 기념일의 역할을 분석한다.

1 재난 위험 평가 및 관리

1.1 재난 위험 평가 개요

재난 위험 평가는 특정 지역이나 시설에서 발생할 수 있는 위험을 사전에 분석하고 대응 방안을 마련하는 과정이다. 주요 목적은 다음과 같다.

- 재난 발생 가능성을 평가하여 사전 예방 조치를 강화
- 위험 요소를 분석하여 안전 관리 기준을 수립
- 피해 최소화를 위한 대응 전략 마련

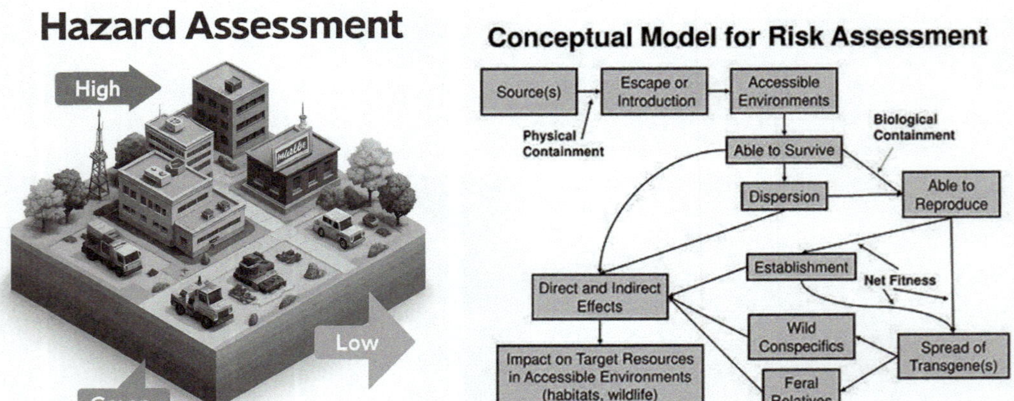

그림 9.1 재난 위험 평가 개념

재난 위험 평가는 단순한 예측이 아니라, 과학적 근거를 바탕으로 한 체계적인 분석 과정이다. 이를 통해 지역별, 산업별 위험 요소를 구체적으로 평가하고 이에 대한 적절한 대응 전략을 마련할 수 있다.

1.2 재난 위험 평가 방법

재난 위험 평가는 정량적 방법, 정성적 방법, 혼합형 방법으로 나뉜다.

정량적 평가

- 수치화된 데이터를 활용하여 재난 발생 가능성을 평가
- 과거 재난 발생 사례를 분석하여 위험성을 계산
- 통계 모델과 확률적 기법을 적용하여 재난 발생 가능성을 예측

• 정성적 평가

- 전문가 의견과 경험을 기반으로 위험도를 판단
- 현장 조사 및 인터뷰를 활용한 평가 기법 적용
- 환경적·사회적 요소를 고려한 포괄적인 위험 분석 수행

• 혼합형 평가

- 정량적·정성적 기법을 병행하여 포괄적인 위험 분석 수행
- 데이터 기반 분석과 전문가 평가를 결합하여 신뢰성 높은 결과 도출
- 다양한 재난 유형에 적용 가능하여 실용성이 높음

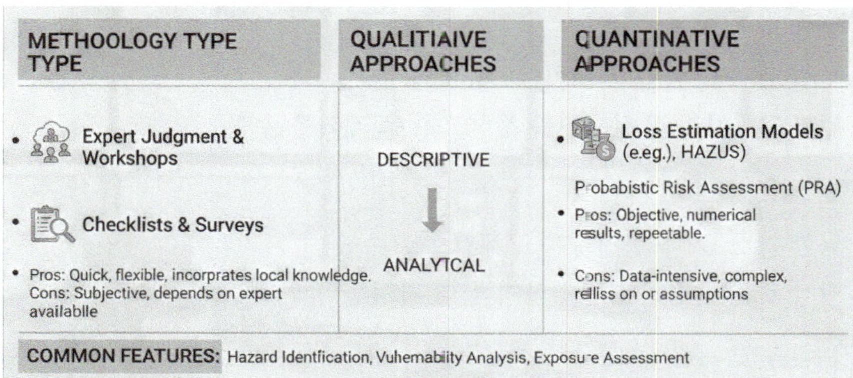

그림 9.2 재난 위험 평가 방법 비교

표 9.1 재난 위험 평가 방법 특징 비교

평가 방법	특징	장점	단점
정량적 평가	수치화된 데이터를 활용하여 평가	객관적인 결과 도출 가능	데이터 부족 시 신뢰성 저하
정성적 평가	전문가 의견과 경험을 기반으로 평가	복잡한 상황에서도 적용 가능	주관적 판단 개입 가능
혼합형 평가	정량적·정성적 방법을 병행하여 평가	포괄적인 위험 분석 수행	비용과 시간이 많이 소요됨

정량적 평가와 정성적 평가 중 어떤 방법을 사용할지는 대상 지역, 시설, 산업의 특성에 따라 다르게 적용될 수 있다.

1.3 재난 위험 평가 단계

재난 위험 평가는 일련의 과정을 거쳐 체계적으로 진행된다.

위험 요소 식별

- 해당 지역이나 시설에서 발생 가능한 모든 위험 요소를 파악
- 자연재해, 산업재해, 사회적 재난 등의 요소 고려

위험 분석

- 각 위험 요소가 발생할 확률과 그 영향도를 분석
- 물리적·경제적 피해뿐만 아니라 사회적 영향까지 평가

위험 평가

- 분석 결과를 종합하여 위험도를 산정
- 위험도에 따라 우선순위를 정하고 대응 계획을 수립

대응 방안 수립

- 위험 감소 및 대응 전략을 구체적으로 수립
- 법적 기준과 정책을 반영하여 실행 가능한 방안을 도출

모니터링 및 개선

- 정기적인 모니터링을 통해 평가 과정의 효과성을 검토
- 새로운 위험 요소가 발생할 경우 신속하게 조정 및 보완

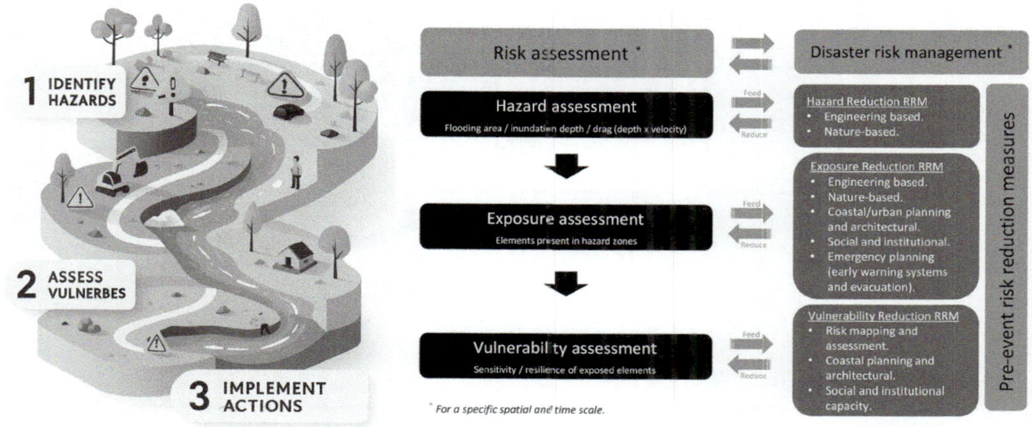

그림 9.3 재난 위험 평가 단계

1.4 재난 위험 관리 전략

재난 위험 관리는 다양한 방식으로 수행될 수 있으며, 다음과 같은 전략이 존재한다.

위험 회피

- 위험이 큰 지역이나 시설을 변경하거나 철거
- 지진, 홍수 등의 자연재해가 빈번한 지역에서 주요 시설을 이전

위험 감소

- 안전시설 강화, 기술적 보완, 교육 강화
- 방재 인프라를 구축하고 주민 대상 교육을 지속적으로 실시

위험 전가

- 보험 가입, 재정적 보호 수단 마련
- 기업이나 기관이 보험을 통해 재난 피해 비용을 분산

위험 수용

- 관리 가능한 수준에서 위험을 감수
- 비용과 위험을 비교하여 적절한 대응책을 선택

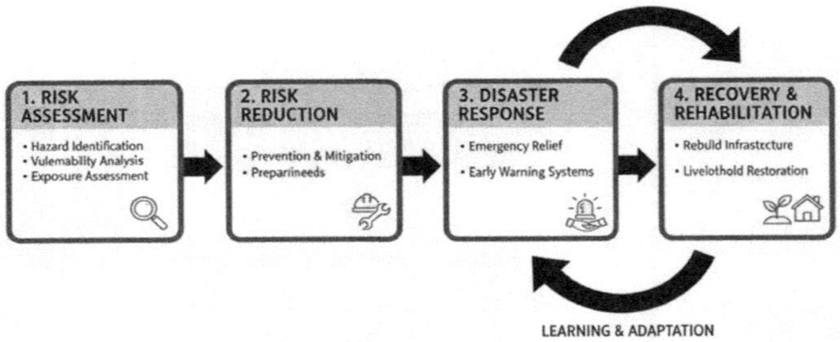

그림 9.4 재난 위험 관리 전략 개념

표 9.2 재난 위험 관리 전략 비교

관리 전략	특징	장점	단점
위험 회피	위험이 큰 지역이나 시설을 변경 또는 철거	위험 완전 제거 가능	비용이 많이 들고 실행 어려움
위험 감소	안전시설 강화, 기술적 보완, 교육 강화	위험 수준을 낮출 수 있음	완전한 위험 제거 불가
위험 전가	보험 가입, 재정적 보호 수단 마련	재정적 부담 완화	보험료 부담 증가
위험 수용	관리 가능한 수준에서 위험 감수	비용 절감 가능	피해 발생 시 직접 부담

1.5 재난 위험 평가의 실무 적용

재난 위험 평가는 다양한 산업 및 기관에서 실무적으로 활용된다.

도시 계획

- 건축물 설계 시 내진 설계를 반영하여 지진 위험을 최소화
- 도시 내 홍수 예방을 위한 배수 시스템 구축

산업 안전 관리

- 화학 공장 및 발전소에서 위험물질 유출 방지를 위한 점검 시행
- 공사 현장에서 안전 기준 준수를 위한 정기적 위험 평가 수행

공공 정책 수립

- 정부 기관이 국가적 차원의 재난 대응 정책 수립 시 활용
- 국가 재난 예산 배분을 위해 위험 평가 데이터를 반영

그림 9.5 재난 위험 평가의 실무 적용 사례

표 9.3 재난 위험 평가의 주요 활용 분야

활용 분야	주요 내용
도시 계획	내진 설계 반영, 홍수 예방 배수 시스템 구축
산업 안전 관리	공장 설비 안전 점검, 위험물 저장소 안전 관리
공공 정책 수립	국가 재난 대응 정책 수립, 예산 배분 결정

재난 위험 평가는 단순한 예방 조치를 넘어, 장기적인 관점에서 사회 전반의 안전을 보장하기 위한 필수적인 과정이다. 이를 통해 정부, 기업, 지역 사회가 협력하여 보다 안전한 환경을 조성할 수 있다.

2 재난 대비 교육 및 방재훈련

2.1 재난 대비 교육 개요

재난 대비 교육은 개인과 조직이 재난 발생 시 신속하고 효과적으로 대응할 수 있도록 하는 필수적인 과정이다. 주요 목표는 다음과 같다.

- 재난 발생 시 대응 능력을 향상시키고 신속한 대처를 가능하게 함
- 재난의 원인과 영향을 이해하고 예방 조치를 강화
- 정부 및 민간 부문의 협력을 촉진하여 효과적인 재난 대응 체계를 구축

재난 대비 교육은 단순히 정보를 제공하는 것을 넘어, 실질적인 훈련과 경험을 바탕으로 한 행동 변화를 유도하는 것이 중요하다.

그림 9.6 재난 대비 교육의 필요성

2.2 재난 대비 교육의 주요 내용

재난 대비 교육은 다양한 분야에서 적용될 수 있으며, 주요 내용은 다음과 같다.

그림 9.7 재난 대비 교육의 주요 내용

초기 대응 및 대피 요령

- 재난 발생 시 신속한 대피 및 안전 확보 방법
- 대피 경로 및 안전지대 파악

응급처치 및 구조 활동

- 심폐소생술(CPR) 및 응급처치 교육
- 재난 상황에서의 부상자 구조 및 지원 방법

재난별 대응 전략

- 지진, 홍수, 화재, 산업재해 등 다양한 재난 유형에 따른 대응법
- 각 재난 유형별 행동 지침과 사례 분석

표 9.4 재난 유형별 교육 내용 비교

재난 유형	교육 내용
지진	대피 요령, 지진 발생 시 행동 수칙
화재	초기 진화 방법, 대피 경로 확인
홍수	고지대 대피 요령, 차량 이동 금지 교육

2.3 재난 대비 교육 방식

재난 대비 교육은 다양한 방식으로 진행될 수 있으며, 대상자의 특성과 환경에 맞게 선택된다.

그림 9.8 재난 대비 교육 방식

이론 교육

- 강의, 동영상 교육, 온라인 강좌를 활용한 재난 관련 정보 제공
- 법률, 정책, 대응 지침 등에 대한 설명 포함

체험형 교육

- 시뮬레이션을 활용한 재난 상황 재현
- 가상 현실(VR) 기술을 이용한 대피 훈련

현장 교육

- 실지 재난 대응 시설에서 실습 진행
- 소방서, 구조대, 방재센터 방문을 통한 실습형 교육

표 9.5 재난 대비 교육 방식 비교

교육 방식	특징	장점	단점
이론 교육	강의, 동영상 교육 활용	정보 제공이 용이	실전 경험 부족
체험형 교육	시뮬레이션 활용	실전 경험 가능	운영 비용이 높음
현장 교육	실제 현장에서 실습 진행	현실적 대처 가능	장소 확보가 어려움

2.4 방재훈련 개요

방재훈련은 재난 상황에서 실제로 대응하는 능력을 향상시키기 위해 시행되는 훈련이다. 이를 통해 재난 발생 시 신속하고 효과적인 대처가 가능해진다.

- 재난 대응 절차를 사전에 숙지하고 실전 감각을 익히는 것이 목적
- 훈련을 통해 기관 간 협력 및 의사소통 능력을 향상
- 훈련 후 평가를 통해 보완 사항을 도출하고 지속적인 개선이 가능

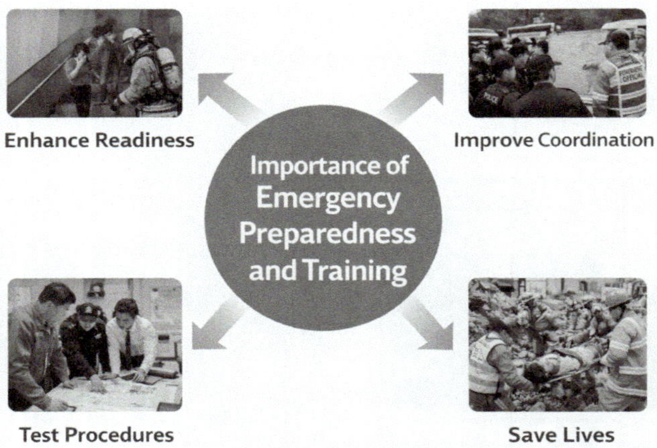

그림 9.9 방재훈련의 필요성

2.5 방재훈련의 주요 유형

방재훈련은 대상과 목적에 따라 다양한 형태로 진행된다.

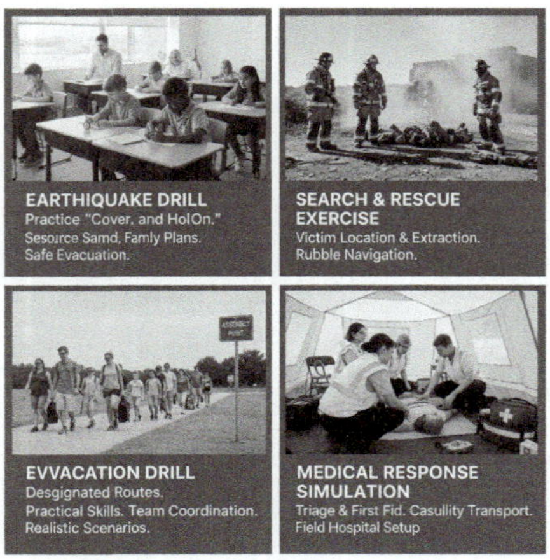

그림 9.10 방재훈련의 주요 유형

테이블 탑 훈련(Tabletop Exercise)

- 시뮬레이션을 활용한 토론형 훈련
- 실제 재난 발생 시 시나리오를 설정하고 대응 계획을 논의

기능적 훈련(Functional Exercise)

- 특정 기능 수행을 중심으로 진행되는 훈련
- 구조, 응급 의료, 대피 등의 특정 작업을 반복적으로 훈련

전면 훈련(Full-Scale Exercise)

- 실제 장비와 인력을 동원하여 종합적으로 수행하는 훈련
- 실전과 유사한 환경을 조성하여 현장 대응력을 극대화

표 9.6 방재훈련 유형 비교

훈련 유형	특징	장점	단점
테이블 탑 훈련	시뮬레이션 기반 토론형 훈련	비용이 적게 듦	실전 경험 부족
기능적 훈련	특정 기능 중심 훈련	특정 능력 향상 가능	종합적 대응력 부족
전면 훈련	실제 장비·인력 동원 훈련	실전 대응 능력 향상	비용과 시간이 많이 듦

2.6 방재훈련의 절차

방재훈련은 단순한 반복 훈련이 아니라, 체계적인 절차를 따라 진행되어야 한다.

훈련 계획 수립

- 훈련의 목표 설정 및 대상 선정
- 훈련 진행 방식 및 세부 일정 수립

훈련 실행

- 계획된 훈련 시나리오에 따라 훈련 진행
- 실제 재난 상황을 가정한 시뮬레이션 적용

그림 9.11 방재훈련의 절차

훈련 평가

- 훈련 종료 후 참여자 피드백 수집
- 훈련 과정에서 발견된 문제점 분석

피드백 반영 및 개선

- 훈련 평가 결과를 반영하여 개선 조치 수행
- 향후 훈련의 효율성을 높이기 위한 수정 및 보완

표 9.7 방재훈련 절차별 주요 내용

단계	주요 내용
훈련 계획 수립	훈련 목표 설정, 일정 계획
훈련 실행	계획된 시나리오에 따라 진행
훈련 평가	훈련 결과 분석 및 피드백 반영

2.7 방재훈련의 실무 적용 사례

방재훈련은 공공기관뿐만 아니라 다양한 조직에서 활용된다.

그림 9.12 방재훈련의 실무 적용 사례

소방 훈련

- 대형 건물, 학교, 병원 등에서 정기적인 소방 훈련 시행
- 화재 발생 시 대피 요령 및 소화기 사용법 교육

지진 대비 훈련

- 학교 및 직장에서 지진 발생 시 행동 요령 숙지
- 긴급 대피소 위치 파악 및 대피 경로 확인

기업 및 공장 안전 훈련

- 화학물질 유출, 기계 사고 등 산업재해 대비 훈련
- 응급처치 교육 및 사고 발생 시 대응 전략 수립

표 9.8 방재훈련의 실무 적용 사례 비교

사례	주요 내용
소방 훈련	대피 및 화재 진압 훈련
지진 대비 훈련	건물 너 대피 훈련 및 안전지대 이동
산업재해 대응 훈련	위험물 유출 및 기계 사고 대비 훈련

2.8 방재훈련의 중요성과 지속적 개선

재난 대비 교육과 방재훈련은 단순한 일회성 프로그램이 아니라 지속적으로 개선되어야 한다.

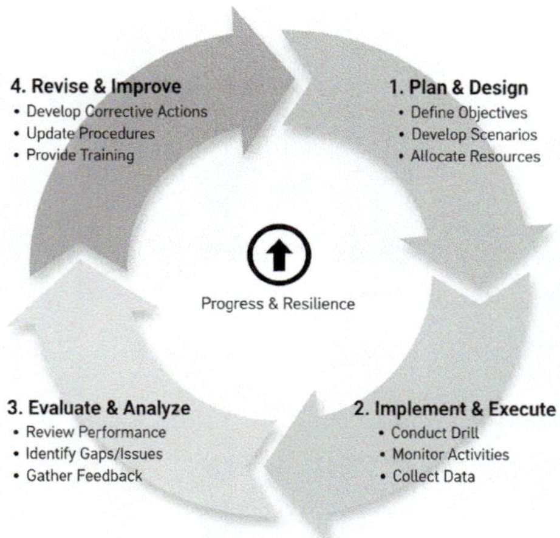

그림 9.13 방재훈련의 지속적 개선 방안

- 정기적인 훈련을 통해 대응 능력을 유지하고 향상
- 훈련 결과 분석을 통해 개선할 점을 지속적으로 반영
- 기술 발전과 새로운 재난 유형에 맞춘 최신 교육 도입

표 9.9 방재훈련의 지속적 개선 요소

개선 요소	주요 내용
정기적 훈련 시행	반복 학습을 통해 대응 능력 향상
훈련 결과 분석	실전 적용 가능성 평가
최신 기술 도입	VR, AR 등을 활용한 훈련

재난 대비 교육과 방재훈련은 단순한 예방 조치가 아니라, 실제 위기 발생 시 생명을 보호하고 피해를 최소화하는 핵심적인 활동이다. 따라서 모든 시민과 기관이 지속적으로 참여하고 발전시켜야 한다.

3 시설물 안전 점검 및 유지관리

3.1 시설물 안전 점검 개요

시설물 안전 점검은 건축물과 각종 시설의 구조적 안정성을 확인하고, 재난 예방을 위한 핵심적인 사전 조치 중 하나이다. 주요 목적은 다음과 같다.

- 건축물과 주요 인프라의 구조적 결함을 조기에 발견하고 조치
- 시설물의 지속적인 사용 가능성을 확보하여 안전성 유지
- 자연재해, 화재, 구조적 붕괴 등의 위험으로부터 인명과 재산 보호

시설물 안전 점검은 단순한 유지보수가 아니라, 장기적인 안전성을 확보하기 위한 필수적인 절차이다.

그림 9.14 시설물 안전 점검의 중요성

3.2 시설물 안전 점검 항목

시설물의 유형과 용도에 따라 점검 항목은 다양하지만, 일반적으로 다음과 같은 사항이 포함된다.

건축물 구조적 안정성 점검

- 건물의 기둥, 벽, 바닥 및 지붕의 균열 여부 확인
- 구조적 변형 및 침하 여부 점검

전기, 가스, 수도 설비 점검

- 배선 상태 및 전기 화재 위험 여부 점검
- 가스 누출 및 수도관 파손 여부 점검

방화 및 방재 시스템 작동 여부

- 소화기, 스프링클러, 화재 감지기 등의 정상 작동 여부 점검
- 비상구 및 대피로의 안전성 확보

시설물 점검 항목은 법적 기준에 따라 정기적으로 수행되며, 주요 문제 발견 시 즉각적인 보수 및 보강 조치가 필요하다.

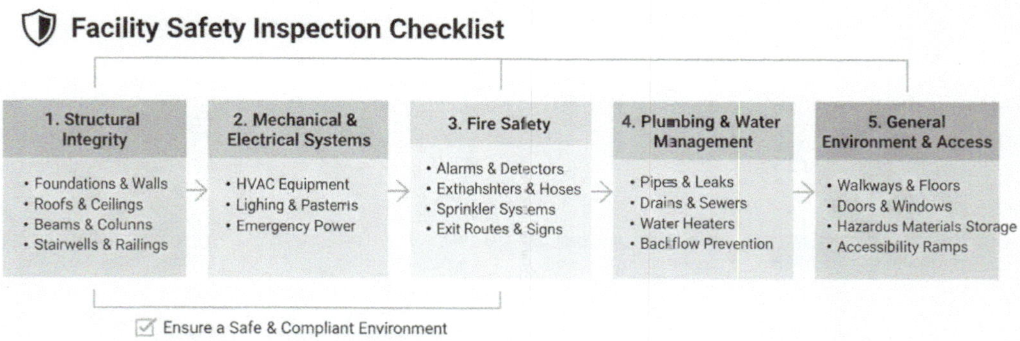

그림 9.15 시설물 안전 점검 항목

표 9.10 시설물 유형별 안전 점검 항목 비교

시설물 유형	주요 점검 항목
건축물	구조적 안정성, 외벽 균열 여부
산업시설	위험물 저장소 점검, 기계 작동 여부
교량·도로	균열 여부, 배수시설 점검

3.3 시설물 점검의 절차 및 방법

시설물 안전 점검은 체계적인 절차를 따라 진행되며, 다음과 같은 과정을 거친다.

점검 계획 수립

- 점검 대상 및 일정 설정
- 점검 방식과 기준 정리

현장 점검 실시

- 점검 장비를 활용한 정밀 검사
- 육안 검사 및 비파괴 검사 진행

결과 분석 및 평가

- 점검 결과를 정리하고 위험 요소 분석
- 문제 발생 시 위험 수준에 따라 등급 부여

보수 및 개선 조치 수행

- 손상된 부분 수리 및 강화 작업 진행
- 긴급 위험 요소 발견 시 즉각적인 조치 시행

사후 점검 및 모니터링

- 일정 주기마다 동일 항목을 재점검하여 지속적인 안전성 확보
- 예방적 유지관리 수행

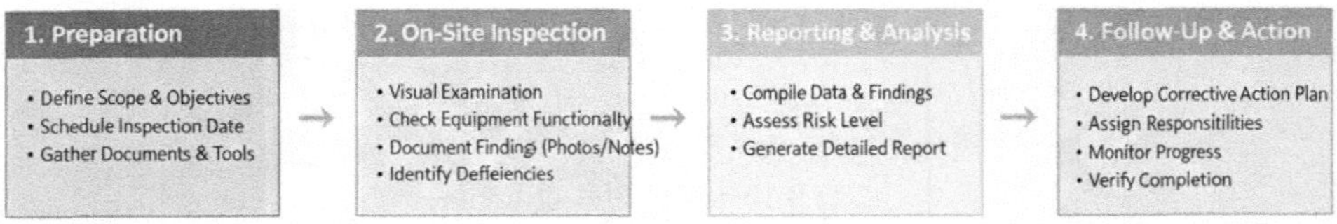

그림 9.16 시설물 점검 절차

표 9.11 시설물 점검 단계별 주요 내용

단계	주요 내용
점검 계획 수립	점검 대상 선정 및 일정 설정
현장 점검 실시	장비 활용 점검, 육안 검사
결과 분석 및 평가	점검 결과 분석 및 보고서 작성

3.4 시설물 유지관리 방법

시설물의 안전성을 장기적으로 유지하기 위해서는 효과적인 유지관리 전략이 필요하다. 일반적으로 다음과 같은 유지관리 방식이 적용된다.

예방적 유지관리

- 고장이나 사고 발생 전 예방적 차원의 점검과 유지보수 수행
- 장기적인 비용 절감 효과 기대

교체형 유지관리

- 일정 사용 기간 이후 노후된 설비나 자재를 정기적으로 교체
- 예측 가능한 비용 관리 가능

긴급 유지관리

- 사고나 긴급한 문제가 발생한 후 즉각적인 대응
- 갑작스러운 위험 상황에 대한 신속한 조치 필요

각 유지관리 방식은 시설물의 종류와 운영 방식에 따라 적절히 조합하여 적용된다.

그림 9.17 시설물 유지관리 개념

표 9.12 유지관리 방식 비교

유지관리 방식	특징	장점	단점
예방적 유지관리	사전 점검 및 조치 수행	사고 예방 가능	초기 비용 발생
교체형 유지관리	일정 기간 후 교체 진행	예측 가능	운영 비용 지속적 발생
긴급 유지관리	사고 발생 후 대응	즉각 조치 가능	예상치 못한 비용 발생

3.5 주요 시설물의 유지관리 사례

시설물 유지관리는 공공시설, 산업시설, 주거시설 등 다양한 분야에서 수행된다.

그림 9.18 주요 시설물 유지관리 사례

교량 및 도로 유지관리

- 구조물의 균열과 노후화를 주기적으로 점검
- 방수 및 부식 방지를 위한 보호 도장 수행

건축물 유지관리

- 건물 외벽 보수 및 내장재 교체
- HVAC(난방, 환기, 공조) 시스템 점검

산업시설 유지관리

- 공장 설비 및 생산 라인의 정기 점검 및 교체
- 위험물 저장소의 안전성 점검 및 강화 조치

표 9.13 시설물 유형별 유지관리 사례

시설물 유형	유지관리 사례
교량·도로	균열 보수, 배수시설 정비
건축물	내·외벽 보수, 방수 작업
산업시설	기계 유지보수, 전기설비 점검

3.6 시설물 유지관리의 법적 기준 및 규제

시설물 안전 점검 및 유지관리는 법적 기준에 따라 수행되어야 하며, 주요 규제 사항은 다음과 같다.

건축법

- 일정 규모 이상의 건축물은 정기적인 안전 점검 필수
- 건축물의 구조 안전성 기준 준수 의무

소방시설법

• 화재 예방을 위한 소방시설 점검 주기 설정
• 비상구 확보 및 화재 대피 경로 유지 의무

산업안전보건법

• 산업 현장에서의 시설물 안전 관리 기준 적용
• 위험물 저장 및 취급 시설의 정기 점검 의무

그림 9.19 시설물 유지관리 관련 법적 기준

표 9.14 주요 시설물 안전 관련 법규 비교

법규	주요 내용
건축법	건축물 안전 기준 준수
소방시설법	소방설비 유지관리 규정
산업안전보건법	작업장 안전 점검 의무화

3.7 시설물 유지관리의 최신 기술 적용

첨단 기술을 활용한 시설물 유지관리가 증가하고 있으며, 주요 기술은 다음과 같다.

드론을 활용한 시설물 점검

• 높은 위치나 접근이 어려운 구조물의 안전 점검 수행
• 3D 매핑 및 정밀 촬영 기술 적용

사물인터넷(IoT) 기반 실시간 모니터링

- 센서를 이용하여 구조물의 상태를 실시간 감지
- 이상 징후 발생 시 자동 경보 시스템 연계

인공지능(AI) 및 빅데이터 분석

- 과거 점검 데이터를 기반으로 위험 요소 예측
- 유지보수 일정 최적화 및 비용 절감 효과

그림 9.20 최신 시설물 유지관리 기술

표 9.15 최신 유지관리 기술 비교

기술	특징
드론 점검	고층 및 위험지역 점검 가능
IoT 센서 모니터링	실시간 구조물 상태 감지
AI 빅데이터 분석	유지보수 최적화

3.8 시설물 안전 점검 및 유지관리의 지속적 개선 방향

시설물의 안전성을 지속적으로 유지하기 위해서는 주기적인 점검과 기술 혁신이 필수적이다.

- 정기적인 안전 점검을 강화하고, 유지관리의 체계화 필요
- 기술 발전에 따라 스마트 점검 및 모니터링 시스템 도입 확대
- 관련 법규 및 안전 기준을 지속적으로 개선하여 실효성 확보

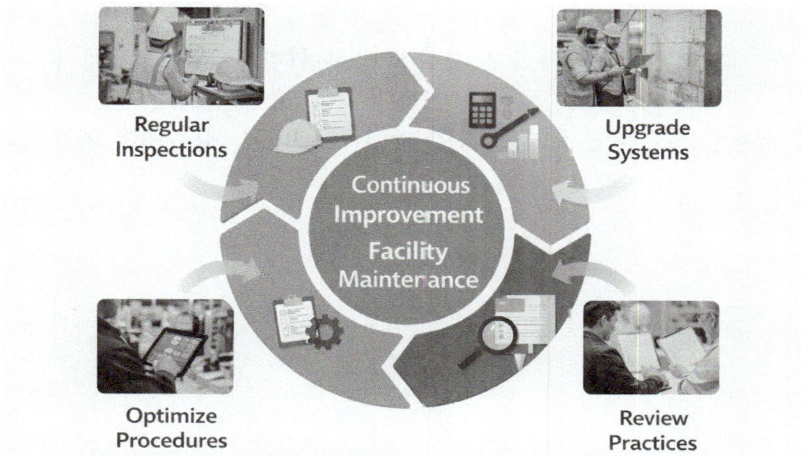

그림 9.21 시설물 유지관리의 지속적 개선 방향

시설물 안전 점검 및 유지관리는 단순한 유지보수를 넘어, 인명과 재산 보호를 위한 핵심적인 요소로 자리 잡고 있다.

표 9.16 시설물 유지관리의 개선 요소

개선 요소	주요 내용
정기 점검 강화	유지보수 주기 최적화
스마트 점검 도입	IcT, AI 기반 예측 유지관리
법적 기준 개선	실효성 높은 규정 도입

시설물의 안전성 확보는 단기적인 비용 절감보다 장기적인 안전성과 운영 효율성을 높이는 방향으로 접근해야 한다. 이를 위해 정기적인 점검과 최신 기술 도입을 병행하는 것이 필수적이다.

4 재난 대비 공공 캠페인 및 정부 지정 기념일

4.1 재난 대비 공공 캠페인의 개요

재난 대비 공공 캠페인은 국민의 안전 의식을 높이고, 재난 발생 시 신속하고 효과적인 대응을 유도하기 위한 활동이다. 주요 목적은 다음과 같다.

- 재난 발생 가능성을 줄이기 위한 예방 활동 촉진

• 재난 발생 시 대응력을 강화하기 위한 교육 및 홍보 제공
• 정부, 민간 기업, 지역 사회 간 협력을 강화하여 재난 대응 체계 구축

공공 캠페인은 단순한 홍보 활동이 아니라, 국민의 재난 대비 행동을 실제로 변화시키는 중요한 역할을 한다.

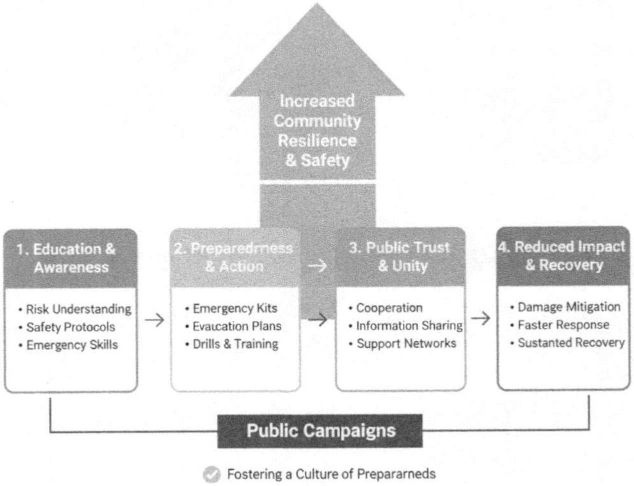

그림 9.22 재난 대비 공공 캠페인의 필요성

4.2 주요 재난 대비 공공 캠페인 유형

재난 대비 공공 캠페인은 다양한 방식으로 진행되며, 일반적으로 다음과 같은 유형이 있다.

정보 제공형 캠페인

• 포스터, 전단지, 방송, SNS를 활용한 재난 예방 정보 제공
• 지진 대피 요령, 화재 예방 수칙, 응급처치법 등의 안내

체험 및 교육형 캠페인

• 시민들이 직접 재난 대피 훈련에 참여하도록 유도
• 화재 진압 체험, 구조 훈련, 응급처치 실습 등 시행

참여형 캠페인

• 지역 사회 주민들이 직접 캠페인 기획과 실행에 참여
• 학교, 기업, 공공기관이 공동으로 주관하여 진행

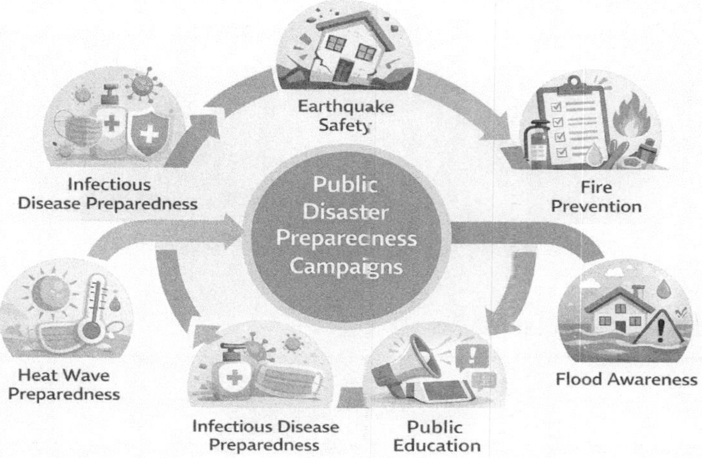

그림 9.23 주요 재난 대비 공공 캠페인 유형

표 9.17 재난 대비 공공 캠페인 유형 비교

캠페인 유형	특징
정보 제공형	홍보물, 방송 등을 활용한 교육
체험 및 교육형	시민 참여형 시뮬레이션 제공
참여형	지역 사회 주도의 캠페인

4.3 재난 대비 공공 캠페인의 주요 사례

다양한 국가와 기관에서 진행하는 대표적인 재난 대비 공공 캠페인은 다음과 같다.

대한민국 – 불조심 강조의 달

- 매년 11월 소방청 주관으로 화재 예방 캠페인 진행
- 소방 안전 교육, 화재 진압 체험, 가정용 소화기 점검 시행

미국 – 내셔널 프리페어드니스 먼스(National Preparedness Month)

- 매년 9월 FEMA(연방재난관리청) 주관으로 재난 대비 교육 실시
- 가정, 직장, 학교에서의 재난 대비 계획 수립 권장

일본 – 방재의 날

- 9월 1일 관동 대지진 발생일을 기념하여 재난 대비 훈련 시행
- 전국적으로 대규모 지진 대피 훈련 실시

그림 9.24 대표적인 재난 대비 공공 캠페인 사례

표 9.18 각국의 주요 재난 대비 공공 캠페인 비교

국가	캠페인 명
대한민국	불조심 강조의 달
미국	내셔널 프리페어드니스 먼스
일본	방재의 날

4.4 재난 대비 공공 캠페인의 효과 분석

재난 대비 공공 캠페인은 국민의 재난 인식을 변화시키고, 실제 대응 능력을 향상하는 효과가 있다.

재난 인식 개선 효과

- 캠페인 참여 전후 재난 대비 행동 변화 분석
- 화재 예방, 지진 대피, 응급처치 습득률 증가

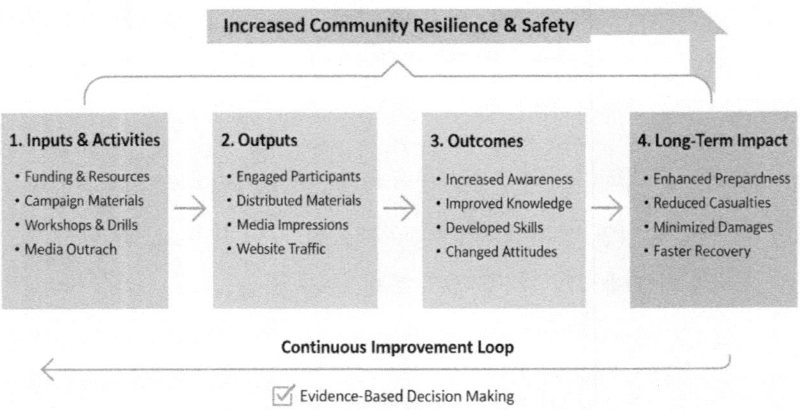

그림 9.25 재난 대비 공공 캠페인의 효과 분석

대응 속도 향상

- 실제 재난 발생 시 신속한 대피율 증가
- 캠페인 참여자가 비참여자보다 재난 발생 시 빠른 대처 수행

표 9.19 재난 대비 공공 캠페인 효과 비교

효과	주요 내용
재난 인식 개선	시민들의 안전 의식 향상
대응 속도 향상	신속한 재난 대응 가능
피해 최소화	인명 및 재산 피해 감소

4.5 정부 지정 기념일의 역할

정부 지정 기념일은 국가적 차원에서 재난 대비를 강조하고, 국민의 관심을 높이는 중요한 수단이다.

국민 안전의 날 (4월 16일)

- 세월호 참사를 계기로 지정된 기념일
- 전국적으로 안전 교육 및 대피 훈련 시행

소방의 날 (11월 9일)

- 소방관의 노고를 기리고 화재 예방의 중요성을 강조하는 날
- 소방 안전 홍보 및 소방관 시상식 개최

표 9.20 정부 지정 기념일별 주요 활동 비교

역할	주요 내용	예시
인식 제고	재난 위험에 대한 국민의 인식을 높이고 경각심을 고취	재난 예방 홍보 영상, 안전 교육 프로그램
교육 및 훈련	재난 발생 시 대응 방법과 절차를 교육하고 훈련	지진 대피 훈련, 화재 대응 시뮬레이션
지역 사회 참여 촉진	지역 주민의 참여를 유도하여 공동체의 재난 대응 역량 강화	지역 방재 모임, 자원봉사 활동
정책 홍보 및 참여 유도	정부의 재난관리 정책을 홍보하고 국민의 참여를 독려	재난 대비 앱 사용 권장, 안전 신고 제도 안내

방재의 날 (5월 25일)

- 자연재해 및 사회재난 대비를 위한 기념일
- 정부 및 민간 기업이 공동으로 재난 예방 활동 수행

4.6 정부 지정 기념일과 재난 대응 정책 연계

정부 지정 기념일은 단순한 행사에 그치지 않고, 국가 재난 대응 정책과 연계되어야 한다.

재난 대응 예산 확대

- 기념일을 계기로 재난 대응 예산 편성 및 투자 확대
- 방재 인프라 구축 및 안전시설 개선 추진

공공 교육 프로그램 강화

- 학교 및 공공기관에서 재난 대응 교육 확대
- 온라인 및 오프라인 교육 프로그램 운영

민간 부문 협력 강화

- 기업, 학교, 지자체가 협력하여 지속적인 재난 대비 훈련 수행
- 재난 대비 물품 지원 및 기부 활동 활성화

표 9.21 정부 지정 기념일과 정책 연계 효과 비교

기념일	날짜	주관 부처	주요 활동
국민 안전의 날	4월 16일	행정안전부	안전 교육 및 체험 행사, 재난 대응 훈련
소방의 날	11월 9일	소방청	소방 안전 캠페인, 소방관 표창
방재의 날	5월 25일	행정안전부	재난 예방 세미나, 방재훈련
안전 점검의 날	매월 4일	행정안전부	시설물 안전 점검, 안전 문화 확산 캠페인

4.7 공공 캠페인과 정부 지정 기념일의 개선 방향

재난 대비 공공 캠페인과 정부 지정 기념일의 효과를 극대화하기 위해 다음과 같은 개선이 필요하다.

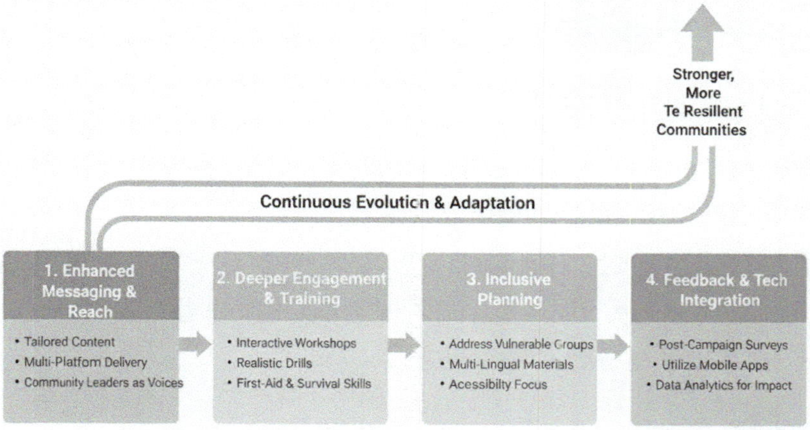

그림 9.26 재난 대비 공공 캠페인의 개선 방향

참여율 향상을 위한 홍보 강화

- SNS, 유튜브 등 디지털 플랫폼을 활용한 홍보 확대
- 대중이 쉽게 접근할 수 있는 콘텐츠 제작

실질적인 훈련과 연계한 캠페인 확대

- 단순한 정보 제공이 아니라, 직접 참여할 수 있는 체험형 행사 증가
- VR, AR 기술을 활용한 가상 재난 체험 교육 제공

기업 및 민간단체와의 협력 확대

- 기업이 자체적으로 재난 대비 캠페인에 참여하도록 유도
- 공공기관과 민간 기업이 협력하여 대규모 재난 훈련 실시

표 9.22 재난 대비 공공 캠페인의 개선 요소 비교

개선 요소	주요 내용	기대 효과
참여 확대	다양한 연령층과 계층의 참여를 유도	재난 대응 역량의 전반적 향상
콘텐츠 다양화	최신 기술을 활용한 교육 콘텐츠 개발	흥미 유발 및 교육 효과 증대
지속적인 홍보	정기적인 캠페인 및 홍보 활동 전개	안전 문화의 지속적 확산
성과 평가 및 환류	캠페인 효과성 평가 및 피드백 반영	프로그램의 지속적 개선

핵심 내용 정리(기출 문제 관련)

1. 재난 위험 평가 및 관리

- 재난 위험 평가는 자연 재난과 사회재난을 포함하여 발생 가능성과 영향을 사전에 분석하고 대응하는 과정이다.
- 위험 관리 전략에는 위험 회피, 위험 감소, 위험 전가, 위험 수용이 포함된다.
- 재난 위험 평가는 정량적 방법(수치 분석), 정성적 방법(전문가 판단), 혼합형 방법(두 가지 방법 병행)으로 수행된다.

출제 경향

- 재난 위험 평가의 정의와 목적을 묻는 문제 출제 가능
- 위험 관리 전략(회피, 감소, 전가, 수용)의 개념과 사례 비교 문제 출제 가능
- 재난 위험 평가의 정량적, 정성적, 혼합형 방법 비교 문제 출제 가능

2. 재난 대비 교육 및 방재훈련

- 재난 대비 교육은 초기 대응 및 대피 요령, 응급처치 및 구조 활동, 재난별 대응 전략을 포함한다.
- 방재훈련은 테이블 탑 훈련(토론 중심), 기능적 훈련(특정 기능 훈련), 전면 훈련(실전 대응)으로 나뉜다.
- 정부와 민간이 협력하여 재난 대응력을 강화하는 것이 중요하다.

출제 경향

- 재난 대비 교육의 주요 내용과 목적을 묻는 문제 출제 가능
- 방재훈련의 유형(테이블 탑, 기능적, 전면) 별 특징을 묻는 문제 출제 가능
- 정부와 민간의 재난 대비 협력 사례를 묻는 문제 출제 가능

3. 시설물 안전 점검 및 유지관리

- 시설물 안전 점검 항목에는 건축물 구조적 안정성, 전기·가스·수도 설비, 방재 시스템 점검이 포함된다.
- 유지관리 방법으로 예방적 유지관리, 교체형 유지관리, 긴급 유지관리가 있다.

- 시설물 점검은 계획 수립 → 현장 점검 → 결과 분석 → 보수 및 개선 → 사후 점검의 절차로 수행된다.
- 출제 경향
- 시설물 안전 점검의 주요 항목과 목적을 묻는 문제 출제 가능
- 유지관리 방법(예방적, 교체형, 긴급 유지관리) 비교 문제 출제 가능
- 시설물 안전 점검 절차 및 단계별 주요 내용에 대한 문제 출제 가능

4. 재난 대비 공공 캠페인 및 정부 지정 기념일

- 재난 대비 공공 캠페인은 정보 제공형(홍보), 체험형(시뮬레이션), 참여형(지역 사회 참여)으로 나뉜다.
- 정부 지정 기념일에는 국민 안전의 날(4월 16일), 소방의 날(11월 9일), 방재의 날(5월 25일)이 있다.
- 공공 캠페인은 단순한 홍보를 넘어 실질적인 대응 능력을 향상하는 것이 목적이다.

출제 경향

- 재난 대비 공공 캠페인의 유형(정보 제공형, 체험형, 참여형)을 묻는 문제 출제 가능
- 국민 안전의 날, 소방의 날, 방재의 날의 목적과 주요 활동을 묻는 문제 출제 가능
- 공공 캠페인의 실효성을 높이기 위한 개선 방안을 묻는 문제 출제 가능

연습문제

01 다음 중 재난 위험 평가의 주요 목적이 아닌 것은?

① 재난 발생 가능성을 평가
② 위험 요소 분석
③ 재난 발생 후 복구 지원
④ 피해 최소화를 위한 대응 전략 마련

02 방재훈련의 유형 중 실제 장비와 인력을 동원하여 종합적으로 수행되는 훈련은?

① 테이블 탑 훈련
② 기능적 훈련
③ 전면 훈련
④ 모의 재난 훈련

03 다음 중 시설물 안전 점검의 주요 항목에 해당하지 않는 것은?

① 건축물 구조적 안정성 확인
② 방재 시스템 작동 여부 점검
③ 전기·가스·수도 설비 점검
④ 재난 발생 후 피해 복구 계획 수립

04 재난 대비 교육의 주요 내용으로 옳지 않은 것은?

① 초기 대응 및 대피 요령 교육
② 응급처치 및 구조 활동 교육
③ 재난 발생 후의 복구 자금 지원 교육
④ 재난별 대응 전략 교육

05 다음 중 공공 캠페인을 통해 기대할 수 있는 효과로 적절하지 않은 것은?

① 재난 발생 시 대응 능력 향상
② 국민의 안전 의식 강화
③ 재난 발생 후의 복구 비용 절감
④ 위험 예방 행동의 실천 증가

06 정부 지정 기념일 중 재난 대비와 관련된 날이 아닌 것은?

① 국민 안전의 날
② 소방의 날
③ 방재의 날
④ 기후변화 대응의 날

07 재난 위험 관리 전략으로 옳지 않은 것은?

① 위험 회피 ② 위험 감소
③ 위험 확대 ④ 위험 전가

08 재난 대비 교육 및 훈련이 중요한 이유로 적절하지 않은 것은?

① 재난 발생 시 신속한 대응이 가능하도록 함
② 국민의 경각심을 낮춰 두려움을 해소
③ 대피 및 대응 요령을 습득할 수 있음
④ 피해 최소화를 위한 실질적 대응 능력 향상

09 다음 중 시설물 유지관리 방법이 아닌 것은?

① 예방적 유지관리 ② 교체형 유지관리
③ 긴급 유지관리 ④ 불확실 유지관리

10 재난 대비 공공 캠페인의 유형으로 적절하지 않은 것은?

① 정보 제공형 캠페인 ② 체험 및 교육형 캠페인
③ 참여형 캠페인 ④ 긴급 구조형 캠페인

11 시설물 안전 점검을 위한 절차에 포함되지 않는 것은?

① 점검 계획 수립 ② 현장 점검 실시
③ 점검 후 문제 발생 시 법적 제재 ④ 결과 분석 및 개선 조치

12 방재훈련의 주요 목적이 아닌 것은?

① 재난 발생 시 대응 능력 향상
② 대응 조직 간 협력 증진
③ 피해 복구 후 예산 지원
④ 실전과 유사한 환경에서 대응력 강화

13 재난 대비 교육에서 강조해야 할 내용이 아닌 것은?

① 초기 대응 및 대피 방법 ② 응급처치 요령
③ 피해 복구를 위한 보상 절차 ④ 재난별 대응 전략

14 시설물 안전 점검 시 가장 먼저 수행해야 할 단계는?

① 점검 계획 수립
② 보수 및 개선 조치
③ 점검 결과 분석
④ 사후 모니터링

15 공공 캠페인을 통해 달성하고자 하는 주요 목표가 아닌 것은?

① 재난 대응 능력 향상
② 국민의 재난 대비 태세 강화
③ 경제적 이익 창출
④ 정부와 민간의 협력 증진

16 재난 대비를 위한 공공 캠페인의 예시로 적절하지 않은 것은?

① 소방청의 불조심 강조의 달
② 행정안전부의 국민 안전의 날
③ 지진 대피 훈련
④ 재난 피해 보상 설명회

17 시설물 안전 점검 시 고려해야 할 요소가 아닌 것은?

① 건축물의 구조적 결함 여부
② 화재 발생 가능성
③ 재난 발생 후의 보험 보상 여부
④ 방재 시설의 정상 작동 여부

18 다음 중 정부 지정 기념일과 그 목적의 연결이 올바르지 않은 것은?

① 국민 안전의 날 - 세월호 사고를 계기로 국민 안전 의식 강화
② 소방의 날 - 소방관의 역할 강조 및 화재 예방 홍보
③ 방재의 날 - 재난 대응보다는 교통안전 중심 행사
④ 안전 점검의 날 - 생활 속 안전 점검 활성화

19 재난 위험 평가 시 주요 고려 요소가 아닌 것은?

① 재난 발생 확률
② 해당 지역의 인구 밀도
③ 피해 복구 비용
④ 정치적 이념

20 재난 대비 공공 캠페인을 효과적으로 운영하기 위한 방안이 아닌 것은?

① 적극적인 홍보 및 정보 제공
② 시민 참여 확대
③ 대응 훈련과 연계
④ 일회성 행사로 진행하여 비용 절감

참고문헌

1. 문헌 및 논문

- 김태환, 재난관리와 방재 시스템, 서울: 안전문화출판, 2021.
- 이승철, 재난 대비 및 대응 전략 연구, 한국재난관리학회지, 2020.
- 박정우, 재난위험 평가 및 대응 정책 연구, 한국방재학회논문집, 2019.

2. 보고서 및 공공자료

- 행정안전부, 재난 및 안전관리 기본계획, 2023.
- 소방청, 화재 예방 및 대응 매뉴얼, 2022.
- 국가재난관리연구원, 재난 예방 및 대응 체계 연구 보고서, 2021.

3. 온라인 자료

- 중앙재난안전대책본부, "국민 안전 교육 및 방재훈련 안내", https://www.safekorea.go.kr, 2023.
- 기상청, "자연재난 대비 및 기후변화 대응 지침" https://www.kma.go.kr, 2022.
- 국립재난안전연구원, "재난위험 평가 및 재난 대응 정책 연구", https://www.ndmi.go.kr, 2021.

CHAPTER

10 재난 대응과 긴급 복구

학습목표

- 재난 발생 시 신속하고 체계적인 대응 절차를 이해한다.
- 긴급 구조 활동과 재난 심리 지원의 필요성과 역할을 설명할 수 있다.
- 재난 피해 보상 및 지원에 관련된 법적 근거를 파악한다.

1 재난 발생 시 대응 절차

1.1 재난 대응의 기본 개념

재난 대응이란 재난으로 인해 발생할 수 있는 인명 및 재산 피해를 최소화하기 위한 일련의 조치와 활동을 의미한다. 이는 재난의 유형과 규모에 따라 다르게 적용되며, 각 기관 및 조직이 체계적으로 협력하여 대응해야 한다.

효과적인 재난 대응을 위해서는 사전 준비와 신속한 초기 대응, 피해 수습 및 복구 활동이 조화를 이루어야 한다. 단순히 재난이 발생한 후 대응하는 것이 아니라, 대비 및 예방 활동이 중요한 부분을 차지한다.

주요 목적

- **인명 보호 및 피해 최소화**: 재난 발생 시 가장 중요한 목표는 인명을 보호하고 피해를 최소화하는 것이다.
- **재난 확산 방지 및 2차 피해 예방**: 대응이 지연되거나 미흡할 경우, 재난이 더욱 확산할 수 있으며, 이에 따른 추가적인 피해가 발생할 수 있다.
- **사회 기능의 신속한 정상화**: 피해 복구가 지연되면 지역 사회 및 국가 경제에 악영향을 미칠 수 있으므로, 빠른 복구 및 지원이 필요하다.

1.2 재난 대응 체계

1.2.1. 중앙정부 및 지방정부의 역할

중앙정부 역할

- 재난 발생 시 중앙정부는 국가 차원의 대응 계획을 수립하고 실행하는 역할을 한다.

- 관계 부처 및 기관 간의 협력을 조율하고, 필요시 군·경찰·소방 등 긴급 대응 자원을 동원하여 지원한다.
- 중대한 재난 발생 시 '재난 사태 선포' 및 '특별재난지역 지정'을 통해 중앙 차원의 지원을 확대한다.

지방정부 역할

- 재난 발생 지역의 지방정부는 지역 내 피해 상황을 신속히 파악하고, 주민 보호 및 구조 활동을 주도해야 한다.
- 지역 기반의 재난 대응 조직을 운영하며, 소방, 경찰, 의료 기관 등과 협력하여 즉각적인 조치를 시행한다.
- 재난 발생 후 지역 복구 계획을 수립하고 실행하며, 피해 주민에 대한 보상 및 지원을 담당한다.

1.2.2. 재난관리 단계

재난 대응은 크게 예방, 대비, 대응, 복구의 4단계로 나누어진다.

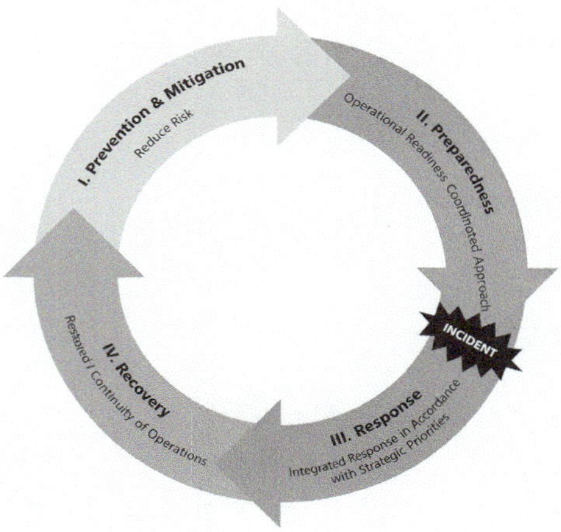

그림 10.1 재난관리 단계

예방 단계

- 재난 발생 가능성을 사전에 분석하고, 위험을 제거하거나 최소화하는 단계

예 흥수 위험지역의 제방 보강, 내진설계 기준 강화, 화재 예방 시설 점검

대비 단계

- 재난 발생 시 신속한 대응을 위해 훈련, 장비 및 자원 확보, 대피 계획 수립 등을 진행하는 단계

예 소방 훈련 실시, 비상 연락 체계 구축, 재난 대응 매뉴얼 정비

대응 단계

- 재난이 실제로 발생했을 때 즉각적인 조치를 수행하는 단계

예 소방대 출동 및 화재 진압, 긴급 의료 지원, 대피소 운영

복구 단계

- 피해 지역을 원래 상태로 회복시키고, 재발 방지를 위한 조치를 시행하는 단계
  - 예 붕괴한 도로 및 주택 복구, 피해 보상 지급, 심리적 지원 프로그램 운영

1.3 재난 대응 기관 및 역할

1.3.1. 소방청 및 소방본부

화재, 구조, 구급 활동을 수행하는 재난 대응의 핵심 기관으로, 다양한 재난에 대비한 전문 대응 조직을 운영함

주요 역할

- 화재 발생 시 신속한 진압 및 피해 확산 방지
- 구조 및 구급 활동을 통해 인명 피해 최소화
- 위험물 시설 및 다중이용시설 등의 안전 점검 및 예방 활동 수행

1.3.2. 경찰청 및 지방경찰청

재난 발생 시 교통 통제, 치안 유지, 긴급 대피 지원 등의 역할을 담당함

주요 역할

- 재난 발생 지역의 교통 정리 및 긴급 차량의 이동 지원
- 피해 지역 내 주민 안전 확보 및 질서 유지
- 실종자 수색 및 범죄 예방 조치

1.3.3. 지자체 및 공공기관

재난 대응을 위한 행정적 지원을 담당하며, 지역 내 구조 및 복구 활동을 주도함

주요 역할

- 대피소 운영 및 이재민 보호
- 피해 복구를 위한 인력 및 재정 지원
- 복구 자재 및 장비 제공

표 10.1 재난 대응 기관 및 주요 역할

구분	기관	주요 역할
중앙정부	행정안전부	국가 재난 대응 총괄, 특별재난지역 지정, 복구 계획 수립 및 지원
	소방청	화재 진압, 구조 및 구급 활동 수행, 재난 현장 긴급 대응
	보건복지부	재난 의료 지원, 감염병 대응, 심리 지원 서비스 제공
	국토교통부	피해 지역 기반 시설 복구, 도로 및 교통망 복구 지원
지방정부	시·도청	지역 재난 대응 계획 수립, 긴급 구조대 운영, 이재민 보호
	소방본부 및 119센터	지역 내 화재 및 구조 활동, 응급 의료 지원
치안 및 교통	경찰청	재난 지역 교통 통제, 대피 지원, 치안 유지
공공기관	기상청	기상 예측 및 재난 경보 발령
	환경부	재난으로 인한 환경오염 감시 및 정화
민간단체	적십자사	재난 구호물자 지원, 긴급 구호 활동 수행
	자원봉사 단체	현장 복구 지원, 피해 주민 지원 프로그램 운영

1.3.4. 민간단체 및 자원봉사자

정부 기관뿐만 아니라 민간단체 및 자원봉사자들도 중요한 역할을 수행함

주요 역할

- 재난 발생 후 긴급 구호 물품 제공 및 배포
- 현장 지원 인력 투입을 통한 복구 활동 참여
- 심리 상담 및 이재민 지원 프로그램 운영

그림 10.2 민간단체의 재난 대응 역할

1.4 재난 대응 매뉴얼 및 시스템

1.4.1. 재난 대응 매뉴얼의 필요성

재난 발생 시 신속하고 효율적인 대응을 위해서는 사전 매뉴얼이 필수적임

주요 내용

- 재난 유형별 대응 절차 및 단계
- 비상 연락망 및 보고 체계
- 기관 간 협력 및 역할 분담 방안

1.4.2. 긴급 신고 및 대응 체계

119 긴급 신고 시스템

- 재난 발생 시 시민이 가장 먼저 접촉하는 대표적인 신고 체계
- 신고 후 소방·경찰·보건기관 간 긴밀한 협력을 통해 신속 대응

국가 재난 문자 시스템

- 지진, 태풍, 폭우 등 긴급 상황 발생 시 재난 문자를 통해 대국민 경보 제공
- 실시간 상황 정보 공유를 통해 대피 및 대응 조치를 안내

그림 10.3 국가 재난 대응 시스템

1.4.3. 스마트 재난 대응 기술 활용

빅데이터 및 AI 기반 재난 예측 시스템

- 기상 변화 및 지형 정보를 분석하여 홍수·태풍·지진 등을 사전 감지
- 재난 발생 가능성을 예측하고 조기 경보 시스템 가동

드론 및 로봇 활용 구조 활동

- 접근이 어려운 재난 현장에서 드론을 활용하여 구조 대상 탐색
- 로봇을 이용한 화재 진압 및 위험지역 점검

2 긴급 구조 및 재난 심리 지원

2.1 긴급 구조 체계

2.1.1. 긴급 구조의 개념

긴급 구조란? 재난 발생 시 피해자를 신속히 구조하고 응급 의료 조치를 제공하여 인명 피해를 최소화하는 활동을 의미한다.

주요 목표

- **생명 보호**: 재난으로부터 생존자를 구조하고 안전한 장소로 대피시킴
- **응급처치 제공**: 부상자의 상태를 신속히 평가하고 적절한 응급처치를 시행함
- **피해 확산 방지**: 추가적인 피해를 방지하기 위해 즉각적인 대응 조치를 수행함

2.1.2. 긴급 구조의 주요 단계

긴급 구조는 재난 발생 직후 탐색, 구조, 이송, 치료의 4단계로 이루어진다.

탐색(Search)

- 재난 현장에서 피해자를 찾고 생존 여부를 확인하는 과정
- **탐색 방법**: 육안 탐색, 구조견 활용, 드론 및 열화상 카메라 활용

구조(Rescue)

- 피해자를 안전한 장소로 구조하는 과정
- **구조 방법**: 구조 장비를 활용한 인명 구조, 고립된 공간에서의 구출 작업

이송(Transport)

•구조된 피해자를 병원 또는 응급 의료 센터로 이송하는 과정
•이송 방법: 구급차, 헬기, 응급 의료 차량 등을 활용한 신속한 이동

치료(Treatment)

•부상자에게 응급 치료를 제공하고 상태를 안정시키는 과정
•치료 방법: 응급처치, 심폐소생술, 출혈 조절, 골절 부위 고정 등

그림 10.4 긴급 구조 단계

2.1.3. 긴급 구조 활동의 주요 기관

긴급 구조 활동은 다양한 기관이 협력하여 수행하며, 각 기관의 역할이 명확하게 구분된다.

소방청 및 소방본부

• 화재, 붕괴, 교통사고 등 긴급 구조가 필요한 상황에서 초기 대응을 담당함
• 구조대원 및 구급대원이 현장에 출동하여 생존자를 구조하고 응급처치를 시행함

경찰청 및 지방경찰청

• 재난 발생 지역의 교통 통제 및 대피 지원
• 실종자 수색 및 치안 유지 활동

보건복지부 및 응급 의료 기관

• 응급 의료 서비스 제공 및 재난 발생 지역으로 의료진 파견
• 감염병 확산 예방 및 부상자 치료 지원

표 10.2 긴급 구조기관별 역할

구분	기관	주요 역할
중앙정부	행정안전부	국가 차원의 긴급 구조 계획 수립, 긴급 구조 자원 조정
	소방청	화재 진압, 구조 및 구급 활동 수행
	보건복지부	응급 의료 지원, 감염병 확산 방지
지방정부	시·도청	지역 내 구조 활동 지원, 재난 발생 시 긴급 구조대 운영
	소방본부 및 119센터	지역 단위 화재 진압, 응급 구조 및 구급 활동 수행
치안 및 안전	경찰청	재난 현장 교통 통제, 대피 지원, 실종자 수색
의료 기관	응급의료센터	부상자 응급처치 및 병원 이송
군·특수구조대	국방부, 해양경찰	대규모 재난 시 군·경찰 특수구조대 지원

2.1.4. 첨단 기술을 활용한 긴급 구조

최근 긴급 구조 활동에는 첨단 기술이 적극 활용되고 있으며, 이는 구조 속도를 높이고 생존율을 증가시키는 데 기여하고 있다.

드론 및 인공지능(AI) 활용

- 붕괴한 건물이나 접근이 어려운 지역에서 구조 대상 탐색
- 열화상 카메라를 활용하여 생존자의 위치를 신속히 확인

그림 10.5 첨단 기술을 활용한 구조 시스템

로봇 구조 장비 활용

- 무인 구조 로봇을 활용하여 고립된 피해자 접근 및 구조
- 화재 현장에서 원격 조종 로봇을 이용하여 소화 및 구조 활동 수행

2.2 재난 심리 지원

2.2.1. 재난 심리 피해의 개념

재난 심리 피해란?

재난 발생 후 생존자, 피해자 가족, 구조대원 등이 경험하는 심리적 충격과 정신적 스트레스를 의미함

- 외상 후 스트레스 장애(PTSD), 불안, 우울증 등의 심리적 문제가 발생할 수 있음

심리적 충격의 주요 원인

- 가족이나 지인을 잃은 경험
- 신체적 부상 및 거주지 파괴로 인한 불안감
- 반복적인 재난 경험으로 인한 심리적 트라우마 형성

표 10.3 재난 경험 후 심리적 영향

심리적 영향 유형	주요 증상
외상 후 스트레스 장애 (PTSD)	재난 경험 후 지속적인 불안, 악몽, 심리적 위축
우울증	의욕 상실, 감정 둔화, 무기력, 극단적인 생각 발생
불안 장애	공황 발작, 극도의 긴장감, 불안감 지속
수면 장애	불면증, 악몽, 자주 깨는 증상
사회적 고립	사람들과의 접촉 회피, 외부 활동 감소

2.2.2. 재난 심리 지원의 필요성

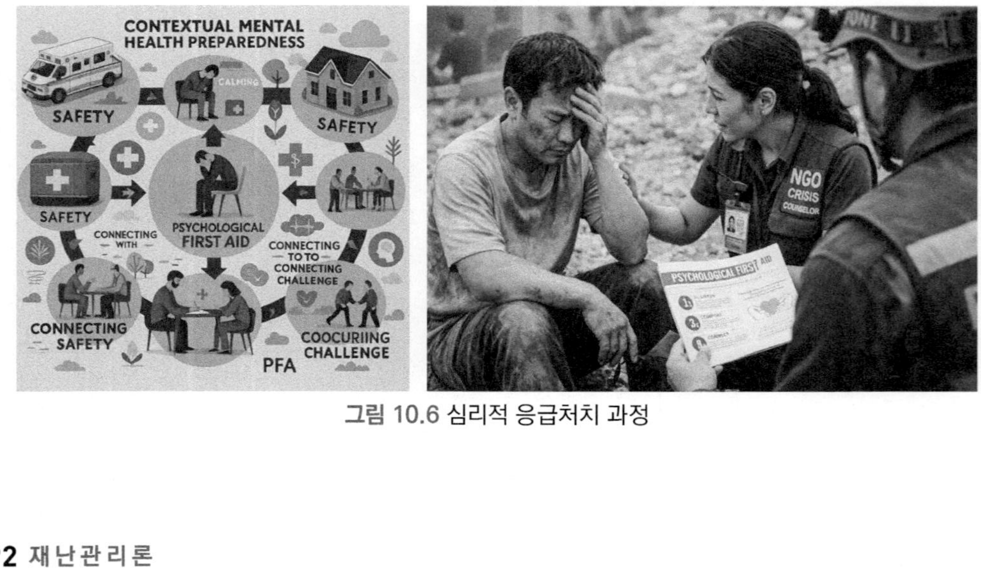

그림 10.6 심리적 응급처치 과정

심리적 외상 최소화

- 재난 이후 초기 심리 지원을 제공하면 PTSD 및 우울증 발병률이 감소함
- 피해자가 정상적인 생활로 복귀하는 데 도움을 줄 수 있음

심리적 응급처치(Psychological First Aid,

- 재난 직후 피해자의 심리 상태를 안정시키고, 불안을 완화하는 응급 심리 지원
- 구조대원 및 의료진이 기본적인 심리적 응급처치를 제공함

2.2.3. 재난 심리 지원 프로그램

재난 발생 후에는 체계적인 심리 지원이 필요하며, 주요 프로그램은 다음과 같다.

심리 상담 및 치료 제공

- 전문가(정신건강 전문가, 상담사)와의 상담을 통해 심리적 안정을 유도함
- 개인 상담, 그룹 상담, 가족 상담 등 다양한 지원 형태 운영

재난 심리 지원 센터 운영

- 국가 및 지자체에서 심리 지원 센터를 운영하여 장기적인 심리 치료 지원
- 피해 지역에서 이동 상담소를 운영하여 접근성을 높임

표 10.4 재난 심리 지원 프로그램 유형

지원 유형	내용
심리적 응급처치 (PFA)	초기 대응 단계에서 피해자의 심리적 안정을 돕는 지원
전문 심리 상담	정신건강 전문가와 상담을 통한 심리적 회복 지원
집단 상담 프로그램	유사한 경험을 공유하는 피해자 간 심리적 교류 및 회복
가족 지원 프로그램	가족 단위의 심리적 지원을 통해 전체적인 안정감 제공
온라인 상담 서비스	원격으로 제공되는 상담 및 심리 지원 서비스

2.2.4. 긴급 구조대원 및 대응 인력을 위한 심리 지원

긴급 구조대원과 대응 인력도 재난 현장에서 심리적 스트레스를 경험할 수 있으며, 이에 대한 심리 지원이 필요하다.

구조대원 및 소방관을 위한 심리 지원

- 구조 활동 중 트라우마를 경험할 가능성이 높음
- 정기적인 심리 상담 및 스트레스 관리 프로그램 운영

경찰 및 의료진을 위한 심리적 보호 프로그램

- 장시간 근무 및 강도 높은 재난 대응 업무로 인한 정신적 피로 감소를 위한 지원책 마련
- 정신건강 상담 및 심리 치료 서비스 제공

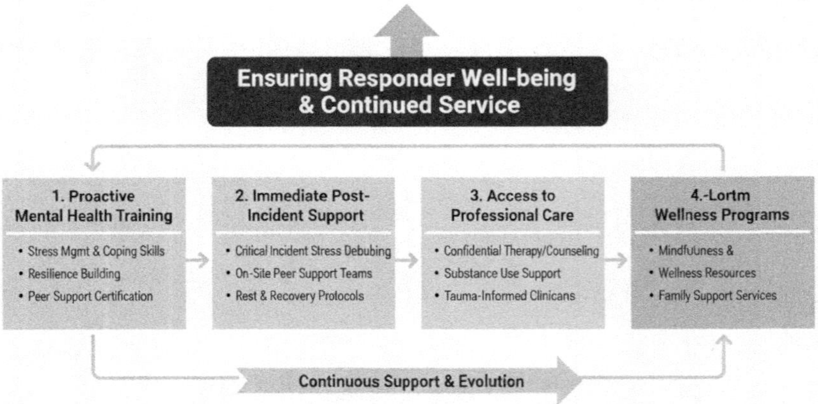

그림 10.7 긴급 구조대원을 위한 심리 지원 체계

2.2.5. 재난 심리 지원의 법적 근거 및 지원 체계

표 10.5 재난 심리 지원 관련 법률 및 제도

법령/제도	주요 내용
「재난 및 안전관리 기본법」	국가 및 지자체의 심리 지원 제공 의무 규정
「보건복지부 재난 심리 지원 지침」	재난 피해자 및 구조대원을 위한 심리 지원 체계 수립
정신건강복지법	정신건강 지원 및 심리 치료 제공 규정
재난 심리 지원 센터 운영 지침	지역별 심리 지원 센터 설치 및 운영 기준

재난 및 안전관리 기본법

- 국가 및 지자체가 재난 피해자를 대상으로 심리적 지원을 제공해야 함을 명시함
- 심리적 응급처치 및 장기적 심리 상담 서비스 운영

보건복지부의 재난 심리 지원 체계

- 정신건강복지센터 및 관련 기관과 연계하여 심리 지원 활동 수행
- 피해자뿐만 아니라 구조대원 및 대응 인력도 포함하여 지원

2.2.6. 향후 재난 심리 지원의 발전 방향

AI 및 빅데이터를 활용한 심리적 개입 기술 개발

- 심리 데이터 분석을 통해 개별 맞춤형 심리 치료 제공
- 가상 현실(VR) 기반의 재난 트라우마 치료 도입

온라인 기반의 심리 지원 확대

- 원격 상담 시스템 도입 및 모바일 기반 심리 지원 서비스 운영
- 재난 경험자의 자가 심리 치료 프로그램 개발

그림 10.8 첨단 기술을 활용한 재난 심리 지원 시스템

3 재난 피해 보상 및 지원 법령

3.1 재난 피해 보상 제도

3.1.1. 재난 피해 보상의 개념

재난 피해 보상이란?

- 자연재해나 인적 재난으로 인해 피해를 입은 국민에게 정부 및 지자체가 경제적 지원을 제공하는 제도
- 피해자의 생활 안정을 돕고, 신속한 복구를 촉진하는 역할 수행

재난 피해 보상의 주요 목표

- 피해를 입은 국민의 기본적인 생계를 보장
- 재난 피해로 인한 사회·경제적 불평등 완화
- 국가 및 지역 사회의 복구 능력 강화

3.1.2. 피해 보상의 법적 근거

「재난 및 안전관리 기본법」

- 재난 발생 시 국가와 지방자치단체의 책임을 규정
- 피해자의 생계 보장 및 지원 방안을 명확하게 명시

「재해구호법」

- 재난 발생 후 피해자를 위한 긴급 구호 및 지원 제도 운용
- 재해구호 기금 조성 및 사용 방안 규정

「특별재난지역 선포 제도」

- 국가가 일정 규모 이상의 재난 발생 시 해당 지역을 특별재난지역으로 지정
- 지정된 지역에 한해 추가적인 지원 및 복구 보상 제공

표 10.6 재난 피해 보상 관련 법령

법령	주요 내용
「재난 및 안전관리 기본법」	국가 및 지방자치단체의 재난 피해자 보상 책임 규정
「재해구호법」	재난 발생 후 긴급 구호 지원 및 생계 지원 방안 규정
「특별재난지역 선포 제도」	특정 규모 이상의 재난 피해 발생 시 국가 차원의 지원 확대
「재난복구 지원법」	재난 피해 복구를 위한 재정 지원 및 정책 운용 규정

3.1.3. 피해 보상 신청 절차

재난 피해 보상을 받기 위해서는 일정한 신청 절차를 거쳐야 하며, 일반적으로 다음의 과정을 따른다.

피해 사실 신고

- 재난 발생 후 피해를 입은 당사자가 해당 지자체 또는 관련 기관에 피해 사실을 신고

- 신청 기한 내 신고하지 않을 경우 보상 대상에서 제외될 수 있음

피해 조사 및 평가

- 피해 신고 접수 후, 지자체 및 관련 기관이 피해 규모를 공식적으로 조사
- 피해 평가 기준에 따라 피해 등급을 판정

보상 결정 및 지급

- 피해 보상 심사를 거쳐 지원 대상 여부 및 보상 금액 확정
- 피해자의 계좌로 보상금 지급

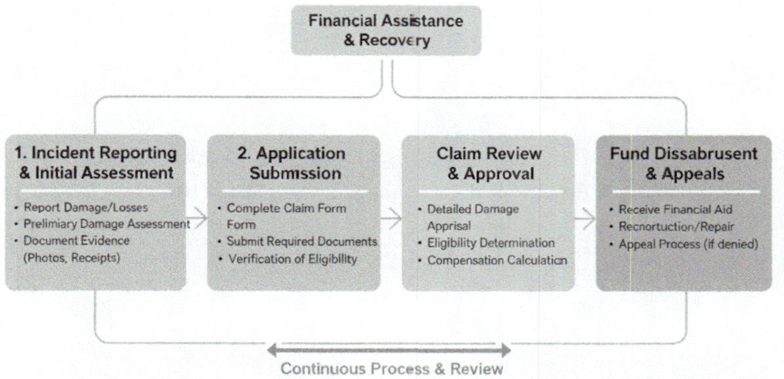

그림 10.9 재난 피해 보상 신청 절차

3.2 특별재난지역 선포 및 지원

3.2.1. 특별재난지역 선포 제도의 개념

특별재난지역이란?

- 자연재해나 대규모 인적 재난으로 인해 국가 차원의 지원이 필요한 지역을 행정안전부 장관이 선포하는 지역
- 지정된 지역에는 정부의 추가적 재정 지원 및 세제 혜택이 제공됨

특별재난지역 지정 기준

- 일정 수준 이상의 재산 피해가 발생해야 하며, 피해 복구 비용이 지방정부의 재정 능력을 초과할 경우
- 행정안전부의 평가 후 대통령이 최종 승인

표 10.7 특별재난지역 지정 기준

구분	기준
자연재해	일정 규모 이상의 태풍, 홍수, 지진 등으로 인해 막대한 피해 발생
인적 재난	대규모 화재, 폭발, 환경 재난 등으로 인한 피해 발생
재정 부담 기준	지방정부의 자체 복구 능력을 초과하는 경제적 손실 발생
주민 피해 기준	다수의 인명 피해 및 주거지 파괴 발생

3.2.2. 특별재난지역 선포 후 지원 항목

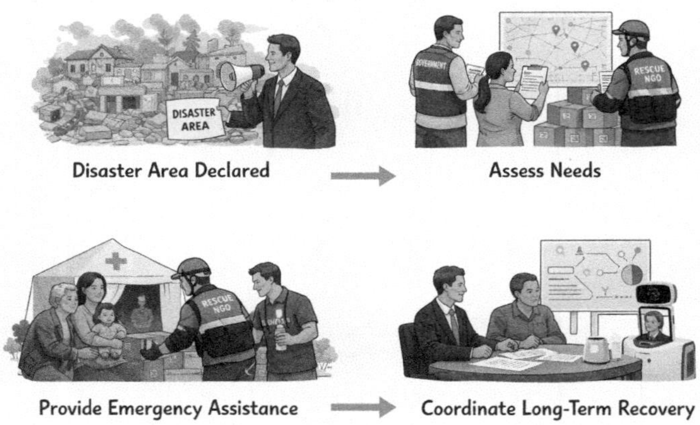

그림 10.10 특별재난지역 선포 후 지원 절차

주택 피해 보상

- **피해 유형**: 전파(全破), 반파(半破), 침수
- **지원 금액**: 피해 규모에 따라 차등 지급

중소기업 및 농업 피해 지원

- 중소기업 및 자영업자의 피해 복구 자금 지원
- 농업·어업 종사자를 위한 복구 지원금 지급

세금 감면 및 공공요금 지원

- 재난 피해 주민을 위한 지방세 감면 및 유예 조치
- 전기요금, 수도 요금 감면 지원

3.3 재난 피해 지원 제도

3.3.1. 주택 및 생계 지원

주택 피해 지원

피해 가구를 대상으로 긴급 주거 지원(임시 거처 제공)

- 피해 복구 비용 일부를 지원하여 주택 수리 및 재건축 가능하도록 도움

생계비 지원

- 일시적인 실업 및 소득 감소를 겪는 피해 가구에 대한 생계비 지원
- 일정 소득 기준 이하의 가구에 대해 지원금 차등 지급

표 10.8 주택 및 생계 지원 유형

지원 유형	내용
긴급 주거 지원	주택 파손 시 임시 거처 제공 및 재건 비용 지원
생계비 지원	재난 피해로 인해 소득 감소가 발생한 가구에 대한 경제 지원
교육비 지원	피해 가정의 학생을 위한 학비 및 교재비 지원
재난 피해자 의료비 지원	부상자 치료비 지원 및 의료 서비스 확대

3.3.2. 의료 및 심리적 지원

그림 10.11 재난 피해자 심리 지원 시스템

의료비 지원

- 재난으로 인한 부상자 치료비 지원
- 입원 치료 및 재활 치료에 대한 국가 지원 확대

재난 심리 지원 프로그램 운영

- 심리 상담 및 정신건강 치료 지원
- 트라우마 극복을 위한 장기적 지원 프로그램 운영

3.3.3. 소상공인 및 기업 지원

소상공인 및 기업 피해 복구 지원

- 재난 피해를 입은 중소기업 및 소상공인 대상 저금리 융자 지원
- 폐업 위기에 처한 사업체에 대한 긴급 운영자금 지원

세금 감면 및 대출 상환 유예

- 일정 기간 동안 세금 납부 연기 또는 감면 조치 시행
- 금융권 대출 상환 유예 및 이자 지원

표 10.9 소상공인 및 기업 지원 정책

지원 항목	내용
저금리 융자 지원	재난 피해를 입은 기업 및 자영업자를 위한 긴급 운영자금 제공
세금 감면	일정 기간 동안 세금 납부 연기 또는 감면 조치 시행
대출 상환 유예	금융권 대출 상환 기한 연장 및 이자 부담 완화
긴급 운영자금 지원	피해 업체의 신속한 복구 및 재개업 지원

3.4 향후 재난 피해 보상 및 지원 개선 방향

3.4.1. 피해 보상 절차 간소화

디지털 신고 시스템 도입

- 온라인 및 모바일 신고 시스템을 구축하여 신속한 피해 보상 진행
- AI 기반 피해 평가 시스템 도입

피해 보상 기준의 명확화

- 피해 유형별 세부 기준 마련
- 피해 평가 기준에 대한 국민 접근성 강화

3.4.2. 피해 복구 지원 확대

긴급 복구 자금의 신속한 지급

- 기존 대비 보상 절차를 단축하여 피해자가 신속하게 지원을 받을 수 있도록 개선
- 지자체와 중앙정부 간 협력 강화

심리적 지원 및 장기적 케어 시스템 구축

- 재난 피해자의 심리적 회복을 위한 장기 지원 체계 마련
- 피해자 중심의 맞춤형 심리 지원 서비스 제공

표 10.10 재난 피해 보상 및 지원 개선 방안

개선 방안	내용
디지털 신고 시스템 도입	온라인 및 모바일 신고 시스템 구축을 통한 신속한 피해 보상 처리
AI 기반 피해 평가	피해 규모 자동 분석 시스템을 활용한 신속한 보상 결정
복구 지원 절차 간소화	피해 보상 심사 과정을 단축하여 지원금 지급 속도 향상
심리적 지원 강화	장기적인 정신건강 지원 시스템 운영 및 피해자 맞춤형 지원 확대

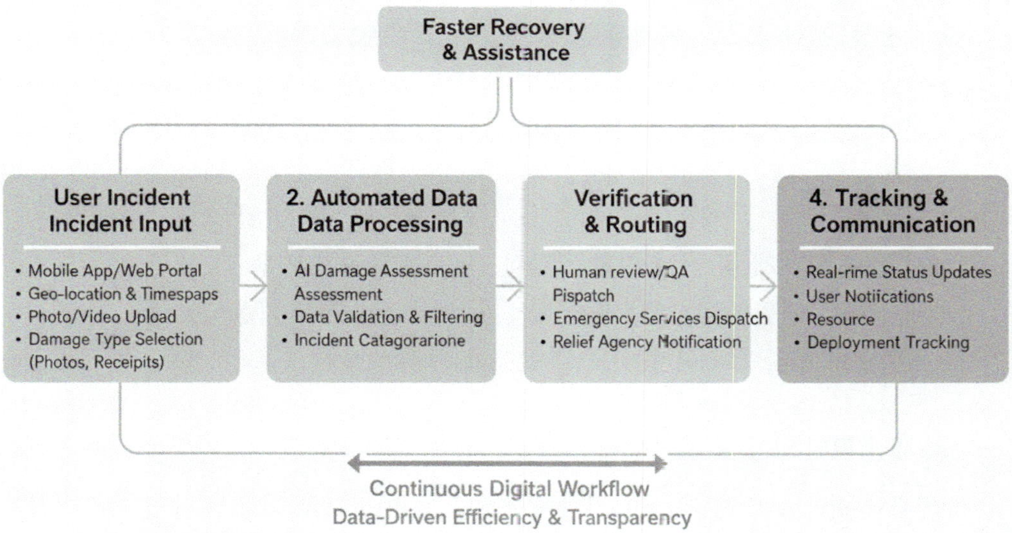

그림 10.12 디지털 재난 피해 신고 시스템

핵심 내용 정리(기출 문제 관련)

1. 재난 발생 시 대응 절차

- 재난 대응 절차는 예방, 대비, 대응, 복구의 4단계로 이루어짐
- 중앙정부와 지방정부의 역할이 구분되며, 신속한 현장 대응이 중요
- 긴급 구조, 응급 의료 지원, 주민 대피 및 복구 지원 등이 포함됨
- 국가 재난관리 기준에 따라 대응 절차가 수립되며, 기관 간 협력 체계가 필수

출제 경향

- 재난 대응 4단계(예방-대비-대응-복구)의 개념과 순서를 묻는 문제 출제 가능
- 중앙정부 및 지방정부의 역할을 비교하는 문제 출제 가능
- 긴급 구조와 대응 매뉴얼 관련 문항 출제 가능

2. 긴급 구조 및 재난 심리 지원

- 긴급 구조는 재난 발생 직후 생명 구조 및 응급처치를 목적으로 수행됨
- 소방청, 경찰청, 보건복지부 등이 긴급 구조기관으로 역할을 담당
- 재난 심리 지원은 PTSD 예방 및 피해자의 정서적 안정을 위한 필수 조치
- 심리적 응급처치(PFA) 및 전문 심리 상담이 주요 지원 방법

출제 경향

- 긴급 구조 체계 및 관련 기관 역할을 묻는 문제 출제 가능
- 재난 심리 지원(PFA) 개념과 필요성을 묻는 문제 출제 가능
- 소방청과 경찰청의 역할 비교 문제 출제 가능

3. 재난 피해 보상 및 지원 법령

- 「재난 및 안전관리 기본법」, 「재해구호법」을 기반으로 피해 보상이 이루어짐
- 특별재난지역 선포 시 국가 차원의 지원이 추가 제공됨
- 피해 보상 신청 절차: 피해 신고 → 피해 조사 → 보상 결정 → 지원금 지급
- 재난 발생 후 세금 감면, 공공요금 지원, 긴급 생계비 지원 등의 조치 시행

출제 경향

- 「재난 및 안전관리 기본법」의 주요 내용을 묻는 문제 출제 가능
- 특별재난지역 지정 요건 및 지원 항목을 묻는 문제 출제 가능
- 재난 피해 보상 절차 및 지원 대상 관련 문항 출제 가능

연습문제

1. 재난 발생 시 대응 절차

01 다음 중 재난 대응 절차에 포함되지 않는 단계는?

① 예방 ② 대비 ③ 대응 ④ 복합

02 재난이 발생했을 때, 초기 피해를 최소화하기 위한 단계는?

① 예방 ② 대비 ③ 대응 ④ 복구

03 재난 발생 시 중앙정부의 역할로 가장 적절한 것은?

① 지역 주민 대피 유도
② 재난 발생 현장에서 구조 활동 수행
③ 국가 차원의 재난 대응 계획 수립 및 조정
④ 지역 사회 봉사활동 조직

04 지방자치단체가 수행하는 재난 대응 활동으로 적절한 것은?

① 국가 재난관리 정책 수립
② 지역 내 피해 상황 조사 및 주민 보호 조치
③ 재난 발생 시 긴급 구조를 총괄하는 중앙대책본부 운영
④ 국가안전 관리 기본계획 수립

05 재난 대응의 주요 목적이 아닌 것은?

① 인명 보호 및 피해 최소화
② 재난의 확산 방지 및 신속한 복구 지원
③ 경제적 이익 창출
④ 사회 기능의 정상화

2. 긴급 구조 및 재난 심리 지원

06 긴급 구조 활동의 주된 목표가 아닌 것은?

① 인명 보호 및 피해 최소화
② 피해 확산 방지
③ 긴급 대응을 위한 재난 예방 대책 수립
④ 응급 의료 지원

07 다음 중 긴급 구조 활동을 담당하는 주요 기관이 아닌 것은?

① 소방청 ② 경찰청
③ 보건복지부 ④ 환경부

08 재난 심리 지원의 주요 목표로 적절한 것은?

① 재난 피해자의 심리적 안정 도모
② 재난 발생 후 피해자의 신체적 회복 지원
③ 재난 대응을 위한 기금 마련
④ 재난 대응에 대한 정부의 정책 개선

09 재난 심리 지원에서 심리적 응급처치(PFA)의 핵심 요소가 아닌 것은?

① 심리적 충격 완화
② 피해자의 정서적 안정을 위한 상담 제공
③ 피해 지역 복구 계획 수립
④ 피해자의 불안 감소 및 PTSD 예방

10 다음 중 긴급 구조 체계의 주요 구성 요소가 아닌 것은?

① 구조 활동 ② 응급 의료 지원
③ 복구 재정 지원 ④ 주민 대피

3. 재난 피해 보상 및 지원 법령

11 다음 중 재난 피해 보상과 관련된 주요 법령이 아닌 것은?

① 「재난 및 안전관리 기본법」
② 「재해구호법」
③ 「환경정책기본법」
④ 「특별재난지역 선포 제도」

12 특별재난지역으로 지정될 경우 제공되는 지원이 아닌 것은?

① 주택 피해 보상
② 중소기업 복구 자금 지원
③ 지역 주민 대상 긴급 의료 서비스 확대
④ 대기업의 세금 감면 혜택

13 다음 중 특별재난지역이 지정되는 주요 요건으로 적절하지 않은 것은?

① 일정 규모 이상의 재산 피해 발생
② 지방정부의 자체 복구 능력을 초과하는 피해 발생
③ 국가 차원의 지원 없이도 충분한 복구가 가능한 경우
④ 행정안전부의 평가 후 대통령 승인

14 다음 중 재난 피해 보상 절차의 순서로 올바른 것은?

① 피해 신고 → 피해 조사 → 보상 결정 → 지원금 지급
② 피해 조사 → 피해 신고 → 보상 결정 → 지원금 지급
③ 보상 결정 → 피해 신고 → 피해 조사 → 지원금 지급
④ 지원금 지급 → 피해 조사 → 피해 신고 → 보상 결정

15 다음 중 국가 및 지자체가 재난 피해자에게 지원하는 내용으로 적절한 것은?

① 긴급 주거 지원 및 피해 복구 지원금 지급
② 피해자의 재산권 박탈 및 재건축 제한
③ 재난 대응을 위한 개인 책임 강화
④ 피해 지역에서의 경제 활동 제한

4. 기타 출제 예상 문제

16 재난이 발생한 지역의 교통 통제 및 치안 유지 역할을 담당하는 기관은?

① 소방청
② 경찰청
③ 국토교통부
④ 보건복지부

17 재난 심리 지원의 필요성을 가장 잘 설명하는 내용은?

① 재난 피해자의 경제적 부담을 줄이기 위함
② 재난 후 PTSD와 같은 심리적 충격을 완화하기 위함
③ 재난 대응 정책 수립을 돕기 위함
④ 재난 피해 주민들에게 법적 조언을 제공하기 위함

18 다음 중 긴급 구조 활동에 포함되지 않는 것은?

① 구조 활동
② 응급 의료 지원
③ 재난 심리 지원
④ 대피소 운영

19 특별재난지역으로 선포되면 제공되는 정부 지원 내용으로 가장 적절한 것은?

① 피해 주민에 대한 주택 및 생계 지원
② 중앙정부의 직접적인 재산 보상
③ 지방정부의 모든 재정 지원 중단
④ 재난 피해자의 재산 압류

20 재난 대응 및 복구 과정에서 긴급 지원을 담당하는 기관이 아닌 것은?

① 보건복지부
② 국토교통부
③ 교육부
④ 소방청

참고문헌

. 논문 및 문헌
• 김민수, 「재난 대응 체계의 문제점과 개선 방안 연구」, 한국방재학회논문집, 2022.
• 이승환, 「긴급 구조 및 재난 대응 체계의 법적 분석」, 법학연구, 2021.
• 박지훈, 「특별재난지역 지정 기준과 피해 보상 체계 연구」, 한국행정학회, 2020.
• 정윤석, 「재난 심리지원의 필요성과 효과 분석」, 심리학연구, 2019.
• 조대호, 「국가 재난관리 체계의 국제적 비교 연구」, 재난안전연구, 2018.
• 신영진, 「재난 대응 단계별 현장 지휘 체계의 개선 방안」, 소방방재연구소 논문집, 2017.

2. 보고서
• 행정안전부, 「2023 국가 재난관리 기본계획」, 2023.
• 소방청, 「긴급 구조 대응 매뉴얼 개정 보고서」, 2022.
• 국토교통부, 「특별재난지역 선포 및 지원 제도 개선 연구」, 2021.
• 보건복지부, 「재난 심리지원 가이드라인」, 2023.
• 환경부, 「화학사고 대응 및 재난 복구 체계 연구」, 2020.
• 산업통상자원부, 「재난 피해 복구를 위한 공공지원 정책 보고서」, 2019.

3. 온라인 자료
• 행정안전부, 「재난 및 안전관리 기본법 주요 내용」, 국가법령정보센터, https://www.law.go.kr
• 중앙재난안전대책본부, 「긴급 구조 및 재난 대응 매뉴얼」, 국가재난정보센터, https://www.safekorea.go.kr
• 한국소방안전원, 「재난 대응을 위한 소방 및 구조 지침」, https://www.kfsi.or.kr
• 한국방재협회, 「특별재난지역 지원 및 피해 보상 기준」, https://www.kfpa.or.kr
• 보건복지부, 「재난 심리지원 서비스 및 상담 지원」, https://www.mohw.go.kr

CHAPTER

11 재난관리와 민관 협력

학습목표

- 재난 대응에서 시민 참여와 자율방재단의 역할을 이해한다.
- 기업과 NGO가 재난관리에서 수행하는 기능을 설명할 수 있다.
- 재난 대비를 위한 공공 캠페인과 교육의 중요성을 분석한다.
- 업무 연속성 계획(BCP)의 개념과 실제 적용 사례를 학습한다.

1 재난 대응에서의 시민 참여와 자율방재단

1.1 시민 참여의 중요성

재난은 예측이 어렵고 다양한 형태로 발생하기 때문에, 정부와 공공기관의 대응만으로는 효과적인 재난관리를 수행하는 데 한계가 있다. 이에 따라 시민 참여는 재난 대응 체계에서 필수적인 요소로 강조되고 있으며, 단순한 피해자가 아닌 재난 대응의 주체로서 기능하는 것이 중요하다.

시민 참여는 크게 재난 예방, 초기 대응, 피해 복구의 세 가지 측면에서 중요한 역할을 한다.

재난 예방 활동에서의 시민 역할

- 지역 사회 내 위험 요소를 사전에 인식하고 개선하는 역할 수행
- 개인 및 공동체 차원의 대응 능력 향상을 위한 지속적인 교육과 훈련 참여
- 재난 대응 행동 매뉴얼을 숙지하고 가정 및 직장에서의 대비책 마련

초기 대응 단계에서 시민의 역할

- 재난 발생 후 공공기관이 도착하기 전까지 초기 구조 및 응급조치를 수행
- 가족과 이웃의 안전을 보호하고 신속한 대피를 지원
- SNS나 무선 통신을 활용하여 신속하게 재난 정보를 공유

재난 복구 과정에서의 시민 참여

- 피해 지역 복구 지원 및 긴급 구호 활동에 참여

- 기부 및 자원봉사 활동을 통해 지역 사회의 신속한 회복을 지원
- 피해 지역 주민의 심리적 안정과 공동체 회복을 위한 정서적 지원 제공

시민 참여를 촉진하기 위한 주요 전략

- 국가 및 지자체 주도의 시민 참여형 재난 교육 프로그램 운영
- 재난 대비를 위한 지역 사회 중심의 훈련과 시뮬레이션 실시
- 시민 참여를 유도하는 공공 캠페인과 인센티브 제도 도입

그림 11.1 시민 참여를 통한 재난 대응 체계

1.2 자율방재단의 개념과 역할

1.2.1 자율방재단의 정의

표 11.1 자율방재단의 주요 기능과 역할

구분	주요 기능 및 역할	
예방	• 재난취약시설 안전 점검 및 신고 • 무더위·한파 쉼터 점검 • 방재 장비·물품 점검 및 보수	• 침수 취약 계층 대피 지원 체계 운영 • 지역 주민 대상 홍보캠페인
대비·대응	• 위험지역 출입 통제 지원 • 안전 취약 계층 방문 및 안부 확인 • 폭설 대비 제설제 사전 살포	• 주민 사전 대피 활동 지원 • 우기 대비 배수로 및 맨홀 정비
복구	• 피해 지역 복구 지원 • 폭설 지역 제설 활동	• 대피소 관리 및 구호물자 지원 • 피해 신고서 작성 및 피해 조사 지원

자율방재단은 지역 주민들이 자발적으로 조직하여 재난 예방 및 대응 활동을 수행하는 단체로서, 정부 및 공공기관의 재난 대응을 보완하는 역할을 한다.

자율방재단은 다음과 같은 주요 목표를 갖는다.

- 재난 발생 전 위험 요소 사전 점검 및 예방 활동 수행
- 재난 발생 시 초기 대응 및 피해 최소화를 위한 구조 활동 지원
- 재난 발생 후 복구 지원 및 재난 대응 역량 강화를 위한 개선 활동 추진

1.2.2 자율방재단의 주요 역할

자율방재단은 재난 발생 전, 발생 중, 발생 후 단계에서 중요한 역할을 수행하며, 단계별 주요 역할은 다음과 같다.

재난 발생 전 역할

- 지역 내 위험 요소를 조사하고 대비책 마련
- 주민 대상 재난 대응 교육 및 실전 훈련 실시
- 재난 발생 시 신속한 대응을 위한 연락망 구축

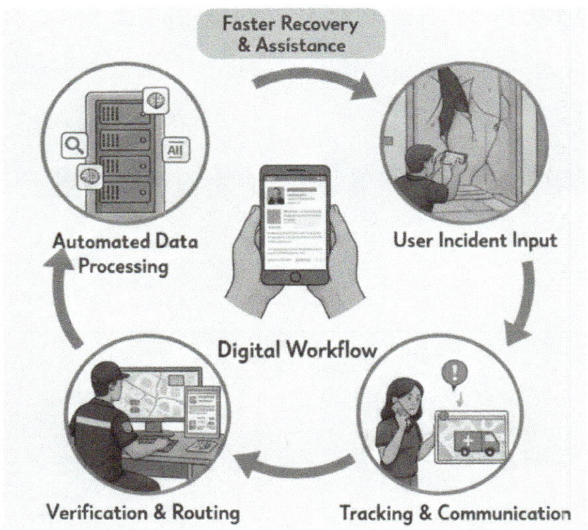

그림 11.2 자율방재단의 재난 대응 프로세스

재난 발생 시 역할

- 초기 대응 및 긴급 구조 활동 수행
- 지역 주민 대피 및 안전 확보
- 응급처치 및 긴급 구호 활동 지원

재난 발생 후 역할

- 피해 지역의 복구 작업 지원 및 생활 재건 활동 수행
- 지역 사회의 심리적 안정 도모 및 트라우마 상담 지원
- 향후 재난 대응 역량 강화를 위한 평가 및 개선 방안 마련

1.3 국내외 자율방재단 운영 사례

1.3.1 일본 – 자율방재조직(自主防災組織, JBO)

일본은 지역 기반의 자율방재조직(自主防災組織, JBO)을 운영하며, 지방자치단체와 협력하여 재난 대응 체계를 구축하고 있다.

- 지역 주민들이 스스로 방재 훈련을 실시하고 재난 발생 시 신속하게 대응할 수 있도록 조직됨
- 정부 지원을 통해 방재용품 보급 및 교육 프로그램 운영
- 지진, 태풍, 화산 폭발 등 다양한 재난 유형에 대비한 훈련 체계 구축

1.3.2 미국 – CERT(Community Emergency Response Team)

미국에서는 연방재난관리청(FEMA)이 주도하여 CERT(Community Emergency Response Team) 프로그램을 운영하고 있다.

- 지역 주민들이 응급처치, 화재 진압, 구조 활동 등을 교육받고 재난 발생 시 신속하게 대응할 수 있도록 함
- 경찰, 소방서, 응급의료기관과 협력하여 지역 사회 중심의 재난 대응 체계 구축
- 허리케인, 산불, 지진 등 대형 재난 발생 시 긴급 대응을 위한 주민 조직화

1.3.3 한국 – 지역 자율방재단

한국에서도 지역 자율방재단이 운영되고 있으며, 행정안전부의 지침에 따라 지자체별로 구성된다.

표 11.2 주요국의 자율방재단 운영 비교

구분	일본	미국	한국
조직명	자율방재조직 (JBO)	커뮤니티 긴급 대응팀 (CERT)	지역 자율방재단
구성 주체	지역 주민	지역 주민	지역 주민
주요 활동	방재훈련, 재난 대응	응급처치, 화재 진압	재난 대비 홍보, 위험 요소 점검
정부 지원	방재용품 보급, 교육 프로그램	경찰·소방서와 협력	행정기관과의 협력 체계 강화

- 재난 대비 홍보, 지역 위험 요소 점검, 대피 지원 및 응급 복구 활동 수행
- 행정기관과의 협력 체계를 강화하여 보다 신속한 대응 체계 마련
- 최근 IT 기술을 활용한 실시간 재난 정보 공유 시스템 도입이 이루어지고 있음

1.4 자율방재단 운영의 과제 및 발전 방향

1.4.1 자율방재단 운영의 주요 과제

법적·제도적 지원 부족

- 자율방재단의 활동이 지속적으로 이루어질 수 있도록 정부 차원의 지원 확대 필요
- 법적 근거 마련 및 활동에 대한 재정적 지원 보장

교육 및 훈련 부족

- 단순한 이론 교육이 아니라, 실전 대응 훈련을 통해 실질적인 대응 능력을 향상할 필요 있음
- 정기적인 훈련과 모의 재난 대응 시뮬레이션 시행

민관 협력 체계 미흡

- 지자체, 기업, NGO 등과의 협력을 통해 대응 역량을 극대화할 수 있도록 체계적인 협력 필요
- 기업이 자율방재단 활동을 지원할 수 있도록 인센티브 제공

1.4.2 자율방재단의 발전 방향

그림 11.3 자율방재단 발전을 위한 전략적 방향

- **기술 활용 강화**: 드론, AI, GIS(지리정보 시스템) 등을 활용한 재난 대응 체계 구축
- **조직 체계 확립**: 지역별로 체계적인 역할 분담과 위기 대응 매뉴얼 확립
- **전문 교육 과정 개설**: 대학 및 전문 기관을 통해 자율방재단을 위한 전문 교육 프로그램 운영

자율방재단이 활성화될수록 지역 사회의 재난 대응 역량이 강화되며, 이는 재난 발생 시 피해를 최소화하는 핵심 요소로 작용할 것이다.

2 기업과 NGO의 역할

2.1 기업의 재난관리 참여

재난이 발생하면 공공기관뿐만 아니라 민간 부문의 적극적인 개입이 필요하다. 특히 기업은 재난 대응 및 복구 과정에서 중요한 역할을 수행하며, 자원의 신속한 동원과 경제적 지원을 통해 피해를 최소화하는 데 기여한다. 기업의 재난 대응 역할은 다음과 같이 구분할 수 있다.

2.1.1 기업의 재난 대응 역할

재난 발생 전 (예방 및 대비 단계)

- 기업 내부의 업무 연속성 계획(BCP, Business Continuity Planning) 수립
- 직원 대상 재난 대비 교육 및 훈련 실시
- 건물 및 시설물의 내진·방재 설비 강화
- 재난 발생 시 필요한 긴급 물자 및 물류 공급망 확보

재난 발생 시 (긴급 대응 단계)

- 피해 지역에 대한 긴급 자원 지원 (식수, 의약품, 연료 등)
- 사회적 책임(CSR, Corporate Social Responsibility)의 일환으로 피해 복구 기금 마련
- 재난 관련 기술 및 인프라 제공 (통신망, 대체 전력 공급 등)
- 직원 및 고객의 안전 확보를 위한 신속한 대응 조치

재난 발생 후 (복구 및 재건 단계)

- 경제 활동 정상화 지원 및 피해 기업 재건 지원
- 지역 사회 복구를 위한 인적·물적 지원 (건설 장비 제공, 자원봉사 등)
- 장기적인 재난 대응 역량 강화를 위한 연구개발(R&D) 투자

그림 11.4 기업의 재난 대응 단계별 역할

2.1.2 기업의 업무 연속성 계획(BCP) 수립

업무 연속성 계획(BCP, Business Continuity Planning)은 기업이 재난 발생 시에도 핵심 업무를 지속할 수 있도록 사전에 준비하는 전략적 접근 방식이다. 주요 요소는 다음과 같다.

리스크 평가 및 분석

- 자연재해, 화재, 전염병 등 기업 운영에 영향을 미칠 수 있는 위험 요소 분석
- 공급망 관리(Supply Chain Management)를 통한 리스크 최소화 전략 마련

핵심 업무 보호 전략 수립

- 주요 업무의 지속성을 보장하기 위한 대체 방안 마련
- 데이터 보호 및 IT 시스템 백업 구축

비상 대응 매뉴얼 개발 및 훈련

- 직원 대상 위기 대응 교육 및 정기적인 모의 훈련 시행
- 재난 발생 시 즉시 가동할 수 있는 행동 지침 마련

표 11.3 기업의 업무 연속성 계획(BCP) 주요 요소

구분	내용
리스크 평가 및 분석	자연재해, 화재, 전염병 등 기업 운영에 영향을 미칠 수 있는 위험 요소 분석
핵심 업무 보호 전략 수립	주요 업무의 지속성을 보장하기 위한 대체 방안 마련
비상 대응 매뉴얼 개발 및 훈련	직원 대상 위기 대응 교육 및 정기적인 모의 훈련 시행

2.1.3 국내외 기업의 재난 대응 사례

국내 사례 – 삼성전자

- 2020년 코로나19 팬데믹 기간 동안 자체 생산 시설의 방역 강화를 위해 스마트워크 시스템 도입
- 재난 대응팀 운영 및 글로벌 공급망 리스크 관리 강화
- 피해 지역에 대한 방역용품 지원 및 의료진 대상 후원

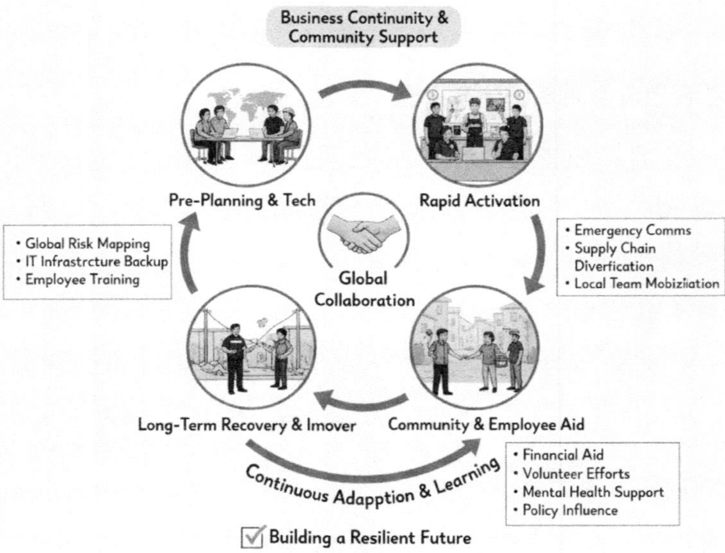

그림 11.5 글로벌 기업의 재난 대응 사례

해외 사례 – 월마트(Walmart)

- 허리케인 카트리나 발생 당시, 미국 남부 지역에서 비상식량 및 생필품 긴급 지원
- 자체 물류 시스템을 활용하여 재난 지역으로 빠르게 구호물자 운송
- 지역 사회 복구를 위한 기부금 제공 및 자원봉사단 운영

2.2 NGO의 역할과 협력 사례

2.2.1 NGO의 재난 대응 역할

비정부기구(NGO, Non-Governmental Organization)는 정부와 민간기업이 수행하기 어려운 역할을 담당하며, 특히 긴급 구호 및 재난 복구 활동에서 중요한 역할을 한다. 주요 역할은 다음과 같다.

재난 발생 전 (예방 및 대비 단계)

- 재난 취약 지역에서의 방재 교육 및 훈련 프로그램 운영
- 긴급 구호 기금 마련 및 의료·식량 비축 활동 수행
- 위험지역 주민들에게 재난 경보 및 대비책 안내
- 재난 발생 시 (긴급 대응 단계)

신속한 구호팀 파견 및 응급 의료 지원 제공

- 피해 지역 주민들을 위한 긴급 쉼터 운영 및 식량 배급
- 공공기관과 협력하여 피해 지역에 대한 지원 자원 조정

재난 발생 후 (복구 및 재건 단계)

- 피해 지역 주민들의 자립을 돕기 위한 장기 지원 프로그램 운영
- 재난 대응 역량 강화를 위한 국제 협력 및 정책 개선 활동
- 심리적 안정 및 트라우마 극복을 위한 상담 서비스 제공

그림 11.6 NGO의 재난 대응 역할별 구분

2.2.2 주요 NGO의 재난 대응 활동

대한적십자사(Korean Red Cross)

- 국내외 재난 발생 시 긴급 구조 및 인도적 지원 제공
- 헌혈 및 응급 의료 지원을 통해 피해 주민 보호
- 취약 계층을 위한 재난 대비 교육 프로그램 운영

국경 없는 의사회(MSF, Médecins Sans Frontières)

- 전 세계 재난 및 전쟁 지역에서 의료 지원 활동 수행
- 긴급 의료진 파견 및 전염병 발생 시 방역 지원
- 의료시설 파괴 지역에서 임시 병원 운영

세계식량계획(WFP, World Food Programme)

- 자연재해 및 분쟁 지역에서 긴급 식량 지원 제공
- 기후변화로 인한 식량 위기 대응을 위한 연구 및 정책 개발
- 피해 지역 주민들이 자립할 수 있도록 지속 가능한 농업 지원 프로그램 운영

표 11.4 주요 NGO의 재난 대응 활동 비교

구분	대한적십자사	국경 없는 의사회(MSF)	세계식량계획(WFP)
주요 활동	긴급 구조, 인도적 지원	의료 지원, 전염병 방역	식량 지원, 농업 지원
활동 지역	국내외	전 세계	전 세계

2.2.3 기업과 NGO의 협력 사례

기업과 NGO는 각각의 강점을 결합하여 효과적인 재난 대응을 수행할 수 있다.

한국 – SK그룹과 대한적십자사의 협력

- SK그룹은 국내 재난 피해 지역에 대한 긴급 지원을 위해 대한적십자사와 협약 체결
- 자사 인프라를 활용한 긴급 구호 물품 운송 지원

글로벌 사례 – 유니세프(UNICEF)와 코카콜라

- 코카콜라는 유니세프와 협력하여 아프리카 지역에 깨끗한 식수를 제공하는 'Safe Water for Africa' 프로젝트 운영
- 재난 발생 후 깨끗한 물 부족 문제 해결을 위한 이동식 정수 시스템 제공

그림 11.7 기업과 NGO 협력 사례

2.3 기업과 NGO의 재난 대응 발전 방향

기업과 NGO는 지속 가능한 재난 대응 시스템 구축을 위해 다음과 같은 방향으로 발전해야 한다.

기업의 지속 가능한 재난 대응 전략 마련

- 단기적 기부보다는 장기적인 재난 대응 인프라 구축에 집중
- 재난 대응을 기업의 ESG(Environmental, Social, and Governance) 정책과 연계

그림 11.8 지속 가능한 재난 대응을 위한 기업과 NGO의 협력 모델

NGO의 지역 기반 대응 강화

- 피해 지역 사회와 협력하여 자립을 돕는 지속 가능한 복구 모델 마련
- 기후변화 대응 및 환경 보호를 고려한 재난 대응 전략 개발

기업과 NGO 간의 협력 확대

- 재난 대응 파트너십 강화를 위한 공동 프로젝트 개발

• 글로벌 기업들의 CSR 프로그램과 NGO의 긴급 구호 활동 연계

이러한 협력을 통해 기업과 NGO는 재난 대응의 효과성을 극대화하고, 지역 사회의 회복력 강화를 위한 중요한 역할을 수행할 수 있다.

3 재난 대비 공공 캠페인과 교육

3.1 공공 캠페인의 역할

재난 대비 공공 캠페인은 시민들에게 재난의 위험성과 대응 방법을 알리는 주요 수단으로, 재난 발생 시 인명 피해를 줄이고, 효과적인 대응을 유도하는 중요한 역할을 한다. 공공 캠페인은 단순한 정보 전달을 넘어, 시민들이 직접 재난 대비 행동을 실천하도록 유도하는 것이 핵심이다.

3.1.1 공공 캠페인의 목적

재난 대비 공공 캠페인은 다음과 같은 주요 목적을 가진다.

재난 위험성 인식 제고

일반 시민들이 특정 재난(지진, 화재, 홍수 등)에 대한 경각심을 가질 수 있도록 함

• 과거 발생했던 재난 사례를 활용하여 경각심을 높임

재난 발생 시 행동 지침 제공

• 긴급 대피 방법, 응급처치, 가족 간 연락 방법 등을 교육
• 재난 발생 시 패닉 상태를 줄이고 신속한 대응을 유도

재난 대비 실천 유도

• 재난 대비 물품 준비(비상식량, 손전등, 구급상자 등)
• 가정 및 직장에서의 대피 경로 점검 및 훈련

3.1.2 주요 공공 캠페인 전략

공공 캠페인은 효과적인 전달을 위해 다양한 방법을 활용하며, 다음과 같은 전략이 사용된다.

대중 매체 활용

- TV, 라디오, 신문 등을 통해 전국적으로 정보 전달
- 재난 발생 시 행동 요령을 짧고 이해하기 쉬운 형태로 제공

디지털 플랫폼 활용

- SNS, 유튜브, 모바일 앱 등을 통해 실시간 재난 정보 제공
- 대국민 참여형 캠페인(예 챌린지, 설문조사 등) 운영
- 체험형 캠페인 및 교육 프로그램 운영
- 재난 대비 체험관 운영(지진 체험, 화재 대피 체험 등)
- 시민 참여형 재난 모의 훈련 및 시뮬레이션 시행

학교 및 직장 중심의 교육 강화

- 학생 및 직장인을 대상으로 정기적인 재난 대비 교육 제공
- 가정에서 실천할 수 있는 간단한 대비 방법 홍보

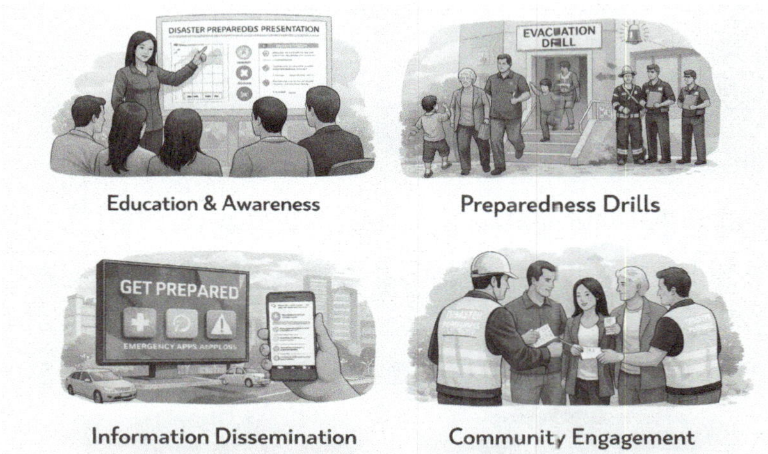

그림 11.9 재난 대비 공공 캠페인 주요 전략

3.1.3 주요 공공 캠페인 사례

한국 – '안전한 대한민국 만들기' 캠페인

- 행정안전부 주관으로 진행되는 전국 단위 재난 대비 캠페인
- 재난 대비 필수품 준비, 대피 훈련, 심폐소생술 교육 등의 내용 포함

일본 – '자신을 지켜라'(じぶんをまもろう) 캠페인

- 지진과 쓰나미 대비를 위한 행동 요령을 홍보하는 전국적 캠페인
- 대피 경로 점검 및 가족 간 비상 연락망 구축을 강조

미국 – 'Ready.gov' 캠페인

- 미국 연방재난관리청(FEMA)에서 운영하는 온라인 재난 대비 교육 플랫폼
- 개인 및 가족 단위의 재난 대비 계획 수립을 돕는 콘텐츠 제공

표 11.5 주요국 공공 캠페인 비교

구분	한국	일본	미국
캠페인명	안전한 대한민국 만들기	자신을 지켜라 (じぶんをまもろう)	Ready.gov
주관 기관	행정안전부	일본 정부	미국 연방재난관리청 (FEMA)
주요 내용	재난 대비 필수품 준비, 대피 훈련	지진 및 쓰나미 대비 행동 요령	개인 및 가족 단위의 재난 대비 계획 수립

3.2 교육 프로그램과 훈련

3.2.1 재난 대비 교육의 필요성

재난 대비 교육은 위기 상황에서 시민들이 올바른 판단을 내릴 수 있도록 준비하는 핵심 과정이다. 단순한 이론 학습을 넘어, 실제 재난 상황에서 신속하게 행동할 수 있도록 훈련하는 것이 중요하다.

재난 대비 교육의 필요성은 다음과 같다.

재난 대응 능력 향상

- 시민들이 재난 발생 시 자신의 안전을 보호할 수 있도록 지식과 기술 습득
- 긴급 대피, 응급처치, 구조 활동 등의 실습 제공

공동체 중심의 대응 역량 강화

- 지역 사회 내에서 협력적 대응이 가능하도록 교육
- 주민 간 재난 대비 네트워크 구축

재난 트라우마 감소 및 심리적 대응

- 재난 발생 후 심리적 충격을 완화할 수 있도록 사전 대비
- 재난 후 심리적 응급처치(PFA, Psychological First Aid) 교육 포함

3.2.2 주요 재난 대비 교육 프로그램

재난 대비 교육 프로그램은 연령별, 직업별로 차별화된 교육 방식을 제공하며, 주요 교육 프로그램은 다음과 같다.

학교 교육 프로그램

- 초·중·고등학교에서 진행하는 필수 재난 대비 교육
- 지진 대피 훈련, 심폐소생술(CPR) 교육, 화재 시 행동 요령 교육 포함

• 직장 내 재난 대응 훈련

- 기업 및 기관에서 정기적으로 실시하는 재난 대비 교육
- 비상 대피 훈련, 화재 대응 훈련, 재난 발생 시 업무 지속 전략 포함

• 지역 사회 중심 재난 대비 교육

- 지역 주민 대상 재난 대응 교육 및 실전 모의 훈련
- 자율방재단과 협력하여 지역 맞춤형 교육 프로그램 운영

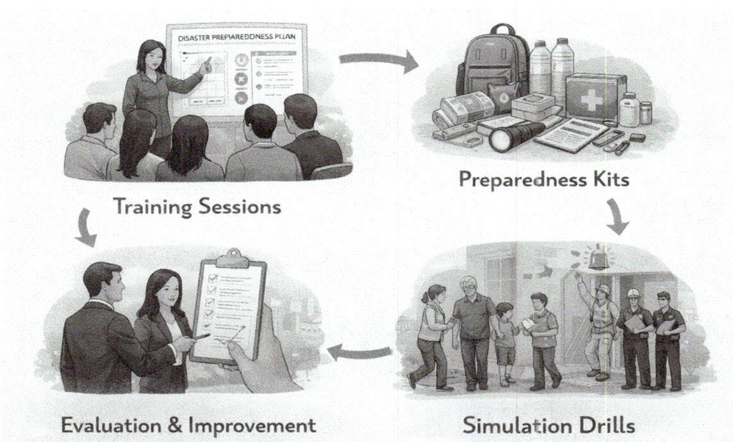

그림 11.10 재난 대비 교육 체계

3.2.3 재난 대비 실전 훈련

이론 교육만으로는 효과적인 재난 대응 능력을 확보하기 어려우므로, 실전 훈련(Disaster Simulation Training)이 반드시 필요하다. 주요 실전 훈련 유형은 다음과 같다.

모의 대피 훈련

- 지진, 화재, 홍수 등의 재난 상황을 가정한 대피 훈련 실시
- 대피 경로 숙지 및 대피 시 유의 사항 실습

응급처치 및 구조 훈련

- 심폐소생술(CPR), 응급처치, 출혈 관리 교육 제공
- 간단한 구조 기술 습득(예: 매듭법, 구조 신호 사용 등)

가상 시뮬레이션 훈련

- VR(가상 현실) 기술을 활용한 실전 대응 훈련
- IT 기술을 활용한 재난 상황별 대응 매뉴얼 실습

표 11.6 주요 재난 대비 훈련 유형 비교

훈련 유형	내용
모의 대피 훈련	지진, 화재, 홍수 등의 재난 상황을 가정한 대피 훈련
응급처치 및 구조 훈련	심폐소생술(CPR), 응급처치, 출혈 관리 교육
가상 시뮬레이션 훈련	VR 기술을 활용한 실전 대응 훈련

3.3 공공 캠페인과 교육의 발전 방향

3.3.1 공공 캠페인 개선 방향

참여형 캠페인 확대

- 시민이 직접 참여하는 체험형 캠페인 활성화
- SNS 및 디지털 플랫폼을 활용한 온라인 참여 유도

정확한 정보 제공 및 팩트체크 강화

- 허위 정보로 인한 혼란 방지를 위해 신뢰할 수 있는 정보 제공
- 공공기관과 협력하여 검증된 재난 대비 정보 공유

기업 및 민간 협력 강화

- 기업 및 NGO와 협력하여 대규모 재난 대비 캠페인 운영
- 학교 및 직장 내 교육 프로그램과 연계한 재난 대비 홍보 진행

3.3.2 재난 대비 교육 강화 방안

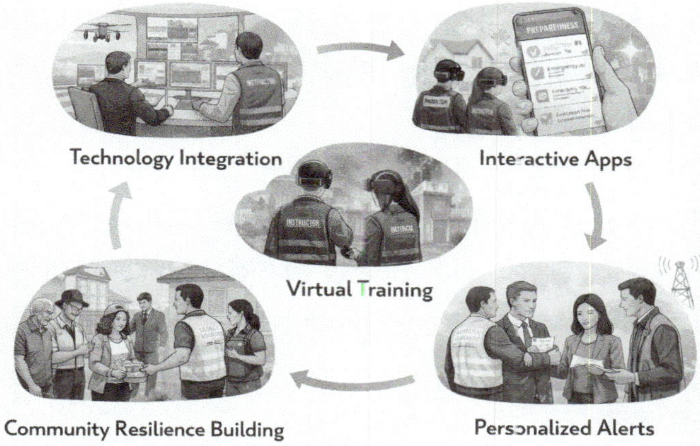

그림 11.11 재난 대비 공공 캠페인 및 교육의 미래 방향

의무 교육 확대

- 학교 및 직장 내 재난 대비 교육을 의무화
- 연령별 맞춤형 재난 교육 커리큘럼 개발

기술 활용 강화

- VR, AI 등을 활용한 실전형 재난 교육 확대
- 디지털 플랫폼을 활용한 실시간 훈련 프로그램 운영

커뮤니티 중심의 재난 대비 강화

- 지역 사회 단위의 재난 대비 훈련 정례화
- 주민들이 직접 참여하는 실전 훈련 확대

공공 캠페인과 교육은 재난 발생 시 피해를 줄이고 시민들의 대응 능력을 높이는 핵심 요소로, 지속적인 개선과 확대가 필요하다.

4 업무 연속성 계획(BCP)의 개념 및 적용 사례

4.1 업무 연속성 계획(BCP)의 개념

4.1.1 업무 연속성 계획(BCP)이란?

업무 연속성 계획(BCP, Business Continuity Planning)은 기업 및 기관이 재난, 사고, 위기 상황에서도 핵심 업무를 지속할 수 있도록 사전에 마련하는 전략적 계획이다. 자연재해, 테러, 전염병, 사이버 공격 등 다양한 위협 요인이 증가하면서 BCP의 중요성이 더욱 부각되고 있다.

BCP는 단순한 재난 복구 계획을 넘어, 재난 발생 시 기업이 정상적으로 운영될 수 있도록 필수 기능을 유지하는 것을 목표로 한다. 특히, 금융, 의료, 통신, 공공서비스 등 주요 인프라 관련 기관은 BCP를 체계적으로 구축하여 예상치 못한 위기 상황에서도 신속하게 대응할 수 있도록 해야 한다.

4.1.2 BCP의 주요 목표

핵심 업무 지속성 보장

- 필수적인 업무 기능이 중단되지 않도록 대체 프로세스 마련
- 조직 운영에 필수적인 자원(인력, 기술, 인프라)의 연속성 확보

재난 및 위기 상황에서 피해 최소화

- 기업 자산(데이터, 장비, 시설 등)의 보호 및 손실 방지
- 조직의 평판 보호 및 고객 신뢰 유지

그림 11.12 업무 연속성 계획(BCP)의 개념적 구조

신속한 복구 및 정상 운영 복귀

- 재난 발생 후 조기에 업무를 복구할 수 있도록 복구 계획(RP, Recovery Plan) 수립
- 복구 기간을 단축하여 경제적 손실을 최소화

4.1.3 BCP의 주요 구성 요소

업무 연속성 계획은 다음과 같은 주요 요소로 구성된다.

리스크 분석 및 평가

- 조직이 직면할 수 있는 다양한 위협 요소(자연재해, 사이버 공격, 공급망 중단 등)를 평가
- 각 위협 요소의 발생 가능성과 영향을 분석하여 우선순위 결정

핵심 업무 및 프로세스 식별

- 재난 발생 시 반드시 유지되어야 하는 필수 업무와 서비스 식별
- 예를 들어, 금융기관에서는 결제 시스템, 의료 기관에서는 환자 응급처치 시스템이 필수 업무에 해당

대체 업무 프로세스 구축

- 주요 업무가 중단될 경우를 대비하여 대체 업무 수행 방법 마련
- 예: IT 시스템 장애 시 백업 서버 활성화, 원격 근무 환경 구축 등

재난 대응 및 복구 계획 수립

- 위기 발생 시 즉각 실행할 수 있는 대응 매뉴얼 및 복구 절차 정의
- 복구 목표 시간(RTO, Recovery Time Objective) 및 복구 목표 지점(RPO, Recovery Point Objective) 설정

교육 및 정기 훈련

- BCP의 실효성을 높이기 위해 정기적인 모의 훈련 및 점검 실시
- 직원 및 관련 이해관계자가 위기 대응 절차를 숙지하도록 교육

표 11.7 업무 연속성 계획(BCP)의 주요 구성 요소

구분	내용
리스크 분석 및 평가	조직이 직면할 수 있는 다양한 위협 요소 평가
핵심 업무 및 프로세스 식별	재난 발생 시 반드시 유지되어야 하는 필수 업무와 서비스 식별
대체 업무 프로세스 구축	주요 업무가 중단될 경우를 대비한 대체 업무 수행 방법 마련
재난 대응 및 복구 계획 수립	위기 발생 시 즉각 실행할 수 있는 대응 매뉴얼 및 복구 절차 정의
교육 및 정기 훈련	BCP의 실효성을 높이기 위한 정기적인 모의 훈련 및 점검 실시

4.2 업무 연속성 계획(BCP) 적용 사례

4.2.1 금융권의 BCP 적용 사례

국내 사례 – K 은행

K 은행은 사이버 공격과 데이터 유출 사고를 대비하여 다음과 같은 BCP를 운영하고 있다.

- **이중 데이터센터 운영**: 한 개의 데이터센터가 장애를 겪을 경우를 대비하여 이중화된 데이터센터를 운영
- **긴급 대응팀 구성**: IT 전문가로 구성된 보안 대응팀을 운영하여 실시간 감시 및 신속 대응 체계 마련
- **재난 복구 테스트 실시**: 정기적으로 모의 해킹 및 데이터 복구 테스트를 진행하여 BCP의 신뢰성을 검증

해외 사례 – JP모건 체이스

JP모건 체이스는 9·11 테러 이후 본사의 운영이 일시적으로 마비되면서, BCP의 중요성을 인식하고 강력한 재난 대응 전략을 수립했다.

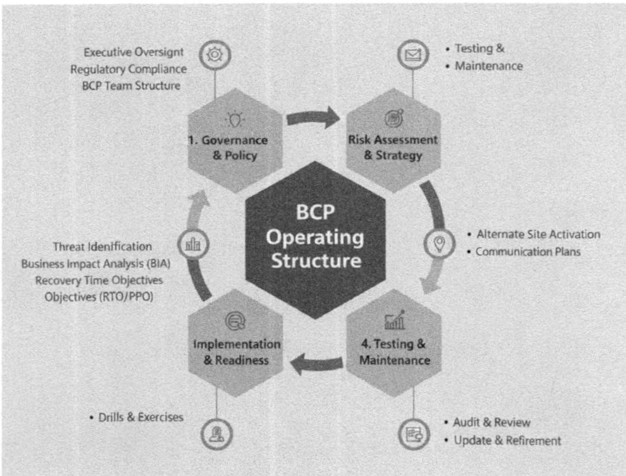

그림 11.13 금융권의 BCP 운영 구조

- **분산된 업무 수행 체계 구축**: 주요 업무를 다양한 지역에 분산 배치하여 특정 지역이 마비되더라도 업무 수행 가능
- **원격 백업 시스템 운영**: 핵심 금융 데이터 및 고객 정보를 원격 서버에 주기적으로 백업
- **비상 연락 체계 강화**: 위기 발생 시 모든 직원이 즉시 대응할 수 있도록 비상 연락망 구축

4.2.2 IT 기업의 BCP 적용 사례

국내 사례 – N사(대형 포털 기업)

N사는 대규모 트래픽과 사이버 공격에 대비하기 위해 고가용성(High Availability) 기반의 BCP 시스템을 운영하고 있다.

- **서버 이중화 및 데이터 백업**: 전국에 분산된 데이터센터 운영으로 장애 발생 시 즉각적인 전환 가능
- **클라우드 기반 업무 연속성 확보**: 데이터 손실을 방지하기 위해 클라우드 스토리지 활용
- **보안 강화 및 정기 모의 훈련**: DDoS 공격 및 해킹에 대비한 보안 훈련을 정기적으로 시행

해외 사례 – 아마존 웹 서비스(AWS)

AWS는 글로벌 데이터센터를 운영하며, 기업 고객을 위한 강력한 BCP 전략을 지원한다.

- **멀티 리전(Multi-Region) 데이터 운영**: 전 세계에 걸쳐 데이터센터를 구축하여 특정 지역의 장애가 발생해도 데이터 손실 방지
- **자동 복구 시스템 구축**: 시스템 장애 발생 시 자동으로 다른 서버로 전환되는 복구 체계 운영
- **재난 대비 매뉴얼 제공**: 고객사가 자체적인 BCP를 수립할 수 있도록 가이드라인 및 솔루션 제공

표 11.8 IT 기업의 업무 연속성 전략 비교

구분	N사(국내 포털 기업)	아마존 웹 서비스(AWS)
데이터센터 운영	전국에 분산된 데이터센터 운영	전 세계에 걸쳐 데이터센터 구축
백업 시스템	클라우드 기반 업무 연속성 확보	자동 복구 시스템 구축
보안 강화	정기적인 보안 훈련 및 모의 해킹 테스트	재난 대비 매뉴얼 제공

4.2.3 공공기관의 BCP 적용 사례

국내 사례 – 정부 행정 데이터센터

정부는 국가 기반 시설과 주요 행정 시스템이 재난으로 인해 중단되지 않도록 행정 데이터 이중화 시스템을 운영하고 있다.

- **백업 데이터센터 구축**: 중앙정부 및 지방정부 데이터 백업 센터 운영
- **비상 전력 시스템 확보**: 정전 및 사이버 공격으로부터 보호하기 위한 별도의 전력 공급 체계 구축
- **재난 대응 시뮬레이션 운영**: 정기적인 모의 훈련을 통해 실제 재난 발생 시 대응 능력 검증

해외 사례 – 영국 NHS(국민건강보험 서비스)

영국 NHS는 사이버 공격 및 전산 장애 발생 시 의료 서비스가 지속될 수 있도록 BCP를 운영한다.

- **의료 데이터 보호 시스템 구축**: 환자 정보를 분산 저장하여 해킹으로 인한 데이터 손실 방지
- **비상 의료 서비스 운영**: IT 장애 발생 시 수기로 의료 기록 작성 및 약품 처방 가능하도록 매뉴얼화

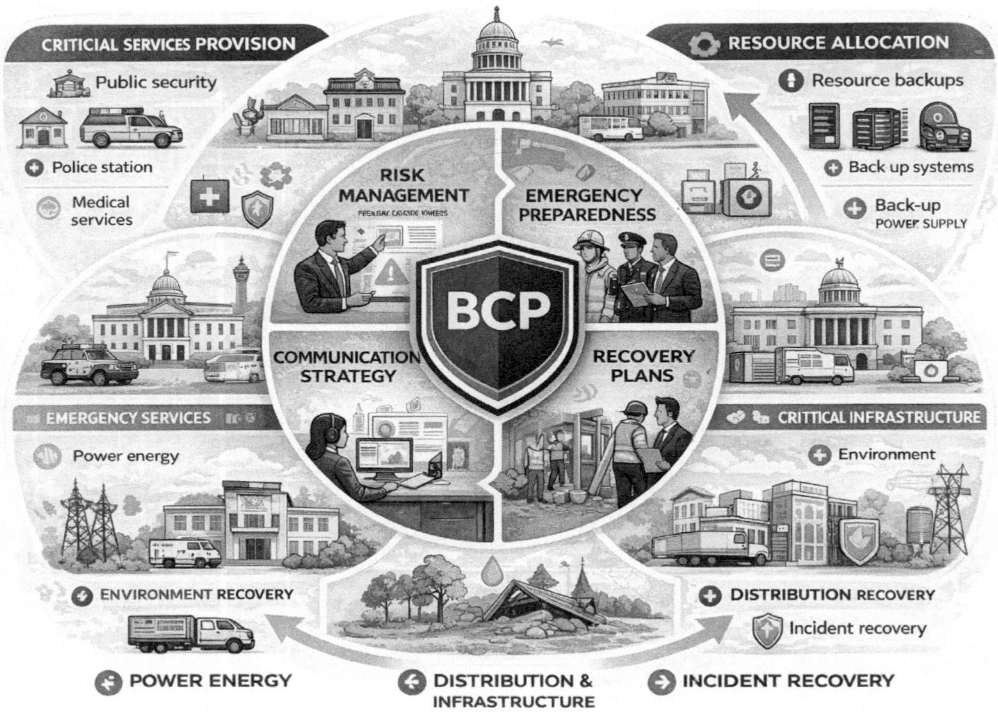

그림 11.14 공공기관의 BCP 운영 체계

4.3 업무 연속성 계획(BCP)의 미래 발전 방향

4.3.1 디지털 기술을 활용한 BCP 강화

AI 기반 자동 복구 시스템 도입

- 인공지능을 활용하여 장애 감지 및 자동 복구 기능 강화

클라우드 및 블록체인 기술 활용

- 클라우드 기반의 분산 저장 시스템을 통해 데이터 보호
- 블록체인을 활용한 위변조 방지 데이터 저장 시스템 구축

4.3.2 기업 및 공공기관 간 협력 강화

- 정부 및 기업이 공동으로 BCP 대응 매뉴얼 개발
- 국가 차원의 업무 연속성 대응 역량 강화

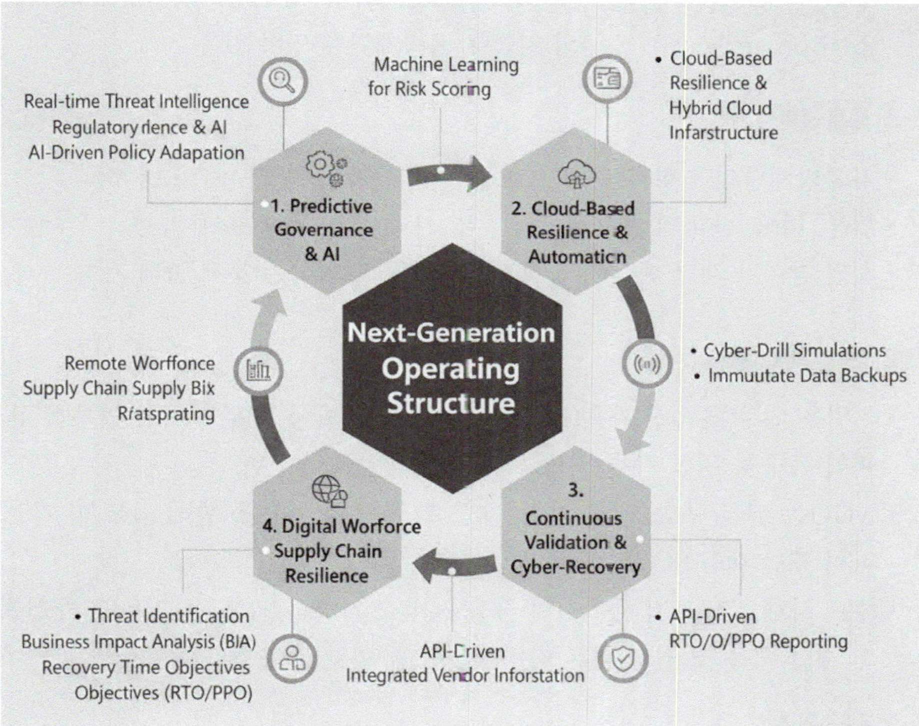

그림 11.15 차세다 BCP 운영 모딜

BCP는 기업과 기관이 예상치 못한 위기에서도 업무를 지속할 수 있도록 지원하는 필수적인 전략이며, 지속적인 개선과 발전이 필요하다.

핵심 내용 정리(기출 문제 관련)

1. 재난 대응에서의 시민 참여와 자율방재단

- 시민 참여는 재난 발생 시 초기 대응 및 복구 과정에서 중요한 역할을 하며, 지역사회 기반의 대응 체계를 강화하는 데 기여함
- 자율방재단은 지역 주민들이 자발적으로 조직하여 재난 예방 및 대응을 수행하는 단체로, 신속한 대응과 복구 활동을 지원함
- 주요 사례로 일본의 자율방재조직(JBO), 미국의 CERT(Community Emergency Response Team), 한국의 지역 자율방재단 운영이 있음

출제 경향

- 자율방재단의 역할과 구성 요소를 묻는 문제 출제 가능
- 일본, 미국, 한국의 자율방재단 운영 사례 관련 문제 출제 가능
- 시민 참여가 재난 대응에서 갖는 중요성을 설명하는 문제 출제 가능

2. 기업과 NGO의 역할

- 기업은 업무 연속성 계획(BCP)을 통해 재난 발생 시에도 핵심 업무를 유지하고, 피해 복구를 위한 자원 및 인프라 지원 역할을 수행함
- NGO는 긴급 구호, 의료 지원, 재난 복구 등의 활동을 통해 정부 및 기업과 협력하여 재난 대응을 지원함
- 주요 사례로 JP모건 체이스의 금융 서비스 지속을 위한 BCP 운영, 대한적십자사의 재난 대응 및 긴급 의료 지원, UNICEF와 기업의 협력 모델이 있음

출제 경향

- 기업의 재난 대응 전략(BCP)과 관련된 문제 출제 가능
- NGO의 재난 대응 역할과 주요 활동에 대한 문제 출제 가능
- 기업과 NGO의 협력 사례(예 코카콜라와 유니세프의 Safe Water for Africa) 관련 문제 출제 가능

3. 재난 대비 공공 캠페인과 교육

- 재난 대비 공공 캠페인은 시민들에게 재난 위험성과 대응 방법을 교육하여 재난 발생 시 피해를 최소화하는 것을 목표로 함
- 교육 프로그램은 학교, 직장, 지역 사회에서 운영되며, 실전 모의 훈련과 결합하여 효과를 극대화함
- 주요 사례로 한국의 '안전한 대한민국 만들기' 캠페인, 미국의 'Ready.gov' 캠페인, 일본의 '자신을 지켜라(じぶんをまもろう)' 캠페인 등이 있음

출제 경향

- 재난 대비 공공 캠페인의 목적과 효과를 묻는 문제 출제 가능
- 주요국의 재난 대비 교육 및 캠페인 사례를 비교하는 문제 출제 가능
- 재난 대비 교육과 실전 훈련의 중요성을 묻는 문제 출제 가능

4. 업무 연속성 계획(BCP)의 개념 및 적용 사례

- 업무 연속성 계획(BCP, Business Continuity Planning)은 기업 및 기관이 재난 발생 시에도 핵심 업무를 지속할 수 있도록 사전 대비하는 전략임
- 주요 구성 요소는 리스크 분석 및 평가, 핵심 업무 및 프로세스 식별, 대체 업무 수행 방안, 재난 대응 및 복구 계획, 정기적인 교육 및 훈련 등이 포함됨
- 금융권(예 JP모건 체이스), IT 기업(예: AWS의 클라우드 기반 데이터 복구 시스템), 공공기관(예: 영국 NHS의 의료 데이터 보호 시스템) 등의 BCP 운영 사례가 있음

출제 경향

- 업무 연속성 계획(BCP)의 개념과 주요 구성 요소를 묻는 문제 출제 가능
- 기업 및 공공기관에서 BCP가 실제로 적용된 사례를 묻는 문제 출제 가능
- 재난 발생 시 업무 지속성을 유지하는 전략에 대한 문제 출제 가능

연습문제

01 다음 중 재난 대응에서 시민 참여의 중요성을 설명하는 내용으로 적절하지 않은 것은?

① 재난 발생 시 초기 대응자로서 구조 활동 및 응급처치를 수행할 수 있다.
② 지역 사회의 방재 역량을 강화하여 피해를 최소화할 수 있다.
③ 공공기관의 역할이 크므로 시민 참여는 불필요하다.
④ 자율방재단을 통해 지역 기반의 신속한 대응이 가능하다.

02 자율방재단의 주요 역할로 옳지 않은 것은?

① 재난 예방 및 대비 활동 수행
② 재난 발생 시 초기 대응 및 대피 지원
③ 피해 지역 복구 및 심리적 지원 제공
④ 법적 강제성을 기반으로 주민들에게 대응 지침을 강요함

03 기업의 업무 연속성 계획(BCP)에서 가장 중요한 요소는?

① 핵심 업무를 지속할 수 있도록 사전 대비하는 것
② 재난 발생 후 폐업을 고려하는 것
③ 긴급 상황 발생 시 모든 업무를 즉시 중단하는 것
④ 법적 책임을 피하기 위한 자료를 준비하는 것

04 다음 중 기업의 재난 대응 전략으로 가장 적절한 것은?

① 모든 업무를 재난 발생 후 복구 단계에서 복구하는 것
② 재난 발생 시 복구 계획 없이 즉흥적으로 대응하는 것
③ 재난 발생 후 피해를 최소화하기 위한 업무 연속성 계획을 수립하는 것
④ 재난 대응은 정부의 책임이므로 기업은 별도의 대응 계획을 세울 필요가 없음

05 NGO가 재난 대응에서 수행하는 역할이 아닌 것은?

① 긴급 구호 및 재난 복구 지원
② 재난 발생 시 법적 조치를 통한 책임자 처벌
③ 지역 사회를 대상으로 재난 대비 교육 및 홍보 활동
④ 피해 지역 주민을 위한 심리적 지원 제공

06 재난 대비 공공 캠페인의 주요 목적이 아닌 것은?

① 재난 발생 시 시민들의 대응 능력을 향상시키는 것
② 재난 대비 행동 지침을 시민들에게 제공하는 것
③ 재난 발생 시 피해 복구를 직접 담당하는 것
④ 재난 대응 역량을 높이기 위해 교육과 훈련을 제공하는 것

07 다음 중 업무 연속성 계획(BCP)의 핵심 요소에 해당하지 않는 것은?

① 리스크 분석 및 평가
② 핵심 업무 및 프로세스 식별
③ 대체 업무 수행 방법 마련
④ 모든 업무를 재난 발생 후 폐기

08 다음 중 기업의 재난 대응 사례로 적절하지 않은 것은?

① 금융기관이 데이터 백업 시스템을 구축하여 고객 정보를 보호함
② IT 기업이 클라우드 기반의 데이터 저장소를 활용하여 재난에 대비함
③ 제조업체가 재난 발생 시 공급망을 즉각적으로 차단하여 생산을 중단함
④ 글로벌 기업이 재난 대비 훈련을 정기적으로 실시하여 직원 대응 역량을 강화함

09 재난 대비 교육의 필요성으로 적절하지 않은 것은?

① 위기 상황에서 시민들이 신속하게 대응할 수 있도록 준비하는 것
② 기업과 공공기관이 재난 대응 매뉴얼을 수립하도록 돕는 것
③ 재난이 발생하면 전문가의 역할이 중요하므로 일반 시민 교육은 불필요함
④ 지역 사회 중심의 대응 역량을 높이는 데 기여하는 것

10 다음 중 공공 캠페인의 전략으로 가장 적절한 것은?

① 재난 발생 후 피해를 평가하는 것에 집중하는 전략
② 디지털 플랫폼을 활용하여 시민 참여형 캠페인을 운영하는 전략
③ 공공기관의 역할만을 강조하며 시민 참여를 배제하는 전략
④ 재난 발생 시 대응보다는 사후 복구에 초점을 맞추는 전략

11 재난 대비 교육의 주요 내용으로 적절하지 않은 것은?

① 긴급 대피 및 대피 경로 숙지
② 응급처치 및 구조 활동 교육
③ 시민들에게 재난 발생 후 복구 비용을 부담하게 하는 법적 교육
④ 지역 기반의 재난 대응 네트워크 구축

12 업무 연속성 계획(BCP)의 적용 사례로 옳지 않은 것은?

① 공공기관이 행정 시스템을 이중화하여 데이터 손실을 방지함
② 기업이 재난 발생 시에도 필수 업무가 지속될 수 있도록 대체 근무 방안을 마련함
③ 의료 기관이 전산 장애 발생 시 환자 기록을 수기로 관리하는 시스템을 도입함
④ 기업이 모든 업무를 재난 발생 후 즉각 폐기하는 방식으로 대응함

13 다음 중 NGO와 기업 간 협력 사례로 적절한 것은?

① 기업이 모든 재난 대응을 NGO에 위임하는 것
② 기업과 NGO가 협력하여 재난 대비 공공 캠페인을 운영하는 것
③ NGO가 기업의 재난 대비 계획을 감시하는 역할만 수행하는 것
④ 기업이 재난 발생 시 독립적으로 대응하며 NGO의 지원을 받지 않는 것

14 다음 중 글로벌 기업이 업무 연속성 계획(BCP)을 실행한 사례가 아닌 것은?

① IT 기업이 데이터 백업 및 클라우드 시스템을 구축하여 데이터 손실을 방지함
② 금융기관이 사이버 공격에 대비하여 이중 보안 시스템을 도입함
③ 항공사가 기상 악화로 인해 모든 항공편을 무기한 취소함
④ 제조업체가 공급망 중단 시 대체 생산 라인을 가동하도록 설계함

15 다음 중 재난 대비 교육에서 강조해야 할 요소로 가장 적절한 것은?

① 재난 발생 후 구조대의 도착을 기다리는 것
② 개인 및 가족이 대피 계획을 수립하고 실전 훈련을 실시하는 것
③ 공공기관만이 재난 대응의 책임을 가지므로 시민 교육은 불필요함
④ 재난 발생 시 우선순위 없이 행동하는 것이 중요함

16 업무 연속성 계획(BCP) 수립 시 고려해야 할 사항이 아닌 것은?

① 데이터 백업 및 IT 시스템 보호 전략
② 직원들의 안전 확보 및 대체 근무 방안 마련
③ 재난 발생 시 모든 업무를 즉각적으로 종료하는 방안
④ 비상 대응 매뉴얼을 직원들에게 교육하고 정기적으로 점검하는 것

17 다음 중 재난 대비 공공 캠페인의 성공 요인이 아닌 것은?

① 시민들의 적극적인 참여 유도
② 재난 대응 행동 요령을 시각적으로 쉽게 전달
③ 기업과 NGO의 협력 강화
④ 복구 단계에서만 캠페인을 진행하고 예방에는 신경 쓰지 않음

18 기업이 재난 발생 후 빠른 업무 복귀를 위해 가장 우선적으로 해야 할 일은?

① 직원들의 안전을 확보하고 필수 업무를 지속하는 것
② 모든 업무를 중단하고 피해 상황을 분석하는 것
③ 정부의 지침을 기다린 후 대응하는 것
④ 경쟁사를 분석하여 시장 점유율을 높이는 것

19 재난 대비 교육 프로그램이 효과적으로 운영되기 위한 필수 요소가 아닌 것은?

① 정기적인 실전 훈련과 모의 대피 실시
② 지역 사회와 협력하여 맞춤형 교육 프로그램 개발
③ 기업과 공공기관의 참여 및 지원 확보
④ 재난 발생 후 교육을 진행하는 방식으로 운영

20 다음 중 업무 연속성 계획(BCP)의 목표로 가장 적절한 것은?

① 재난 발생 시 기업 운영을 즉각 중단하는 것
② 위기 상황에서도 핵심 업무를 유지하고 신속한 복구를 지원하는 것
③ 재난 발생 후 피해 규모를 분석하는 것만을 목표로 하는 것
④ 직원들에게 재난 시 대처 방법을 교육하는 것을 피하는 것

참고문헌

1. 도서
- 박성준, 『재난관리와 민관 협력』, 한국재난관리출판사, 2023.
- 김영민, 『업무 연속성 계획과 위기관리』, 서울출판사, 2021.
- 이정훈, 『재난 대응과 공공 캠페인의 역할』, 방재연구소, 2022.

2. 논문 및 보고서
- 행정안전부, 「지역 자율방재단 운영 방안 연구」, 2023.
- 한국방재학회, 「기업의 업무 연속성 계획(BCP) 구축 사례 분석」, 2022.
- 정부 연구보고서, 「NGO와 기업의 재난 대응 협력 방안」, 2023.
- 김수진, 「재난 대비 공공 캠페인의 효과성 분석」, 한국위기관리학회, 2021.

3. 온라인 자료
- 행정안전부, "재난 대비 공공 캠페인 사례", 2024.
- 대한적십자사 공식 웹사이트, "긴급 구호 활동과 민간 협력", 2023.
- 연방재난관리청(FEMA), “Ready.gov 캠페인 소개”, 2024.
- 유엔인도지원조정국(UNOCHA), “재난 대응에서 NGO의 역할”, 2023.

PART 05

현대 재난관리의 새로운 방향

Chapter 12 기후변화와 재난관리
Chapter 13 첨단 기술과 스마트 재난관리
Chapter 14 국제 재난관리 협력

CHAPTER

12 기후변화와 재난관리

학습목표

- 기후변화가 자연재해에 미치는 영향을 이해한다.
- 탄소중립 정책이 재난 위험 감소에 미치는 영향을 분석한다.
- 재난취약지역의 특성을 파악하고 기후 적응 전략을 학습한다.
- 기후변화에 따른 재난관리 정책의 방향성을 설명할 수 있다.

1 기후변화가 자연재해에 미치는 영향

1.1 기후변화의 개념

기후변화는 지구의 대기와 해양, 육지의 기후 패턴이 장기간에 걸쳐 변화하는 현상을 의미한다. 이는 자연적 요인과 인위적 요인이 복합적으로 작용하여 발생하며, 최근 몇십 년간 급격한 변화를 보이고 있다.

기후변화의 주요 원인은 다음과 같다.

온실가스 배출 증가

- 산업혁명 이후 화석연료 사용이 급증하면서 이산화탄소(CO_2), 메탄(CH_4), 아산화질소(N_2O) 등의 온실가스가 대기 중으로 방출됨
- 온실가스는 지구 복사열을 흡수하여 지구온난화를 유발하며, 기온 상승과 함께 다양한 기후변화를 촉진함
- 특히, 메탄은 이산화탄소보다 강력한 온실효과를 가지고 있으며, 축산업 및 농업 활동 증가로 인해 배출량이 증가하는 추세임

산림 파괴 및 도시화

- 산림은 탄소를 흡수하는 중요한 역할을 하지만, 도시 개발과 농경지 확대로 인해 산림이 감소하면서 탄소 흡수량이 줄어듦
- 도시화가 진행되면서 아스팔트와 콘크리트로 덮인 지역이 확대됨에 따라 열섬현상이 심화하여 도심 온도가 주변 지역보다 높아지는 현상이 발생

- 녹지 감소는 홍수와 가뭄의 빈도를 증가시키며, 도시의 기온을 상승시키는 주요 원인 중 하나임

태양 복사 변화 및 자연적 요인

- 태양 활동 주기에 따라 기후가 변할 수 있으며, 화산 폭발과 같은 지질학적 사건도 기후변화에 영향을 미칠 수 있음
- 그러나 최근의 급격한 기후변화는 자연적 요인보다 인간 활동에 의한 영향이 더욱 크다고 평가됨
- 지구의 자전 및 공전 궤도의 변화도 장기적으로 기후에 영향을 미칠 수 있지만, 이러한 변화는 수천 년 이상의 장기적 과정에서 발생하는 반면, 현재의 기후변화는 단기간 내에 급격히 진행되고 있음

기후변화의 결과로 온도 상승, 강수량 변화, 극한기후 현상의 빈도 증가 등이 나타나며, 이는 자연재해의 발생 패턴에도 영향을 미치고 있다.

그림 12.1 기후변화의 주요 원인

1.2 기후변화로 인한 자연재해 증가

기후변화는 다양한 자연재해의 발생 빈도와 강도를 증가시키는 원인으로 작용한다. 주요한 영향은 다음과 같다.

홍수와 가뭄의 빈도 증가

- 기후변화로 인해 강수 패턴이 불규칙해지면서 특정 지역에서는 강우량이 급증하여 홍수가 발생하고, 다른 지역에서는 장기간의 강우 부족으로 가뭄이 심화함
- 빙하가 녹으면서 해수면이 상승하여 해안 지역에서의 홍수 피해가 증가
- 집중호우가 증가함에 따라 하천 범람과 도심 내 침수 피해가 빈번하게 발생
- 극단적인 기후 패턴으로 인해 강우량이 특정 계절에 집중되면서 토양의 수분 유지 능력이 저하되고 농업 생산성이 감소하는 문제 발생

태풍 및 허리케인의 강도 증가

- 해수면 온도가 상승하면 태풍과 허리케인의 발생 빈도가 증가하며, 강도도 더욱 강력해짐
- 태풍이 상륙할 경우 강한 바람과 폭우로 인해 광범위한 지역에 피해를 초래함
- 최근 태풍의 이동 속도가 느려지면서 한 지역에서 머무는 시간이 길어져 피해 규모가 더욱 확대됨
- 해양의 온도 상승은 폭풍의 세력을 강화하며, 해수면 상승으로 인해 저지대 지역의 침수 위험이 증가

폭염의 빈도 증가

그림 12.2 기후변화로 인한 자연재해 발생 사례

- 온도 상승으로 인해 여름철 폭염의 빈도와 강도가 증가
- 고온 현상이 지속될 경우 열사병, 탈수 등 건강 문제를 유발하며, 농작물 피해와 전력 소비 증가 등의 문제를 초래함
- 특히 대도시에서는 열섬현상으로 인해 기온이 더욱 높아지는 경향을 보임
- 에너지 소비 증가로 인해 전력 수급 문제가 발생하며, 정전 사태가 발생할 가능성이 높아짐

1.3 기후변화와 복합 재난

기후변화로 인해 개별적인 자연재해뿐만 아니라, 두 가지 이상의 재난이 동시에 발생하는 복합 재난이 증가하고 있다. 복합 재난의 주요 사례는 다음과 같다.

태풍, 홍수, 산사태의 연쇄적 발생

- 태풍으로 인해 폭우가 발생하면 하천이 범람하여 홍수가 발생하고, 이어서 지반이 약해지면서 산사태로 이어지는 경우가 많음
- 이러한 연쇄적 재난은 단일 재난보다 피해가 더 크며, 대응이 더욱 어려움
- 특히 인구 밀집 지역에서는 인명 피해와 재산 피해가 극대화됨

• 폭염과 가뭄으로 인한 산불 위험 증가

- 장기간의 고온과 강수량 부족으로 인허 산림이 건조해지고, 작은 불씨에도 대형 산불이 발생할 가능성이 높아짐
- 특히, 강한 바람이 동반될 경우 산불이 빠르게 확산하여 광범위한 피해를 초래함
- 산불 발생 후에는 토양이 불에 타면서 수분을 흡수하는 능력이 감소하여 홍수 발생 위험이 커짐

• 해수면 상승과 태풍 피해 증가

- 해수면 상승으로 인해 해안 지역이 더 취약해지고, 태풍이나 쓰나미가 발생할 경우 피해 규모가 더욱 커짐
- 저지대 지역에서는 상습적인 침수 피해가 발생하여 거주 환경이 악화함
- 해안 방재 시설(방조제, 제방 등)의 추가 강화가 필요하지만, 높은 건설 비용과 유지보수 문제가 발생

• 재난의 장기화와 경제적 피해 증가

- 기후변화로 인한 재난은 단기적인 피해븐만 아니라, 장기적으로 경제적·사회적 영향을 미침
- 농업, 수산업 등 기후에 의존하는 산업이 특히 큰 영향을 받으며, 기후변화 적응 비용이 증가
- 국가 경제에 미치는 영향이 점점 심화하견서 국제적인 협력과 대응이 필수적임

표 12.1 기후변화로 인한 주요 복합 재난 사례

재난 유형	주요 사례	주요 원인	피해 영향
태풍 + 홍수 + 산사태	태풍 하이엔 (2013, 필리핀)	태풍으로 인한 폭우, 해일 발생	대규모 홍수 피해, 산사태로 인한 도로 및 건물 붕괴
폭염 + 전력 부족 + 산불	2021년 북미 폭염	지구온난화로 인한 이상 기후	전력 사용 급증으로 정전 사태, 산불 피해 확산
해수면 상승 + 태풍 피해	허리케인 샌디 (2012, 미국)	해수면 상승, 강력한 허리케인	뉴욕 및 동부 해안 침수, 대규모 정전 및 재산 피해
가뭄 + 식량 위기 + 산불	2019~2020년 호주 산불	장기 가뭄과 고온 현상	광범위한 산불 피해, 농업 생산량 감소, 대기오염 심화
한파 + 에너지 위기	2021년 미국 텍사스 한파	기후변화로 인한 극단적 기온 변화	전력망 마비, 상하수도 시설 동결, 대규모 정전 사태

기후변화에 따른 자연재해는 단순한 환경 관련 문제가 아니라 인명 피해, 경제적 손실, 사회적 불평등 심화 등 복합적인 문제를 유발한다. 따라서, 기후변화 대응을 위한 재난관리 전략을 강화하는 것이 필수적이다.

2 탄소중립과 재난 위험 감소

2.1 탄소중립의 개념 및 목표

탄소중립(Carbon Neutrality)이란 인간이 배출하는 이산화탄소(CO_2) 및 기타 온실가스를 흡수 또는 제거하여 실질적인 배출량을 0으로 만드는 개념을 의미한다. 이는 기후변화 대응을 위한 핵심 전략으로, 전 세계적으로 많은 국가와 기업이 탄소중립 목표를 설정하고 이행하고 있다.

탄소중립을 실현하는 주요 방법은 다음과 같다.

온실가스 배출 감축

- 산업·교통·에너지 부문에서 배출되는 이산화탄소를 줄이는 것이 핵심
- 전통적인 화석연료(석탄, 석유, 천연가스)의 사용을 줄이고, 청정에너지(태양광, 풍력, 수력 등)로 전환
- 공장 및 건물의 에너지 효율을 개선하여 불필요한 전력 소비를 줄이는 것도 중요

탄소 흡수원 확대

- 이산화탄소를 흡수하는 숲, 해양, 토양 등을 보호하고 확장
- 산림 복원, 맹그로브 숲 조성, 해초밭 확대 등 자연 기반 해결책(Nature-Based Solutions, NBS) 도입
- 인공 탄소 포집 및 저장 기술(Carbon Capture and Storage, CCS) 활용

탄소배출권 거래제 도입

- 탄소배출권은 기업이 일정량의 탄소를 배출할 수 있는 권리를 의미하며, 탄소 감축을 유도하는 시장 기반 정책임
- 배출권이 초과하는 기업은 다른 기업으로부터 배출권을 구매해야 하므로, 탄소 감축이 경제적 인센티브로 작용

탄소중립 목표는 국가 및 국제 협력 차원에서 설정되고 있으며, 2050년까지 탄소중립을 달성하는 것이 여러 국가의 공통된 목표이다.

표 12.2 주요국의 탄소중립 목표 및 정책

국가	탄소중립 목표 연도	주요 정책
대한민국	2050	재생에너지 확대, 탄소배출권 거래제 도입, 수소경제 활성화
미국	2050	청정에너지 투자 확대, 전기차 인프라 확충, 탄소 포집 기술 개발
유럽연합(EU)	2050	유럽 그린딜 추진, 탄소세 도입, 에너지 효율 개선
중국	2060	석탄 사용 감축, 신재생에너지 발전 확대, 대기오염 저감 정책 시행
일본	2050	탄소세 강화, 전력 부문 탈탄소화, 산업 공정 저탄소화

2.2 탄소중립 정책과 재난관리

탄소중립 정책은 단순히 기후변화 대응을 위한 것이 아니라, 자연재해 발생을 줄이고 사회의 재난 대응 능력을 높이는 역할을 한다. 기후변화로 인한 재난 피해를 최소화하기 위해서는 탄소중립 전략과 재난관리를 연계하는 접근 방식이 필요하다.

2.2.1 온실가스 감축과 재난 위험 감소

온실가스를 감축하면 기후변화의 진행 속도를 늦출 수 있으며, 이는 다양한 기후 재

난을 예방하는 데 기여한다.

기온 상승 속도 완화

- 탄소중립을 통해 온실가스 농도를 줄이면, 전 세계 평균 기온 상승 속도를 늦출 수 있음
- 폭염, 가뭄 등의 빈도가 줄어들며, 이는 농업 생산성과 인명 보호에 긍정적인 영향을 미침

태풍과 홍수 피해 감소

- 지구온난화로 인해 해수면 온도가 상승하면 태풍과 허리케인의 강도가 증가하는데, 온실가스 감축은 이러한 현상을 완화하는 데 도움을 줌
- 강수량 변동성이 줄어들면서 강우 패턴이 안정화되고, 홍수 및 가뭄의 발생 빈도가 감소

그림 12.3 탄소중립과 재난 감소의 관계

산불 발생 가능성 감소

- 기후변화로 인해 대기가 건조해지고, 폭염이 심화하면서 산불이 빈번하게 발생하는데, 탄소중립 정책을 통해 이러한 위험을 줄일 수 있음
- 탄소중립을 위한 산림 보호 정책이 확대되면 산불 예방에도 효과적임

2.2.2 친환경 에너지 전환과 재난 대응

탄소중립을 위해 친환경 에너지를 확대하는 것은 에너지 인프라의 안정성을 높이고, 자연재해 발생 시의 대응력을 강화하는 역할을 한다.

화석연료 의존도 감소

- 화석연료 발전소는 자연재해 발생 시 공급망이 붕괴하거나 정전 사태가 발생할 위험이 있음

- 태양광, 풍력, 지열 등 분산형 에너지원이 확대되면, 특정 지역에서 재난이 발생해도 에너지 공급이 지속될 가능성이 높아짐

스마트 그리드와 에너지 저장 시스템 도입

- 재생에너지의 간헐성을 극복하기 위해 스마트 그리드(Smart Grid)와 에너지 저장 시스템(ESS)을 도입하여 전력 공급 안정성을 높임
- 자연재해 발생 시 독립적으로 작동할 수 있는 소규모 독립형 전력망(Micro Grid)을 구축하면, 지역 단위의 전력 복구 속도를 높일 수 있음

에너지 자립형 도시 구축

- 재난이 빈번한 지역에서는 자체적으로 에너지를 생산·저장·소비할 수 있는 자립형 에너지 시스템이 필요함
- 태양광 패널, 풍력 발전기, 배터리 저장 시스템을 결합하여 재난 시에도 전력을 사용할 수 있도록 설계

표 12.3 친환경 에너지 전환과 재난 대응 효과

친환경 에너지 기술	탄소 배출 저감 효과	재난 대응 효과
태양광 발전	온실가스 감축, 화석연료 사용 감소	자연재해 발생 시 독립형 전력망 구축 가능
풍력 발전	전력 부문 탈탄소화	전력망 분산으로 재난 발생 시 공급 안정성 증가
수소에너지	화석연료 대체 가능	재난 대응 차량 및 응급 발전원으로 활용 가능
스마트 그리드	전력 효율 최적화	재난 발생 시 신속한 전력 복구 가능
에너지 저장 시스템(ESS)	전력 공급 안정화	정전 발생 시 백업 전력원으로 활용 가능

2.3 탄소중립과 재난취약지역 보호

재난취약지역은 기후변화로 인한 피해를 가장 심하게 받는 지역으로, 탄소중립 정책과 기후 적응 전략이 적극적으로 적용되어야 한다.

2.3.1 해안 지역 보호 전략

방조제 및 습지 보호

- 해수면 상승으로 인해 저지대 해안 지역이 홍수 피해를 입을 가능성이 높아짐

- 방조제 및 인공 습지 조성을 통해 해안 침식을 막고, 재해 발생 시 완충 역할을 하도록 설계

기후 적응형 도시 개발

- 건물 및 도로 설계를 기후변화에 맞게 조정하고, 해안 방재 인프라를 강화
- 저탄소 건축자재를 활용하여 건물의 에너지 소비를 줄이고, 재난 발생 시 회복력을 높이는 구조 적용

2.3.2 내륙 지역 및 대도시 보호 전략

녹지 공간 확대 및 도시 숲 조성

- 폭염과 열섬현상을 완화하기 위해 도시 내 녹지 공간을 확충
- 나무를 심고 옥상 녹화를 도입하여 도시 온도를 낮추고, 기후변화에 대한 적응력을 높임

그림 12.4 탄소중립을 통한 재난취약지역 보호 사례

배수 시스템 개선 및 수자원 관리

- 집중호우로 인한 도시 홍수를 예방하기 위해 배수 시스템을 현대화
- 빗물 저장 및 재활용 시스템을 도입하여 강수량 변동에 효과적으로 대응

탄소중립 정책은 단순히 환경 보호를 위한 것이 아니라, 재난관리와 밀접하게 연결된 필수 전략이다. 기후변화로 인한 재해를 최소화하고, 재난 발생 시 회복력을 높이기 위해 탄소중립과 재난관리 정책을 연계하는 것이 필요하다. 이를 위해 정부, 기업, 개인이 협력하여 온실가스를 감축하고, 기후 적응 전략을 강화하는 것이 중요하다.

3 재난취약지역 관리 및 기후 적응 전략

3.1 재난취약지역의 개념 및 특성

재난취약지역이란 자연재해 및 기후변화로 인해 피해를 입을 가능성이 높은 지역을 의미하며, 지역의 지리적·환경적·사회적 요인에 따라 재난의 영향이 달라진다. 재난취약지역의 특성을 이해하고 이에 대한 적절한 관리 및 기후 적응 전략을 마련하는 것이 중요하다.

재난취약지역의 주요 특성은 다음과 같다.

해안 지역

- 해수면 상승, 태풍, 쓰나미, 해안 침식 등의 위험에 노출
- 강한 바람과 폭풍해일로 인해 거주지 및 기반 시설이 손상될 가능성이 높음
- 해안 지역의 도시화가 진행되면서 홍수와 침수 피해가 더욱 빈번해지는 경향

내륙 및 산악 지역

- 집중호우에 의한 산사태, 토사 유출 등의 위험이 큼
- 여름철 가뭄과 겨울철 한파로 인해 농업과 수자원 관리가 어려워짐
- 지형적 특성상 재난 발생 시 구조 및 복구 작업이 어려울 수 있음

도시 지역

- 인구 밀집 지역으로서 폭염, 홍수, 대기오염 등 복합적인 재난 위험에 취약
- 지표면이 콘크리트와 아스팔트로 덮여 있어 열섬현상이 심화하고, 빗물의 침투가 어렵기 때문에 침수 피해 증가
- 기후변화로 인한 전력 소비 증가(냉방·난방)로 인해 에너지 수급 불균형 발생 가능

농촌 및 저개발 지역

- 기후변화로 인해 가뭄과 홍수 피해가 커지고 있으며, 농작물 생산량 감소로 식량 위기가 발생할 가능성이 높음
- 경제적·사회적 기반이 취약하여 재난 발생 시 대응 능력이 제한됨
- 공공 인프라 부족으로 인해 재난 대응이 신속하게 이루어지기 어려움

표 12.4 주요 재난취약지역 유형 및 특징

재난취약지역	주요 특성	주된 재난 위험
해안 지역	해수면 상승, 해안 침식	태풍, 해일, 홍수
산악 지역	급경사 지형, 산림 밀집	산사태, 산불, 폭설
대도시	인구 밀집, 열섬현상 심화	폭염, 대기오염, 홍수
농촌 지역	농경지 비율 높음, 기반 시설 부족	가뭄, 한파, 농업 피해
극지방	빙하 감소, 온도 상승 가속화	해빙, 해양 생태계 변화

3.2 재난취약지역의 관리 방안

기후변화로 인한 재난 피해를 줄이기 위해서는 재난취약지역을 체계적으로 관리하고, 맞춤형 방재 대책을 수립하는 것이 필요하다.

3.2.1 재해 위험 평가 및 조기 경보 시스템 구축

재해 위험 지도 제작

- 기후변화로 인한 재해 발생 가능성을 평가하여 고위험 지역을 식별
- 위성 데이터, 기상 관측자료, 지리정보시스템(GIS) 등을 활용하여 위험 지도 개발

그림 12.5 재난취약지역 관리 시스템 구성

조기 경보 시스템 운영

- 홍수, 태풍, 폭염 등의 재해 발생 전 조기 경보 시스템을 구축하여 피해를 최소화
- 인공지능(AI)과 빅데이터를 활용하여 실시간 위험 감지 및 예측 정확도 향상

지역 맞춤형 재난 대응 훈련

- 재난 발생 가능성이 높은 지역에서 주민 대상 방재훈련 및 교육 실시
- 재난 발생 시 대피 경로 및 안전지대 안내 시스템 강화

3.2.2 인프라 강화 및 방재 시설 확충

방재 인프라 개선

- 해안 지역: 방조제 및 해안 방벽 강화, 홍수 배수시설 확충
- 산악 지역: 사방댐 및 지반 보강 시설 설치, 토사 유출 방지 대책 마련
- 도시 지역: 배수 시스템 개선, 지하 대피소 및 침수 방지 시설 구축

친환경 기반 시설 도입

- 기후변화 적응을 위한 친환경 도시 개발 추진
- 홍수 조절을 위한 인공 습지 조성 및 투수성 포장재 사용 확대

재난 대응 거점 마련

- 주요 재난취약지역 내 응급 대피소 및 의료 지원 시설 구축
- 재난 발생 시 신속한 지원이 가능하도록 지역별 재난 대응 기구 운용

표 12.5 주요 재난취약지역별 방재 대책

재난취약지역	주요 방재 대책
해안 지역	방조제 건설, 해안 침식 방지 시설 도입, 기후 적응형 건축물 설계
산악 지역	산사태 예방을 위한 사방댐 설치, 지반 보강, 조기 경보 시스템 구축
대도시	녹지 공간 확대, 스마트 배수 시스템 도입, 열섬현상 완화 정책 추진
농촌 지역	빗물 저장 시설 확충, 가뭄 대비 관개 시스템 구축, 기후변화 대응형 농업 기술 적용
극지방	해빙 모니터링 시스템 구축, 해양 생태계 보호 조치 시행

3.3 기후 적응 전략

기후변화로 인한 재해 위험을 줄이기 위해서는 장기적인 기후 적응 전략이 필요하다. 기후 적응 전략은 피해를 예방하고, 재해 발생 시 회복력을 높이는 것을 목표로 한다.

3.3.1 자연 기반 해결책 적용

녹지 공간 확대 및 생태 복원

- 도시 내 녹지 비율을 증가시켜 열섬현상 완화 및 대기질 개선
- 해안 및 습지를 복원하여 홍수 및 해일 피해를 줄이는 역할 수행

토양 및 수자원 관리 개선

- 빗물 저장 및 활용 시스템 구축으로 강수량 변화에 대응
- 토양 보전 기술을 도입하여 가뭄 및 토양 침식을 방지

그림 12.6 자연 기반 기후 적응 전략 사례

3.3.2 지속 가능한 도시 및 주거 환경 조성

기후변화 대응형 건축 설계

- 단열이 우수한 친환경 건축자재 사용
- 태양광 패널 설치 및 에너지 자립형 건물 확산

지속 가능한 교통 시스템 구축

- 전기차 및 대중교통 이용 활성화로 탄소 배출 저감
- 도로 설계 시 침수 방지 및 배수 시스템 강화

표 12.6 기후 적응형 도시 개발 전략

기후 적응 전략	주요 내용
녹지 공간 확대	도시 내 공원 및 녹지 비율 증가, 옥상 녹화 적용
물 순환 시스템 개선	빗물 저장 및 활용 시스템 구축, 투수성 포장재 사용 확대
친환경 건축 설계	단열 강화, 에너지 효율 높은 건물 설계, 태양광 패널 설치
스마트 교통 시스템	대중교통 확대, 전기차 및 자전거 도로 확충
방재 인프라 강화	홍수 및 침수 방지 시설 확충, 지진 대비 내진설계 적용

3.3.3 지역 사회 중심의 기후 적응 정책

지역별 맞춤형 기후 적응 계획 수립

- 지역 주민, 정부, 기업이 협력하여 기후변화 대응 방안을 공동으로 마련
- 기후변화에 따른 농업·산업 피해를 줄이기 위한 맞춤형 지원 정책 도입

기후변화 교육 및 홍보 강화

- 기후변화와 재난 대응에 대한 시민 인식 제고
- 재난 대비 행동 요령 및 기후 적응 기술 전파

그림 12.7 지역 사회 기반 기후 적응 정책 사례

재난취약지역의 관리 및 기후 적응 전략은 단순한 재난 대응을 넘어, 지속 가능한 사회를 구축하는 핵심 요소이다. 기후변화로 인한 재난 위험을 줄이고, 보다 회복력 있는 지역 사회를 만들기 위해서는 정부, 기업, 지역 사회가 협력하여 종합적인 관리 방안을 마련해야 한다.

핵심 내용 정리(기출 문제 관련)

1. 기후변화가 자연재해에 미치는 영향

- 기후변화는 태풍, 홍수, 폭염, 한파 등 자연재해의 강도와 빈도를 증가시키는 주요 원인으로 작용한다.
- 해수면 상승은 해안 지역의 홍수 위험을 증가시키고, 태풍과 폭풍해일의 피해를 더욱 심화시킨다.
- 강수 패턴의 변화로 인해 특정 지역에서는 집중호우와 홍수가 증가하고, 다른 지역에서는 장기 가뭄이 심화하는 양상을 보인다.
- 기온 상승으로 인해 산불 발생 위험이 증가하며, 건조한 환경에서 화재의 확산 속도가 빨라진다.
- 대도시에서는 열섬현상(Urban Heat Island Effect)이 심화하면서 폭염 피해가 더욱 커지고 있다.
- 기후변화로 인해 발생하는 자연재해는 단일 재난이 아닌 복합 재난(Compound Disaster)의 형태로 나타나는 경우가 많다.

출제 경향

- 기후변화가 자연재해의 발생에 미치는 영향을 묻는 문제 출제 가능
- 기후변화로 인한 복합 재난 사례를 설명하는 문제 출제 가능
- 열섬현상, 해수면 상승, 산불 증가 등의 기후변화 관련 용어와 개념을 묻는 문제 출제 가능

2. 탄소중립과 재난 위험 감소

- 탄소중립(Carbon Neutrality)은 온실가스 배출량과 흡수량을 같게 만들어 실질적인 배출을 0으로 줄이는 개념이다.
- 주요 탄소중립 실현 방법: 온실가스 감축, 탄소 흡수원 확대(산림 복원, 해양 보호), 탄소배출권 거래제 도입 등
- 온실가스 감축은 기후변화의 진행 속도를 늦춰 폭염, 홍수, 태풍 등의 자연재해 위험을 감소시키는 효과를 가져온다.
- 친환경 에너지 전환(태양광, 풍력, 수소에너지)은 탄소 배출을 줄이는 동시에 재

난 발생 시 에너지 공급망의 안정성을 높인다.

- 스마트 그리드(Smart Grid)와 에너지 저장 시스템(ESS)은 재난 발생 시 전력 공급 안정성을 유지하는 중요한 기술로 활용된다.
- 탄소중립 정책과 재난관리를 연계하면 자연재해의 피해를 예방하고, 사회의 회복력을 높일 수 있다.

출제 경향

- 탄소중립의 정의와 실현 방안을 묻는 문제 출제 가능
- 온실가스 감축이 재난 위험 감소에 미치는 영향을 설명하는 문제 출제 가능
- 스마트 그리드, 에너지 저장 시스템(ESS)과 같은 탄소중립 기술을 묻는 문제 출제 가능

3. 재난취약지역 관리 및 기후 적응 전략

- 재난취약지역은 자연재해의 영향을 크게 받는 지역으로, 해안 지역, 산악 지역, 대도시, 농촌 지역 등이 포함된다.
- 해안 지역은 해수면 상승과 태풍의 직접적인 영향을 받기 때문에 방조제 강화, 습지 복원 등의 보호 전략이 필요하다.
- 산악 지역은 산사태와 홍수 위험이 커 사방댐 설치, 지반 보강 등의 재난 방지 대책이 요구된다.
- 대도시에서는 열섬현상을 완화하기 위해 녹지 공간 확대, 옥상 녹화 등의 친환경 도시 개발이 필요하다.
- 농촌 지역은 가뭄과 홍수 피해가 심각하기 때문에 빗물 저장 시스템 구축, 농업용수 관리 개선 등의 대책이 요구된다.
- 기후 적응 전략으로는 자연 기반 해결책(Nature-Based Solutions), 기후변화 대응형 도시 설계, 재난 예측 및 경보 시스템 개선 등이 있다.

출제 경향

- 재난취약지역의 개념과 특성을 묻는 문제 출제 가능
- 해안 지역, 산악 지역, 도시 지역별 기후 적응 전략을 설명하는 문제 출제 가능
- 기후 적응 기술 및 자연 기반 해결책(NBS)에 대한 문제 출제 가능

연습문제

01 다음 중 기후변화가 자연재해에 미치는 영향으로 가장 적절한 것은?

① 지구 평균 기온 하강으로 폭설 피해 감소
② 대기 중 온실가스 감소로 산불 발생 빈도 증가
③ 강수 패턴 변화로 홍수와 가뭄의 빈도 증가
④ 해수면 하강으로 해안 침수 피해 감소

02 다음 중 탄소중립을 달성하기 위한 주요 전략이 아닌 것은?

① 온실가스 감축을 위한 신재생에너지 확대
② 산림 복원을 통한 탄소 흡수원 증가
③ 화석연료 사용 확대를 통한 경제 성장
④ 탄소배출권 거래제 도입

03 기후변화로 인한 복합 재난(Compound Disaster)의 대표적인 사례로 볼 수 없는 것은?

① 태풍으로 인한 홍수와 산사태 발생
② 해수면 상승으로 인한 해안 침수 피해
③ 산업화로 인한 대기오염과 기온 하강
④ 폭염으로 인한 전력 수요 급증과 정전 사태

04 탄소중립 정책이 재난관리와 연계되는 주요 효과로 가장 적절한 것은?

① 재생에너지 확대를 통한 에너지 의존도 증가
② 기후변화 완화를 통한 자연재해 발생 빈도 감소
③ 해양 오염 증가로 인한 해양 생태계 악화
④ 산업 활동 위축으로 인해 경제 성장 둔화

05 다음 중 기후변화로 인해 발생할 가능성이 가장 높은 자연재해 조합은?

① 지진과 쓰나미
② 홍수와 가뭄
③ 태풍과 지진
④ 화산 폭발과 토네이도

06 해수면 상승이 가장 직접적인 영향을 미칠 재난취약지역은?

① 고지대 산악 지역
② 내륙의 도시 지역
③ 저지대 해안 지역
④ 사막 지역

07 기후변화로 인해 증가하는 자연재해 유형과 관련된 설명으로 적절하지 않은 것은?

① 폭염은 열섬현상과 결합하여 도시 지역에서 피해가 심각해질 수 있다.
② 산불은 기온 상승과 가뭄의 영향을 받아 더 빈번하게 발생할 수 있다.
③ 태풍의 강도는 해수면 온도 상승으로 인해 더욱 강력해질 가능성이 높다.
④ 기온 상승으로 인해 전 세계적으로 한파 피해가 증가하고 있다.

08 다음 중 재난취약지역을 관리하기 위한 방재 대책으로 가장 적절하지 않은 것은?

① 해안 지역에서 방조제 및 해안 방벽 강화
② 산악 지역에서 지반 보강 및 사방댐 설치
③ 대도시에서 녹지 감소 및 아스팔트 포장 확대
④ 농촌 지역에서 빗물 저장 시스템 구축

09 탄소중립을 달성하기 위해 국가가 추진해야 할 정책으로 가장 적절한 것은?

① 석탄 발전소 확대
② 전기차 및 대중교통 인프라 개선
③ 산업 폐기물 증가 장려
④ 플라스틱 사용 증가

10 기후 적응 전략 중 자연 기반 해결책(Nature-Based Solutions)으로 볼 수 없는 것은?

① 홍수 예방을 위한 인공 습지 조성
② 산사태 방지를 위한 산림 복원
③ 해수면 상승 대응을 위한 해안 방벽 건설
④ 대기질 개선을 위한 도시 숲 조성

11 온실가스 감축을 위한 신재생에너지 활용 방식으로 가장 적절한 것은?

① 석탄 발전소 운영 확대　　② 태양광 및 풍력 발전 시설 확대
③ 화석연료 소비 증가　　④ 원유 생산량 증가

12 기후변화로 인한 재난 피해를 줄이기 위한 조기 경보 시스템의 핵심 역할은?

① 재난 발생 후 복구 비용 지원
② 재난 발생 후 구조 활동 수행
③ 기상 예측을 통한 재난 사전 경고 제공
④ 재난 발생 시 대응 인력 축소

13 대도시에서 열섬현상을 완화하기 위한 효과적인 방안으로 가장 적절한 것은?

① 녹지 공간 확대 및 옥상 녹화
② 고층 건물 증가 및 도로 확장
③ 아스팔트 포장 확대 및 자동차 배기가스 증가
④ 대형 산업단지 조성 및 공장 가동 확대

14 재난취약지역의 기후 적응 전략으로 가장 적절하지 않은 것은?

① 해안 지역에서 자연 습지 보호 및 복원
② 산악 지역에서 사방댐 및 배수로 설치
③ 도시 지역에서 열섬현상 완화를 위한 녹지 축소
④ 농촌 지역에서 가뭄 대비 저수지 확충

15 탄소중립과 관련하여 스마트 그리드(Smart Grid)의 주요 기능으로 가장 적절한 것은?

① 탄소 배출을 증가시키는 화석연료 사용 확대
② 에너지 효율을 높이고 재생에너지 활용 최적화
③ 전력 소비 증가를 유도하는 시스템 구축
④ 전력 공급을 중앙 집중형으로만 운영

16 탄소중립 실현을 위한 국제적 협력의 대표적인 예시는?

① 파리 기후협약　　② 교토의정서
③ 유엔기후변화협약(UNFCCC)　　④ 모든 답이 맞음

17 다음 중 탄소중립과 관련된 개념이 아닌 것은?

① 탄소 배출권 거래제
② 재생에너지 확대
③ 화석연료 사용 증가
④ 탄소 포집 및 저장 기술(CCS)

18 기후변화 대응을 위한 정부의 역할로 가장 적절하지 않은 것은?

① 신재생에너지 보급 확대
② 기후변화 예측을 위한 연구개발 지원
③ 기후 적응 전략 수립 및 법제화
④ 화석연료 의존도를 높이는 정책 추진

19 기후변화로 인한 자연재해의 증가가 경제에 미치는 주요 영향으로 가장 적절한 것은?

① 농업 생산량 증가로 인한 경제 성장 촉진
② 자연재해로 인한 피해 복구 비용 증가
③ 에너지 소비 감소로 인한 화석연료 수요 증가
④ 이상 기후로 인해 산업 피해가 줄어드는 경향

20 탄소중립을 실현하기 위해 기업이 추진할 수 있는 방안으로 가장 적절하지 않은 것은?

① 신재생에너지 도입 확대
② 친환경 생산 공정 개발
③ 전기차 및 친환경 교통수단 도입
④ 온실가스 배출량 증가를 목표로 하는 사업 확장

참고문헌

1. 도서
- 강성구, 기후변화와 재난관리, 박영사, 2022.
- 김성수, 탄소중립과 지속 가능한 도시계획, 한울아카데미, 2021.
- 조성배, 재난취약지역과 기후적응 전략, 나남출판, 2023.

2. 논문 및 보고서
- 환경부, 기후변화가 재난에 미치는 영향 분석, 환경정책연구소, 2023.
- 김태형, 탄소중립 정책과 재난관리 연계 방안 연구, 한국환경정책학회, 2022.
- 이영훈 외, 재난취약지역의 기후 적응 전략 연구, 한국방재학회, 2021.
- 기상청, 기후변화와 자연재해 발생 빈도의 상관관계 분석, 기상청 기후변화연구센터, 2023.
- Intergovernmental Panel on Climate Change (IPCC), Climate Change 2022: Impacts, Adaptation and Vulnerability, Cambridge University Press, 2022.

3. 온라인 자료
- 환경부 기후변화포털: https://www.me.go.kr
- 기상청 기후변화정보센터: https://www.climate.go.kr
- IPCC 공식 홈페이지: https://www.ipcc.ch
- UNFCCC (United Nations Framework Convention on Climate Change): https://www.unfccc.int
- 한국에너지공단 탄소중립포털: https://www.keco.or.kr

CHAPTER 13 첨단 기술과 스마트 재난관리

학습목표

- 첨단 기술을 활용한 재난 예측 및 대응 방안을 이해한다.
- 스마트 재난관리 시스템과 IoT 기술의 역할을 설명할 수 있다.
- 스마트 시티 개념과 재난안전관리의 관계를 분석한다.
- 국가 재난안전통신망 및 정보화 시스템의 중요성을 이해한다.

1 드론, AI, 빅데이터를 활용한 재난 예측

1.1 드론을 활용한 재난 모니터링 및 대응

1.1.1 드론을 이용한 재난 대응의 필요성

- 최근 재난 발생 빈도가 증가함에 따라 신속하고 효율적인 대응 기술이 요구됨
- 기존의 인력 중심 대응 방식은 접근성이 제한적이며, 정보 수집에 시간이 소요됨
- 드론 기술을 활용하면 실시간으로 재난 현장을 감시하고, 신속한 대응이 가능함

1.1.2 드론의 주요 기능과 역할

그림 13.1 재난 대응에서 드론의 주요 역할

- **실시간 영상 촬영 및 전송**: 고해상도 카메라와 열 감지 센서를 활용하여 재난 현장의 시각적 정보를 제공함
- **재난 발생 지역 정찰 및 피해 규모 분석**: 드론을 이용하여 접근이 어려운 지역의 피해를 분석하고, 구조 활동에 필요한 데이터를 제공함
- **구조 및 구호 물품 전달**: 인력이 접근하기 어려운 지역에 의료품, 식량, 통신 장비 등을 투하하여 생존자 지원이 가능함

- 기상 및 환경 모니터링: 대기질 측정, 온도 변화 감지 등을 통해 화재 및 홍수 발생 가능성을 사전에 감지함

1.1.3 드론 활용 사례 및 효과

표 13.1 드론 활용 분야별 재난 대응 효과 비교

구분	설명	활용 분야	장점	단점
기계 학습(Machine Learning) 모델	과거 데이터를 학습하여 패턴을 인식하고 예측 수행	기후 변화 예측, 홍수 예측, 산불 감지	데이터 기반으로 지속적인 학습 가능	초기 모델 학습에 많은 데이터 필요
딥러닝 (Deep Learning) 모델	신경망을 활용하여 복잡한 패턴을 분석하고 예측 수행	태풍 경로 예측, 지진 예측, 산불 확산 분석	비선형적 관계 분석 가능, 높은 예측 정확도	연산량이 많아 고성능 하드웨어 필요
강화 학습 (Reinforcement Learning) 모델	AI가 반복적인 시행착오를 통해 최적의 대응 전략 학습	재난 대응 시뮬레이션, 로봇 구조 시스템	실시간 대응 전략 최적화 가능	학습 속도가 느리고 초기 적용이 어려움
통계적 모델 (Statistical Model)	확률 및 통계 분석을 활용한 예측 기법	기상 예보, 기후 변화 분석, 지진 활동 분석	신뢰성 높은 예측 가능, 해석이 쉬움	복잡한 변수 조합 시 적용이 어려움
하이브리드 모델 (Hybrid Model)	여러 AI 모델을 결합하여 예측 정확도를 향상	다중 재난 예측, 복합 재난 위험 평가	다양한 모델의 장점을 결합하여 정밀한 예측 가능	데이터 조합 및 모델 조정이 복잡함

산불 감시 및 조기 대응

- 대형 산불 발생 가능성이 높은 지역에서 드론을 활용하여 발화 지점을 조기에 탐지하고, 신속한 대응을 유도함
- 열 감지 카메라를 장착한 드론이 불씨를 감지하면 즉시 경보를 발령하고, 소방 당국이 출동하여 조기 진압을 수행함

그림 13.2 산불 감시 및 조기 대응을 위한 드론 활용 사례

홍수 피해 지역 조사 및 대피 안내

- 강수량이 급격히 증가하는 시기에 하천 및 저지대를 감시하여 수위 변화를 실시간으로 분석함
- AI와 연계된 시스템을 통해 침수 위험이 큰 지역을 사전에 파악하고, 주민들에게 대피 경로를 안내함

지진 피해 평가 및 구조 지원

- 지진 발생 후 붕괴 위험이 큰 건물에 접근하여 피해 상황을 신속하게 파악함
- 인명 구조를 위해 드론에 부착된 센서를 활용하여 생존자의 체온 및 소리를 감지함

1.2 인공지능(AI)을 활용한 재난 예측

1.2.1 AI 기반 재난 예측 모델 개요

- AI 기술은 기상 데이터, 위성 영상, 지진파 분석 등 다양한 정보를 종합하여 재난 발생 가능성을 예측함
- 머신러닝 알고리즘을 통해 과거 데이터를 학습하고, 미래 발생할 재난의 패턴을 분석함
- 실시간으로 데이터를 수집하고 분석하여 즉각적인 경고를 제공함

1.2.2 AI 기반 재난 예측 시스템의 주요 기술

- 기계 학습(machine learning) 모델: 과거 재난 데이터를 기반으로 재난 발생 가능성을 예측하고 위험도를 평가함
- 딥러닝(Deep Learning) 분석: 인공지능이 위성 영상 및 기상 데이터를 자동으로 분석하여 자연재해 발생 징후를 감지함
- 소셜미디어 데이터 활용: SNS 데이터를 분석하여 시민들의 반응을 토대로 긴급 상황을 감지하고 대응책을 마련함

1.2.3 AI를 활용한 주요 재난 예측 사례

- 태풍 및 기상재해 예측
- 기상 데이터를 실시간으로 수집하여 태풍 경로 및 강도를 예측함
- 인공지능을 활용하여 태풍 진행 경로의 오차를 줄이고, 보다 정교한 예보를 제공함
- 지진 예측 모델 개발
- AI 기반 지진 예측 시스템은 지진파의 미세한 변화를 분석하여 조기 경보를 발령함
- 지각판의 이동 데이터를 분석하여 발생 가능성이 높은 지역을 미리 예측할 수 있음
- 산불 확산 예측 시스템
- 실시간 기상 데이터와 위성 영상을 결합하여 산불 확산 경로를 예측함
- AI 알고리즘이 풍속과 습도를 고려하여 불길이 번질 가능성이 높은 지역을 분석함

그림 13.3 AI 기반 산불 확산 예측 시스템

표 13.2 AI 기반 자연재해 예측 기술 비교

구성 요소	설명	활용 사례
실시간 데이터 수집 시스템	IoT 센서, 드론, CCTV 등을 활용하여 재난 감지	홍수 수위 감지, 화재 연기 감지, 지진 감지
중앙 관제 시스템	재난 상황을 실시간으로 모니터링하고 대응 전략 수립	국가 재난 안전 통제센터, 스마트 도시 통제센터
AI 기반 예측 모델	과거 데이터를 학습하여 재난 발생 가능성 예측	기후 변화 분석, 화재 위험 지역 예측
자동 경보 시스템	위험 발생 시 시민과 관계기관에 즉시 경보 발송	지진 조기 경보, 홍수 대비 알람
자원 관리 및 배분 시스템	구조 인력, 장비, 긴급 자원의 최적 배분 지원	구조 차량 최적 경로 설정, 의료 지원 분배

1.3 빅데이터 분석을 활용한 재난 예측

1.3.1 빅데이터 분석을 활용한 재난 예측 개요

- 다양한 데이터 소스를 통합하여 재난 발생 가능성을 분석하고, 효과적인 대응 전략을 수립함
- 실시간 데이터 수집 및 분석을 통해 기후변화, 지형 조건, 인구 이동 등의 요소를 반영한 정밀한 재난 예측이 가능함

1.3.2 빅데이터 기반 재난 예측 시스템의 주요 요소

- **위성 및 센서 데이터 분석**: 기상위성과 지진 감지 센서를 활용하여 재난 조기 경보 시스템을 구축함
- **소셜미디어 및 온라인 데이터 활용**: 시민들의 SNS 게시물을 분석하여 재난 발생 가능성을 감지하고, 실시간 피해 정보를 수집함
- **이동통신 데이터 분석**: 대피소 및 위험 지역의 인구 밀도를 파악하여 신속한 대응 계획을 수립함

1.3.3 빅데이터 분석을 활용한 주요 사례

도시 홍수 예측 및 대응 시스템

- 강수량 데이터, 지하 배수 시스템 정보 등을 분석하여 홍수 위험도를 예측함
- 도로 교통 데이터를 분석하여 침수 지역을 회피할 수 있는 대체 경로를 제공함

지진 및 쓰나미 예측 시스템

- 해저 지진 데이터를 분석하여 쓰나미 발생 가능성을 조기에 탐지함
- 과거 데이터를 기반으로 피해 예상 지역을 예측하고, 대피 안내 시스템을 구축함

공기질 및 대기 오염 감시 시스템

- 공기 중의 미세먼지, 유해 가스 농도를 측정하여 시민들에게 실시간 경고를 제공함
- 산업단지 및 대기 오염 지역에서 빅데이터를 활용하여 환경 재난을 예방함

그림 13.4 빅데이터를 활용한 홍수 예측 시스템

표 13.3 빅데이터 분석을 활용한 재난 대응 기술 비교

기술명	설명	주요 활용 분야
지능형 교통 시스템 (ITS)	AI 및 센서를 활용하여 교통 흐름을 최적화	재난 발생 시 대피 경로 안내
스마트 에너지 관리	전력망 최적화 및 비상 전력 공급 조정	정전 발생 시 긴급 전력 배분
스마트 빌딩 시스템	IoT 센서를 통해 건물 내 재난 발생 감지	화재 감지, 지진 시 건물 안전 점검
GIS (지리정보시스템)	공간 데이터를 활용한 재난 피해 예측 및 분석	홍수 범람 지역 예측 , 대피소 위치 분석

2 스마트 재난관리 시스템과 IoT 기술

2.1 스마트 재난관리 시스템의 개념 및 중요성

2.1.1 스마트 재난관리 시스템 개요

- 스마트 재난관리 시스템은 정보통신기술(ICT)과 사물인터넷(IoT) 기술을 활용하여 재난 발생을 조기에 감지하고, 신속한 대응을 가능하게 하는 시스템임
- 기존의 재난관리 방식과 달리 실시간 데이터 분석과 자동 경보 기능을 통해 재난 발생 전 위험을 사전에 예측하고 대응할 수 있음
- 지능형 센서, 네트워크, 클라우드 컴퓨팅, 빅데이터 분석 등을 활용하여 보다 정밀한 재난 예측 및 대응 체계를 구축함

2.1.2 스마트 재난관리 시스템의 주요 특징

그림 13.5 스마트 재난관리 시스템 개념도

- **실시간 데이터 수집 및 분석**: 센서를 통해 수집된 다양한 데이터를 분석하여 재난 발생 가능성을 감지하고 조기에 경보를 발령함
- **자동화된 대응 시스템**: IoT 및 AI 기술을 활용하여 재난 발생 시 자동으로 경고 메시지를 발송하고, 초기 대응을 수행함
- **통합 플랫폼 기반 운영**: 다양한 재난 유형(홍수, 지진, 화재 등)에 대응하기 위해 중앙 관제 시스템과 연계하여 통합적인 재난관리 체계를 구축함
- **이용자 참여형 대응**: 시민들이 모바일 앱 및 SNS를 통해 재난 정보를 실시간으로 제공받고, 긴급 상황 시 신고할 수 있도록 지원함

2.1.3 스마트 재난관리 시스템의 도입 효과

- **재난 대응 속도 향상**: 실시간 감시 및 자동 대응 시스템을 통해 기존 방식보다 빠르게 재난에 대응할 수 있음
- **정확한 피해 예측 및 분석**: 빅데이터와 AI 기술을 활용하여 재난 발생 가능성을 분석하고, 피해 규모를 예측하여 대비책을 마련할 수 있음
- **자원 배분 최적화**: 중앙 관제 시스템과 연계하여 소방, 경찰, 의료 기관 등의 자원을 효율적으로 배치할 수 있음

표 13.4 기존 재난관리 시스템과 스마트 재난관리 시스템 비교

구분	기존 재난관리 시스템	스마트 재난관리 시스템
데이터 수집 방식	수동 감지 및 관측 기반	IoT 및 AI 기반 실시간 데이터 수집
의사 결정 방식	경험과 매뉴얼 중심의 대응	AI 분석 및 데이터 기반 의사 결정
경보 체계	문자 및 방송 중심의 경보	스마트폰 앱, IoT 알람, 자동 방송
대응 속도	인력 중심의 대응으로 상대적으로 느림	자동화 시스템을 활용한 신속한 대응

2.2 IoT 기술을 활용한 재난관리

2.2.1 IoT 기반 재난 감지 기술 개요

- IoT(사물인터넷) 기술은 다양한 환경 센서와 네트워크를 활용하여 재난 발생 여부를 실시간으로 감지하고 분석하는 기술임
- 온도, 습도, 기압, 가스 농도, 지진파 등 다양한 환경 요소를 측정하여 재난 발생 위험을 조기에 감지하고, 이를 분석하여 자동 경보를 발송함
- IoT 기술을 기반으로 한 실시간 모니터링 시스템을 통해 재난 예방과 신속한 대응이 가능함

2.2.2 주요 IoT 기술 및 활용 분야

- **지진 감지 센서**: 건물이나 지표면에 부착된 센서를 통해 지진 발생 여부를 감지하고, 진동 데이터를 분석하여 조기 경보를 발령함
- **홍수 감지 시스템**: 하천 및 저수지 수위 변화를 감지하는 센서를 활용하여 침수 위험을 조기에 감지하고 대응함
- **화재 감지 센서**: 온도, 연기, 가스 농도를 실시간으로 모니터링하여 화재 발생 여부를 감지하고, 소방 시스템과 연계하여 자동으로 대응함
- **대기질 모니터링 시스템**: 미세먼지, 유해 가스, 방사능 수치를 감지하는 센서를 통해 공기 오염 상태를 분석하고, 위험 수치를 초과할 경우 경고를 발송함

그림 13.6 IoT 기반 재난 감지 시스템

표 13.5 주요 IoT 기술별 재난 대응 기능 비교

IoT 기술	설명	활용 사례
스마트 센서	환경 변화 감지 및 실시간 데이터 수집	대기질 감지, 온도·습도 측정
스마트 카메라	AI 기반 영상 분석을 통한 재난 감지	실종자 탐색, 화재 감시
스마트 가전	자동 제어 및 위험 감지 기능 탑재	가스 누출 감지, 화재 예방

2.3 IoT 기반 스마트 재난관리 시스템 운영 사례

2.3.1 스마트 화재 감지 및 대응 시스템

- IoT 센서를 활용하여 화재가 발생하기 전에 이상 온도 상승, 가스 누출 등의 징후를 감지하여 조기 경보를 발령함
- 건물 내 자동 화재 진압 시스템과 연계하여 초기 화재를 자동으로 진압할 수 있도록 지원함
- 클라우드 기반 모니터링 시스템을 통해 소방서 및 관리 기관이 실시간으로 현장 상황을 파악하고, 최적의 대응 전략을 수립함

2.3.2 스마트 홍수 예측 및 대응 시스템

- 강우량, 수위 변화, 하천 유속 데이터를 실시간으로 분석하여 홍수 위험을 예측하고 사전에 대피 경보를 발송함
- 하천 및 저수지 주변에 설치된 IoT 센서를 통해 수위 변화를 감지하고, 데이터가

일정 수준을 초과하면 자동으로 방재 기관에 경고 신호를 보냄

- 스마트 시티와 연계하여 실시간 교통 흐름 분석을 통해 안전한 대피 경로를 제공함

2.3.3 지진 조기 경보 및 안전 시스템

- 건물 내 IoT 센서를 활용하여 진동 변화를 감지하고, 이상 징후가 감지되면 자동으로 조기 경보를 발송함
- AI 기반 지진 분석 시스템과 연계하여 피해 예상 지역을 분석하고, 대피 지침을 제공함
- 주요 시설물(발전소, 댐, 교량 등)에 부착된 센서를 통해 구조적 변화를 감지하고, 붕괴 위험이 감지될 경우 자동으로 경고를 발송함

그림 13.7 스마트 홍수 감지 시스템의 개념도

표 13.6 스마트 재난관리 시스템 운영 사례

국가	운영 사례	특징
미국	AI 기반 재난 예측 시스템 운영	기후 데이터 분석, 조기 경보 제공
일본	지진 조기 경보 시스템 활용	실시간 지진 감지 및 자동 대응
한국	국가 재난안전통신망(PS-LTE) 운영	긴급 기관 간 통합 통신망 구축

2.4 IoT 기반 스마트 재난관리 시스템의 향후 발전 방향

2.4.1 인공지능(AI)과 IoT의 융합

- AI 기반 예측 알고리즘을 적용하여 IoT 센서 데이터를 실시간으로 분석하고, 보

다 정확한 재난 예측이 가능하도록 발전하고 있음

- IoT 기기 간의 데이터 공유 및 자동화된 의사 결정 시스템을 구축하여 자율적인 재난 대응 체계를 강화함
- AI 기술과 연계된 스마트 재난관리 시스템을 통해 이상 징후 발생 시 조기 경보를 발령하고, 자동 대응을 수행할 수 있음

2.4.2 5G 및 클라우드 기반 재난 대응 시스템

- 5G 네트워크를 활용하여 IoT 기기 간의 데이터 전송 속도를 극대화하고, 실시간 재난 감지 및 대응 체계를 구축함
- 클라우드 컴퓨팅을 통해 센서에서 수집된 데이터를 빠르게 분석하고, 긴급 대응을 위한 최적의 솔루션을 도출함
- 국가 및 지역 단위의 데이터 공유 시스템을 구축하여 기관 간 협업을 강화하고, 보다 효과적인 재난 대응이 가능하도록 지원함

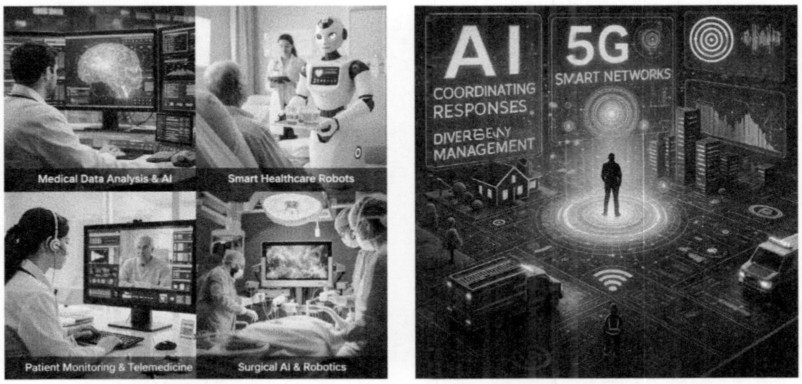

그림 13.8 AI 및 5G 기반 스마트 재난관리 시스템

표 13.7 AI 및 IoT 융합 기술별 재난 대응 효과

기술명	설명	기대 효과
AI 예측 모델	재난 발생 가능성 예측	조기 경보 및 신속 대응 가능
IoT 센서 네트워크	실시간 환경 변화 감지 및 분석	재난 감지 정확도 향상
드론 기반 감시	실시간 영상 촬영 및 현장 데이터 수집	접근 어려운 지역 감시 가능

3 스마트 시티와 재난안전관리

3.1 스마트 시티에서 재난관리의 중요성

3.1.1 스마트 시티 개요 및 재난안전관리의 필요성

- 스마트 시티는 정보통신기술(ICT), 인공지능(AI), 사물인터넷(IoT), 빅데이터 등을 활용하여 도시의 효율성을 극대화하고, 시민들의 삶의 질을 향상하는 도시 모델임
- 기후변화, 도시 인구 증가, 인프라 노후화 등의 문제로 인해 자연재해 및 인재(人災) 발생 가능성이 증가하고 있어, 스마트 기술을 활용한 재난 관리 시스템 구축이 필수적임
- 도시화로 인해 재난이 발생할 경우 피해가 급격히 확산할 가능성이 높으므로, 사전 예방, 실시간 감지 및 신속 대응이 가능한 스마트 재난관리 시스템이 요구됨

3.1.2 스마트 시티에서 재난안전관리의 주요 요소

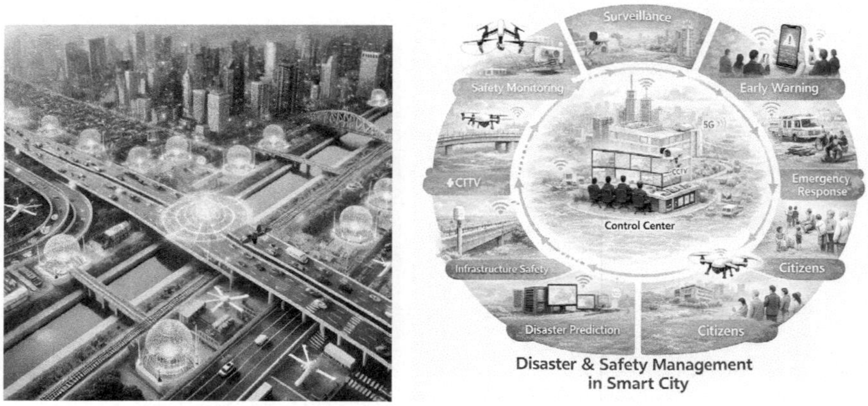

그림 13.9 스마트 시티에서의 재난안전관리 개념도

표 13.8 스마트 시티 기반 재난 관리 시스템 비교

시스템명	주요 기능	활용 국가
지능형 교통 시스템 (ITS)	재난 발생 시 대피 경로 안내 및 교통 흐름 조정	미국, 일본
스마트 인프라 관리	전력망 및 수도 시스템 자동 제어	한국, 독일
재난 감지 센서 네트워크	IoT 기반 실시간 재난 감지 및 경보 시스템 운영	네덜란드, 싱가포르
AI 기반 재난 예측 시스템	과거 데이터 분석 및 기계 학습을 통한 재난 발생 예측	영국, 프랑스
스마트 대피소 네트워크	재난 발생 시 안전한 대피소 안내 및 자원 배분 최적화	호주, 캐나다

- 실시간 모니터링 및 감시 시스템: 도시 곳곳에 설치된 IoT 센서와 CCTV를 통해 환경 변화를 실시간 감시하고, 위험 징후를 감지하여 자동으로 경보를 발송함
- 데이터 기반 예측 및 대응 시스템: 기후, 지진, 교통, 화재 등의 데이터를 분석하여 위험 요소를 사전에 예측하고, 대응책을 마련함
- 도시 인프라와 연계된 자동 대응 시스템: 재난이 발생하면 신호등, 대피소, 교통 시스템 등과 자동으로 연계되어 긴급 대응을 실행함
- 시민 참여형 경보 시스템: 모바일 앱 및 스마트 기기를 통해 시민들이 재난 정보를 실시간으로 공유하고, 대피 안내를 받을 수 있도록 함

3.2 스마트 시티 기반 재난 안전 시스템

3.2.1 지능형 교통 시스템(ITS)과 재난관리

재난 발생 시 교통 흐름 최적화

- 실시간 교통 데이터 분석을 통해 긴급 차량(소방차, 구급차 등)의 최적 이동 경로를 자동 설정함
- 교통 체증이 발생할 경우, 우회 경로를 시민들에게 안내하여 대피 시간을 단축함

재난 대피 유도 시스템

- 도시 내 전자 안내판, 모바일 앱, 차량 내비게이션 등을 활용하여 시민들에게 대피 경로를 안내함
- 대형 재난 발생 시, 주요 대피소 및 안전 지점을 자동으로 안내하여 혼잡을 최소화함

그림 13.10 지능형 교통 시스템(ITS)을 활용한 재난 대피 경로 최적화

표 13.9 스마트 교통 시스템과 전통적 교통 시스템 비교

구분	스마트 교통 시스템 (ITS)	전통적 교통 시스템
운영 방식	AI 및 IoT 기반 자동화 제어	신호체계 및 교통경찰 중심
교통 데이터 분석	실시간 데이터 분석 및 최적화	수동 조사 및 과거 데이터 활용
대피 경로 안내	실시간 재난 경보 및 대피 경로 안내	사전 설정된 대피 경로 사용
긴급 차량 지원	긴급 차량 우선 신호 제어	일반 차량과 동일한 신호 운영
대중교통 관리	실시간 위치 추적 및 경로 최적화	일정 기반 운영 및 정해진 노선 유지

3.2.2 스마트 인프라 및 에너지 관리 시스템

스마트 그리드를 활용한 전력 공급 안정화

- 재난 발생 시, 주요 시설(병원, 소방서 등)에 우선적으로 전력을 공급하도록 자동 조정함
- 태양광, 풍력 등의 분산형 전력망(distributed grid)을 활용하여 정전 피해를 최소화함

재난 대비용 IoT 기반 스마트 빌딩 시스템

- 건물 내 센서를 활용하여 지진 감지 시 자동으로 가스를 차단하고, 엘리베이터를 비상 모드로 전환함
- 화재 발생 시, 자동 스프링클러 작동 및 출입문 개방을 통해 신속한 대피를 유도함

그림 13.11 스마트 인프라와 에너지 관리 시스템을 활용한 재난 대응

표 13.10 스마트 인프라 관리 시스템의 주요 기능 비교

기능명	설명	활용 사례
스마트 전력망	실시간 전력 사용량 모니터링 및 자동 최적화	정전 발생 시 비상 전력 공급
스마트 수도망	수압 감지 및 누수 감지 센서를 활용한 자동 제어	홍수 발생 시 하수 시스템 조절
스마트 교통관리	교통량 실시간 분석 및 신호 최적화	재난 발생 시 긴급 차량 우선 통행
스마트 빌딩 시스템	IoT 센서를 활용한 자동 재난 감지 및 대응	지진 발생 시 엘리베이터 자동 정지
스마트 환경 모니터링	대기 오염, 기온 변화, 화재 발생 등을 자동 감지 및 분석	화재 감지 및 공기질 모니터링

3.3 스마트 시티에서의 재난 대응 기술 및 운영 사례

3.3.1 AI 기반 도시 재난 예측 시스템

- **기후 및 자연재해 예측**: AI를 활용하여 강우량, 기온 변화, 지진파 등을 분석하고, 재난 발생 가능성을 예측함
- **건축물 안전도 분석**: AI 모델을 활용하여 건물 노후화 상태를 점검하고, 붕괴 위험이 큰 건물을 사전에 진단함
- **도시 내 화재 위험 분석**: AI 기반 스마트 센서가 이상 온도 상승 및 가스 누출을 감지하여 조기 경보를 발령함

그림 13.12 AI 기반 스마트 시티 재난 예측 시스템

표 13.11 AI 기반 재난 예측 모델 비교

모델명	특징	활용 분야
기계 학습 모델	과거 데이터를 학습하여 패턴을 인식하고 예측 수행	기후 변화 예측, 홍수 예측
딥러닝 모델	다층 신경망을 활용하여 복잡한 패턴을 분석	태풍 경로 예측, 산불 확산 분석
강화 학습 모델	반복적인 시행착오를 통해 최적의 대응 전략 학습	실시간 재난 대응 시뮬레이션
통계적 예측 모델	확률 및 통계 분석을 활용하여 재난 예측	지진 활동 분석, 기후 데이터 해석
하이브리드 모델	여러 AI 모델을 결합하여 예측 정확도 향상	복합 재난 예측 및 대응

3.3.2 빅데이터를 활용한 도시 재난관리

표 13.12 빅데이터 기반 재난관리 시스템의 주요 기능 비교

기능명	설명	활용 사례
실시간 데이터 분석	센서, 위성, 기상 데이터를 실시간 수집 및 분석	홍수 예측 및 조기 경보
재난 패턴 분석	과거 데이터를 학습하여 위험 패턴을 탐색	산불 및 지진 위험 지역 예측
사회적 반응 분석	SNS 또는 시민 신고 데이터를 활용한 재난 감지	재난 발생 시 신속한 정보 공유
위험도 평가	GIS 및 AI를 활용한 피해 예상 분석	홍수 및 지진 피해 예측
자동 경보 시스템	위험 수준을 판단하여 즉각적인 경보 전송	지진 조기 경보 및 대피 안내

교통 및 인구 이동 데이터 분석을 통한 대피 전략 수립

- 시민들의 이동 경로 데이터를 분석하여 재난 발생 시 최적의 대피 경로를 제공함
- 교통 체증이 심한 지역을 실시간으로 감지하고, 긴급 차량의 우선 통행을 자동 조정함

소셜미디어 데이터 활용

- 시민들이 SNS에 업로드하는 재난 관련 정보를 분석하여 피해 지역을 파악하고, 신속하게 구조 작업을 수행함
- 재난 발생 후, 빅데이터 분석을 통해 재난 대응 전략을 지속적으로 개선함

그림 13.13 빅데이터를 활용한 도시 재난 분석 시스템

3.4 스마트 시티 기반 재난 대응 시스템의 향후 발전 방향

3.4.1 5G 및 IoT 기술의 융합

표 13.13 5G 및 IoT 기술이 결합한 스마트 재난관리 시스템 비교

기술명	설명	활용 사례
5G 통신망	초고속 데이터 전송을 통한 실시간 재난 대응 지원	드론 실시간 영상 전송, 긴급 메시지 송출
IoT 센서 네트워크	재난 발생 감지를 위한 실시간 환경 모니터링	대기 오염 감지, 지진 조기 감지
AI 기반 예측 시스템	기후 및 재난 예측 알고리즘 적용	산불 확산 경로 예측, 태풍 경로 분석
스마트 교통 시스템	재난 발생 시 차량 흐름 자동 제어	긴급 차량 우선 신호 체계
자율 드론 감시	실시간 공중 감시 및 구조 지원	산불 피해 지역 실시간 분석

초고속 네트워크를 활용한 실시간 대응 시스템 구축

- 5G 네트워크를 활용하여 센서 및 감시 카메라에서 수집한 데이터를 즉각적으로 분석하여 대응함
- 재난 발생 시, AI가 자동으로 위험도를 평가하고, 실시간 대응 전략을 제공함

드론 및 로봇을 활용한 구조 활동 자동화

- AI 기반 자율주행 드론을 활용하여 피해 지역을 조사하고, 구조 작업을 지원함
- 로봇을 활용하여 화재, 붕괴 위험 지역 등 인력이 접근하기 어려운 구역에서 구조 작업을 수행함

그림 13.14 5G 및 IoT 기술을 활용한 실시간 재난 대응 시스템

4 국가 재난안전통신망 및 정보화 시스템

4.1 국가 재난안전통신망 개요

4.1.1 국가 재난안전통신망의 필요성

- 재난 발생 시 신속한 대응을 위해 기관 간 원활한 정보 공유가 필수적임
- 기존의 개별 기관별 통신망은 상호 연계성이 부족하여 신속한 협업이 어려움
- 국가 재난안전통신망(Public Safety-LTE, PS-LTE)은 재난 발생 시 소방, 경찰, 군, 의료 기관 등 관계기관 간 원활한 협력을 지원하기 위해 구축된 통합 통신망임
- 대규모 재난, 전쟁, 테러, 감염병 확산 등 국가적 위기 상황에서도 안정적인 통신을 보장함

4.1.2 국가 재난안전통신망의 주요 특징

- **단일 네트워크 운영**: 모든 재난 대응 기관이 단일 통신망을 사용하여 정보 공유가 원활함
- **우선순위 통신 제공**: 긴급 대응 기관이 우선적으로 통신할 수 있도록 QoS(Quality of Service) 기술 적용
- **영상 및 데이터 전송 지원**: 음성 통신뿐만 아니라 실시간 영상 및 데이터 공유를 통해 더 신속한 대응 가능

그림 13.15 국가 재난안전통신망 개념도

- **광범위한 커버리지**: 도시뿐만 아니라 산악, 해상 등 재난 발생 가능성이 높은 지역에서도 안정적인 연결 보장
- **강화된 보안 체계**: 사이버 공격 및 데이터 유출을 방지하기 위해 강력한 암호화 기술 적용

표 13.14 기존 재난 대응 통신망과 국가 재난안전통신망 비교

구분	기존 통신망	국가 재난안전통신망 (PS-LTE)
통신 방식	개별 기관별 운영, 분산형 구조	단일 통합망, 중앙 집중식 운영
대응 속도	네트워크 과부하 발생 가능	우선순위 통신으로 긴급 대응 가능
데이터 전송	음성 및 문자 중심	실시간 영상 및 데이터 공유
보안 수준	일반 통신망 수준의 보안	고도 암호화 및 보안 강화
이용 기관	기관별 개별망 사용	경찰, 소방, 군, 의료 등 긴급 기관 통합

4.2 국가 재난안전통신망의 운영 구조

4.2.1 주요 구성 요소

- **이동통신 기지국**: 전국적으로 설치된 기지국을 통해 안정적인 무선 통신망을 제공
- **통합 관제 센터**: 모든 재난 관련 정보를 실시간으로 수집하고 분석하여 최적의 대응 전략을 수립
- **위성 통신망**: 재난으로 인해 기존 통신망이 마비될 경우에도 위성을 활용하여 긴급 통신 가능
- **보안 및 데이터 암호화 시스템**: 네트워크 해킹 및 데이터 유출을 방지하기 위한 보안 기술 적용

4.2.2 기관 간 협력 체계

소방, 경찰, 군, 의료 기관 간 정보 공유

- 화재, 지진, 홍수, 테러 등 모든 유형의 재난 발생 시 협업을 통한 신속한 대응 가능
- 소방대원과 경찰이 동일한 채널에서 통신하여 구조 및 통제 작업을 더욱 효과적으로 수행

실시간 영상 및 데이터 공유

- 드론 및 CCTV를 통해 수집된 재난 현장 영상을 즉시 공유하여 빠른 의사 결정 지원
- 긴급 의료 지원이 필요한 경우 환자의 실시간 상태 데이터를 원격으로 전송하여 최적의 치료 제공

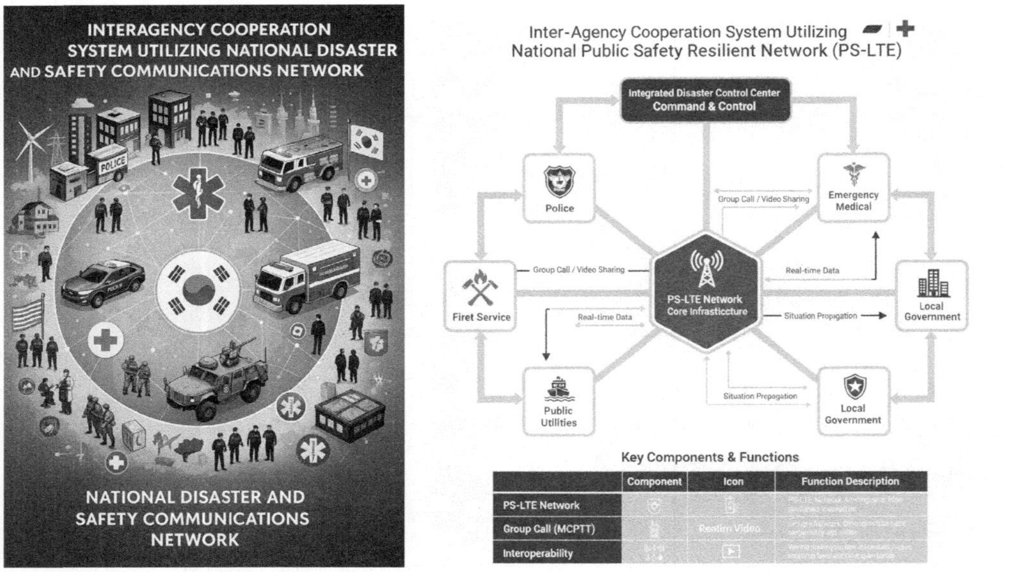

그림 13.16 국가 재난안전통신망을 활용한 기관 간 협력 체계

표 13.15 국가 재난안전통신망의 주요 기술 요소

기술 요소	설명
우선순위 통신 (QoS)	긴급 기관이 재난 시 최우선적으로 통신을 이용할 수 있도록 지원
고속 데이터 전송	5G 기술을 활용하여 음성, 영상, 데이터를 빠르게 공유
위성 통신망 연계	기지국 손실 시 위성을 이용한 긴급 통신 가능
보안 및 암호화	사이버 공격 방지를 위한 보안 강화
통합 관제 시스템	모든 재난 관련 기관이 하나의 통신망에서 협업 가능

4.3 국가 재난 정보화 시스템 개요

4.3.1 재난 정보화 시스템의 개념

- 국가 재난 정보화 시스템은 빅데이터, 클라우드 컴퓨팅, 인공지능(AI), GIS(지리 정보 시스템) 등 첨단 기술을 활용하여 재난을 감지, 분석 및 대응하는 통합 관리 시스템임
- 각 기관이 수집한 재난 관련 정보를 실시간으로 분석하고, 효과적인 대응 방안을 자동으로 도출함
- 주요 시스템으로는 국가 재난관리시스템(NDMS), 국가 재난 정보센터(NDIC), 기상청 기후 및 재난 예측 시스템 등이 포함됨

4.3.2 주요 기능 및 역할

- **재난 조기 감지 및 예측**: 기후변화, 지진 활동, 산불 발생 가능성 등을 실시간으로 분석하여 사전 경고 발령
- **실시간 데이터 통합**: 센서, CCTV, 위성 데이터 등 다양한 정보를 통합하여 재난 발생 시 빠르게 대응할 수 있도록 지원
- **대피 경로 최적화**: AI 및 GIS 기반 기술을 활용하여 시민들에게 최적의 대피 경로를 제공
- **자원 배분 최적화**: 소방차, 구급차, 구조 인력 등의 배치를 데이터 분석을 통해 최적화

그림 13.17 국가 재난 정보화 시스템 개념도

표 13.16 주요 국가 재난 정보화 시스템 비교

국가	운영 시스템	주요 특징
미국	FEMA 재난 대응 플랫폼	연방 차원의 통합 대응 시스템 운영
일본	J-ALERT 긴급 경보 시스템	지진 및 쓰나미 조기 경보 제공
한국	국가 재난관리시스템 (NDMS)	재난 발생 시 실시간 정보 공유
독일	KATWARN 시민 재난 경보 시스템	지역 맞춤형 재난 경보 제공

4.4 국가 재난 정보화 시스템 운영 사례

4.4.1 NDMS(국가 재난관리시스템) 운영 사례

NDMS는 행정안전부가 운영하는 통합 재난관리 시스템으로, 전국의 모든 재난 데이터를 실시간으로 관리함

주요 기능

- 재난 발생 시 신속한 상황 전파 및 경보 발령
- 관계 기관 간 협력 강화 및 지원 요청 자동화
- 피해 복구 과정 추적 및 지원금 배분 최적화

4.4.2 국가 재난 정보센터(NDIC) 운영 사례

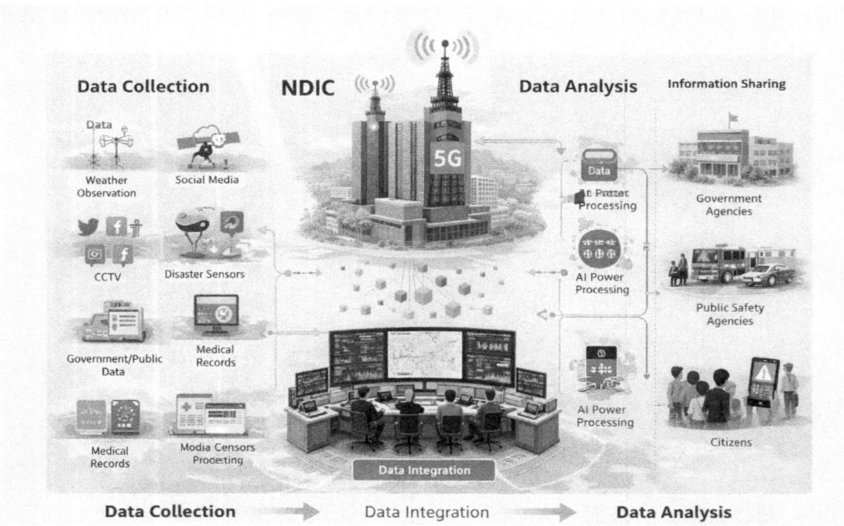

그림 13.18 국가 재난 정보센터(NDIC)의 데이터 통합 프로세스

NDIC는 국가 차원의 재난 정보를 수집하고 분석하는 전문 기관으로, AI 및 빅데이터 분석을 통해 재난 예측 및 대응 전략을 제공함

주요 기능

- 기상청, 국토교통부, 소방청 등과 연계하여 재난 정보를 통합 관리
- 위성 및 드론을 활용하여 재난 현장의 변화를 실시간으로 모니터링
- 시민들에게 긴급 재난 정보를 제공하고 대피 경로를 안내

표 13.17 국가 재난 정보화 시스템 운영 사례 비교

운영 사례	특징
NDMS	재난 발생 시 실시간 정보 통합 및 기관 간 협력 지원
NDIC	국가 차원의 재난 데이터 분석 및 위험도 평가
J-ALERT	일본의 지진 및 재난 조기 경보 시스템
FEMA 플랫폼	미국 연방재난관리청의 재난 대응 정보화 시스템

4.5 국가 재난안전통신망 및 정보화 시스템의 향후 발전 방향

4.5.1 5G 및 차세대 무선통신 기술 적용

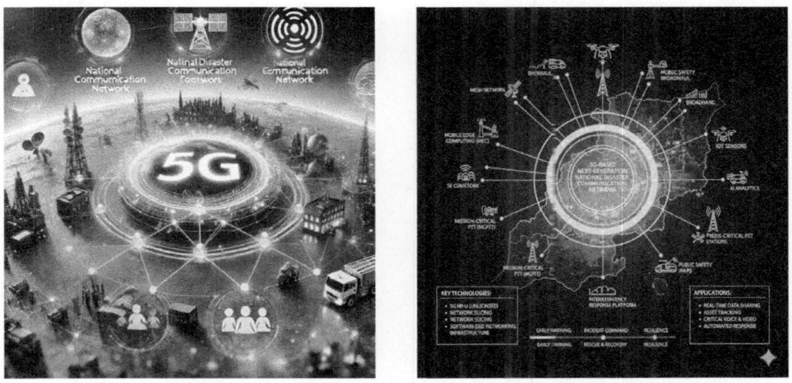

그림 13.19 5G 기반 차세다 국가 재난 통신망 개념도

초고속 네트워크를 활용한 실시간 데이터 전송

- 5G 기반 통신망을 활용하여 실시간으로 대량의 데이터 전송이 가능
- 긴급 대응이 필요한 상황에서 음성 및 영상 데이터를 지연 없이 공유할 수 있음

- **드론 및 AI 기반 재난 감시 시스템 확대**
- 인공지능을 활용하여 드론이 자동으로 재난 발생 가능성을 탐지하고, 조기 경보를 발령함
- 실시간으로 촬영된 영상을 AI가 분석하여 피해 규모 및 대피 전략을 자동 도출함

표 13.18 5G 및 AI 기반 국가 재난 정보화 시스템 적용 사례

기술 요소	설명
AI 예측 모델	재난 발생 가능성 분석 및 조기 경보 제공
5G 네트워크	긴급 대응 기관 간 실시간 데이터 공유
IoT 기반 감지	재난 징후 감지를 위한 스마트 센서 연계
GIS 통합 시스템	지리정보 기반 대피 경로 최적화 지원

핵심 내용 정리(기출 문제 관련)

1. 드론, AI, 빅데이터를 활용한 재난 예측

- **드론 활용** – 실시간 재난 모니터링, 구조 지원, 피해 분석 등 다양한 용도로 사용됨
- **AI 기반 재난 예측** – 기상 데이터, 센서 정보, 소셜미디어 데이터 분석을 통해 재난을 사전에 감지하고 대응 전략을 제시함
- **빅데이터 활용** – 재난 발생 패턴을 분석하고, 조기 경보 시스템을 구축하여 피해를 최소화함

출제 경향

- 드론의 역할 및 재난 예측에서의 주요 활용 사례 관련 문제 출제 가능
- AI를 활용한 재난 예측 기술(예: 기후 데이터 분석, 위험 감지 시스템) 관련 문제 출제 가능
- 빅데이터 기반 재난 예측 모델 및 적용 사례 관련 문제 출제 가능
- 재난 예측 기술 간 비교 및 장단점 분석 문제 출제 가능

2. 스마트 재난관리 시스템과 IoT 기술

- **스마트 재난관리 시스템** – 정보통신기술(ICT)과 IoT 기술을 활용하여 재난 감지 및 대응을 자동화하는 시스템
- **IoT 기반 재난 감지** – 센서를 통해 실시간으로 환경 변화를 감지하고 재난 발생 가능성을 분석함
- **스마트 센서 활용** – 화재, 홍수, 지진 등 다양한 재난을 감지하고 자동 경보 시스템과 연계됨

출제 경향

- 스마트 재난관리 시스템의 개념과 역할을 묻는 문제 출제 가능
- IoT 센서를 활용한 재난 감지 방식 및 사례 관련 문제 출제 가능
- 스마트 센서와 AI 기반 데이터 분석의 차이를 묻는 문제 출제 가능
- 국가별 스마트 재난관리 시스템 비교 문제 출제 가능

3. 스마트 시티와 재난안전관리

- **스마트 시티 개념** – ICT 기술을 활용하여 도시 운영을 효율화하고, 재난 발생 시 신속한 대응을 지원함
- **지능형 교통 시스템(ITS)** – 재난 발생 시 대피 경로 안내 및 긴급 차량 우선 통행 지원
- **스마트 인프라 관리** – IoT 센서를 활용하여 전력망, 수도, 도로 등의 상태를 실시간으로 모니터링하고, 이상 발생 시 자동 대응함

출제 경향

- 스마트 시티 개념과 재난 안전관리의 관계를 묻는 문제 출제 가능
- 지능형 교통 시스템(ITS)의 역할 및 구성 요소를 묻는 문제 출제 가능
- 스마트 인프라와 재난관리 기술 간 차이를 비교하는 문제 출제 가능
- 스마트 시티에서의 재난 대응 사례를 분석하는 문제 출제 가능

4. 국가 재난안전통신망 및 정보화 시스템

- **국가 재난안전통신망(PS-LTE)** – 재난 발생 시 긴급 대응 기관 간 원활한 정보 공유를 위한 통합 무선 통신망
- **재난 정보화 시스템** – 실시간 데이터를 수집·분석하여 재난 발생 시 신속한 대응 전략을 수립하는 시스템
- **빅데이터 및 GIS 활용** – 재난 발생 지역의 지리적 데이터를 분석하여 최적의 대피 경로를 제공함

출제 경향

- 국가 재난안전통신망(PS-LTE)의 개념과 주요 특징을 묻는 문제 출제 가능
- 재난 정보화 시스템의 구성 요소 및 역할 관련 문제 출제 가능
- 빅데이터 및 GIS 기반 재난 분석의 장점을 묻는 문제 출제 가능
- 국가별 재난안전통신망 운영 사례를 비교하는 문제 출제 가능

연습문제

01　드론을 활용한 재난 대응의 주요 장점으로 적절하지 않은 것은?

① 접근이 어려운 지역에서도 실시간 영상 촬영이 가능하다.
② 구조 대상자에게 긴급 물품을 신속하게 전달할 수 있다.
③ 고정된 위치에서만 감시가 가능하여 이동성이 제한된다.
④ 열 감지 센서를 활용하여 실종자 탐색이 가능하다.

02　인공지능(AI)을 활용한 재난 예측 기술 중 기후 데이터를 분석하여 위험 요소를 감지하는 방식은?

① 군집 분석　② 패턴 인식
③ 딥러닝 기반 모델　④ 의사 결정 트리

03　빅데이터를 활용한 재난 예측의 핵심 요소로 볼 수 없는 것은?

① 과거 재난 데이터 분석　② 실시간 센서 데이터 수집
③ 재난 발생 후 복구 단계 관리　④ SNS 또는 시민 제보 데이터 분석

04　다음 중 스마트 재난관리 시스템의 주요 구성 요소가 아닌 것은?

① IoT 센서 네트워크　② 중앙 관제 시스템
③ 전통적인 전화 기반 신고 시스템　④ 실시간 모니터링 및 경보 시스템

05　IoT 기술을 활용한 재난 감지 시스템의 주요 기능으로 옳지 않은 것은?

① 센서를 통해 환경 변화를 감지한다.
② 실시간으로 데이터를 중앙 통제 시스템에 전달한다.
③ 재난 발생 후 복구 자금 지원을 결정한다.
④ AI 기반 분석을 통해 위험 발생 가능성을 예측한다.

06 스마트 시티에서 지능형 교통 시스템(ITS)의 역할로 적절하지 않은 것은?

① 긴급 차량의 우선 통행을 지원한다.
② 재난 발생 시 대피 경로를 안내한다.
③ 시민의 SNS 활동을 감시한다.
④ 실시간 교통 흐름을 조정하여 혼잡을 최소화한다.

07 스마트 시티의 재난안전관리 시스템에 포함될 수 없는 요소는?

① 지능형 감시 카메라
② AI 기반 응급 대응 시스템
③ 종이 기반 데이터 수집 방식
④ 실시간 대피 경로 안내 시스템

08 국가 재난안전통신망(PS-LTE)의 주요 특징이 아닌 것은?

① 긴급 상황 시 기관 간 원활한 협력을 지원한다.
② 일반 대중이 자유롭게 이용할 수 있도록 개방되어 있다.
③ 실시간 음성, 영상 및 데이터 통신을 제공한다.
④ 독립적인 네트워크를 구축하여 안정성을 보장한다.

09 국가 재난안전통신망을 활용할 수 없는 기관은?

① 소방청
② 경찰청
③ 민간 통신사
④ 군(국방부)

10 빅데이터 기반 재난 예측 시스템이 효과적으로 작동하기 위해 필수적인 요소가 아닌 것은?

① 대규모 데이터 수집 및 분석 인프라
② 실시간 정보 공유 시스템
③ 지리정보시스템(GIS)과의 연계
④ 무작위로 수집된 데이터 활용

11 스마트 재난관리 시스템에서 IoT 기술이 적용될 수 없는 사례는?

① 공기질 센서를 이용한 유해 가스 감지
② 강우량 센서를 이용한 홍수 예측
③ 스마트폰 앱을 이용한 대피 경로 안내
④ 종이 지도를 이용한 재난 발생 지역 분석

12 다음 중 스마트 재난관리 시스템을 구축할 때 고려해야 할 사항이 아닌 것은?

① 네트워크 인프라의 안정성
② AI 및 빅데이터 기반의 예측 모델 적용
③ 시민 참여 및 정보 공유 체계 구축
④ 재난 발생 시 모든 대응을 인력 중심으로 유지

13 국가 재난 정보화 시스템의 핵심 요소가 아닌 것은?

① 위성 및 드론을 활용한 실시간 모니터링
② 중앙 관제 센터와의 연계
③ 자동화된 재난 대응 명령 시스템
④ 수작업을 통한 데이터 입력 방식

14 지능형 교통 시스템(ITS)이 재난 대응에서 기여할 수 있는 역할로 적절한 것은?

① 도로 폐쇄 후 시민 통제 ② 사고 발생 후 차량 등록 정보 수집
③ 긴급 차량의 최적 이동 경로 제공 ④ 도로 이용자에 대한 정보 감시

15 국가 재난안전통신망(PS-LTE)의 주요 도입 목적은?

① 인터넷 기반 뉴스 전달 확대 ② 긴급 상황에서 정부 기관 간 신속한 통신 보장
③ 일반 대중의 통신망 사용 제한 ④ 기존 이동통신망과의 경쟁 강화

16 다음 중 스마트 재난관리 시스템이 기존 재난관리 방식과 차별화되는 특징이 아닌 것은?

① 실시간 데이터 수집 및 분석 ② 예측 기반의 사전 대응
③ 모든 의사 결정을 수작업으로 진행 ④ 자동화된 대응 체계 구축

17 국가 재난 정보화 시스템에서 GIS(지리정보 시스템)의 주요 활용 사례로 적절하지 않은 것은?

① 재난 발생 지역의 피해 규모 분석 ② 대피 경로 최적화 및 안내
③ 기후변화 데이터 시각화 ④ 개별 시민의 통화 내역 수집

18 스마트 시티에서 재난안전관리 시스템이 제공할 수 없는 서비스는?

① 실시간 대기 오염 감지 및 경보 ② 스마트 CCTV를 통한 재난 감시
③ 수동형 재난 신고 방식 유지 ④ AI 기반 재난 대응 자동화

19 스마트 재난관리 시스템에서 AI가 수행하는 역할로 가장 적절한 것은?

① 재난 발생 후 법적 책임 조사
② 기상 및 재난 예측을 통한 사전 경고
③ 대피소 내 식량 배급 관리
④ 사회적 혼란을 유발하는 가짜 뉴스 감시

20 국가 재난안전통신망의 운영 원칙으로 가장 적절한 것은?

① 각 기관이 독립적인 네트워크를 운영해야 한다.
② 긴급 상황 시 일반 시민도 자유롭게 접속 가능해야 한다.
③ 모든 재난 관련 기관이 동일한 네트워크에서 통신해야 한다.
④ 인터넷 기반 서비스와 동일한 방식으로 운영해야 한다.

참고문헌

1. 도서
- 김재현. (2023). 스마트 재난관리 개론. 서울: 안전출판사.
- 이민호. (2022). 첨단기술과 재난대응. 서울: 방재연구소.
- 박수현. (2021). 스마트 시티와 재난관리 전략. 서울: 재난관리연구소.
- 정성훈. (2020). 국가 재난안전통신망의 발전과 활용. 서울: 공공안전출판사.

2. 논문 및 보고서
- 박진우 외. (2021). "빅데이터 기반 재난 예측 시스템 연구". 한국재난안전학회 논문집, 37(2), 115-130.
- 최경호 외. (2020). "스마트 시티 기반 재난안전관리 체계 연구". 한국방재학회 논문집, 26(3), 87-102.
- 행정안전부. (2020). 국가 재난안전통신망 구축 사업 보고서. 행정안전부.
- 국립재난안전연구원. (2019). 스마트 재난관리 시스템 및 IoT 활용 방안 연구.

3. 온라인 자료
- 국립재난안전연구원. (2024). "스마트 시티와 재난안전". www.ndmi.go.kr
- 한국방재학회. (2023). "AI 기반 재난 관리 기술 동향". www.koreadisaster.or.kr
- 행정안전부. (2023). "국가 재난안전통신망(PS-LTE) 구축 현황". www.mois.go.kr
- 국토교통부. (2022). "스마트 시티 및 지능형 교통 시스템(ITS) 구축 사례". www.molit.go.kr

CHAPTER 14

국제 재난관리 협력

학습목표

- 국제 재난관리 체계의 개념과 역할을 이해한다.
- UN 및 주요 국제기구의 재난 대응 체계를 설명할 수 있다.
- 한·미·일 재난관리 협력 사례를 비교·분석할 수 있다.
- 국제 재난 대응 협약의 주요 내용을 파악하고 협력 방안을 모색한다.
- 국제적 협력이 재난 대응에서 가지는 중요성을 이해한다.

1 UN 및 국제기구의 재난관리 체계

1.1 UN의 재난관리 체계

1.1.1 UN의 역할과 주요 기구

- UN은 국제 사회의 재난 대응을 조정하고 지원하는 핵심 조직으로서 자연재해, 인적 재난, 전염병 확산 등 다양한 유형의 재난에 대응하기 위해 여러 기관과 기구를 운용하고 있음
- UN의 주요 재난 대응 활동은 다음과 같음
  - 긴급 재난 발생 시 국제적 지원 조정
  - 재난 지역에 대한 신속한 현장 평가 및 복구 계획 수립
  - 국제 사회의 인도적 지원 체계 강화 및 운영
  - 개발도상국을 대상으로 한 재난 대응 역량 강화 지원
  - 지속 가능한 개발과 연계한 재난 예방 정책 수립

1.1.2 UN 재난평가조정팀(UNDAC, United Nations Disaster Assessment and Coordination)

- UNDAC는 UN이 운영하는 긴급 재난 대응 조직으로, 신속한 평가 및 조정 역할을 수행함
- 주요 기능은 다음과 같음
  - 재난 발생 즉시 현장에 전문가를 파견하여 상황 평가 진행
  - 각국 정부 및 원조 기관과 협력하여 구조 및 복구 활동 지원

- 국제 사회의 인도적 지원을 효율적으로 조정
- 재난 대응 활동을 위한 정보 관리 및 자료 제공
- UNDAC는 세계 여러 국가의 전문가 풀(pool)로 구성되어 있으며, 재난 발생 시 신속하게 활동을 개시함

• 이 팀은 각국의 정부 기관, 국제 NGO, 지역 공동체와 긴밀히 협력하여 재난 피해 최소화를 목표로 함

그림 14.1 UNDAC의 국제 재난 대응 활동 과정

1.1.3 유엔 인도주의 업무 조정국(OCHA, Office for the Coordination of Humanitarian Affairs)

• OCHA는 국제적 인도적 지원 활동을 조정하는 핵심 기구로 긴급 재난 발생 시 구호 활동을 신속히 조직하고, 재난 대응을 위한 국제 자원 및 기금 조정을 담당함

• 주요 역할은 다음과 같음
  - 각국 정부, NGO, 국제기구와 협력하여 재난 대응 체계 구축
  - 재난 구호 활동의 효율성을 높이기 위해 정보 공유 및 분석 제공
  - 긴급 구호 및 재난 발생 국가의 복구 계획 수립 지원

• OCHA는 특히 분쟁 지역 및 자연재해 피해 지역에서 활동하며, 재난 발생 후 인도적 지원이 원활히 이루어질 수 있도록 국제 사회와 협력함

표 14.1 OCHA의 주요 재난 대응 활동

활동 유형	내용
긴급 구호	식량, 의료품, 긴급 거주지 지원
재난 조정	구호 단체 간 협력 및 역할 분배
재난 대응 정책	장기적인 재난 대응 전략 수립
인도적 지원 기금운용	재난 피해 지역에 대한 재정 지원

1.1.4 유엔 재해 위험 경감사무국(UNDRR, United Nations Office for Disaster Risk Reduction)

- UNDRR은 재난 발생 후 대응뿐만 아니라, 예방 및 위험 감소를 목표로 운영되는 조직임
- 주요 활동은 다음과 같음
  - 재해 위험 감소 정책 수립 및 국제 협력 추진
  - 각국의 재난 위험 관리 역량 강화 지원
  - 지역 사회의 재난 대비 능력 향상을 위한 연구 및 교육 프로그램 제공
  - 지속 가능한 개발 목표(SDGs)와 연계한 재난 대응 방안 연구
- UNDRR은 2015년 채택된 센다이 프레임워크(Sendai Framework for Disaster Risk Reduction 2015-2030)를 기반으로 재난 위험 경감 정책을 추진하고 있음
- 이 프레임워크는 재난 피해를 줄이고 예방적 대응을 강화하는 것을 목표로 하며, 국제 사회의 협력을 통해 실행됨

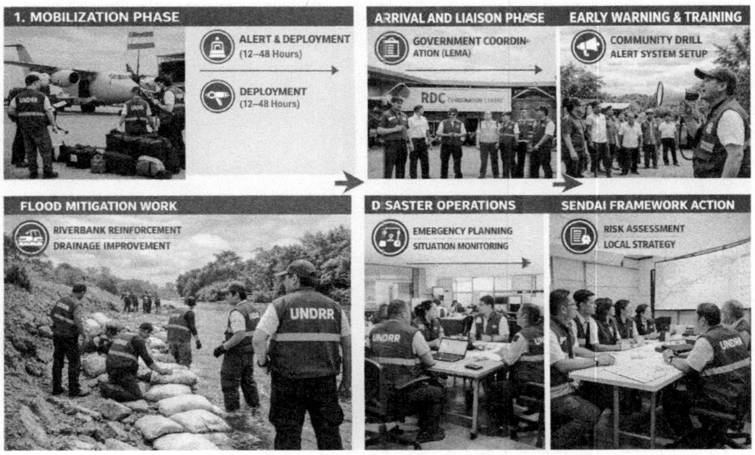

그림 14.2 UNDRR의 주요 재해 위험 경감 활동

1.2 주요 국제기구의 재난관리 체계

1.2.1 국제 적십자사(IFRC, International Federation of Red Cross and Red Crescent Societies)

- IFRC는 세계 각국의 적십자사와 협력하여 재난 발생 시 구호 및 복구 활동을 지원하는 국제기구임
- 주요 활동은 다음과 같음
  - 자연재해 및 전쟁, 기후변화로 인한 재난 대응
  - 긴급 의료 지원 및 감염병 대응
  - 국제적 재난 대응 정책 개발 및 조정
- IFRC는 현장에서 직접 구호 활동을 수행하며, 국제 재난 대응의 중요한 축을 담당하고 있음
- 또한, 개발도상국 및 재난 취약 국가의 재난 대응 역량 강화를 위해 장기적인 프로젝트를 추진함

1.2.2 세계보건기구(WHO, World Health Organization)

그림 14.3 WHO의 감염병 대응 체계

- WHO는 감염병 확산 및 보건 재난 대응을 담당하는 국제기구로, 재난 상황에서 의료 지원을 제공함

- 주요 역할은 다음과 같음
  - 감염병 발생 시 국제적 대응 조정
  - 재난 발생 지역에 의료팀 및 장비 지원
  - 긴급 의료 및 백신 공급 조정
- WHO는 에볼라, 코로나19 등의 전염병 발생 시 각국 정부와 협력하여 방역과 의료 지원을 수행하였음

1.2.3 세계은행 및 국제통화기금(IMF)

- 세계은행과 IMF는 재난 피해를 입은 국가에 재정 지원을 제공하는 역할을 수행함
- 주요 활동은 다음과 같음
  - 재난 피해 국가의 경제적 지원 및 복구 기금운용
  - 기후변화 및 자연재해 대응을 위한 개발 기금 조성
  - 개발도상국의 재난 대응 역량 강화를 위한 교육 및 기술 지원
- 세계은행은 재난 위험이 큰 국가들을 대상으로 사전 예방적 금융 지원 프로그램을 운영하며, IMF는 재난 발생 후 경제 회복을 위한 긴급 대출을 제공함

표 14.2 세계은행과 IMF의 주요 재난 대응 지원 프로그램

프로그램	주요 내용	지원 대상
긴급 재난 복구 기금	재난 피해 복구를 의한 긴급 자금 지원	개발도상국, 재난 피해국
기후 적응 지원	기후 변화 대응 및 재난 대비를 위한 재정 지원	저소득 국가, 기후 취약국
인프라 복구 대출	재난 피해 지역의 인프라 복구 및 재건 지원	재난 발생국, 개발국
재난 예방 및 대비 기금	재난 예방 및 조기 대응을 위한 기술 및 정책 지원	전 세계

1.3 국제 재난 대응 협력의 중요성

- 대규모 재난은 국가 간 영향을 미치므로 국제 협력이 필수적임
- UN 및 국제기구의 역할을 통해 신속하고 효과적인 대응이 가능함
- 국가 간 정보 공유 및 공동 대응을 통해 피해를 최소화할 수 있음
- 재난 대응 능력이 부족한 개발도상국을 돕기 위한 글로벌 협력이 필요함
- 기후변화 및 자연재해 증가에 대응하기 위해 국제 사회의 지속적인 협력이 요구됨

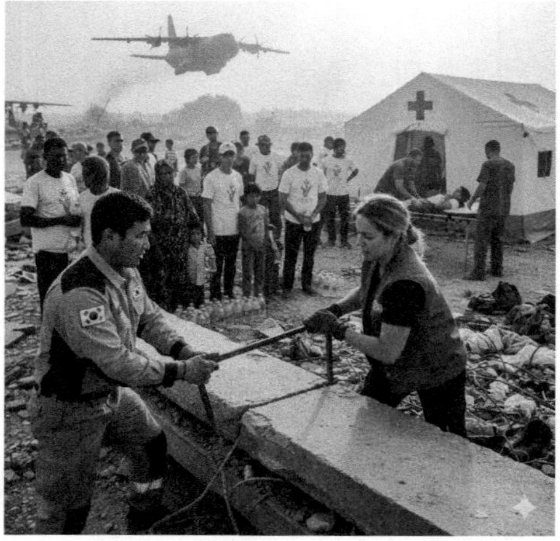

그림 14.4 국제 재난 대응 협력 사례

2 한·미·일 재난관리 협력 사례

2.1 한·미 재난관리 협력 사례

2.1.1 한·미 간 재난관리 협력 개요

- 한국과 미국은 다양한 재난 대응 및 복구 협력을 지속적으로 강화해 왔음
- 한·미 협력은 군사적 협력뿐만 아니라 인도적 지원, 긴급 구조, 재난 복구 등의 분야에서 이루어짐
- 주요 협력 영역은 다음과 같음
  - 재난 발생 시 신속한 정보 공유 및 공동 대응 체계 구축
  - 자연재해 대응을 위한 군사·민간 협력 강화
  - 재난 복구 및 인도적 지원 제공을 위한 협력 체계 마련
  - 기후변화로 인한 재난 대응 정책 및 기술 교류

2.1.2 한·미 공동 재난 대응 훈련

- 한·미 양국은 주기적으로 공동 재난 대응 훈련을 실시하고 있으며, 이를 통해 실전 대응 능력을 강화하고 있음
- 대표적인 한·미 공동 훈련은 다음과 같음

한·미 연합 재난 대응 훈련

- 매년 실시되며, 대규모 자연재해 발생 시 공동 대응을 목표로 함
- 지진, 태풍, 홍수 등 다양한 재난 시뮬레이션을 수행하여 대응 능력을 점검함
- 구조, 의료 지원, 복구 활동 등의 전반적인 재난 대응 절차를 포함함

그림 14.5 한·미 연합 재난 대응 훈련 장면

퍼시픽 엔젤(Pacific Angel) 훈련

- 미국 인도·태평양 사령부 주관으로 진행되는 인도적 지원 및 재난 대응 훈련
- 한국을 포함한 아시아 태평양 지역 국가들이 참가하여 긴급 구조 및 의료 지원 협력을 훈련함
- 주로 의료, 공학적 지원, 인도적 구호 활동 등을 수행함

• 이와 같은 훈련을 통해 한·미 간 재난 대응 역량이 지속적으로 강화되고 있음

2.1.3 미군의 인도적 지원 및 재난 구호(HA/DR, Humanitarian Assistance/Disaster Relief)

• 미군은 한국을 포함한 전 세계에서 인도적 지원 및 재난 구호(HA/DR) 활동을 수행하고 있음

표 14.3 한·미 간 주요 재난 대응 협력 사례

재난 발생 시기	협력 내용	주요 대응 방식
2005년 카트리나 허리케인	한국 정부의 긴급 물자 및 의료 지원	미국 내 재난 복구 지원
2011년 동일본 대지진	미군의 긴급 구호 작전 (Operation Tomodachi)	일본 내 재난 복구 및 의료 지원
2020년 코로나19 팬데믹	한·미 간 의료 장비 및 백신 협력	글로벌 감염병 대응

• 주요 활동은 다음과 같음

- 대규모 자연재해 발생 시 긴급 구조 및 의료 지원

- 재난 피해 지역에서 군사적 지원을 포함한 인도적 구호 활동 수행
- 재난 발생 후 복구 및 재건 지원

- 주요 사례로는 2005년 미국의 허리케인 카트리나 피해 발생 시 한국 정부가 미군을 지원했던 사례와 2011년 동일본 대지진 발생 시 미군이 일본에 인도적 지원을 제공했던 사례가 있음
- 이처럼 한·미 재난관리 협력은 자연재해뿐만 아니라 감염병 대응 및 재난 복구 등 다양한 분야에서 이루어지고 있음

2.2 한·일 재난관리 협력 사례

2.2.1 한·일 간 재난관리 협력 개요

- 한국과 일본은 자연재해 발생 빈도가 높은 국가로서, 재난 대응 협력의 필요성이 지속적으로 강조되고 있음
- 한·일 간 협력은 정부 차원의 협력뿐만 아니라 민간단체, 연구기관, 지방자치단체 간 협력도 포함됨
- 주요 협력 분야는 다음과 같음
  - 지진, 태풍, 해일 등 대형 자연재해 대응 협력
  - 재난 대응 기술 및 정보 공유
  - 인도적 지원 및 긴급 구조 협력
  - 기후변화 및 방재 정책 교류

2.2.2 한·일 재난 대응 MOU

- 2010년 한국과 일본 정부는 재난관리 협력을 강화하기 위해 한·일 재난 대응 양해각서(MOU)를 체결하였음
- 이 협약의 주요 내용은 다음과 같음
  - 재난 발생 시 신속한 정보 공유 및 조기 경보 시스템 협력
  - 긴급 구조 인력 및 장비 지원 협력
  - 재난 대응 훈련 및 공동 연구 수행
  - 이 협약을 기반으로 한·일 간 재난 대응 협력이 체계적으로 발전하고 있음

2.2.3 동일본 대지진 시 한국의 긴급 구호 지원

그림 14.6 동일본 대지진 당시 한국의 구조 활동

- 2011년 동일본 대지진 발생 당시 한국 정부와 민간단체는 일본에 다양한 지원을 제공하였음
- 주요 지원 내용은 다음과 같음
  - 긴급 구조대 파견 및 생존자 구조 활동 수행
  - 구호물자 및 의약품 지원
  - 피해 지역의 복구를 위한 기술 지원 및 인도적 원조 제공
- 일본 정부는 한국의 신속한 지원에 대해 공식적으로 감사를 표명하였으며, 이를 계기로 한·일 간 재난 대응 협력 체계가 더욱 강화됨

2.3 한·미·일 삼국 간 협력 사례

2.3.1 한·미·일 삼국 협력 개요

- 한·미·일 삼국은 재난 대응을 위한 다자 협력 체계를 운영하고 있으며, 특히 아시아·태평양 지역 내 자연재해 대응을 위한 공동 노력을 기울이고 있음
- 삼국 간 주요 협력 분야는 다음과 같음
  - 재난 대응을 위한 공동 훈련 및 연습 시행
  - 자연재해 및 기후 변화 대응을 위한 정보 공유
  - 긴급 구호 및 복구 지원 체계 구축

2.3.2 한·미·일 인도적 지원 및 재난 대응 훈련(HADR, Humanitarian Assistance and Disaster Response)

- 2017년부터 한·미·일 인도적 지원 및 재난 대응 훈련(HADR 훈련)이 정기적으로 실시되고 있음
- 이 훈련의 주요 목표는 다음과 같음
  - 대규모 재난 발생 시 삼국 간 협력 체계를 강화

그림 14.7 한·미·일 HADR 훈련 장면

- 신속한 대응을 위한 정보 공유 및 협력 강화
- 인도적 지원 및 구호 활동의 실전 능력 향상

• HADR 훈련은 매년 다양한 시나리오를 기반으로 진행되며, 삼국 간 재난 대응 협력의 중요한 기반이 되고 있음

2.3.3 삼국 간 재난 대응 협력의 향후 발전 방향

그림 14.8 한·미·일 재난 대응 협력 회의 모습

• 한·미·일 협력은 지속적으로 확대될 것으로 전망되며, 향후 협력 방향은 다음과 같음
  - 재난 예측 및 조기 경보 시스템 개발 협력 강화
  - 감염병 대응 및 공중보건 위기관리 협력 확대
  - 공동 연구 및 재난 대응 기술 교류 활성화

• 국제 재난 대응에서 삼국 간 협력의 중요성이 점점 커지고 있으며, 이를 바탕으로 더 효과적인 협력 체계가 구축될 것으로 예상됨

3 국제 재난 대응 협약과 협력 방안

3.1 국제 재난 대응 협약

3.1.1 국제 재난 대응 협약의 필요성

• 현대 사회에서 재난은 국가를 초월하여 영향을 미치는 경우가 많음
• 기후변화, 대형 자연재해, 감염병 확산 등 글로벌 위기 상황에서 국제적인 협력 체계 구축이 필수적임

• 국제 재난 대응 협약은 다음과 같은 역할을 수행함
  - 재난 발생 시 국가 간 신속한 대응 체계를 구축하여 피해를 최소화
  - 긴급 구조, 의료 지원, 재난 구호물자 제공 등의 협력 촉진
  - 재난 예방 및 대응을 위한 기술 공유 및 공동 연구 활성화
  - 재난 피해 국가에 대한 경제적 지원 및 복구 프로그램 운영
• 국제적 협약을 통해 각국은 자국의 대응 역량을 보완하고, 국제적인 지원 체계를 활용하여 보다 효과적으로 재난을 관리할 수 있음

3.1.2 센다이 프레임워크(Sendai Framework, 2015-2030)

• 센다이 프레임워크는 2015년 UN 재해 위험 경감사무국(UNDRR)이 주도하여 채택한 국제 협약으로, 2030년까지의 재난 위험 감소 목표를 설정하고 있음
• 주요 목표는 다음과 같음
  - 재난으로 인한 인명 피해 및 경제적 손실 최소화
  - 사회 및 지역 공동체의 재난 대응 역량 강화
  - 재난 예방을 위한 조기 경보 시스템 구축
  - 개발도상국의 재난 대응 역량 강화 및 국제적 지원 확대
• 센다이 프레임워크는 기존의 재난 대응 중심에서 재난 예방과 대비 중심으로 패러다임을 전환한 점에서 중요한 의미를 가짐

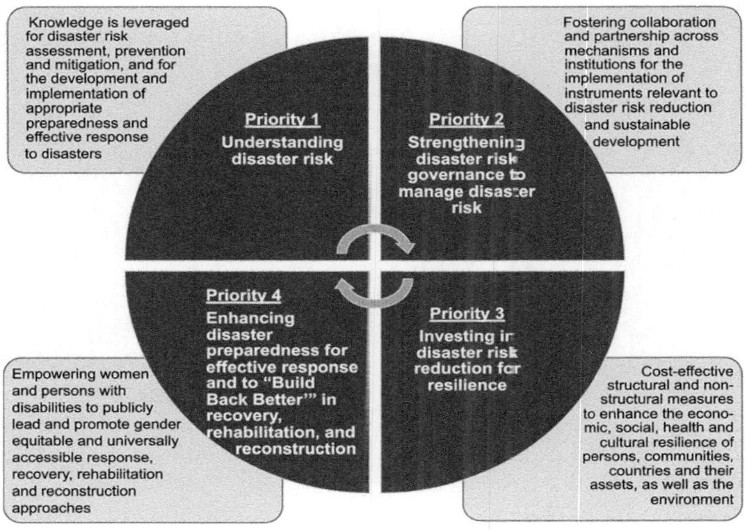

그림 14.9 센다이 프레임워크의 실행 구조

표 14.4 센다이 프레임워크의 주요 재난 위험 감소 목표

목표	주요 내용
인명 피해 감소	재난으로 인한 사망자 수 감소
경제적 피해 축소	국가 및 지역 경제 손실 최소화
사회 기반 시설 보호	병원, 학교 등 필수 인프라의 재난 대응력 강화
국제 협력 증대	개발도상국 대상 재난 대응 지원 확대

3.1.3 파리 기후변화 협약(Paris Agreement, 2015)

- 파리 협약은 기후변화 대응을 위한 국제 협약으로, 온실가스 감축 및 기후변화로 인한 재난 피해를 줄이기 위한 국제적 노력을 포함하고 있음
- 주요 내용은 다음과 같음
  - 지구 평균 기온 상승을 산업혁명 이전 대비 2°C 이하로 유지하는 목표 설정
  - 각국의 온실가스 감축 목표(NDC, Nationally Determined Contributions) 수립 및 이행
  - 기후변화로 인한 자연재해 증가에 대비한 국제 협력 강화
  - 개발도상국의 기후변화 대응을 위한 재정 및 기술 지원 제공
- 기후변화로 인한 자연재해는 점점 증가하고 있으며, 이를 완화하기 위한 국제 사회의 협력이 필수적임

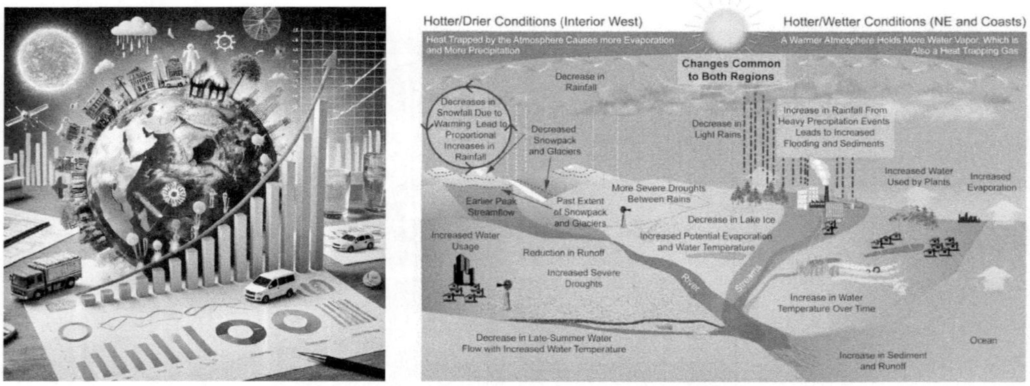

그림 14.10 기후변화로 인한 자연재해 증가 추세

3.1.4 UN 인도적 지원 협약 및 조정 체계

- 국제 재난 대응의 핵심 요소 중 하나는 인도적 지원을 신속하고 효과적으로 제공하는 것임
- UN 인도적 지원 협약은 다음과 같은 사항을 포함함
  - 인도적 지원 활동의 정치적 중립성 보장
  - 재난 발생국 정부와의 협력을 통한 지원 체계 구축
  - 긴급 식량, 의료, 거주지 지원을 포함한 구호 활동 조정
- 대표적인 UN 인도적 지원 프로그램으로는 세계식량계획(WFP, World Food Programme), 유엔난민기구(UNHCR) 등이 있으며, 이들은 전 세계 재난 피해 지역에 긴급 구호를 제공함

표 14.5 주요 UN 인도적 지원 기구와 역할

기구	주요 역할
세계식량계획(WFP)	긴급 식량 지원 및 영양 개선
유엔난민기구(UNHCR)	난민 보호 및 재정착 지원
국제 적십자사(IFRC)	긴급 의료 및 구조 활동
WHO	감염병 대응 및 공중보건 위기관리

3.2 국제 재난 협력 방안

3.2.1 재난 정보 공유 및 조기 경보 시스템 구축

- 신속한 재난 대응을 위해서는 국가 간 정보 공유 체계 구축이 필수적임
- 주요 방안은 다음과 같음
  - 실시간 재난 경보 시스템을 통한 신속한 정보 제공
  - 위성 및 빅데이터 기술을 활용한 재난 감지 시스템 구축
  - 국가 간 협력을 통한 조기 경보 체계 운영
- 예를 들어, 태평양 지역에서는 태평양 쓰나미 경보 시스템(PTWC, Pacific Tsunami Warning Center)을 운영하여 해일 발생 가능성을 조기에 탐지하고 있음

3.2.2 인도적 지원 및 구호 체계 개선

- 국제 재난 대응에서 가장 중요한 요소 중 하나는 피해 지역에 대한 신속하고 효과

적인 구호 활동임

- 인도적 지원 체계를 강화하기 위한 방안은 다음과 같음
  - 재난 발생 직후 신속한 구호물자 전달을 위한 글로벌 물류 네트워크 구축
  - 각국 정부 및 민간단체 간 협력을 통한 지원 체계 효율화
  - 개발도상국 대상 인도적 지원 강화 및 장기적인 재난 대비 지원

표 14.6 국제 재난 대응 구호 활동 개선 방안

개선 방안	주요 내용
긴급 물류 시스템 구축	재난 발생 후 24시간 내 구호물자 전달 체계 마련
민관 협력 강화	NGO 및 기업과의 협력을 통한 구호 활동 확대
장기적 지원 체계 운영	단기적 지원이 아닌 지속적인 복구 및 대응 지원 추진

3.2.3 국제 공조를 통한 재난 예방 정책 확대

- 재난 대응뿐만 아니라, 재난 발생을 예방하기 위한 국제 협력도 필수적임
- 재난 예방을 위한 주요 협력 방안은 다음과 같음
  - 개발도상국을 대상으로 재난 예방 및 대응 교육 프로그램 운영
  - 지속 가능한 개발 목표(SDGs)와 연계한 재난 예방 정책 추진
  - 국제 협약을 통한 재난 대비 인프라 투자 확대
- 특히, 저개발 국가에서는 재난 대응 역량이 부족하기 때문에 국제 사회의 지원이 필수적이며, 이를 위해 국제 금융기구 및 UN 산하 기구의 협력이 중요함

그림 14.11 국제 재난 예방 협력 사례

3.2.4 국제 재난 대응 협력의 미래 전망

- 기후변화 및 글로벌 재난 발생 빈도가 증가함에 따라 국제 재난 대응 협력의 중요성이 더욱 부각되고 있음
- 향후 국제 협력의 발전 방향은 다음과 같음
  - 인공지능(AI) 및 빅데이터를 활용한 재난 대응 기술 발전
  - 재난 대응 역량이 부족한 국가에 대한 재정 지원 및 협력 확대
  - 국제 재난 대응 협약의 범위 확대 및 세부적 이행 방안 마련

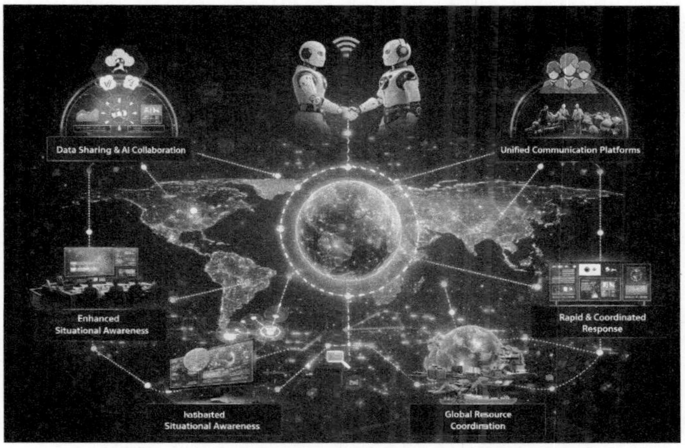

그림 14.12 국제 재난 대응 협력의 미래 발전 방향

핵심 내용 정리(기출 문제 관련)

1. 센다이 프레임워크(Sendai Framework)

- 2015년 UNDRR에서 채택한 국제 재난 위험 감소 협약으로, 2030년까지의 재난 경감 목표를 설정함
- 재난 피해 최소화, 사회 및 지역 공동체의 재난 대응 역량 강화, 조기 경보 시스템 구축 등이 주요 목표
- 기존의 대응 중심에서 예방 및 대비 중심의 패러다임 전환을 강조

출제 경향

- 센다이 프레임워크의 주요 목표와 내용을 묻는 문제 출제 가능
- 기존 재난 대응 체계와의 차이점 및 특징을 비교하는 문제 출제 가능
- 재난 위험 감소를 위한 국제적 협력 사례를 묻는 문제 가능

2. 파리 기후변화 협약(Paris Agreement)과 재난 대응

- 2015년 기후변화 대응을 위한 국제 협약으로, 온실가스 감축 및 기후변화로 인한 재난 피해 완화를 목표로 함
- 각국이 자율적으로 국가별 온실가스 감축 목표(NDC)를 설정하고 이행해야 함
- 기후변화가 재난 발생 빈도 증가와 연관되어 있어 재난 대응 측면에서 중요한 협약

출제 경향

- 파리 협약과 재난관리의 연관성을 묻는 문제 출제 가능
- 기후변화로 인한 자연 재난 증가와 국제적 대응 노력 관련 문제 가능
- 국가별 온실가스 감축 목표(NDC)의 개념과 역할을 묻는 문제 가능

3. 국제 인도적 지원 및 긴급 구호 협력 체계

- UN 및 국제기구(OCHA, WFP, WHO 등)는 재난 발생 시 긴급 구호 및 인도적 지원을 수행
- 국제 인도적 지원 원칙: 인도성, 중립성, 공평성, 독립성
- 세계식량계획(WFP): 긴급 식량 지원 담당
- 유엔난민기구(UNHCR): 재난 및 분쟁으로 인한 난민 보호 및 재정착 지원

출제 경향

- 국제 인도적 지원의 원칙을 묻는 문제 출제 가능
- UN 주요 기관(OCHA, WFP, UNHCR)의 역할을 묻는 문제 가능
- 국제 인도적 지원 사례(예: 2011년 동일본 대지진, 2023년 튀르키예 지진) 관련 문제 출제 가능

4. 국제 재난 정보 공유 및 조기 경보 시스템

- 국가 간 신속한 재난 정보 공유를 위해 조기 경보 시스템이 운영됨
- 태평양 쓰나미 경보 시스템(PTWC): 태평양 지역에서 해일 발생 시 조기 탐지 및 경보 발령
- 국제 위성 기반 재난 감지 시스템 활용 증가(예: Sentinel, NOAA 위성 등)
- 글로벌 조기 경보 시스템(GEWS, Global Early Warning System) 운영

출제 경향

- 국제 재난 조기 경보 시스템의 역할과 특징을 묻는 문제 출제 가능
- 태평양 쓰나미 경보 시스템(PTWC)과 같은 사례를 묻는 문제 가능
- 위성 기반 재난 감지 기술의 활용 사례 관련 문제 가능

5. 국제 재난 복구 및 개발 지원

- 세계은행(WB) 및 국제통화기금(IMF)은 재난 피해 국가에 재정 지원 제공
- 재난 복구 지원 프로그램(예: 재난 복구 긴급 자금, 기후변화 적응 기금) 운영
- 국제적 공조를 통한 재난 대응 역량 강화가 필수

출제 경향

- 세계은행(WB)과 IMF의 재난 대응 지원 역할을 묻는 문제 출제 가능
- 재난 복구 및 개발 지원 관련 국제 협력 사례를 묻는 문제 가능
- 재난 피해 복구를 위한 금융 지원 방식(예: 긴급 대출, 기후 적응 기금) 관련 문제 출제 가능

연습문제

01 다음 중 센다이 프레임워크(Sendai Framework)에 대한 설명으로 옳지 않은 것은?

① 2015년 UNDRR에서 채택된 국제 재난 위험 감소 협약이다.
② 재난 발생 이후의 대응보다는 예방 및 대비를 강조한다.
③ 재난 피해 최소화, 공동체의 재난 대응 역량 강화를 주요 목표로 한다.
④ 개발도상국의 재난 대응 역량을 약화시키는 것을 목표로 한다.

02 센다이 프레임워크의 주요 목표에 해당하지 않는 것은?

① 재난으로 인한 인명 피해 최소화
② 사회 및 지역 공동체의 재난 대응 역량 강화
③ 재난 대응보다 피해 복구에 중점을 둠
④ 조기 경보 시스템 구축을 통한 예방 강화

03 다음 중 파리 기후변화 협약(Paris Agreement)과 가장 관련이 깊은 내용은?

① 자연재해와 사회재난을 구분하는 기준 설정
② 온실가스 감축을 통한 기후변화로 인한 재난 피해 완화
③ 전 세계 군사적 대응 체계 구축
④ 국가 간 재난 대응 조직 통합

04 국제 재난 대응에서 가장 중요한 요소 중 하나로, 긴급 구호 및 인도적 지원을 수행하는 UN 기관은?

① UNDP ② WHO ③ WFP ④ UNDRR

05 국제 사회에서 긴급 식량 지원 및 구호 활동을 담당하는 기관은?

① UNHCR ② WFP ③ IMF ④ UNESCO

06 태평양 지역에서 해일 발생 시 조기 탐지 및 경보를 담당하는 국제 시스템은?

① PTWC ② WHO ③ FEMA ④ ICRC

07 다음 중 국제 재난 대응에서 인도적 지원의 원칙으로 옳지 않은 것은?

① 인도성 ② 중립성 ③ 독립성 ④ 정치성

08 UN의 재난 대응 및 인도적 지원 조정을 담당하는 기관은?

① UNHCR ② OCHA ③ IMF ④ WB

09 세계은행(WB)과 국제통화기금(IMF)의 재난 복구 지원 방식으로 적절한 것은?

① 전 세계 모든 국가에 동일한 지원금 제공
② 피해 국가의 경제적 여건과 피해 규모를 고려한 긴급 자금 지원
③ 개발도상국에만 지원하고 선진국은 지원 대상에서 제외
④ 재난 대응보다는 군사적 대응에 집중

10 다음 중 국제 사회가 재난 대응을 위해 활용하는 정보 공유 시스템으로 적절한 것은?

① 국제 우편 서비스 ② 글로벌 조기 경보 시스템(GEWS)
③ 국제 스포츠 연맹 ④ 국가별 개별 경보 시스템만 활용

11 한·미·일 삼국 간 재난 대응 협력 사례로 적절한 것은?

① 각국이 독립적으로 재난을 대응하고 협력을 거부함
② 한·미·일 인도적 지원 및 재난 대응 훈련(HADR) 실시
③ 삼국 간 군사 협력만 강조하고 재난 대응 협력은 제외
④ 재난 발생 시 각국의 국민만 우선 지원하고 국제적 협력은 배제

12 UNHCR(유엔난민기구)의 주요 역할로 옳은 것은?

① 자연재해 발생 시 신속한 군사적 대응 수행
② 난민 보호 및 재정착 지원
③ 경제 위기 시 금융 지원 제공
④ 온실가스 감축 연구 수행

13 다음 중 국제 재난 복구 및 개발 지원을 위한 대표적인 국제 금융 기관이 아닌 것은?

① IMF ② WB
③ ADB(아시아개발은행) ④ UNESCO

14 재난 발생 후 신속한 대응을 위해 국가 간 정보 공유 및 조기 경보 시스템 구축이 필요한 이유로 적절한 것은?

① 재난 발생 후 국제 협력을 막기 위해
② 재난 발생을 완전히 예방하기 위해
③ 신속한 경보 발령으로 피해를 최소화하기 위해
④ 국가 간 정보 차단을 통해 독자적인 대응력을 강화하기 위해

15 국제 재난 대응 협력에서 "조기 경보 시스템 구축"의 주요 목표로 적절한 것은?

① 재난 발생을 조기에 막고 완전히 제거하기 위해
② 재난 피해 지역을 특정 국가에 한정하기 위해
③ 재난 발생 가능성을 사전에 감지하고 피해를 최소화하기 위해
④ 특정 국가만 정보를 독점하고 타국과 공유하지 않기 위해

16 국제 인도적 지원에서 긴급 의료 지원 및 보건 대응을 담당하는 UN 기관은?

① WFP ② WHO ③ UNESCO ④ UNDP

17 국제 사회에서 감염병 확산 방지를 위한 글로벌 대응 체계를 주도하는 기관은?

① WHO ② WFP ③ IMF ④ WB

18 다음 중 국제 재난 대응 협력의 미래 발전 방향으로 적절하지 않은 것은?

① AI 및 빅데이터를 활용한 재난 예측 기술 발전
② 국가 간 정보 공유 및 재난 대응 기술 교류 확대
③ 재난 피해 지역에 대한 경제 지원 축소
④ 기후 변화 대응을 위한 국제적 협력 강화

19 국제 재난 대응 협력의 주요 과제로 적절한 것은?

① 재난 발생 국가가 독자적으로 모든 피해를 복구해야 함
② 재난 피해를 예방하기 위한 사전 경보 시스템 미구축
③ 국제적 협력을 통한 재난 대응 및 복구 역량 강화
④ 재난 발생 시 신속한 정보 차단을 통한 피해 축소

20 국제 사회가 개발도상국의 재난 대응 역량 강화를 위해 추진하는 방안으로 적절한 것은?

① 개발도상국의 재난 대응 기술 지원 배제
② 재난 예방 및 대비 교육 프로그램 제공
③ 긴급 자금 지원을 중단하고 피해 복구는 각국이 독자적으로 수행하도록 유도
④ 자연재해 발생 시 개발도상국에 대한 지원을 제한

참고문헌

1. 도서

- UNDRR. Sendai Framework for Disaster Risk Reduction 2015-2030. United Nations, 2015
- Intergovernmental Panel on Climate Change (IPCC). Climate Change 2023: Impacts, Adaptation and Vulnerability. Cambridge University Press, 2023
- 김태환. 국제 재난관리와 협력체계. 한국방재학회, 2022

2. 논문 및 보고서

- Office for the Coordination of Humanitarian Affairs (OCHA). Global Humanitarian Overview 2024. United Nations, 2024
- World Bank. Disaster Risk Management in East Asia and the Pacific. World Bank Publications, 2022
- WHO. Global Preparedness Monitoring Board Annual Report 2023: A World at Risk. World Health Organization, 2023
- 국제 적십자사(IFRC). World Disasters Report 2023. International Federation of Red Cross and Red Crescent Societies, 2023

3. 온라인 자료

- UNDRR 공식 웹사이트: https://www.undrr.org
- UN OCHA 공식 웹사이트: https://www.unocha.org
- World Bank 재난위험관리 페이지: https://www.worldbank.org/en/topic/disaster-riskmanagement
- WHO 재난대응 페이지: https://www.who.int/emergencies
- 국제 적십자사 공식 웹사이트: https://www.ifrc.org

부록

총괄 법규 요약

연습문제 정답 및 해설

총괄 법규 요약

1 재난 및 안전관리 기본법 주요 조항 (시행 2024. 7. 17.)

1.1 목적 및 정의

재난 및 안전관리 기본법은 재난으로부터 국민의 생명과 재산을 보호하고, 국가와 지방자치단체의 재난 대응 체계를 확립하기 위한 법적 근거를 제공하는 법률이다. 이 법은 재난을 예방하고 대비하며, 발생 시 신속하게 대응하고 복구하는 체계를 구축하는 것을 목적으로 한다.

재난의 개념은 크게 자연 재난과 사회재난으로 구분된다.

- **자연 재난**: 태풍, 홍수, 호우, 가뭄, 지진, 해일, 산사태 등 기후적·지형적 요인으로 인해 발생하는 재해를 포함한다.
- **사회재난**: 화재, 폭발, 붕괴, 환경오염, 감염병 확산, 전력·통신·교통 마비 등 인위적 요인으로 인해 발생하는 사고를 포함한다.

이 법에서는 재난의 예방·대비·대응·복구의 모든 단계에 걸쳐 국가와 지방자치단체, 공공기관, 민간 부문의 역할과 책임을 명확히 규정하고 있다.

1.2 재난관리 체계

재난 및 안전관리 기본법은 국가적 재난 대응 체계를 구축하고, 이를 효과적으로 운영하기 위해 다음과 같은 조직과 기관을 규정하고 있다.

1.2.1 중앙재난안전대책본부

국가 차원의 재난 대응을 총괄하는 기구로, 행정안전부 장관이 본부장을 맡는다. 주요 역할은 다음과 같다.

- 대규모 재난 발생 시 중앙정부 차원의 재난 대응 지휘
- 긴급 구조 및 복구 지원 조치 결정

- 국가 재난관리 기본계획 수립 및 시행
- 주요 재난 발생 시 대통령 또는 국무총리에게 보고

1.2.2 지방재난안전대책본부

각 지방자치단체(시·도 및 시·군·구)에 설치되며, 지역 내 재난 대응을 담당한다. 본부장은 시·도지사 또는 시장·군수·구청장이 맡으며, 주요 역할은 다음과 같다.

- 지역별 재난 예방 및 대응 계획 수립
- 지방재난안전대책본부를 운영하고 지역 내 기관 간 협력 조정
- 긴급 구조 활동 지원 및 재난 피해 복구 계획 실행
- 주민 대피 명령 및 긴급조치 시행

1.2.3 긴급구조기관

긴급구조기관은 재난 발생 시 신속한 구조·구급 활동을 수행하는 기관으로, 주요 기관은 다음과 같다.

- 소방청: 화재 진압 및 구조·구급 활동 총괄
- 경찰청: 재난 발생 시 질서 유지 및 대피 지원
- 해양경찰청: 해상 재난 발생 시 구조 활동 담당
- 군 및 공공기관: 필요시 구조 및 복구 지원

1.3 재난관리 기본계획 및 주요 조치

재난 및 안전관리 기본법에 따라 국가와 지방자치단체는 재난 발생을 예방하고 대비하기 위해 다음과 같은 계획을 수립·시행해야 한다.

1.3.1 국가 재난관리 기본계획

행정안전부 장관이 수립하는 국가 차원의 종합 재난관리 계획으로, 주요 내용은 다음과 같다.

- 재난 유형별 대응 전략 수립
- 중앙 및 지방정부 간 협력 체계 구축
- 재난 대비 훈련 및 교육 강화
- 재난 발생 시 신속한 복구를 위한 재정 지원 방안

1.3.2 지방 재난관리계획

각 지방자치단체가 지역별 재난 특성을 고려하여 수립하는 계획으로, 주요 내용은 다음과 같다.

- 지역 내 재난 위험 요소 분석 및 평가
- 지역 맞춤형 재난 예방 대책 마련
- 지역 사회와 협력하여 재난 대응 능력 강화

1.4 주요 벌칙 및 처벌 조항

재난 및 안전관리 기본법은 재난 예방과 대응을 방해하는 행위에 대해 엄격한 벌칙을 규정하고 있다.

- **긴급 구조 방해 및 허위 신고**: 긴급 구조 활동을 방해하거나 허위 신고를 한 경우 5년 이하의 징역 또는 5천만 원 이하의 벌금이 부과된다.
- **재난 대응 명령 불이행**: 중앙 및 지방재난안전대책본부장의 명령을 따르지 않은 경우 3년 이하의 징역 또는 3천만 원 이하의 벌금이 부과된다.
- **위험시설 관리 소홀**: 시설 관리자 또는 사업주가 재난 예방 조치를 소홀히 하여 피해가 발생할 경우, 5년 이하의 징역 또는 5천만 원 이하의 벌금이 부과될 수 있다.

1.5 재난 및 안전관리 관련 예산 및 재정 지원

재난 대응 및 복구를 효과적으로 수행하기 위해 정부는 재난관리기금을 운용하고 있으며, 주요 지원 내용은 다음과 같다.

- 재난 발생 시 신속한 피해 복구를 위한 긴급 예산 지원
- 재난 대응 장비 및 인력 확충을 위한 국고 보조금 지원
- 자연 재난 피해 주민을 위한 재해구호금 및 복구비 지원
- 지방자치단체 및 민간 부문의 방재시설 설치 지원

1.6 국민의 의무 및 협력

국민 또한 재난 예방과 대응에 협력할 의무가 있으며, 주요 내용은 다음과 같다.

- 국가 및 지방자치단체의 재난 예방 활동에 적극 참여해야 한다.
- 재난 발생 시 정부의 대피 명령 및 안전 조치를 준수해야 한다.
- 허위 신고 또는 구조 활동을 방해하는 행위를 해서는 안 된다.

1.7 법률 개정 및 향후 과제

재난 및 안전관리 기본법은 지속적으로 개정되며, 최근 개정된 주요 내용은 다음과 같다.

- **빅데이터 및 AI 기반 재난 예측 기술 도입:** 정부는 재난 예측력을 향상시키기 위해 빅데이터와 인공지능(AI) 기술을 활용한 조기경보 시스템을 도입하였다.
- **재난 대응 협력 강화:** 중앙정부와 지방자치단체 간 협력 체계를 강화하고, 민간 부문과의 협력을 확대하는 내용을 포함하였다.
- **기후변화 대응 강화:** 최근 기후변화로 인한 자연 재난 발생 빈도가 증가함에 따라 기후적 요인을 반영한 재난관리 계획이 추가되었다.

2 자연재해대책법 핵심 내용 정리 (시행 2024. 7. 31.)

2.1 목적 및 정의

자연재해대책법은 태풍, 홍수, 지진 등 자연현상으로 인한 피해를 최소화하고, 체계적인 예방·대비·대응·복구를 통해 국민의 생명과 재산을 보호하는 것을 목적으로 한다.

자연재해는 다음과 같이 정의된다.

- **풍수해:** 태풍, 홍수, 호우, 가뭄, 폭설 등 기상 요인에 의해 발생하는 재해
- **지질 재해:** 지진, 해일, 산사태, 화산 폭발 등 지질적 변화에 의해 발생하는 재해
- **기후변화에 따른 재해:** 이상고온, 이상한파, 폭염 등 기후변화로 인한 재해

자연재해대책법은 이러한 재해로부터 국민을 보호하기 위해 방재시설 설치 및 유지, 재해위험지역 관리, 재난 대비 및 대응 체계 구축, 복구 및 지원 방안을 규정하고 있다.

2.2 자연재해 예방 및 대비 체계

자연재해의 피해를 최소화하기 위해 국가 및 지방자치단체는 다음과 같은 예방 및 대비 조치를 수행해야 한다.

2.2.1 재해위험지구 지정 및 관리

- 국가 및 지방자치단체는 반복적으로 자연재해가 발생하는 지역을 재해위험지구로 지정할 수 있다.
- 재해위험지구 내 건축물 및 시설물의 신축·개축 시 방재 기준을 충족해야 한다.
- 재해위험지구 주민들에게 재해 발생 가능성을 사전에 고지하고 대피 훈련을 실시해야 한다.

2.2.2 방재시설 설치 및 유지관리

- 홍수 예방을 위해 배수펌프장, 제방, 저류지 등을 설치하고 정기적으로 점검해야 한다.
- 산사태 예방을 위해 산림 보호 및 사방댐을 구축해야 한다.
- 해일과 침수 피해 방지를 위해 해안 방파제 및 제방을 확충해야 한다.

2.2.3 자연재해 조기경보 시스템 구축

- 기상청, 국립재난안전연구원 등과 협력하여 기상·지진 정보를 실시간 모니터링해야 한다.
- 자연재해 발생 가능성이 높을 경우 주민들에게 신속히 경보를 발령해야 한다.
- 재난 문자 서비스, 방송, 소셜미디어 등을 활용하여 국민에게 신속하게 정보를 전달해야 한다.

2.3 자연재해 대응 및 복구 체계

자연재해 발생 시 신속한 대응과 복구를 위해 국가 및 지방자치단체는 다음과 같은 조치를 수행해야 한다.

2.3.1 재해 발생 시 긴급 대응

- 재해 발생 즉시 중앙 및 지방재난안전대책본부를 가동하고, 피해 상황을 파악해야 한다.
- 소방청, 경찰청, 해양경찰청 등과 협력하여 인명 구조 및 긴급 복구를 수행해야 한다.
- 필요시 군 병력 및 장비를 동원하여 피해 복구를 지원할 수 있다.

2.3.2 이재민 보호 및 지원

재해 발생으로 인해 거주지를 잃은 이재민을 위해 임시 대피소를 운영해야 한다. 재해로 인해 피해를 입은 주민들에게 구호 물품 및 의료 지원을 제공해야 한다. 재해 발생 후 일정 기간 동안 이재민에게 긴급 생계비를 지원할 수 있다.

2.3.3 피해 복구 지원 및 재정 지원

- 피해를 입은 지역에 재난 복구비를 신속히 배정하고, 기반 시설 복구를 지원해야 한다.
- 주택 및 농경지 침수 피해 주민에게 재해복구비 및 저금리 대출을 지원해야 한다.
- 중소기업 및 자영업자의 피해 복구를 위해 재정적 지원 및 세금 감면 혜택을 제공할 수 있다.

2.4 자연재해 대비를 위한 보험제도

국가는 자연재해로 인한 피해를 보상하기 위해 풍수해보험 및 재해보험을 운영하고 있다.

- **풍수해보험**: 태풍, 홍수, 호우, 가뭄, 지진 등 자연재해로 인한 재산 피해를 보상하는 보험제도
- **농작물재해보험**: 농업인의 피해를 보상하기 위한 보험으로, 농작물 및 농업 시설 피해를 보상
- **소상공인 재해보험**: 자연재해로 인한 소상공인의 피해를 보상하는 보험

이러한 보험은 국가와 지방자치단체가 일정 부분 보험료를 지원하며, 가입자의 부담을 줄여 자연재해 피해를 효과적으로 보상할 수 있도록 하고 있다.

2.5 주요 벌칙 및 처벌 조항

자연재해대책법은 재난 예방 및 대응을 저해하는 행위에 대해 다음과 같은 벌칙을 규정하고 있다.

- **방재시설 훼손 및 관리 소홀**: 방재시설을 훼손하거나 유지·관리를 소홀히 하여 피해를 발생시킨 경우 5년 이하의 징역 또는 5천만 원 이하의 벌금이 부과된다.

- **재해위험지역 내 불법 개발**: 재해위험지구 내 불법 건축 또는 허가 없이 개발 행위를 한 경우 3년 이하의 징역 또는 3천만 원 이하의 벌금이 부과된다.
- **자연재해 경보 방해 및 허위 신고**: 자연재해 조기경보를 방해하거나 허위 신고를 한 경우 2년 이하의 징역 또는 2천만 원 이하의 벌금이 부과된다.

2.6 자연재해 관련 예산 및 재정 지원

자연재해로 인한 피해를 예방하고 복구하기 위해 정부는 다음과 같은 재정 지원을 시행한다.

- 자연재해 피해 지역의 신속한 복구를 위한 국고 보조금 지원
- 방재시설 확충 및 유지보수를 위한 국고 지원
- 재해 발생 후 긴급 구호 자금 지원 및 저리 대출 제공
- 지방자치단체의 재난 대응 능력 강화를 위한 재정 지원

2.7 국민의 의무 및 협력

국민은 자연재해 대비 및 대응을 위해 다음과 같은 의무를 준수해야 한다.

- 국가 및 지방자치단체의 재해 예방 활동에 적극적으로 협력해야 한다.
- 자연재해 발생 시 정부의 대피 명령 및 안전 조치를 준수해야 한다.
- 자연재해 피해 예방을 위한 방재시설 및 공공시설 보호에 협조해야 한다.

2.8 법률 개정 및 향후 과제

자연재해대책법은 지속적으로 개정되며, 최근 개정된 주요 내용은 다음과 같다.

- **기후변화 대응 강화**: 기후변화로 인한 자연재해 증가에 대비하여 방재시설 기준을 강화하고, 재난 예측 기술을 개선하였다.
- **재난 예측 및 조기경보 시스템 고도화**: 기상청과 협력하여 인공지능(AI) 기반 재해 예측 시스템을 도입하였다.
- **이재민 지원 강화**: 재해 발생 시 이재민 지원 기준을 강화하고, 긴급 지원금을 확대하였다.

3 소방기본법 및 산업안전보건법 주요 내용

3.1 소방기본법 (시행 2024. 3. 27.)

3.1.1 목적 및 정의

소방기본법은 화재를 예방하고, 화재·재난·재해 및 그 밖의 위급한 상황에서 구조·구급 활동을 수행함으로써 국민의 생명과 재산을 보호하는 것을 목적으로 한다.

이 법에서 규정하는 주요 개념은 다음과 같다.
- **소방업무**: 화재 예방, 진압, 구조·구급, 긴급 구조 지원 등 화재 및 재난 대응을 위한 활동
- **소방대상물**: 건축물, 차량, 선박, 산림 등 화재의 위험이 있는 모든 대상
- **소방시설**: 화재를 예방하고 대응하기 위한 설비로, 소화기, 스프링클러, 감지기, 화재 경보장치 등이 포함됨

3.1.2 소방 조직 및 운영

소방기본법에 따라 국가 및 지방자치단체는 다음과 같은 소방 조직을 운영한다.
- **소방청**: 국가 차원의 소방 정책 수립, 재난 대응 지휘, 소방 연구 및 교육 수행
- **지방소방본부 및 소방서**: 각 시·도에 설치되며, 지역 내 화재 예방 및 대응, 구조·구급 활동 수행
- **의용소방대**: 소방공무원이 아닌 민간인으로 구성된 소방 보조 조직으로, 재난 발생 시 보조 역할 수행

3.1.3 소방 활동 및 주요 조치

소방기본법은 화재 예방과 대응을 위한 다양한 조치를 규정하고 있다.
- 화재 예방 및 안전 점검
  - 국가 및 지방자치단체는 정기적으로 소방시설 점검을 실시해야 한다.
  - 일정 규모 이상의 건축물은 소방시설을 의무적으로 설치해야 한다.
- 화재 발생 시 대응 조치
  - 소방관은 화재 발생 시 출입 통제, 대피 명령, 강제 진입 등 긴급조치를 수행할 수 있다.

- 소방관의 명령을 거부하거나 방해할 경우 법적 처벌을 받을 수 있다.

- **긴급 구조 및 구급 활동**
  - 재난·재해 발생 시 소방관은 구조·구급 활동을 수행할 수 있으며, 필요시 타 기관과 협조하여 대응할 수 있다.

3.1.4 주요 벌칙 및 처벌 조항

소방 활동을 방해하거나 안전 조치를 위반할 경우 다음과 같은 처벌이 부과된다.

- **소방 활동 방해**: 소방관의 긴급출동을 방해하거나, 화재 진압을 저해한 경우 5년 이하의 징역 또는 5천만 원 이하의 벌금 부과
- **소방시설 미설치 및 관리 소홀**: 일정 규모 이상의 건축물에서 소방시설을 설치하지 않거나 유지·관리를 소홀히 한 경우 3년 이하의 징역 또는 3천만 원 이하의 벌금 부과
- **허위 신고**: 허위로 화재 신고를 한 경우 2년 이하의 징역 또는 2천만 원 이하의 벌금 부과

3.1.5 소방안전교육 및 재정 지원

국가 및 지방자치단체는 소방 안전 강화를 위해 다음과 같은 교육 및 재정 지원을 수행한다.

- 초·중·고등학교 및 직장 내 소방안전교육 의무화
- 소방장비 및 인력 확충을 위한 예산 지원
- 의용소방대 운영 지원 및 보조금 지급

3.2 산업안전보건법 (시행 2020. 1. 16.)

3.2.1 목적 및 정의

산업안전보건법은 사업장에서 근로자의 안전과 건강을 보호하기 위해 사업주와 근로자의 의무 및 안전 조치를 규정하는 법률이다.

이 법에서 규정하는 주요 개념은 다음과 같다.

- **산업재해**: 사업장에서 발생하는 사고, 화재, 폭발, 유해 물질 노출, 근골격계 질환, 정신적 스트레스 등 근로자의 건강에 영향을 미치는 모든 위험

- 안전보건 조치: 사업주가 근로자의 안전과 건강을 보장하기 위해 취해야 하는 예방 조치 및 대응 조치
- 중대재해: 사망자가 발생하거나, 3명 이상이 동시에 부상을 입는 등 중대한 산업재해

3.2.2 사업주의 의무

산업안전보건법에 따라 사업주는 다음과 같은 의무를 가진다.

- 작업장 내 위험 요소 제거 및 예방 조치
  - 근로자의 안전을 위해 기계·설비의 정기적인 점검 및 유지보수를 수행해야 한다.
  - 화학물질 및 유해 물질의 사용 시 보호 장비 지급 및 안전 절차 준수해야 한다.
- 안전보건교육 제공
  - 신규 근로자 및 정기 근로자를 대상으로 산업안전 보건교육을 실시해야 한다.
  - 작업별 위험 요소 및 사고 예방 교육을 정기적으로 시행해야 한다.
- 산업재해 발생 시 보고 및 대응
  - 산업재해 발생 시 즉시 관계기관에 보고해야 한다.
  - 중대재해 발생 시 사고 원인을 조사하고, 재발 방지 대책을 마련해야 한다.

3.2.3 근로자의 의무

근로자는 사업장의 안전을 유지하기 위해 다음과 같은 의무를 가진다.

- 사업장에서 정해진 안전 규정을 준수해야 한다.
- 보호 장비 착용 및 안전 절차를 준수해야 한다.
- 사고 발생 시 즉시 보고하고, 안전사고 예방 활동에 협력해야 한다.

3.2.4 중대재해 발생 시 책임

산업안전보건법은 사업장에서 중대재해가 발생할 경우 사업주에게 법적 책임을 부과하고 있다.

- 사업주 및 경영책임자 처벌
  - 안전 조치를 소홀히 하여 근로자가 사망한 경우 7년 이하의 징역 또는 10억 원 이하의 벌금 부과
  - 3명 이상이 중상을 입은 경우 5년 이하의 징역 또는 5억 원 이하의 벌금 부과

- 산업재해 예방 조치 미이행 시 처벌
  - 사업장이 안전 조치를 제대로 수행하지 않아 사고가 발생한 경우 3년 이하의 징역 또는 3천만 원 이하의 벌금 부과

3.2.5 산업 안전보건 관련 재정 지원

정부는 산업재해 예방 및 근로자 보호를 위해 다음과 같은 재정 지원을 제공한다.

- 산업재해 예방 활동에 대한 재정 지원 및 세금 감면
- 중소기업의 안전시설 개선을 위한 국고 지원
- 산업재해 피해 근로자를 위한 보상 및 치료비 지원

4 기타 공무원 시험 출제 가능성이 높은 법령 정리

4.1 건축법 (시행 2024. 3. 27.)

4.1.1 목적 및 정의

건축법은 건축물의 건설·유지·관리 및 도시 환경과 국민의 안전을 확보하기 위해 제정된 법률이다. 이 법은 건축물의 구조적 안전을 강화하고, 화재 및 재난 예방을 위한 기준을 정하는 것을 목적으로 한다.

건축법에서 규정하는 주요 개념은 다음과 같다.

- **건축물**: 지상 또는 지하에 정착하는 구조물로, 사용 용도 및 구조적 특성을 고려하여 설계됨
- **건축허가**: 일정 규모 이상의 건축물을 신축, 증축, 개축, 이전할 때 지방자치단체장의 허가를 받아야 하는 절차
- **방재시설**: 건축물의 화재 및 재난 예방을 위해 설치하는 방화벽, 방화문, 피난 계단 등의 설비

4.1.2 주요 조항 및 안전 규정

건축법에서는 화재 및 재난 예방을 위해 다음과 같은 사항을 규정하고 있다.

- 건축물의 내화·불연재료 사용 의무화

- 일정 규모 이상의 건축물은 내화구조를 갖추어야 하며, 주요 구조재는 불연재료를 사용해야 한다.
- 다중이용시설 및 고층 건축물에는 내화구조 설계를 의무화해야 한다.

• **건축허가 및 안전 점검 강화**
- 일정 규모 이상의 건축물은 착공 전에 건축허가를 받아야 하며, 준공 시에도 안전 점검을 받아야 한다.
- 고층 건축물 및 특정 용도의 건축물(병원, 학교 등)은 화재 안전 평가를 거쳐야 한다.

• **피난 및 대피시설 설치 기준 강화**
- 일정 층수 이상의 건축물에는 피난 계단 및 비상구를 반드시 설치해야 한다.
- 장애인, 노약자를 위한 피난 안전시설을 마련해야 한다.

4.1.3 위반 시 벌칙

건축법을 위반할 경우 다음과 같은 처벌이 부과된다.

• **건축허가 없이 건축물을 신축·증축한 경우**: 5년 이하의 징역 또는 5천만 원 이하의 벌금
• **화재 예방 기준을 위반한 경우**: 3년 이하의 징역 또는 3천만 원 이하의 벌금
• **건축물의 구조적 안전을 위반한 경우**: 5년 이하의 징역 또는 5천만 원 이하의 벌금

4.2 화재예방, 소방시설 설치·유지 및 안전관리에 관한 법률 (시행 2024. 3. 27.)

4.2.1 목적 및 정의

이 법은 화재를 예방하고, 화재 발생 시 피해를 최소화하기 위해 소방시설의 설치·유지 및 관리 기준을 규정하는 법률이다.

이 법에서 규정하는 주요 개념은 다음과 같다.

• **소방시설**: 화재 예방 및 대응을 위해 건축물에 설치하는 장비로, 스프링클러, 소화기, 화재 경보장치 등이 포함됨
• **소방 안전관리자**: 특정 건축물에서 소방시설 유지 관리를 담당하는 책임자로, 일정 규모 이상의 건축물에서는 선임이 의무화됨
• **소방시설 점검**: 건축물 내 소방시설이 정상 작동하는지 정기적으로 확인하는 절차

4.2.2 주요 조항 및 설치 기준

소방시설의 설치 및 유지·관리를 위한 주요 규정은 다음과 같다.

- **소방시설 설치 의무화**
  - 일정 규모 이상의 건축물, 공장, 창고 등은 소방시설을 필수적으로 설치해야 한다.
  - 병원, 학교, 호텔 등 다중이용시설은 자동화재탐지설비 및 스프링클러 설치를 의무화해야 한다.
- **소방시설 점검 및 유지관리 의무**
  - 건축물의 소유자 또는 관리자는 정기적으로 소방시설을 점검해야 하며, 점검 결과를 소방서에 제출해야 한다.
  - 점검 불이행 시 과태료가 부과되며, 소방시설이 정상 작동하지 않을 경우 보완 조치를 취해야 한다.

4.2.3 위반 시 벌칙

소방시설을 설치하지 않거나 유지·관리를 소홀히 한 경우 다음과 같은 처벌이 부과된다.

- **소방시설을 설치하지 않은 경우**: 3년 이하의 징역 또는 3천만 원 이하의 벌금
- **소방시설 점검을 이행하지 않은 경우**: 1천만 원 이하의 과태료
- **화재 발생 시 소방 안전관리자의 책임 소홀로 피해가 확산하였으면**: 5년 이하의 징역 또는 5천만 원 이하의 벌금

4.3 전기사업법 (시행 2024. 4. 1.)

4.3.1 목적 및 정의

전기사업법은 전력의 안정적인 공급과 안전한 사용을 보장하기 위해 전기설비의 설치 및 유지관리 기준을 규정하는 법률이다.

이 법에서 규정하는 주요 개념은 다음과 같다.

- **전기설비**: 전력 공급 및 사용을 위해 설치하는 모든 장치로, 변압기, 배전반, 전기 배선 등이 포함됨
- **전기안전관리자**: 사업장 또는 특정 건축물에서 전기설비를 관리하고 안전 점검을

수행하는 책임자

- 전기설비 점검: 전기설비의 안전성을 유지하기 위해 정기적으로 수행하는 검사 및 유지보수 작업

4.3.2 주요 조항 및 안전 규정

- 전기설비 설치 및 유지관리 기준 강화
  - 일정 규모 이상의 공장, 병원, 대형 건축물에는 전기 안전관리자를 선임해야 한다.
  - 전기설비는 정기적으로 점검해야 하며, 불량 설비는 즉시 교체해야 한다.
- 전기 안전사고 예방 조치
  - 전기 과부하 방지를 위해 차단기를 설치해야 한다.
  - 감전 및 누전 사고를 예방하기 위해 접지설비를 의무적으로 설치해야 한다.

4.3.3 위반 시 벌칙

- 전기설비 설치 기준을 위반한 경우: 3년 이하의 징역 또는 3천만 원 이하의 벌금
- 전기 안전 점검을 이행하지 않은 경우: 1천만 원 이하의 과태료
- 전기 사고로 인한 중대재해 발생 시 사업주 책임 강화: 5년 이하의 징역 또는 5천만 원 이하의 벌금

5 관련 법령 비교표

5.1 관련 법령 개요

재난 및 안전관리에 관련된 주요 법령들은 국가와 지방자치단체의 역할을 규정하고, 각종 재난 및 사고 발생 시 대응 방안을 제시한다. 본 장에서는 주요 법령을 비교하여 그 목적, 적용 대상, 주요 내용, 시행일 등을 정리하였다.

5.2 관련 법령 비교표

법령명	목적	적용 대상	주요 내용	시행일
재난 및 안전관리 기본법	국가 및 지자체의 재난 대응 체계 확립, 예방 및 복구 지원	국가, 지방자치단체, 공공기관	- 중앙 및 지방재난안전대책본부 운영 -재난예방및대비계획수립의무화 - 재난 발생 시 긴급 구조 및 복구 지원	2024. 7. 17.
자연재해 대책법	태풍, 홍수 등 자연재해로부터 국민 보호 및 피해 최소화	국가, 지방자치단체, 기업, 개인	- 재해위험지구 지정 및 관리 - 방재시설 설치 및 유지관리 의무화 - 자연재해 발생 시 긴급 지원 및 복구 조치	2024. 7. 31.
소방기본법	화재 예방 및 대응을 위한 소방 조직 운영	국가, 지방자치단체, 소방청, 소방공무원	- 소방시설 설치 및 점검 의무화 - 화재 발생 시 긴급 대응 및 구조 활동 수행 - 소방 활동 방해 시 처벌 강화	2024. 3. 27.
산업안전보건법	근로자의 안전 및 보건 보호, 산업재해 예방	사업주, 근로자, 산업안전관리자	- 산업재해 예방 조치 의무화 - 중대재해 발생 시 사업주 처벌 강화 - 근로자 대상 안전 교육 의무화	2020. 1. 16.
건축법	건축물의 구조적 안전 강화 및 화재 예방	건축주, 건축회사, 감리자	- 건축허가 및 안전 점검 의무화 - 내화·불연재료 사용 기준 강화 - 피난 및 대피시설 설치 기준 강화	2024. 3. 27.
화재예방, 소방시설 설치·유지 및 안전관리에 관한 법률	소방시설 설치 및 유지관리 기준 확립	건축물 소유자, 관리자	- 일정 규모 이상의 건축물 소방시설 설치 의무화 - 소방시설 점검 및 유지관리 규정 강화	2024. 3. 27.
전기사업법	전력 공급 안정 및 전기설비 안전 관리	전력회사, 건축주, 전기안전관리자	- 전기설비 안전 점검 및 유지관리 의무화 - 전기 감전·누전 사고 예방 조치 강화	2024. 4. 1.

5.3 법령별 주요 특징 비교

5.3.1 재난 및 안전관리 기본법과 자연재해대책법

- **공통점**: 국가 및 지방자치단체의 재난 대응 역할 규정
- **차이점**: 재난 및 안전관리 기본법은 재난 전반을 포함하고 있으며, 자연재해대책법은 자연재해에 특화됨

5.3.2 소방기본법과 화재예방 관련 법률

- **공통점**: 화재 예방 및 대응을 위한 법률
- **차이점**: 소방기본법은 소방 조직 운영 및 활동을 다루고, 화재예방법은 소방시설 설치 및 유지관리에 집중

5.3.3. 산업안전보건법과 건축법

- **공통점**: 안전을 위한 법률로, 근로자 및 건축물의 안전 확보를 목표로 함
- **차이점**: 산업안전보건법은 근로자 보호에 중점을 두며, 건축법은 건축물의 구조적 안전 및 화재 예방에 초점

5.3.4. 전기사업법과 기타 법률

- **공통점**: 재난 예방을 위한 법적 규정 포함
- **차이점**: 전기사업법은 전기설비 및 감전·누전 사고 예방에 중점을 두고 있음

5.4 법령 개정 및 최신 동향

- 각 법령은 시대 변화에 따라 개정이 이루어지고 있으며, 최근 개정된 주요 사항은 다음과 같다.
- **재난 및 안전관리 기본법**: 빅데이터 및 AI 기반 재난 예측 기술 도입, 기후변화 대응 강화
- **자연재해대책법**: 재해위험지구 관리 강화 및 방재시설 기준 강화
- **소방기본법**: 소방 대응 체계 고도화 및 소방 장비 현대화
- **산업안전보건법**: 중대재해처벌법과 연계하여 산업재해 예방책 강화

- 건축법: 친환경 건축 기준 도입 및 내진설계 기준 강화
- 화재예방법: 소방시설 점검 강화 및 위반 시 처벌 강화
- 전기사업법: 재생에너지 사용 확대 및 전기설비 안전 기준 강화

6 법령 개정 주요 내용

6.1 법령 개정의 필요성

재난 및 안전관리에 관한 법령은 사회적 변화, 기후변화, 기술 발전, 재난 발생 양상의 변화 등에 따라 지속적으로 개정되고 있다. 특히, 최근 몇 년간 대규모 자연재해 및 사회재난이 증가함에 따라 법령 개정을 통해 더욱 효과적인 예방, 대비, 대응, 복구 체계를 구축하는 것이 중요해졌다.

이 부록에서는 2024년을 기준으로 최근 개정된 주요 법령의 핵심 내용을 정리하고, 주요 변화 사항과 개정 목적을 분석한다.

6.2 주요 법령 개정 내용

6.2.1 재난 및 안전관리 기본법 개정 (시행 2024. 7. 17.)

개정 배경

- 기후변화로 인한 대형 재난 증가 및 재난 예측 기술 발전
- 빅데이터 및 인공지능(AI) 기반 재난관리 체계 필요성 증가
- 재난 발생 시 중앙 및 지방정부의 협업 체계 강화 필요

주요 개정 내용

- **빅데이터 및 AI 기반 재난 예측 시스템 도입**
  재난 발생 가능성을 사전에 분석하여 조기경보 시스템 운영 강화
- **지방자치단체의 재난 대응 권한 강화**
  지방재난안전대책본부의 역할 확대 및 신속 대응 체계 마련
- **긴급 구조 지원 시스템 개선**
  재난 발생 시 민간기업 및 관계기관과 협업을 통한 구조 지원 강화

6.2.2 자연재해대책법 개정 (시행 2024. 7. 31.)

개정 배경

- 이상기후 및 자연재해 빈도 증가
- 재해위험지구 관리 강화 필요
- 방재시설 유지보수 기준 강화 요구

주요 개정 내용

- 재해위험지구 지정 기준 강화
  기후변화로 인한 새로운 위험지역을 추가 지정할 수 있도록 법 개정
- 방재시설 관리 및 유지보수 강화
  재해위험지구 내 방재시설 정기 점검 의무화 및 위반 시 벌칙 강화
- 이재민 지원 체계 개선
  자연재해 피해 주민을 위한 긴급 지원금 확대 및 주거 지원 강화

6.2.3 소방기본법 개정 (시행 2024. 3. 27.)

개정 배경

- 대형 화재 증가에 따른 예방 강화 필요
- 소방장비 및 소방대원의 안전 확보 필요
- 소방 활동 방해 행위 처벌 강화

주요 개정 내용

- 소방시설 설치 기준 강화
  일정 규모 이상의 건축물에는 자동화재탐지설비 및 스프링클러 설치 의무화
- 소방대원 안전 보호 조치 강화
  소방 활동 중 안전 장비 착용 및 보호 장비 지급 의무화
- 소방 활동 방해 행위에 대한 처벌 강화
  화재 진압 및 구조 활동을 방해하는 행위에 대해 7년 이하의 징역 또는 7천만 원 이하의 벌금 부과

6.2.4 산업안전보건법 개정 (시행 2020. 1. 16.)

개정 배경

- 중대재해 발생 시 사업주의 책임 강화를 위한 개정 필요
- 근로자 안전보건 조치 미이행에 대한 처벌 강화

주요 개정 내용

- **중대재해처벌법과 연계한 사업주 책임 강화:** 산업재해 발생 시 사업주 및 경영책임자 처벌 강화
- **근로자의 산업재해 예방 교육 의무화:** 신규 채용 근로자의 경우 산업 안전보건 교육을 필수 이수해야 함
- **작업장 내 위험성 평가 의무화:** 사업장은 정기적으로 위험 요소를 평가하고 개선 조치를 취해야 함

6.2.5 건축법 개정 (시행 2024. 3. 27.)

개정 배경

- 고층 건축물 및 다중이용시설의 화재 예방 강화 필요
- 내진설계 기준 강화 필요

주요 개정 내용

- **내진설계 의무 확대**
  일정 규모 이상의 건축물에 대해 내진설계 기준을 강화
- **피난시설 설치 기준 강화**
  10층 이상 건축물에는 피난용 경사로 및 피난 안전 구역 의무 설치
- **건축물 화재 안전성 평가 도입**
  화재 발생 가능성이 높은 건축물에 대해 화재 안전성 평가 실시 의무화

6.2.6 화재예방, 소방시설 설치·유지 및 안전관리에 관한 법률 개정 (시행 2024. 3. 27.)

개정 배경

- 화재 발생 시 인명 피해를 최소화하기 위한 소방시설 기준 강화
- 소방시설 유지·관리 불이행에 대한 처벌 강화

주요 개정 내용

- 소방시설 점검 및 유지관리 강화
  일정 규모 이상의 건축물은 연 2회 이상 소방시설 점검 의무화
- 소방시설 미설치 및 점검 미이행 시 처벌 강화
  위반 시 5년 이하의 징역 또는 5천만 원 이하의 벌금 부과
- 화재 안전관리자 선임 의무 확대
  일정 규모 이상의 건축물에는 화재 안전관리자 선임 필수

6.2.7 전기사업법 개정 (시행 2024. 4. 1.)

개정 배경

- 전기설비 안전사고 예방 필요
- 재생에너지 및 친환경 전력 사용 확대

주요 개정 내용

- **전기설비 점검 및 유지보수 강화:** 대형 건축물 및 공장에 대한 전기설비 정기 점검 의무화
- **전기 감전 및 누전 사고 예방 조치 강화:** 감전 방지용 차단기 설치 기준 강화
- **재생에너지 활용 확대:** 신재생에너지 설비 지원 및 의무 비율 확대

6.3 법령 개정에 따른 향후 과제

최근 법령 개정을 통해 재난 예방 및 안전관리 체계가 강화되고 있으며, 이를 더욱 효과적으로 운영하기 위해 다음과 같은 과제가 남아 있다.

- **재난 예측 기술 발전 및 적용 확대:** AI 및 빅데이터 분석 기술을 활용한 재난 예측 시스템 확대
- **지방자치단체의 재난 대응 능력 향상:** 지역별 맞춤형 재난관리 계획 수립 및 인프라 확충
- **소방 및 안전관리 인력 확충 및 교육 강화:** 소방공무원 및 안전관리자의 전문성 강화를 위한 교육 확대
- **기업의 산업 안전보건 관리 강화:** 기업 내 자율적인 산업안전 보건 체계 구축을 위한 지원 확대

연습문제 정답 및 해설

1장

01 정답: ④

해설 재난은 자연 재난, 사회재난, 복합 재난으로 구분되며, 경제 재난은 재난법에서 별도로 정의되지 않는다.

02 정답: ②

해설 2004년 국민안전처가 신설되면서 소방방재청이 통합되었고, 중앙집중적인 재난관리 체계가 구축되었다.

03 정답: ③

해설 재난관리의 4단계는 예방, 대비, 대응, 복구이며, 통제는 별도의 개념으로 포함되지 않는다.

04 정답: ③

해설 홍수는 자연적 요인으로 발생하는 자연 재난이며, 대형 화재, 전염병 확산, 산업재해는 사회재난에 속한다.

05 정답: ④

해설 긴급 구호 활동은 대응 단계에서 수행되며, 예방 단계에서는 내진설계 강화, 대응 매뉴얼 수립, 비상 대피 훈련이 포함된다.

06 정답: ③

해설 2017년 국민안전처가 폐지되고 행정안전부로 개편되면서 재난안전관리본부가 신설되었다.

07 정답: ③

해설 대형 화재는 사회재난이며, 태풍, 홍수, 지진은 자연 재난에 속한다.

08 정답: ③

해설 행정안전부는 국가 재난관리 정책을 총괄하고 조정하는 역할을 수행하며, 소방청과 경찰청과는 별도로 운영된다.

09 정답: ③

해설 지진 발생 후 가스관 파열로 화재가 발생하는 경우는 자연 재난과 사회재난이 결합한 복합 재난의 대표적인 사례이다.

10 정답: ③

해설 심리적 불안 증가는 재난의 심리적 영향에 해당하며, 경제적 영향에는 산업시설 파괴, 노동력 감소, 복구 비용 증가 등이 포함된다.

11 정답: ③

해설 대비 단계에서는 비상계획 수립과 대응 훈련을 통해 재난 발생 시 피해를 최소화할 수 있도록 준비한다.

12 정답: ③

해설 공공 인프라 복구 지연은 경제적 피해와 관련되며, 정치적 영향에는 정부의 위기관리 평가, 정책 변화 등이 포함된다.

13 정답: ②

해설 지방자치단체는 지역 내 재난 발생 시 긴급 대응과 주민 보호 역할을 수행하며, 중앙정부는 국가 차원의 재난 대응 정책을 수립한다.

14 정답: ③

해설 기후변화는 자연 재난 발생 빈도를 증가시키지만, 원자력 발전소 운영 효율성과는 직접적인 관련이 없다.

15 정답: ①

해설 우리나라의 재난관리 조직은 재난 피해를 최소화하고, 대응 체계를 효율적으로 운영하기 위해 지속적으로 개편되었다.

16 정답: ②

해설 1995년 이전에는 부처별로 개별 대응 체계를 운영하였으며, 재난 발생 시 통합적인 지휘 체계가 부족하였다.

17 정답: ④

해설 국립재난안전연구원은 국내 연구 기관이며, 국제적 재난 대응 협력 기구로는 UNISDR, FEMA, WHO 등이 있다.

18 정답: ①

해설 복합 재난은 자연 재난과 사회재난이 결합하여 발생하는 형태로, 지진 후 화재, 홍수로 인한 전염병 확산 등이 대표적이다.

19 정답: ②

해설 재난 발생 시 최우선으로 수행해야 할 활동은 인명 구조 및 응급조치이며, 피해 분석과 복구는 이후 단계에서 진행된다.

20 정답: ③

해설 「재난 및 안전관리 기본법」은 재난 예방, 대비, 대응, 복구 등 재난관리 전반을 규정하는 법률로, 재난관리의 핵심 법령이다.

2장

01 정답: ④

해설 재난 주기 이론은 예방 (Prevention), 대비 (Preparedness), 대응 (Response), 복구 (Recovery)의 4단계로 구성되며, 평가 (Evaluation)는 별도의 과정으로 포함되지 않는다.

02 정답: ③

해설 위기관리는 신속한 대응과 피해 최소화에 초점을 맞추며, 재난관리는 예방, 대비, 대응, 복구의 전 과정을 포함하는 개념이다.

03 정답: ③

해설 불확실성은 탄력성을 저해하는 요인으로, 탄력성 강화를 위해서는 내구성, 신속성, 자원 동원력 등의 요소가 필요하다.

04 정답: ②

해설 경제적 취약 계층은 재난 발생 시 충분한 대비와 신속한 대피가 어려워 더 큰 피해를 입을 가능성이 높다.

05 정답: ④

해설 UNDRR, IFRC, WHO는 국제적 재난관리 체계에서 주요한 역할을 수행하지만, FBI는 범죄 수사를 담당하는 기관으로 재난 대응의 핵심 조직이 아니다.

06 정답 ④

해설 압력과 해방 모델(PAR Model)은 근본적 원인, 동인(압력 요소), 위험 요인을 분석하여 재난 발생 과정을 설명하는 모델로, 복구 단계는 포함되지 않는다.

07 정답: ③

해설 사고 지휘 체계(ICS)는 사고 지휘관, 운영 부문, 기획 부문, 지원 부문, 재무·행정 부문으로 구성되며, 예측 부문(Prediction Section)은 존재하지 않는다.

08 정답: ③

해설 허리케인 카트리나 대응에서 정부의 초기 대응이 미흡하여 피해가 확산하였으며, 신속한 대응이 이루어지지 못했다.

09 정답: ④

해설 재난관리의 원칙에는 예방 우선, 통합적 접근, 지역 사회 중심 등의 원칙이 포함되지만, 피해 보전 원칙은 존재하지 않는다.

10 정답: ③

해설 국제적 재난 대응에서 정부와 민간 부문의 협력은 증가하는 것이 바람직한 방향이며, 이는 문제점이 아니라 해결책 중 하나이다.

11 정답: ③

해설 재난 대비 단계에서는 비상 대응 계획 수립, 조기 경보 시스템 구축, 재난 대응 훈련 등이 포함되며, 긴급 구조 활동 수행은 대응 단계에서 이루어진다.

12 정답: ③

해설 ICS는 대응 단계뿐만 아니라 예방, 대비, 복구 단계에서도 활용할 수 있는 조직 체계이다.

13 정답: ①

해설 WHO는 전염병 확산 방지 및 보건 위기 대응을 주요 역할로 수행하며, 군사적 위협이나 금융위기 대응과는 관련이 없다.

14 정답: ③

해설 탄력성이 높은 사회는 재난 발생 후 신속한 복구가 가능하며, 장기적인 피해가 지속되기보다는 회복 속도가 빠르다.

15 정답: ③

해설 비상 대피 훈련 및 교육 시행은 재난 발생 전 대비 단계에서 이루어지는 활동으로, 효과적인 재난 대응을 위한 핵심 요소이다.

16 정답: ②

해설 국제 재난 대응 협력의 주요 장점은 국가 간 자원과 기술을 공유할 수 있다는 점이며, 이를 통해 효과적인 대응이 가능하다.

17 정답: ④

해설 사회적 취약성을 줄이기 위해서는 저소득층 대상 대피소 확충, 조기 경보 시스템 구축 등이 필요하며, 특정 대기업만을 대상으로 한 재난 대비 지원은 적절하지 않다.

18 정답: ③

해설 재난 발생 후 임시 대응 계획을 수립하는 것은 신속한 대응을 저해할 수 있으며, 사전 계획과 체계적인 대응이 필수적이다.

19 정답: ②

해설 국제적 재난 대응 협력은 피해 국가의 대응 부담을 줄이고 효과적인 지원을 제공하는 것이 핵심 목표이다.

20 정답: ④

해설 ICS는 초기 혼선 방지, 다기관 협력 강화, 신속한 구조 및 자원 배치 최적화를 위한 체계이며, 피해 조사만을 수행하는 것이 목적이 아니다.

3장

01 정답: ②

해설 태풍의 진행 방향에서 오른쪽 반원(위험반원)은 풍속이 강하고 강수량이 많아 피해가 크며, 왼쪽 반원(안전반원)은 상대적으로 피해가 적다.

02 정답: ④

해설 태풍 하이얀(2013년)은 필리핀에서 발생한 초대형 태풍이며, 대한민국에서 발생한 대표적인 태풍으로는 태풍 사라(1959년), 태풍 루사(2002년), 태풍 매미(2003년) 등이 있다.

03 정답: ②

해설 면진 설계(Base Isolation System)는 건물과 기초 사이에 특수 고무패드나 강철 베어링을 설치하여 지진의 진동을 흡수하는 방식이다.

04 정답: ③

해설 지진해일(쓰나미)은 해저 지진, 화산 폭발, 해저 산사태 등의 원인으로 발생하며, 해양 폭풍(태풍, 허리케인 등)은 해일이 아닌 폭풍해일을 발생시키는 원인이다.

05 정답: ①

해설 대한민국에서 발생한 주요 지진으로 2016년 경주 지진(규모 5.8)과 2017년 포항 지진(규모 5.4)이 있으며, 이들 지진은 내륙에서 발생한 가장 강한 지진으로 기록되었다.

06 정답: ③

해설 폭염경보는 낮 최고기온이 35℃ 이상이 이틀 이상 지속될 때 발령되며, 폭염주의보는 33℃ 이상이 이틀 이상 지속될 경우 발령된다.

07 정답: ③

해설 한파주의보는 아침 최저기온이 전날보다 10℃ 이상 하강하면서 −12℃ 이하로 떨어질 경우 발령되며, 한파경보는 −15℃ 이하로 떨어질 때 발령된다.

08 정답: ③

해설 대한민국에서 최고기온 41.0℃를 기록한 해는 2018년으로, 당시 폭염으로 인해 큰 피해가 발생했다.

09 정답: ④

해설 산불의 확산 유형에는 지표화(지표면에서 확산), 수간화(나무줄기를 타고 확산), 수관화(나무의 윗부분이 연소하며 확산), 비산화(불씨가 날아가 확산) 등이 있으며, 내진화라는 용어는 존재하지 않는다.

10 정답: ②

해설 산불 예방을 위해서는 산불 위험지역에서의 불법 소각 행위를 제한해야 하며, 감시 시스템 및 방화선 구축이 중요하다.

11 정답: ③

해설 수문학적 가뭄은 지하수 고갈 및 하천 유량 감소로 나타나며, 기상학적 가뭄은 강수량 부족, 농업적 가뭄은 토양 수분 부족, 사회경제적 가뭄은 경제적 손실로 연결된다.

12 정답: ③

해설 태풍주의보는 중심 최대풍속이 17m/s 이상일 때 발령되며, 25m/s 이상일 경우 태풍경보가 발령된다.

13 정답: ①

해설 P파(Primary wave)는 지진 발생 시 가장 먼저 도달하는 파동으로, 속도가 가장 빠르며 종파 형태로 전파된다.

14 정답: ②

해설 미세먼지(PM10)는 지름 10㎛ 이하, 초미세먼지(PM2.5)는 지름 2.5㎛ 이하로 정의된다.

15 정답: ①

해설 「대기환경보전법」은 미세먼지 및 대기오염 관리를 위한 주요 법률로, 배출 허용 기준 및 규제 정책을 포함하고 있다.

16 정답: ③

해설 초미세먼지(PM2.5)의 농도가 36㎍/m³ 이상일 경우 '나쁨' 단계로 분류되며, 이에 따라 대기질 관리 조치가 시행된다.

17 정답: ②

해설 기상특보 발령 절차는 기상위성을 통한 데이터 수집, 기상 예측 모델 분석, 경보 발령 및 해제 과정으로 이루어지며, 지진해일 발생 여부 분석은 별도의 지진 조기경보 시스템에서 수행된다.

18 정답: ②

해설 환경부는 대기오염 및 미세먼지 예측과 관련된 정책을 담당하며, 기상청은 기상특보를 발표하는 기관이다.

19 정답: ④

해설 내진설계 방식에는 면진 설계(지진 충격을 분산), 제진 설계(진동 흡수), 복합 설계(여러 기술 결합)가 있으며, 액상화 설계라는 개념은 존재하지 않는다.

20 정답: ③

해설 미세먼지 및 대기오염 저감을 위한 정책으로는 친환경 자동차 보급, 공공장소 대기질 모니터링, 산업시설 배출 규제 강화 등이 있으며, 산불 예방 감시 드론 배치는 미세먼지 관리와 직접적인 관련이 없다.

4장

01 정답: ②

해설 화재 예방을 위해서는 내화성이 높은 자재를 사용해야 하며, 가연성 자재 사용 확대는 화재 발생 및 확산의 위험을 증가시킨다.

02 정답: ③

해설 차량 과속을 유도하는 설계는 교통사고 발생 확률을 높이는 요인이므로 교통사고 예방을 위한 도로 설계와는 반대되는 개념이다.

03 정답: ②

해설 감염병 대응에서 중요한 것은 감염 경로 차단과 조기 진단을 통해 확산을 방지하는 것이다. 확산 이후 방역을 시행하는 것은 효과적인 예방이 될 수 없다.

04 정답: ②

해설 중대재해처벌법에서는 사업주의 안전보건 관리 책임을 강화하는 것이 핵심이며, 산업재해 발생 시 근로자에게만 책임을 부과하는 것은 법의 취지에 어긋난다.

05 정답: ③

해설 철도 신호 연동 시스템은 도로 교통에서 사용되는 신호 체계로 철도 사고 예방과는 직접적인 관련이 없다.

06 정답: ②

해설 감염병 발생 시 즉각적인 방역 조치가 필요하며, 백신 개발이 완료될 때까지 대책 없이 기다리는 것은 감염병 확산을 방지하는 효과적인 방법이 아니다.

07 정답: ④

해설 식중독은 산업재해보다는 위생 관련 문제에 속하며, 직업적 환경에서 발생하는 사고와는 차이가 있다.

08 정답: ②

해설 긴급구조기관의 핵심 역할은 재난 및 사고 현장에서 구조와 구급 활동을 수행하는 것이다.

09 정답: ④

해설 건축물 내 가연성 물질 사용을 확대하는 것은 화재 발생 및 확산의 위험을 증가시키므로 화재 예방 대책과는 거리가 멀다.

10 정답: ③

해설 철도 사고 발생 시 승객의 안전을 최우선으로 하여 신속한 대피 유도를 시행해야 한다.

11 정답: ④

해설 COVID-19 대응 정책은 감염 예방과 확산 방지가 중심이며, 감염자 처벌은 주요 정책에 포함되지 않았다.

12 정답: ③

해설 긴급구조기관은 소방청, 경찰청, 해양경찰청 등이 포함되며, 질병관리청은 감염병 관리 기관으로 긴급구조기관에 해당하지 않는다.

13 정답: ③

해설 대기오염 감시 및 미세먼지 예보 시스템은 환경 문제와 관련되며, 감염병 방역 시스템과는 직접적인 관련이 없다.

14 정답: ④

해설 산업재해 발생 후 사업주는 법적 책임 회피가 아닌 사고 원인 분석 및 예방 조치를 시행해야 한다.

15 정답: ③

해설 소방시설을 정기적으로 점검하고 유지 보수하는 것은 화재 예방 및 초기 대응을 위한 필수 조치이다.

16 정답: ③

해설 철도 사고 발생 시 승무원의 안내에 따라 질서를 유지하며 대피하는 것이 가장 안전한 행동이다.

17 정답: ①

해설 상시 근로자 5명 이하의 소규모 사업장은 「중대재해처벌법」의 적용 대상에서 제외된다.

18 정답: ②

해설 긴급 구조 및 지원기관 간 협력 체계를 강화하려면 정보 공유 시스템을 구축하고 공조 체계를 마련해야 한다.

19 정답: ③

해설 재난 발생 후 피해 복구만 집중하는 것은 예방 대책이 아니며, 산업재해 예방을 위해서는 AI·IoT 등의 기술을 활용한 사전 관리가 필요하다.

20 정답: ④

해설 철도 사고 예방을 위해 기관사의 속도 제한 준수는 필수적이며, 개인 판단에 따른 속도 제한 해제는 사고 위험을 증가시킨다.

5장

01 정답: ③

해설 복합 재난은 두 개 이상의 재난이 연쇄적으로 발생하여 상호 영향을 미치는 형태이다. 단일 재난이 반복되는 것이 아니라, 자연 재난과 사회재난이 결합하여 피해가 증가하는 것이 특징이다.

02 정답: ③

해설 대그 지하철 화재 사고(2003년)는 단일한 화재 사고이며, 복합 재난의 특징인 연쇄적인 재난의 발생이 없었다. 반면, 후쿠시마 원전 사고나 코로나19 팬데믹은 연쇄적인 재난 발생으로 피해가 확대되었다.

03 정답: ③

해설 원자력 발전소의 냉각 시스템 결함은 주로 기술적 문제로 인한 재난이며, 기후변화와 직접적인 연관이 없다. 반면, 폭염, 온실가스 증가, 해수면 상승은 기후변화와 관련이 깊다.

04 정답: ③

해설 복합 재난은 단일 재난보다 더 복잡한 대응이 필요하며, 피해 확산이 빠르고 다양한 요소가 얽혀 있어 신속한 대응이 어려운 경우가 많다.

05 정답: ①

해설 산불 발생 후 태풍이 상륙하면 화재와 홍수, 산사태 등 복합적인 피해가 발생할 가능성이 크다. 이는 단일 재난보다 대응이 어려운 복합 재난의 대표적인 예이다.

06 정답: ③

해설 복합 재난의 피해를 줄이기 위해서는 사전 예방이 중요하며, 다중 재난 시나리오를 기반으로 한 대응 계획 수립이 필요하다.

07 정답: ③

해설 복합 재난은 여러 유형의 재난이 결합한 형태이므로, 다양한 기관 간의 협력이 필수적이다. 단일 기관만으로 모든 재난을 해결하기는 어렵다.

08 정답: ①

해설 강력한 태풍이 홍수와 산사태를 유발하는 것은 복합 재난의 대표적인 예이다. 반면, 단순한 교통사고나 산림 증가 등은 복합 재난과 관련이 적다.

09 정답: ②

해설 복합 재난 상황에서는 신속한 정보 공유가 필수적이며, 긴급 통신 시스템을 활용하여 실시간으로 재난 상황을 전파하고 대응해야 한다.

10 정답: ③

해설 화석 연료 사용 확대는 탄소 배출을 증가시켜 기후 변화 문제를 악화시킨다. 반면, 신재생에너지 확대와 친환경 정책은 기후 위기 대응의 핵심 요소이다.

11 정답: ②

해설 재난 발생 직후 가장 중요한 것은 인명 구조 및 응급 대응이다. 이후 복구와 장기적인 정책 수립이 이루어져야 한다.

12 정답: ③

해설 경제 불황으로 인한 소비자 물가 상승은 경제적 요인에 의한 것으로, 기후변화와 직접적인 관련이 없다. 반면, 산불, 태풍, 해수면 상승은 기후변화와 관련된 재난이다.

13 정답: ①

해설 기후 적응형 도시 계획은 기후변화에 대응하기 위해 홍수 및 폭염 대응 인프라를 구축하는 것을 포함한다. 반면, 화석 연료 확대나 도시 확장은 기후 변화 대응과 거리가 멀다.

14 정답: ②

해설 기후 변화 대응을 위한 국제 협약(예: 파리협정) 준수는 국제 협력 강화 방안의 대표적인 사례이다. 반면, 개별 국가의 독립적인 대응은 효과적인 해결책이 되기 어렵다.

15 정답: ④

해설 피해 지역을 방치하는 것은 복구 전략으로 적절하지 않다. 대신, 심리 상담 지원, 친환경 복구 정책 시행, 경제적 지원 등이 필요하다.

16 정답: ④

해설 빅데이터 활용, 친환경 건축물 도입, 신재생에너지 개발은 기후변화 대응 기술에 해당한다. 반면, 석탄 사용 확대는 오히려 기후변화를 악화시킨다.

17 정답: ②

해설 조기 경보 시스템은 피해를 사전에 예측하고 신속한 대응을 가능하게 하여 복합 재난 피해를 줄이는 데 중요한 역할을 한다.

18 정답: ③

해설 복합 재난이 발생하면 신속한 구조 및 구호 활동이 최우선이며, 피해 보상이나 정책 수립은 그 이후 단계에서 이루어진다.

19 정답: ①

해설 해안 도시에서는 해수면 상승으로 인해 홍수와 기반 시설 붕괴가 발생할 가능성이 높다. 반면, 태풍 이후 기온 감소나 산림 확장은 복합 재난과 관련이 적다.

20 정답: ①

해설 지속 가능한 재난관리는 친환경 복구 정책 시행과 밀접한 관련이 있다. 반면, 화석 연료 사용 확대나 단기적인 대응은 지속 가능성과 거리가 멀다.

6장

01 정답: ③

해설 재난 및 안전관리 기본법의 목적은 국민의 생명과 재산 보호, 재난 발생 시 체계적인 대응 및 복구, 재난 예방 및 대비를 위한 법적 기반 마련이다. 그러나 민간기업의 경제적 손실 보전은 해당 법의 주요 목적에 포함되지 않는다.

02 정답: ②

해설 사회재난에는 화재, 감염병, 산업재해 등이 포함된다. 자연 재난과 사회재난은 상호 연관될 수 있으며, 사회재난에는 태풍, 홍수, 지진과 같은 자연 재난이 포함되지 않는다.

03 정답: ②

해설 산업안전보건법은 건설 현장을 포함하여 제조업, 광업 등 산업 현장에서의 근로자 안전을 보호하는 법률이다. 공공 도서관, 유치원, 개인 주택은 산업안전보건법의 직접적인 적용 대상이 아니다.

04 정답: ③

해설 위험물안전관리법에서 제3류 위험물은 자연 발화성 및 금수성 물질을 포함하며, 대표적으로 나트륨과 황린이 이에 해당한다.

05 정답: ①

해설 화재예방, 소방시설 설치·유지 및 안전관리에 관한 법률은 건축물 및 산업시설에서의 소방시설 설치 및 유지 기준을 규정하는 법률이다.

06 정답: ③

해설 방화구획은 화재 확산을 방지하고, 피난 시간을 확보하며, 소방대의 구조 활동을 지원하는 역할을 한다. 하지만 건축 비용 절감이 주요 목적이 아니다.

07 정답: ③

해설 건설기술진흥법에서는 건설 자재비 절감을 위해 저가 자재를 사용할 것을 규정하지 않는다. 오히려 건설 안전을 위해 품질 기준을 준수하는 것이 필수적이다.

08 정답: ④

해설 시설물의 안전 및 유지관리에 관한 특별법은 도로, 철도, 교량, 터널, 항만, 공항 등 주요 기반 시설을 관리하는 법률로, 개인 주택은 이에 포함되지 않는다.

09 정답: ④

해설 화학물질은 인체와 환경에 해로운 영향을 미칠 수 있으므로 특별한 관리가 필요하다. 모든 화학물질이 위험성이 없다는 것은 잘못된 정보이다.

10 정답: ③

해설 1급 감염병은 치명률이 높고 신속한 격리가 필요한 감염병으로, 에볼라 바이러스 감염증이 이에 해당한다. 결핵, 말라리아, 한센병은 2급 또는 3급 감염병이다.

11 정답: ④

해설 식중독은 검역법상 검역 대상 감염병에 포함되지 않는다. 그러나 콜레라, 황열병, 중증급성호흡기증후군(SARS)은 검역 대상 감염병에 해당한다.

12 정답: ②

해설 재난적 의료비 지원 제도는 감염병 치료로 인해 중증 후유 장애가 발생한 환자 등 경제적 부담이 큰 환자들에게 지원된다.

13 정답: ①

해설 전기사업법에서는 송전망의 안정성을 유지하기 위해 변전소의 점검 주기를 단축하고, 전력 부하가 증가할 경우 분산 조치를 시행하는 것을 규정하고 있다.

14 정답: ①

해설 가스 누출 감지기 및 자동 차단 시스템 설치는 고압가스안전관리법에서 정한 필수적인 안전 조치이다.

15 정답: ③

해설 교통사고 발생 후 상대방 운전자와 합의했더라도 경찰 신고를 하지 않는 것은 법적으로 허용되지 않는다.

16 정답: ③

해설 철도 사고 발생 시 승객의 자율적 대피를 권장하는 것은 적절하지 않다. 철도안전법에서는 철도 사고 발생 시 운영기관과 관계기관이 신속하게 대피 및 구조를 지원해야 한다.

17 정답: ③

해설 항공기 정비 주기를 단축하기 위해 점검 기준을 완화하는 것은 항공안전법의 취지에 맞지 않는다. 항공안전법은 정기적인 점검을 통해 항공기의 안전성을 확보하는 것을 목표로 한다.

18 정답: ④

해설 원자력 사고 발생 시 즉각적인 정보 공개 없이 정부 내부 논의 후 발표하는 것은 부적절한 조치이다. 원자력안전법에서는 투명한 정보 공개와 신속한 경보 발령을 규정하고 있다.

19 정답: ②

해설 원자력 사고 발생 시 즉시 냉각 시스템을 가동하고 방사성 물질 차단 조치를 시행하는 것이 올바른 대응 방법이다.

20 정답: ④

해설 민간 계약법은 국가적 재난 대응을 위한 법률이 아니다. 국가적 재난 대응을 위한 법률에는 재난 및 안전관리 기본법, 원자력안전법, 긴급구호법 등이 포함된다.

7장

01 정답: ②

해설 중앙재난안전대책본부(중앙대책본부)의 본부장은 원칙적으로 행정안전부 장관이 맡는다. 다만, 필요시 국무총리 또는 대통령이 직접 지휘할 수 있다.

02 정답: ③

해설 중앙대책본부의 역할은 재난 발생 시 긴급 대응, 피해 조사, 조정 및 복구 지원 등을 포함하며, 조세 정책 결정과 같은 행정 기능은 수행하지 않는다.

03 정답: ②

해설 지자체는 중앙정부와 협력하여 지역별 재난관리계획을 수립하고 실행하며, 독립적으로 운영하는 것이 아니라 중앙정부의 지원을 받는다.

04 정답: ③

해설 국가와 지자체는 긴밀한 협력 체계를 구축하여 재난을 대비하고 대응해야 하며, 중앙정부가 모든 재난관리를 단독으로 수행하는 것은 현실적으로 불가능하다.

05 정답: ②

해설 민간기업은 재난 대응 및 복구 지원에서 중요한 역할을 하지만, 법적 구속력을 갖는 명령을 발동할 권한은 없다.

06 정답: ②

해설 공공-민간 파트너십(PPP)의 주요 목적은 정부와 민간의 협력을 강화하여 재난 대응 역량을 극대화하는 것이다.

07 정답: ④

해설 군의 역할은 대규모 재난 발생 시 병력 및 장비 지원, 구조 및 복구 지원 등이지만, 군사 작전을 통한 재난 예방은 포함되지 않는다.

08 정답: ④

해설 경찰은 재난 발생 시 치안 유지, 교통 통제, 실종자 탐색 등의 역할을 수행하지만, 건설 장비 운용은 경찰의 역할이 아니다.

09 정답: ④

해설 군·경찰과의 협력은 정부의 지휘 아래 이루어지며, 독립적인 판단만을 따르는 것은 체계적인 재난 대응을 어렵게 만든다.

10 정답 ②

해설 중앙정부는 중앙대책본부 운영 및 긴급 대응 체계를 구축하며, 재난 대응을 총괄적으로 조정하는 역할을 수행한다.

11 정답: ③

해설 민간 NGO는 긴급 구호 및 피해 주민 지원 등의 역할을 수행하지만, 정부의 재난 대응 정책을 결정하는 것은 정부의 역할이다.

12 정답: ②

해설 중앙정부는 지자체에 재정 및 인력 지원을 제공하며, 협력하여 재난 대응을 효과적으로 수행한다.

13 정답: ③

해설 경찰은 치안 유지, 실종자 수색, 교통 통제 등의 역할을 수행하지만, 화재 진압 및 구조 활동은 소방청의 역할이다.

14 정답: ②

해설 중앙정부는 지자체가 효과적으로 재난을 대응할 수 있도록 재난 복구 기금 등을 지원한다.

15 정답: ①

해설 민간기업은 재난 발생 시 긴급 자금 및 물자 지원을 통해 대응을 돕지만, 법적 강제력이 있는 명령을 내리거나 국가 정책을 결정하는 역할은 수행하지 않는다.

16 정답: ①

해설 국가와 지자체 간 협력이 원활하지 않으면 재난 대응이 지연될 가능성이 높아지고, 피해 복구도 늦어질 수 있다.

17 정답: ②

해설 군은 대규모 이재민 구호 및 의료 지원을 수행할 수 있지만, 법률 상담이나 교통 단속과 같은 역할은 하지 않는다.

18 정답: ②

해설 공공-민간 간 협약을 체결하여 협력 체계를 구축하는 것이 효과적인 재난 대응을 위한 핵심 요소이다.

19 정답: ③

해설 중앙정부는 지자체와 협력하여 재난에 대응해야 하며, 지자체의 대응 계획을 배제하고 독자적으로 대응하는 것은 비효율적이다.

20 정답: ②

해설 민간 부문과의 협력은 정부의 대응 역량을 보완하고, 신속한 복구 및 지원을 가능하게 하여 효과적인 재난관리를 가능하게 한다.

8장

01 정답: ②

해설 세월호 사고의 주요 원인에는 선박 과적, 불법 개조, 미숙한 승무원 대응, 해경의 미흡한 구조가 포함된다. 하지만 적절한 승객 대피 조치는 이루어지지 않았으며, 오히려 "대기하라"는 방송으로 인해 피해가 더욱 커졌다.

02 정답: ②

해설 삼풍백화점 붕괴 사고의 원인은 부실시공, 무리한 구조 변경, 과적, 경고 무시 등이었다. 그러나 기초 공사에서 철근을 과도하게 사용한 것은 사고의 원인이 아니다. 오히려 철근이 부족한 상태에서 시공되었다.

03 정답: ②

해설 이태원 참사에서는 경찰력이 부족하고 군중 통제가 실패하면서 사고가 발생했다. 효과적인 인파 통제 조치가 이루어지지 않아 군중이 좁은 골목에 집중되었고, 도미노 효과로 인해 질식 및 압사 사고가 발생했다.

04 정답: ②

해설 대구 지하철 화재 당시 기관사는 화재 발생 후 전동차 출입문을 잠가 승객들이 대피할 기회를 잃었다. 화재 감지 및 대응 시스템이 미비했고, 객차 내부 가연성 재질 사용으로 인해 피해가 확대되었다.

05 정답: ③

해설 제천 스포츠센터 화재는 대피 통로가 차단되어 피해가 커졌다. 스프링클러가 작동하지 않았으며, 건물 내부 구조 변경이 안전을 저해했다.

06 정답: ③

해설 구미 불산 가스 누출 사고에서는 즉각적인 주민 대피 조치가 이루어지지 않았으며, 방제 작업도 지연되어 피해가 확산하였다.

07 정답: ③

해설 LG화학 인도 공장 사고에서는 가스 누출 후 경보 시스템이 작동하지 않았고, 주민 대피가 늦어 피해가 확대되었다.

08 정답: ③

해설 삼풍백화점 사고 이후 정기적인 안전 점검, 구조 변경 승인 절차 강화, 부실시공 처벌 강화 등의 조치가 시행되었으나, 실시간 붕괴 감지 시스템 도입은 이루어지지 않았다.

09 정답: ④

해설 이태원 참사 이후 개인의 대처 능력이 아닌, 군중 밀집 시 출입 제한, 인파 통제, 실시간 모니터링 등의 군중 안전관리 시스템이 도입되었다.

10 정답: ③

해설 세월호 사고 이후 구조 작업을 민간에만 의존하지 않고, 해양 안전 법규를 강화하며 공공 구조 시스템을 정비하였다.

11 정답: ④

해설 대구 지하철 화재 이후 객차 내부 가연성 재질 사용이 금지되었고, 자동 화재 감지 및 대응 시스템이 도입되었으며, 비상 대피 유도 시스템이 강화되었다. 그러나 개방형 연료탱크 사용은 허용되지 않았다.

12 정답: ④

해설 구미 불산 가스 누출 사고 이후 화학물질 사고 대응을 민간 자율 관리에 맡기지 않고, 정부 차원의 안전 점검 및 법적 규제를 강화하였다.

13 정답: ③

해설 삼풍백화점 사고에서는 경제적 이유로 위험 신호를 무시하고 영업을 지속한 것이 문제였다. 건물 과적을 허용하는 것은 안전관리 원칙에 어긋난다.

14 정답: ②

해설 이태원 참사에서는 도미노 효과로 인해 군중이 넘어지면서 압력이 증가하여 질식 및 압사 피해가 발생했다.

15 정답: ③

해설 화재 예방을 위해서는 내화성이 높은 자재를 사용해야 하며, 가연성 자재 사용 확대는 화재 위험을 증가시킨다.

16 정답: ①

해설 산업재해 예방을 위해 보호 장비 착용이 의무화되었으며, 화재 안전 점검도 주기적으로 시행된다.

17 정답 ②

해설 세월호는 불법 개조 및 증축으로 무게중심이 상승하였으며, 복원력이 약화하여 사고 위험이 증가했다.

18 정답: ④

해설 제천 스포츠센터 화재 이후 다중이용시설의 소방 점검이 강화되었으며, 건물 내 가연성 물질 사용을 줄이는 조치가 시행되었다.

19 정답: ②

해설 삼풍백화점 붕괴는 불법 구조 변경 및 과적이 주요 원인이었으며, 부실시공이 사고를 더욱 악화시켰다.

20 정답: ③

해설 화재 발생 시 연기를 흡입하면 유독 가스로 인해 위험할 수 있으므로 즉시 대피하는 것이 중요하다.

9장

01 정답: ③

해설 재난 위험 평가는 사전 예방을 위한 활동이며, 복구 지원은 재난 발생 이후의 대응 과정에 포함된다.

02 정답: ③

해설 전면 훈련(Full-Scale Exercise)은 실제 장비와 인력을 동원하여 실전과 유사한 환경에서 종합적인 훈련을 수행하는 방식이다.

03 정답: ④

해설 시설물 안전 점검은 사전 예방 활동이며, 피해 복구 계획 수립은 재난 발생 이후의 대응 과정에 해당한다.

04 정답: ③

해설 재난 대비 교육은 재난 발생 후 복구 자금 지원보다는 대응 및 예방 교육을 중심으로 이루어진다.

05 정답: ③

해설 공공 캠페인은 예방 및 대비에 초점을 맞추며, 복구 비용 절감은 직접적인 목적이 아니다.

06 정답: ④

해설 기후변화 대응의 날은 환경 관련 기념일이며, 재난 대비와 직접적인 연관은 없다.

07 정답: ③

해설 위험 확대는 재난관리 전략에 해당하지 않으며, 위험 회피, 감소, 전가, 수용이 주요 전략이다.

08 정답: ②

해설 재난 대비 교육 및 훈련은 국민의 경각심을 낮추는 것이 아니라 대응 능력을 향상하기 위한 것이다.

09 정답: ④

해설 불확실 유지관리는 존재하지 않는 개념이며, 일반적으로 예방적 교체형, 긴급 유지관리로 분류된다.

10 정답: ④

해설 긴급 구조형 캠페인은 일회성 대응 활동에 가깝고, 재난 대비 공공 캠페인은 정보 제공, 체험 교육, 참여형 방식이 일반적이다.

11 정답: ③

해설 점검 후 법적 제재보다는 문제 해결 및 개선 조치가 안전 점검의 주요 목표이다.

12 정답: ③

해설 방재훈련은 피해 복구 예산 지원이 아니라 대응 능력 향상과 협력 증진을 목적으로 한다.

13 정답: ③

해설 재난 대비 교육은 피해 복구 보상보다는 사전 대응과 대피 전략 중심으로 이루어진다.

14 정답: ①

해설 시설물 안전 점검의 첫 번째 단계는 점검 계획 수립이며, 이후 현장 점검과 보수 조치가 이어진다.

15 정답: ③

해설 공공 캠페인의 주요 목표는 경제적 이익 창출이 아니라 국민 안전 강화와 협력 증진이다.

16 정답: ④

해설 재난 피해 보상 설명회는 대응보다는 사후 복구에 초점이 맞춰져 있으며, 재난 대비 공공 캠페인으로 보기 어렵다.

17 정답: ③

해설 시설물 안전 점검은 구조적 결함, 화재 위험, 방재시설 작동 여부를 확인하며, 보험 보상 여부는 점검 항목이 아니다.

18 정답: ③

해설 방재의 날은 재난 대응 중심 행사이며, 교통안전 행사와 직접적인 관련은 없다.

19 정답: ④

해설 재난 위험 평가에서는 정치적 이념이 아닌 재난 발생 확률, 인구 밀도, 피해 복구 비용 등이 주요 고려 요소이다.

20 정답: ④

해설 재난 대비 공공 캠페인은 지속적인 홍보와 훈련 연계를 통해 효과를 극대화해야 하며, 일회성 행사로 진행하면 실효성이 낮아진다.

10장

01 정답: ④

해설 재난 대응 절차는 예방, 대비, 대응, 복구의 4단계로 구성되며, 복합은 재난 유형을 설명하는 용어이다.

02 정답: ③

해설 대응 단계에서는 재난 발생 후 피해를 최소화하기 위해 구조 및 구급 활동이 진행된다.

03 정답: ③

해설 중앙정부는 재난 대응을 위한 국가 차원의 정책을 수립하고 관계 부처 간 조정을 담당한다.

04 정답: ②

해설 지방정부는 지역 내 피해 상황을 파악하고 주민 보호 및 지원 활동을 수행한다.

05 정답: ③

해설 재난 대응의 주요 목표는 인명 보호, 피해 최소화, 신속한 복구이며, 경제적 이익 창출은 해당하지 않는다.

06 정답: ③

해설 긴급 구조 활동은 재난 발생 직후 구조 및 구급 활동을 수행하는 것으로, 재난 예방 대책 수립은 대비 단계에서 이루어진다.

07 정답: ④

해설 긴급 구조 활동은 소방청, 경찰청, 보건복지부 등이 담당하며, 환경부는 환경 보호 및 관리 업무를 수행한다.

08 정답: ①

해설 재난 심리 지원은 재난 피해자의 정신적 충격을 완화하고 정상적인 삶으로의 복귀를 돕는 것이 목표이다.

09 정답: ③

해설 심리적 응급처치는 피해자의 심리적 안정을 돕는 과정으로, 복구 계획 수립과는 관련이 없다.

10 정답: ③

해설 긴급 구조는 구조 활동, 응급 의료 지원, 주민 대피 등이 포함되며, 복구 재정 지원은 복구 단계에서 이루어진다.

11 정답: ③

해설 환경정책기본법은 환경 보호 관련 법령으로, 자난 피해 보상과 직접적인 관련이 없다.

12 정답: ④

해설 특별재난지역 지정 시 주택 피해 보상, 중소기업 지원, 긴급 의료 서비스 확대 등이 제공되지만, 대기업의 세금 감면 혜택은 포함되지 않는다.

13 정답: ③

해설 특별재난지역 지정은 지방정부의 자체 복구 능력을 초과하는 피해가 발생해야 하며, 독자적 복구가 가능한 경우에는 지정되지 않는다.

14 정답: ①

해설 피해 보상 절차는 피해 신고 → 피해 조사 → 보상 결정 → 지원금 지급의 순서로 진행된다.

15 정답: ①

해설 피해 주민을 위한 긴급 주거 지원 및 피해 복구 지원금 지급이 주요 지원 항목이며, 재산권 박탈이나 경제 활동 제한은 해당하지 않는다.

16 정답: ②

해설 경찰청은 재난 발생 시 교통 통제 및 치안 유지를 담당하며, 소방청은 구조 및 화재 진압을, 국토교통부는 도로 및 교통망 관리 업무를 수행한다.

17 정답: ②

해설 재난 심리 지원은 PTSD 등 심리적 충격을 예방하고 피해자의 정신건강 회복을 돕는 것이 주요 목적이다.

18 정답: ③

해설 긴급 구조 활동은 구조, 응급 의료 지원, 주민 대피 등이 포함되며, 재난 심리 지원은 별도의 지원 활동에 해당한다.

19 정답: ①

해설 특별재난지역으로 선포되면 피해 주민을 위한 주택 및 생계 지원이 제공되며, 중앙정부의 직접적인 재산 보상은 이루어지지 않는다.

20 정답: ③

해설 긴급 지원을 담당하는 주요 기관은 보건복지부, 국토교통부, 소방청 등이 있으며, 교육부는 주로 교육 및 학습 지원 관련 업무를 수행한다.

11장

01 정답: ③

해설 공공기관의 역할이 크더라도 시민 참여는 재난 대응에 필수적이다. 초기 대응, 대피 지원, 구조 활동 등에서 시민의 역할이 중요하며, 자율방재단을 통한 신속한 대응이 가능하다.

02 정답: ④

해설 자율방재단은 법적 강제성이 아닌 자율적인 참여를 기반으로 운영된다. 주요 역할은 재난 예방, 초기 대응, 대피 지원, 복구 활동 등이며, 주민들이 자발적으로 협력하여 재난 피해를 최소화하는 것이 목적이다.

03 정답: ①

해설 업무 연속성 계획(BCP)의 핵심 목표는 재난 발생 시에도 핵심 업무를 지속할 수 있도록 사전에 대비하는 것이다. 이를 통해 피해를 최소화하고 신속한 복구를 가능하게 한다.

04 정답: ③

해설 기업은 재난 발생 후 대응이 아닌, 사전 예방과 대비를 통해 피해를 최소화해야 한다. 이를 위해 업무 연속성 계획(BCP)을 수립하여 핵심 업무가 지속될 수 있도록 전략을 마련해야 한다.

05 정답: ②

해설 NGO의 역할은 재난 대응, 긴급 구호, 피해 복구 지원, 심리적 지원 등이다. 법적 조치를 통한 책임자 처벌은 정부 및 사법 기관의 역할이지 NGO의 주요 역할이 아니다.

06 정답: ③

해설 공공 캠페인은 주로 재난 발생 전 예방 및 대응 능력을 향상시키기 위한 것이다. 피해 복구는 별도의 복구 계획 및 정부·기업의 지원으로 이루어진다.

07 정답: ④

해설 업무 연속성 계획(BCP)은 모든 업무를 재난 후 폐기하는 것이 아니라, 핵심 업무를 유지할 수 있도록 대체 프로세스를 마련하는 것이 목적이다.

08 정답: ③

해설 제조업체는 공급망 관리(SCM)를 통해 생산을 지속할 수 있도록 대비해야 한다. 재난 발생 시 즉각적으로 생산을 중단하는 것은 기업의 지속 가능성을 저해하는 결과를 초래할 수 있다.

09 정답: ③

해설 전문가의 역할도 중요하지만, 시민들도 기본적인 재난 대응 지식을 갖추어야 한다. 재난 발생 시 시민이 직접 대응하는 경우가 많으므로 사전 교육이 필수적이다.

10 정답: ②

해설 디지털 플랫폼을 활용하면 보다 광범위한 대중에게 신속하게 정보를 전달할 수 있다. 특히 SNS, 유튜브, 모바일 앱 등을 활용한 공공 캠페인은 시민들의 적극적인 참여를 유도할 수 있다.

11 정답: ③

해설 재난 대비 교육은 시민들에게 대응 능력을 향상시키는 것이 목적이다. 재난 복구 비용 부담과 관련된 법적 교육은 재난 대비 교육의 핵심 요소가 아니다.

12 정답: ④

해설 BCP는 모든 업무를 폐기하는 것이 아니라, 핵심 업무를 지속할 수 있도록 대비하는 것이다. 공공기관과 기업은 백업 시스템, 대체 프로세스 등을 통해 업무 지속성을 확보해야 한다.

13 정답: ②

해설 기업과 NGO는 협력하여 재난 대비 및 대응을 수행할 수 있다. 예를 들어, 기업이 재정적 지원을 하고 NGO가 구호 활동을 수행하는 방식으로 협력할 수 있다.

14 정답: ③

해설 기상 악화로 인해 모든 항공편을 무기한 취소하는 것은 업무 연속성 계획(BCP)에 해당하지 않는다. BCP는 대체 항공편 운영, 예약 변경 시스템 가동 등을 통해 업무 연속성을 유지하는 것을 목표로 한다.

15 정답: ②

해설 재난 발생 시 개인 및 가족의 대피 계획을 수립하고 실전 훈련을 하는 것이 중요하다. 구조대를 기다리기만 하는 것은 안전을 보장할 수 없으므로 적절한 대피 계획이 필수적이다.

16 정답: ③

해설 BCP는 재난 발생 시 모든 업무를 중단하는 것이 아니라, 핵심 업무가 지속될 수 있도록 대비하는 것이다. 복구 계획을 사전에 마련하여 신속한 대응이 가능하도록 해야 한다.

17 정답: ④

해설 공공 캠페인은 예방과 대비를 중심으로 운영되어야 한다. 복구 단계에서만 캠페인을 진행하는 것은 시민의 재난 대응 역량을 강화하는 데 효과적이지 않다.

18 정답: ①

해설 기업은 재난 발생 후 직원들의 안전을 확보하고 필수 업무를 지속해야 한다. 이를 위해 사전에 업무 연속성 계획(BCP)을 수립하고 실행하는 것이 중요하다.

19 정답: ④

해설 재난 대비 교육은 재난 발생 전에 이루어져야 한다. 사전 교육을 통해 시민들이 위기 상황에서 신속하고 정확하게 대응할 수 있도록 준비해야 한다.

20 정답: ②

해설 업무 연속성 계획(BCP)의 목표는 재난 발생 시 핵심 업무를 유지하고 신속한 복구를 지원하는 것이다. 기업 및 공공기관은 사전에 BCP를 수립하여 위기 상황에서도 운영이 지속될 수 있도록 대비해야 한다.

12장

01 정답: ③

해설 기후변화로 인해 강수 패턴이 변화하면서 일부 지역에서는 집중호우로 홍수가 발생하고, 일부 지역에서는 강수량 부족으로 가뭄이 심화하는 경향이 나타난다.

02 정답: ③

해설 탄소중립을 실현하기 위해서는 화석연료 사용을 줄여야 한다. 경제 성장을 위해 화석연료 사용을 확대하는 것은 탄소중립 목표에 반하는 조치이다.

03 정답: ③

해설 산업화로 인한 대기오염은 기온 상승과 연관이 있지만, 기온 하강과는 관련이 없다. 복합 재난은 두 개 이상의 재난이 연쇄적으로 발생하는 경우를 의미한다.

04 정답: ②

해설 탄소중립 정책을 통해 온실가스를 감축하면 기온 상승을 완화할 수 있으며, 이는 자연재해(태풍, 홍수, 폭염 등)의 발생 빈도를 줄이는 데 기여할 수 있다.

05 정답: ②

해설 강수량의 급격한 변화는 가뭄과 홍수의 빈도를 증가시키는 주요 원인이다. 기후변화로 인해 일부 지역은 강우량이 급증하고, 일부 지역은 가뭄이 장기화하는 현상이 나타난다.

06 정답: ③

해설 해수면 상승은 해안 지역의 침수 및 침식을 유발할 가능성이 높다. 따라서 저지대 해안 지역이 가장 큰 영향을 받을 수 있다.

07 정답: ④

해설 기온 상승은 한파의 빈도를 줄이는 경향이 있다. 기후변화로 인해 겨울철 이상고온이 발생할 가능성이 증가하고 있다.

08 정답: ③

해설 대도시에서는 열섬현상을 완화하기 위해 녹지 공간을 확대해야 한다. 반대로 녹지를 줄이고 아스팔트 포장을 확대하면 열섬현상이 더욱 심화할 수 있다.

09 정답: ②

해설 탄소중립을 달성하기 위해 전기차 및 대중교통 인프라를 개선하는 것이 필요하다. 이는 온실가스 배출량을 줄이고, 재난 위험을 감소시키는 효과를 가져올 수 있다.

10 정답: ③

해설 자연 기반 해결책(NBS)은 자연 생태계를 활용하여 기후변화에 적응하는 방식이다. 인공 방벽 건설은 공학적 해결책에 해당하며, 자연 기반 해결책과는 다소 차이가 있다.

11 정답: ②

해설 태양광, 풍력 등 신재생에너지는 탄소 배출이 거의 없으며, 이를 확대하는 것이 온실가스 감축과 탄소중립 목표 달성에 효과적이다.

12 정답: ③

해설 조기 경보 시스템은 재난 발생 가능성을 사전에 예측하고 경보를 발령함으로써 피해를 최소화하는 역할을 한다.

13 정답: ①

해설 열섬현상을 완화하기 위해서는 녹지 공간을 확대하고 옥상 녹화를 추진해야 한다. 이는 도시 내 온도를 낮추는 효과를 가져온다.

14 정답: ③

해설 도시 지역에서는 열섬현상을 완화하기 위해 녹지를 확대해야 한다. 녹지를 축소하는 것은 기후 적응 전략과 반대되는 조치이다.

15 정답: ②

해설 스마트 그리드는 전력 공급을 효율적으로 관리하고, 신재생에너지를 효과적으로 활용할 수 있도록 지원하는 시스템이다.

16 정답: ④

해설 파리 기후협약, 교토의정서, 유엔기후변화협약(UNFCCC) 모두 탄소중립 및 기후변화 대응을 위한 국제적 협력의 대표적인 사례이다.

17 정답: ③

해설 탄소중립과 관련된 개념은 탄소배출권 거래제, 재생에너지 확대, 탄소 포집 및 저장(CCS) 기술 등이 있다. 화석연료 사용 증가는 탄소중립 목표와 반대된다.

18 정답: ④

해설 정부는 탄소중립을 실현하기 위해 신재생에너지를 확대하고, 기후변화 예측 연구를 지원해야 한다. 화석연료 의존도를 높이는 정책은 탄소중립과 반대되는 방향이다.

19 정답: ②

해설 기후변화로 인해 발생하는 자연재해는 경제적 피해를 증가시키며, 특히 복구 비용이 증가하는 경향이 있다.

20 정답: ④

해설 기업은 탄소중립을 실현하기 위해 신재생에너지 도입, 친환경 생산 공정 도입, 전기차 보급 확대 등을 추진해야 한다. 온실가스 배출량 증가를 목표로 하는 사업 확장은 탄소중립과 반대되는 조치이다.

13장

01 정답: ③

해설 드론은 이동성이 뛰어나 다양한 환경에서 실시간 모니터링이 가능하며, 고정된 위치에서만 감시하는 것이 아니라 재난 지역을 자유롭게 비행하며 탐색할 수 있다.

02 정답: ③

해설 딥러닝 기반 모델은 기후 데이터와 과거 재난 데이터를 학습하여 위험 요소를 감지하고 예측하는 데 활용된다.

03 정답: ③

해설 빅데이터 기반 재난 예측은 사전 예측 및 실시간 대응이 주된 목적이며, 복구 단계 관리는 일반적으로 별도의 재난 복구 시스템에서 수행한다.

04 정답: ③

해설 스마트 재난관리 시스템은 첨단 ICT 기술을 활용하며, 기존의 전화 기반 신고 시스템은 자동화된 데이터 처리 및 실시간 감지 시스템과 비교해 효율성이 떨어진다.

05 정답: ③

해설 IoT 기술은 재난 감지 및 예측을 담당하며, 복구 자금 지원과 같은 행정적 결정은 정책적인 문제로서 IoT 기술의 역할이 아니다.

06 정답: ③

해설 지능형 교통 시스템(ITS)은 재난 시 교통 흐름 최적화, 긴급 차량 지원, 대피 안내 등의 역할을 수행하지만, 시민의 SNS 활동을 감시하는 것은 포함되지 않는다.

07 정답: ③

해설 스마트 시티 기반 재난안전관리 시스템은 종이 기반 데이터 수집 방식 대신 실시간 디지털 데이터 처리 및 자동화된 경보 시스템을 활용한다.

08 정답: ②

해설 국가 재난안전통신망(PS-LTE)은 긴급 대응 기관을 위한 통합 통신망으로 운영되며, 일반 대중이 자유롭게 이용할 수 있도록 개방되지 않는다.

09 정답: ③

해설 국가 재난안전통신망(PS-LTE)은 소방청, 경찰청, 군 등 공공기관이 사용하는 긴급 통신망으로, 민간 통신사는 해당 네트워크에 직접 접근할 수 없다.

10 정답: ④

해설 빅데이터 기반 재난 예측에서는 정확성이 중요하며, 무작위로 수집된 데이터는 분석의 신뢰성을 낮출 수 있다.

11 정답: ④

해설 종이 지도는 스마트 재난관리 시스템의 실시간 정보 처리 및 자동 대응 기능을 제공할 수 없으며, 디지털 맵과 IoT 연계가 더 효과적이다.

12 정답: ④

해설 스마트 재난관리 시스템은 기술을 활용한 자동 대응을 강조하며, 모든 대응을 인력 중심으로 유지하는 것은 기존의 비효율적인 방식이다.

13 정답: ④

해설 국가 재난 정보화 시스템은 디지털 데이터 통합 및 분석을 중점으로 하며, 수작업을 통한 데이터 입력 방식은 비효율적이고 신속한 대응이 어렵다.

14 정답: ③

해설 지능형 교통 시스템(ITS)은 긴급 차량의 최적 이동 경로를 제공하여 재난 대응을 지원하며, 단순한 정보 감시는 ITS의 목적이 아니다.

PART

부록 – 연습문제 정답 및 해설

15 정답: ②

해설 PS-LTE는 긴급 상황에서 신속한 정보 공유를 통해 재난 대응을 효과적으로 수행하기 위해 도입되었다.

16 정답: ③

해설 스마트 재난관리 시스템은 자동화된 데이터 분석 및 실시간 대응이 핵심이며, 수작업 중심의 의사 결정 방식은 비효율적이다.

17 정답: ④

해설 GIS는 지리정보 분석을 활용하여 대피 경로 최적화, 피해 지역 분석 등을 수행하며, 개인의 통화 내역 수집은 개인정보 보호 문제로 관련이 없다.

18 정답: ③

해설 스마트 재난안전관리 시스템은 자동화된 대응 체계를 강조하며, 수동형 재난 신고 방식은 효율성이 떨어진다.

19 정답: ②

해설 AI는 기상 및 재난 예측을 통해 조기 경보 시스템을 강화하는 데 활용되며, 법적 책임 조사나 뉴스 감시는 주된 기능이 아니다.

20 정답: ③

해설 국가 재난안전통신망(PS-LTE)은 재난 발생 시 모든 대응 기관이 동일한 네트워크를 사용하여 신속한 협업을 가능하게 하는 것이 목적이다.

14장

01 정답: ④

해설 센다이 프레임워크는 재난 위험 감소를 목표로 하며, 개발도상국의 재난 대응 역량을 약화하는 것이 아니라 오히려 강화하는 방향으로 운영됨

02 정답: ③

해설 센다이 프레임워크는 기존의 재난 대응 방식에서 벗어나 예방 및 대비 중심의 패러다임 전환을 강조하며, 피해 복구보다는 재난 피해 최소화에 초점을 맞추고 있음

03 정답: ②

해설 파리 협약은 온실가스 감축을 통한 기후변화 완화를 목표로 하며, 이는 기후변화로 인한 자연재해 증가를 막는 데 기여함

04 정답: ②

해설 WHO는 감염병 대응을 담당하며, WFP는 긴급 식량 지원을 담당하고, UNHCR은 난민 보호를 맡음 UN의 인도적 지원 조정을 담당하는 기관은 OCHA(유엔 인도주의 업무 조정국)임

05 정답: ②

해설 WFP(세계식량계획)는 국제적으로 긴급 식량 지원 및 구호 활동을 담당하는 주요 기구이며, 기아 및 영양 문제 해결을 목표로 함

06 정답: ①

해설 PTWC(태평양 쓰나미 경보 시스템)는 태평양 지역에서 발생하는 해일을 조기 탐지하고 경보를 발령하는 국제 협력 체계임

07 정답: ④

해설 국제 인도적 지원은 정치적 영향을 받지 않도록 중립성과 독립성을 유지하는 것이 원칙이며, 정치성을 배제하는 것이 중요함

08 정답: ②

해설 OCHA(유엔 인도주의 업무 조정국)는 UN의 재난 대응 및 인도적 지원을 조정하는 역할을 하며, 각국 정부 및 NGO와 협력하여 긴급 구호 활동을 조정함

09 정답: ②

해설 세계은행(WB)과 IMF는 피해 국가의 경제적 여건과 피해 규모를 고려하여 긴급 자금을 지원하며, 모든 국가에 동일한 지원금을 제공하는 것이 아니라 맞춤형 지원을 함

10 정답: ②

해설 글로벌 조기 경보 시스템(GEWS)은 국가 간 실시간 재난 정보를 공유하고 신속한 대응을 가능하게 하는 국제 협력 체계임

11 정답: ②

해설 한·미·일 인도적 지원 및 재난 대응 훈련(HADR)은 삼국이 협력하여 재난 발생 시 신속한 대응을 할 수 있도록 준비하는 공동 훈련임

12 정답: ②

해설 UNHCR(유엔난민기구)은 난민 보호 및 재정착 지원을 담당하는 기관으로, 자연재해 및 전쟁으로 인해 발생한 난민들의 인권 보호 및 긴급 지원을 수행함

13 정답: ④

해설 세계은행(WB), 국제통화기금(IMF), 아시아개발은행(ADB)은 국제 재난 복구 및 개발 지원을 담당하는 금융기관이지만, UNESCO(유네스코)는 교육, 문화, 과학 분야를 다루는 기관으로 해당 분야와 직접적인 관련이 없음

14 정답: ③

해설 조기 경보 시스템은 재난 발생 가능성을 미리 감지하여 피해를 최소화하는 것을 목표로 하며, 이를 통해 신속한 대응이 가능함

15 정답: ③

해설 조기 경보 시스템 구축의 주요 목표는 재난 발생 가능성을 조기에 감지하고 피해를 최소화하는 것이며, 이를 통해 국가 간 협력을 강화할 수 있음

16 정답: ②

해설 WHO(세계보건기구)는 국제적으로 감염병 대응 및 긴급 의료 지원을 담당하는 기관이며, 각국의 공중보건 시스템을 지원함

17 정답: ①

해설 WHO는 전 세계 감염병 확산 방지를 위한 글로벌 대응 체계를 주도하며, 국제 보건 위기를 예방하고 대응하는 역할을 수행함

18 정답: ③

해설 재난 피해 지역에 대한 경제 지원을 축소하는 것은 국제 협력의 발전 방향과 반대되는 개념이며, 오히려 지원 확대가 필요함

19 정답: ③

해설 국제 재난 대응 협력의 핵심 과제는 국제적 협력을 통한 재난 대응 및 복구 역량 강화이며, 독자적인 대응보다는 협력이 필수적임

20 정답: ②

해설 개발도상국의 재난 대응 역량 강화를 위해 재난 예방 및 대비 교육 프로그램을 제공하는 것이 중요한 협력 방안임

재난관리론 정가 25,000원

저자 : 이해평

발행인 : 임정대
발행처 : 도서출판 구미서관

발행 : 2026년 2월 1일

등록 : 제2014-000166호

주소 : 서울시 마포구 신촌로2길 5-15
전화 : 02-338-9119
팩스 : 02-335-2201

ISBN 979-11-89933-77-7 (93530)